普通高等院校机电工程类系列教材

机械设计基础

主编 潘承怡 鲍玉冬 刘红博

参编 李云峰

清华大学出版社
北京

内 容 简 介

本书是针对高等学校应用型和创新型人才培养的需要,根据最新教学发展要求而编写的。全书由机械原理与机械零件两部分组成,除绪论外,共 18 章。前 8 章叙述常用机构和机械动力学基础知识,后 10 章叙述通用零部件的工作原理、常用标准、结构和设计计算。其中第 18 章"课程设计综合实践"即课程设计指导书,简明、实用,可操作性强。

全书具有较强的现代感,包含大量实物图片、二维码链接的仿真动画和实物教学视频等。内容生动,与工程实际联系紧密,从多角度拓展教学内容,提高学习效率。每章均有例题、习题和实践拓展练习题,供读者学习时参考。

本书可作为高等院校近机类或非机类专业机械设计基础课程的教材,也可供有关专业的师生及工程技术人员参考。

图书在版编目(CIP)数据

机械设计基础/潘承怡,鲍玉冬,刘红博主编.—北京:清华大学出版社,2022.5(2025.7 重印)
普通高等院校机电工程类系列教材
ISBN 978-7-302-60789-2

Ⅰ.①机…　Ⅱ.①潘…②鲍…③刘…　Ⅲ.①机械设计—高等学校—教材　Ⅳ.①TH122

中国版本图书馆 CIP 数据核字(2022)第 075837 号

责任编辑:赵从棉　苗庆波
封面设计:傅瑞学
责任校对:赵丽敏
责任印制:刘　菲

出版发行:清华大学出版社
　　　　网　　　址:https://www.tup.com.cn,https://www.wqxuetang.com
　　　　地　　　址:北京清华大学学研大厦 A 座　　　邮　　编:100084
　　　　社　总　机:010-83470000　　　　　　　　　邮　　购:010-62786544
　　　　投稿与读者服务:010-62776969,c-service@tup.tsinghua.edu.cn
　　　　质量反馈:010-62772015,zhiliang@tup.tsinghua.edu.cn

印　装　者:三河市铭诚印务有限公司
经　　销:全国新华书店
开　　本:185mm×260mm　　印　张:20.5　　　　　字　　数:498 千字
版　　次:2022 年 6 月第 1 版　　　　　　　　　　印　　次:2025 年 7 月第 2 次印刷
定　　价:59.80 元

产品编号:084375-01

前　言

本书是根据教育部高等学校机械基础课程教学指导委员会制定的"机械设计基础课程教学基本要求",结合新工科和工程教育专业认证背景,总结编者多年来的教学经验编写而成的。

当今世界科技发展迅猛,行业竞争激烈,考虑到国家对 21 世纪普通高等院校人才培养的需求,很多高校进行了大幅度的教学改革,精减学时,整合教学内容,并引入现代辅助教学手段,扩展课程容量,提高教学水平,以培养具有实际应用能力的自主创新型人才。

"机械设计基础"是近机械类和非机械类专业学生的一门重要基础课程,理论与实践相结合,综合性强,一般在理论课结束后集中进行"机械设计基础课程设计",通过解决工程实际问题,对理论教学所学的内容进行综合训练。本书将理论课和课程设计两部分内容有效融合,形成完整的内容体系,具有如下特点:

(1)包含大量实物照片和二维码链接的仿真动画、视频等,内容生动、形式多样,从多角度拓展了教材内容,有利于提高教学质量和学习效率,并激发学生的学习兴趣。

(2)将有关标准等资料放在附录的二维码中,精简全书的篇幅,便于应用。

(3)"课程设计综合实践"作为本书的一章,免去了学生使用"理论课教材"和"课程设计指导书"两本书的麻烦。该章内容简明扼要,重点突出,可操作性强。

(4)每章均有例题和习题,在习题最后有 1～2 道实践拓展练习题,以提高学生的实际应用能力和创新设计能力。

(5)以设计为主线,以基本概念、基本理论和基本方法为主要内容,突出对设计能力的培养,力求实用性强和容易掌握。

本书由潘承怡(绪论、第 9～15、17、18 章和附录 A～附录 C)、鲍玉冬(第 1、2、4、16 章)、刘红博(第 5～8 章)主编,参加编写的还有李云峰(第 3 章)。全书由潘承怡统稿。

书中二维码链接的动画一部分由清华大学出版社提供,一部分由编者的研究生们绘制,视频由研究生王川、常佳豪协助拍摄和制作,在此一并表示衷心的感谢。本书在编写过程中得到了哈尔滨理工大学教务处的大力支持,在此表示诚挚的谢意。

由于编者水平有限,书中难免有错误和不足之处,恳请读者批评指正。

编　者

2022 年 3 月

目　　录

第 0 章　绪论 ………………………………………………………………………… 1

　0.1　课程研究的对象和内容 …………………………………………………… 1
　　0.1.1　研究的对象 ……………………………………………………………… 1
　　0.1.2　内容和特点 ……………………………………………………………… 4
　　0.1.3　性质和任务 ……………………………………………………………… 4
　0.2　机械设计的基本要求、一般程序和标准化 ……………………………… 5
　　0.2.1　机械设计的基本要求 …………………………………………………… 5
　　0.2.2　机械设计的一般程序 …………………………………………………… 5
　　0.2.3　机械设计中的标准化 …………………………………………………… 6
　0.3　机械零件设计的基本准则及一般步骤 …………………………………… 7
　习题 ……………………………………………………………………………… 8

第 1 章　平面机构的结构分析 …………………………………………………… 9

　1.1　概述 ………………………………………………………………………… 9
　1.2　运动副 ……………………………………………………………………… 9
　1.3　平面机构运动简图 ………………………………………………………… 11
　　1.3.1　构件的分类 …………………………………………………………… 11
　　1.3.2　构件和运动副的表示方法 …………………………………………… 12
　　1.3.3　平面机构运动简图的绘制 …………………………………………… 14
　1.4　平面机构的自由度 ………………………………………………………… 15
　　1.4.1　平面机构自由度的计算 ……………………………………………… 15
　　1.4.2　计算平面机构自由度的注意事项 …………………………………… 17
　1.5　机构具有确定运动的条件 ………………………………………………… 19
　习题 ……………………………………………………………………………… 20
　* 实践拓展练习 ………………………………………………………………… 22

第 2 章　平面连杆机构 …………………………………………………………… 23

　2.1　概述 ………………………………………………………………………… 23
　2.2　铰链四杆机构 ……………………………………………………………… 23
　　2.2.1　铰链四杆机构的基本形式 …………………………………………… 23
　　2.2.2　曲柄存在的条件 ……………………………………………………… 27
　　2.2.3　铰链四杆机构的演化 ………………………………………………… 28
　2.3　平面四杆机构的基本特性 ………………………………………………… 31

　　　2.3.1　急回特性 ……………………………………………………… 31
　　　2.3.2　压力角和传动角 ……………………………………………… 32
　　　2.3.3　死点位置 ……………………………………………………… 33
　2.4　平面四杆机构的设计 …………………………………………………… 34
　　　2.4.1　按照给定的行程速度变化系数设计四杆机构 ……………… 35
　　　2.4.2　按照给定连杆位置设计四杆机构 …………………………… 36
　2.5　速度瞬心及其在机构速度分析上的应用 …………………………… 37
　　　2.5.1　速度瞬心及其求法 …………………………………………… 37
　　　2.5.2　速度瞬心在平面连杆机构速度分析上的应用 ……………… 38
　习题 ……………………………………………………………………………… 39
　*实践拓展练习 ………………………………………………………………… 41

第3章　凸轮机构 ………………………………………………………………… 42
　3.1　凸轮机构的应用与分类 ……………………………………………… 42
　　　3.1.1　凸轮机构的应用 ……………………………………………… 42
　　　3.1.2　凸轮机构的分类 ……………………………………………… 43
　3.2　凸轮机构从动件的运动规律 ………………………………………… 46
　　　3.2.1　凸轮机构的相关名词术语 …………………………………… 46
　　　3.2.2　凸轮机构从动件常用的运动规律 …………………………… 47
　3.3　凸轮机构的压力角 …………………………………………………… 51
　3.4　盘形凸轮的轮廓曲线设计 …………………………………………… 52
　　　3.4.1　盘形凸轮轮廓曲线图解法设计的基本原理 ………………… 52
　　　3.4.2　盘形凸轮轮廓曲线的图解法设计 …………………………… 53
　习题 ……………………………………………………………………………… 57
　*实践拓展练习 ………………………………………………………………… 57

第4章　齿轮机构 ………………………………………………………………… 58
　4.1　概述 …………………………………………………………………… 58
　4.2　齿廓啮合基本定律 …………………………………………………… 59
　4.3　渐开线及渐开线齿廓 ………………………………………………… 60
　4.4　渐开线齿轮及其啮合特点 …………………………………………… 61
　　　4.4.1　直齿圆柱齿轮渐开线齿廓曲面的形成 ……………………… 61
　　　4.4.2　渐开线齿轮啮合特点 ………………………………………… 62
　4.5　渐开线标准齿轮的基本尺寸 ………………………………………… 62
　　　4.5.1　齿轮各部分名称 ……………………………………………… 62
　　　4.5.2　渐开线齿轮的基本参数 ……………………………………… 64
　　　4.5.3　渐开线标准直齿圆柱齿轮的几何尺寸 ……………………… 65
　4.6　渐开线标准齿轮的啮合传动 ………………………………………… 66
　　　4.6.1　正确啮合条件 ………………………………………………… 66

　　　　4.6.2　无侧隙啮合条件及标准中心距 ················ 66
　　　　4.6.3　连续传动条件与重合度 ··················· 67
　　4.7　渐开线齿轮的切齿原理 ······················ 69
　　4.8　轮齿的根切现象、最少齿数和变位 ················ 72
　　4.9　平行轴斜齿轮机构 ························· 75
　　　　4.9.1　斜齿轮齿廓曲面的形成及其啮合特点 ·········· 75
　　　　4.9.2　斜齿轮的基本参数和几何尺寸计算 ··········· 76
　　　　4.9.3　平行轴斜齿轮啮合传动 ················· 77
　　　　4.9.4　斜齿轮的当量齿数 ··················· 79
　　　　4.9.5　斜齿轮的特点 ····················· 79
　　4.10　直齿圆锥齿轮机构 ························ 80
　　习题 ····································· 82
　　＊实践拓展练习 ····························· 83

第 5 章　轮系 ································ 84
　　5.1　概述 ······························· 84
　　　　5.1.1　轮系的功用 ······················ 84
　　　　5.1.2　轮系的分类 ······················ 88
　　5.2　定轴轮系的传动比 ························ 89
　　　　5.2.1　平面定轴轮系的传动比 ················· 89
　　　　5.2.2　空间定轴轮系的传动比 ················· 91
　　5.3　周转轮系的传动比 ························ 92
　　　　5.3.1　周转轮系的转化轮系 ·················· 92
　　　　5.3.2　周转轮系的传动比计算 ················· 93
　　5.4　复合轮系的传动比 ························ 94
　　习题 ····································· 95
　　＊实践拓展练习 ····························· 98

第 6 章　间歇运动机构 ·························· 99
　　6.1　棘轮机构 ····························· 99
　　　　6.1.1　棘轮机构的组成及工作原理 ··············· 99
　　　　6.1.2　棘轮机构的类型及应用 ················· 99
　　6.2　槽轮机构 ···························· 103
　　　　6.2.1　槽轮机构的组成及工作原理 ·············· 103
　　　　6.2.2　槽轮机构的类型及应用 ················ 103
　　6.3　不完全齿轮机构 ························ 105
　　　　6.3.1　不完全齿轮机构的组成及工作原理 ··········· 105
　　　　6.3.2　不完全齿轮机构的特点及应用 ············· 106
　　习题 ···································· 107

＊实践拓展练习 ·· 108

第 7 章　平面机构的力分析 ·· 109

7.1　机构力分析的目的和方法 ·· 109

7.2　构件惯性力的确定 ·· 110

7.3　运动副中的摩擦 ·· 112

7.3.1　移动副中的摩擦 ·· 112

7.3.2　螺旋副中的摩擦 ·· 113

7.3.3　转动副中的摩擦 ·· 114

7.4　不考虑摩擦的机构动态静力分析 ··· 117

习题 ·· 117

＊实践拓展练习 ·· 118

第 8 章　机械调速与平衡 ·· 119

8.1　机械运转与速度波动调节 ·· 119

8.1.1　机械的运动 ··· 119

8.1.2　稳定运转状态下机械的周期性速度波动及调节 ·············· 120

8.1.3　机械的非周期性速度波动及其调节 ······························ 123

8.2　机械的平衡 ··· 124

8.2.1　刚性转子的静平衡 ·· 124

8.2.2　刚性转子的动平衡 ·· 126

习题 ·· 130

＊实践拓展练习 ·· 131

第 9 章　连接 ·· 132

9.1　螺纹的形成和主要参数 ··· 132

9.1.1　螺纹的形成 ··· 132

9.1.2　螺纹的主要参数 ·· 133

9.2　螺纹连接的基本类型和螺纹紧固件 ··· 134

9.2.1　螺纹连接的基本类型 ··· 134

9.2.2　螺纹紧固件 ··· 135

9.2.3　螺纹紧固件的材料和性能等级 ····································· 135

9.3　螺纹连接的拧紧和防松 ··· 136

9.3.1　螺纹连接的拧紧 ·· 136

9.3.2　螺纹连接的防松 ·· 137

9.4　螺栓连接的强度计算 ·· 139

9.4.1　受拉螺栓连接的强度计算 ··· 139

9.4.2　受剪螺栓连接的强度计算 ··· 141

9.5　螺栓组连接的受力分析 ··· 142

9.6　提高螺栓连接强度的措施 ··· 145

9.7　键连接和花键连接 ··· 147

　　9.7.1　键连接 ·· 147

　　9.7.2　花键连接 ·· 152

9.8　销连接 ·· 153

习题 ··· 154

＊实践拓展练习 ·· 156

第 10 章　带传动 ··· 157

10.1　概述 ·· 157

10.2　V 带与 V 带轮 ·· 158

　　10.2.1　普通 V 带的构造和标准 ··· 158

　　10.2.2　V 带轮 ··· 159

10.3　带传动的受力和应力分析 ··· 161

　　10.3.1　带传动的受力分析 ·· 161

　　10.3.2　带传动的应力分析 ·· 162

10.4　带传动的弹性滑动和传动比 ··· 163

　　10.4.1　带传动的弹性滑动 ·· 163

　　10.4.2　带传动的传动比 ··· 164

10.5　V 带传动的设计 ·· 164

　　10.5.1　设计准则和单根 V 带的基本额定功率 ·························· 164

　　10.5.2　V 带传动的设计步骤和参数选择 ··································· 166

　　10.5.3　V 带传动的张紧装置 ·· 169

习题 ··· 172

＊实践拓展练习 ·· 173

第 11 章　链传动 ··· 174

11.1　概述 ·· 174

　　11.1.1　链传动的特点和应用 ·· 174

　　11.1.2　传动链的主要类型 ·· 175

11.2　滚子链 ·· 175

11.3　链传动的运动特性 ··· 177

11.4　滚子链传动的设计计算 ··· 179

　　11.4.1　链传动的失效形式与额定功率 ······································· 179

　　11.4.2　链传动的设计计算 ·· 181

11.5　链传动的润滑和布置 ··· 182

习题 ··· 184

＊实践拓展练习 ·· 185

第 12 章　齿轮传动 ·· 186

　12.1　概述 ··· 186

　12.2　齿轮传动的失效形式及设计准则 ··· 187

　　　12.2.1　齿轮传动的失效形式 ··· 187

　　　12.2.2　齿轮传动的设计准则 ··· 188

　12.3　齿轮常用材料 ·· 189

　12.4　齿轮传动的受力分析 ··· 190

　　　12.4.1　直齿圆柱齿轮传动受力分析 ······································ 190

　　　12.4.2　斜齿圆柱齿轮传动受力分析 ······································ 191

　　　12.4.3　圆锥齿轮传动受力分析 ·· 192

　　　12.4.4　计算载荷 ··· 193

　12.5　直齿圆柱齿轮传动强度计算 ··· 193

　　　12.5.1　直齿圆柱齿轮传动接触强度计算 ······························ 193

　　　12.5.2　直齿圆柱齿轮传动弯曲强度计算 ······························ 197

　12.6　斜齿圆柱齿轮传动强度计算 ··· 200

　　　12.6.1　斜齿圆柱齿轮传动接触强度计算 ······························ 200

　　　12.6.2　斜齿圆柱齿轮传动弯曲强度计算 ······························ 200

　12.7　直齿圆锥齿轮传动强度计算 ··· 200

　　　12.7.1　直齿圆锥齿轮传动接触强度计算 ······························ 200

　　　12.7.2　直齿圆锥齿轮传动弯曲强度计算 ······························ 201

　12.8　齿轮传动的精度 ·· 201

　12.9　齿轮的结构 ··· 202

　习题 ··· 207

　＊实践拓展练习 ··· 210

第 13 章　蜗杆传动 ·· 211

　13.1　概述 ··· 211

　　　13.1.1　蜗杆传动的特点与应用 ·· 211

　　　13.1.2　蜗杆传动的类型 ··· 211

　13.2　圆柱蜗杆传动的基本参数和几何计算 ······································ 212

　　　13.2.1　圆柱蜗杆传动的基本参数 ··· 212

　　　13.2.2　圆柱蜗杆传动的几何计算 ··· 214

　13.3　普通圆柱蜗杆传动的失效形式、设计准则及材料 ······················ 214

　　　13.3.1　蜗杆传动的失效形式及设计准则 ································ 214

　　　13.3.2　蜗杆传动的材料 ··· 215

　13.4　蜗杆传动的强度计算 ··· 215

　　　13.4.1　蜗杆传动的受力分析 ··· 215

　　　13.4.2　蜗杆传动的强度计算 ··· 216

13.5　蜗杆传动的效率、润滑及热平衡计算 ……………………………………… 218

　　　13.5.1　蜗杆传动的效率 ……………………………………… 218

　　　13.5.2　蜗杆传动的润滑 ……………………………………… 219

　　　13.5.3　蜗杆传动的热平衡计算 ………………………………… 220

13.6　蜗杆和蜗轮的结构 …………………………………………………………… 221

习题 ………………………………………………………………………………………… 223

＊实践拓展练习 ……………………………………………………………………………… 225

第 14 章　轴 ………………………………………………………………………………… 226

14.1　轴的功用和类型及设计要求 ………………………………………………… 226

　　　14.1.1　轴的功用和类型 …………………………………… 226

　　　14.1.2　轴的设计要求和设计步骤 ………………………… 228

14.2　轴的材料 …………………………………………………………………………… 228

14.3　轴的结构设计 …………………………………………………………………… 229

　　　14.3.1　满足使用要求 ………………………………………… 230

　　　14.3.2　轴的结构工艺性 …………………………………… 231

　　　14.3.3　提高轴的疲劳强度 ………………………………… 232

14.4　轴的强度计算 …………………………………………………………………… 233

　　　14.4.1　按许用切应力计算 ………………………………… 233

　　　14.4.2　按许用弯曲应力计算 ……………………………… 234

14.5　轴的刚度计算 …………………………………………………………………… 239

习题 ………………………………………………………………………………………… 240

＊实践拓展练习 ……………………………………………………………………………… 241

第 15 章　滚动轴承 …………………………………………………………………………… 242

15.1　概述 ………………………………………………………………………………… 242

　　　15.1.1　滚动轴承的基本构造 ……………………………… 242

　　　15.1.2　滚动轴承的材料和特点 …………………………… 243

15.2　滚动轴承的类型 ………………………………………………………………… 243

15.3　滚动轴承的代号 ………………………………………………………………… 245

15.4　滚动轴承的受力分析、失效形式和计算准则 ……………………………… 247

15.5　滚动轴承的寿命计算 …………………………………………………………… 248

　　　15.5.1　基本额定寿命、基本额定动载荷和基本额定静载荷 …………… 249

　　　15.5.2　当量动载荷和当量静载荷 ………………………… 249

　　　15.5.3　滚动轴承寿命计算 ………………………………… 251

　　　15.5.4　角接触轴承轴向载荷的计算 ……………………… 252

15.6　滚动轴承的组合设计、润滑和密封 ………………………………………… 254

　　　15.6.1　滚动轴承的固定 …………………………………… 254

　　　15.6.2　滚动轴承组合的调整 ……………………………… 255

　　　15.6.3　滚动轴承的配合 ·· 257

　　　15.6.4　滚动轴承的装拆 ·· 257

　　　15.6.5　滚动轴承的润滑和密封 ······································ 257

　习题 ·· 259

　*实践拓展练习 ·· 261

第 16 章　滑动轴承 ·· 262

　16.1　概述 ·· 262

　16.2　滑动轴承的结构 ·· 263

　16.3　滑动轴承的材料 ·· 265

　16.4　润滑剂 ·· 266

　16.5　非液体摩擦滑动轴承的计算 ·· 267

　16.6　液体动压滑动轴承简介 ·· 268

　习题 ·· 270

　*实践拓展练习 ·· 270

第 17 章　联轴器与离合器 ·· 271

　17.1　概述 ·· 271

　17.2　联轴器 ·· 272

　　　17.2.1　刚性联轴器 ·· 272

　　　17.2.2　挠性联轴器 ·· 273

　17.3　离合器 ·· 277

　　　17.3.1　机械操纵离合器 ·· 278

　　　17.3.2　自动离合器 ·· 280

　习题 ·· 281

　*实践拓展练习 ·· 281

第 18 章　课程设计综合实践 ·· 282

　18.1　概述 ·· 282

　　　18.1.1　课程设计的目的和要求 ······································ 282

　　　18.1.2　课程设计的内容和注意事项 ································ 282

　18.2　设计任务书 ·· 283

　18.3　课程设计的步骤 ·· 285

　　　18.3.1　选择电动机、传动比分配及传动零件设计 ·············· 285

　　　18.3.2　减速器装配草图的绘制 ······································ 287

　　　18.3.3　轴的强度校核算例 ·· 294

　　　18.3.4　滚动轴承和键的校核 ·· 296

　　　18.3.5　完成装配图、零件图和设计计算说明书 ················ 296

附录A 课程设计常用参考资料 ……………………………………………… 299

附录B 课程设计参考图例 …………………………………………………… 307

附录C 有关标准链接二维码 ………………………………………………… 313

参考文献 ……………………………………………………………………… 314

第0章 绪 论

0.1 课程研究的对象和内容

0.1.1 研究的对象

1. 机械

机械设计基础课程研究的对象是机械。什么是机械？机械是机器和机构的总称。

机械伴随着人类社会的不断进步逐渐发展与完善，并已成为现代社会生产和生活的重要组成部分。从广义角度讲，凡是能完成一定机械运动的装置都是机械，如飞机、汽车、机床、电动机、机器人及各种家用机械等(图0.1)。

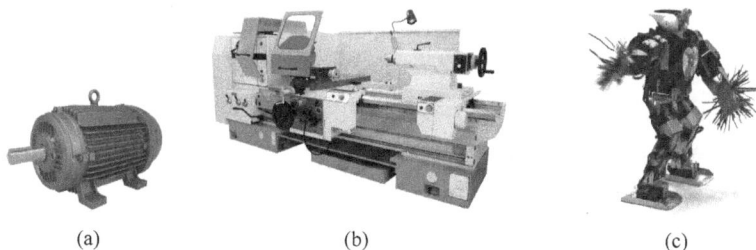

图 0.1 机械产品

(a) 电动机；(b) 机床；(c) 机器人

人类在长期的生产实践中，逐渐地设计和创造了各种各样的机器，涉及人类活动的各个领域。尽管种类、用途不同，但它们都有一些共同的特征。

图0.2所示的单缸四冲程内燃机，由气缸体1、活塞2、进气阀3、排气阀4、连杆5、曲轴6、凸轮7、顶杆8、齿轮9和齿轮10等组成。燃气推动活塞作往复移动，经连杆转变为曲轴的连续转动。凸轮和顶杆是用来启闭进气阀和排气阀的。为了保证曲轴每转两周进、排气阀各启闭一次，在曲轴和凸轮轴之间安装了齿轮，齿数比为1∶2。这样，当燃气推动活塞运动时，进、排气阀有规律地启闭，加上气化、点火等装置的配合，就把燃气的热能转换为曲轴转动的机械能。

图0.3所示为一种常见的洗衣机外观及其传动系统示意图。洗涤时，牵引器不动，制动带抱紧

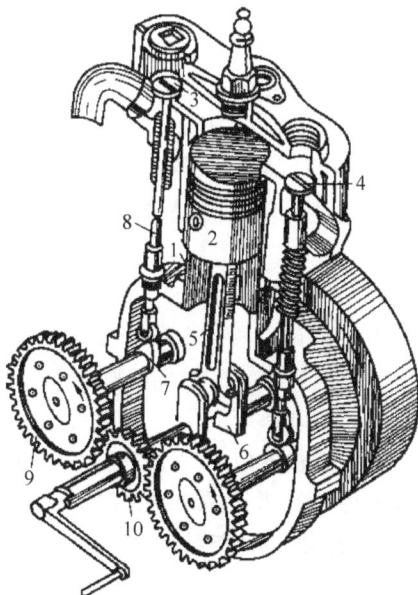

图 0.2 单缸四冲程内燃机结构

齿轮箱,使之处于静止状态;棘爪与棘轮工作,使离合簧处于放松状态。于是,电动机经 V 带传动将运动和动力传到高速轴,再通过高速轴及定轴齿轮传动,输出正向的波轮转动和反向的内桶转动。脱水时,牵引器动作,制动带处于放松状态;棘爪在牵引器的作用下脱离棘轮,致使离合簧紧缠在脱水轴和高速轴上,使高速轴、脱水轴、齿轮箱及脱水桶作为一个整体运动。于是,电动机经主动轮、V 带将运动和动力传至从动轮,再通过高速轴、脱水轴带动脱水桶作脱水运动。洗衣机将电能转换为机械能。

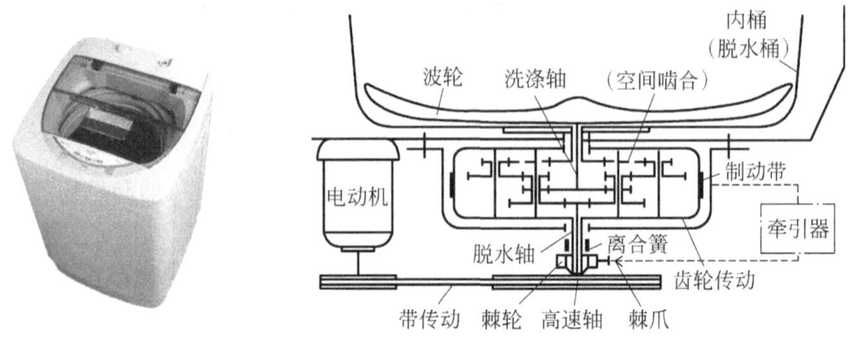

图 0.3　洗衣机
(a) 外观图;(b) 传动系统示意图

再如,发电机主要是由转子(电枢)和定子组成的,当驱动转子回转时,发电机就把机械能转换为电能。

2. 机器

从图 0.2 和图 0.3 的两个例子可以看出,机器具有下列特征:①它们都是一种通过加工制造和装配而成的人为的实物组合体;②它们各部分之间具有确定的相对运动;③它们用来代替或减轻人类的劳动去完成有用的机械功,或转换机械能。

一台完整的机器通常由以下三个基本部分组成(图 0.4 中的双线框)。

(1) 原动机部分。是驱动整部机器完成预定功能的动力源,其功能是将其他形式的能量转换为机械能(如内燃机和电动机分别将热能和电能转换为机械能)。

(2) 执行部分。也称工作部分,是用来完成机器预定功能的组成部分,其功能是利用机械能去转换或传递能量、物料、信息,如发电机把机械能转换成电能,轧钢机变换物料的外形等。

(3) 传动部分。介于原动机部分和执行部分之间,其功能是把原动机的运动形式、运动和动力参数转变为执行部分所需要的运动形式、运动和动力参数,例如把旋转运动转变为直线运动,高转速转变为低转速等。机械的传动部分大多数使用机械的传动系统,也可使用液压或电力传动系统。

为了使机器以上三个基本部分协调工作,并准确、可靠地完成整体功能,还需要不同程度地增加其他部分,如控制部分和辅助部分(图 0.4 中的单线框)。

3. 机构、构件与零件

1) 机构

机构也是人为的实物组合体,其各部分之间具有确定的相对运动,因此机构只具有机器

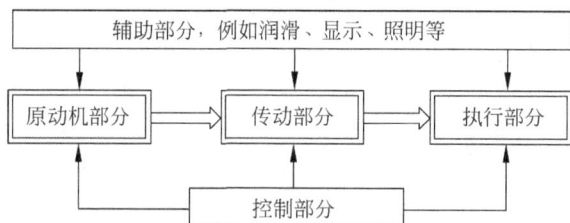

图 0.4　机器的组成

的前两个特征。在内燃机中,活塞、连杆、曲轴和气缸体组成一个曲柄滑块机构,可将活塞的往复移动转变为曲轴的连续转动。凸轮、顶杆和气缸体组成凸轮机构,将凸轮的连续转动转变为顶杆的有规律的往复移动。而曲轴、凸轮轴上的齿轮和气缸体组成齿轮机构,可使两轴保持一定的转速比。由此可见,机器是由机构组成的。一部机器可以包含几个机构,也可以只包含一个机构,如电动机、鼓风机。

若抛开机器在做功和转换能量方面所起的作用,仅从结构和运动的观点来看,则机器与机构之间并无区别。因此,习惯上用"机械"一词作为机器和机构的总称。

2) 构件

组成机构的各个相对运动部分称为构件。构件可以是单一的整体(如图 0.5(a)所示的曲轴),也可以是由几个零件组成的刚性连接(如图 0.5(b)、(c)所示的连杆)。由于结构、工艺等方面的原因,内燃机的连杆由连杆体、连杆盖、轴瓦、螺栓、螺母及开口销等几个零件组成。这些零件形成一个整体而进行运动,该整体称为一个构件。构件是运动的单元。

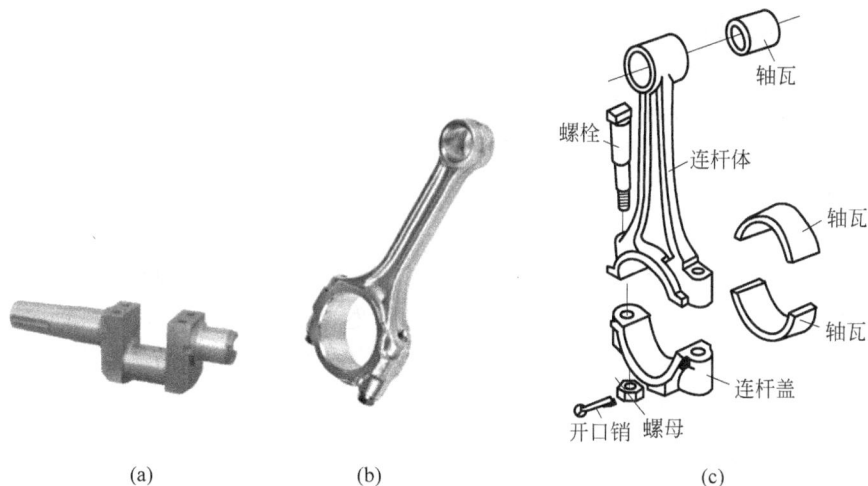

图 0.5

图 0.5　内燃机的曲轴和连杆
(a) 曲轴;(b) 连杆;(c) 连杆拆分件

值得指出的是,从现代机器发展趋势来看,机构中的构件可以是刚性的,也可以是挠性的或弹性的,或是由液压、气动、电磁件构成的,故机构并非都是由刚性构件组成的。

3) 零件

零件是组成构件或机器的制造单元。如内燃机曲轴,在内燃机的曲柄滑块机构中是一个运动单元,也是一个制造单元;既是构件,也是零件;再如组成连杆的连杆体、连杆盖、螺栓及螺母等(图 0.5),则分别是不同的制造单元,均属于零件,各零件间没有相对运动。零件是制造后没有经过组装的物体,因而是组成机器的最小制造单元。

一组协同工作的零件所组成的独立制造或独立装配的组合体称为部件,如减速器、联轴器、离合器等。部件是装配的单元。零件和部件可以统称为零部件。

机械中的零部件可以分为两类。一类为通用零部件,它是在各种机械中经常用到的,按同一标准制造的零部件,如齿轮、轴承、螺栓、螺母等;另一类为专用零部件,它是为特定机械特别制造的零部件,只出现于某些特定的机械中,如汽轮机叶片、内燃机活塞等。

0.1.2　内容和特点

1. 内容

机械设计基础课程作为机械设计的基础,主要介绍机械中常用机构和通用零部件的工作原理、运动特性、结构特点、使用维护以及相关标准和规范。这些内容是机械设计的基本内容,在各种机械设计中是普遍适用的。从庞然大物般的万吨水压机到袖珍机械式手表,从航天器中的高精度仪表到精度要求较低的简单机器,它们所用的同类机构和零件,虽然尺寸大小、具体结构形状、工作条件等有很大差异,但其工作原理、运动特点、设计计算的基本理论和方法是类同的。

2. 特点

1) 多学科知识的综合性

机械设计基础是数学、物理学、理论力学、材料力学、工程图学、机械制造基础、金属材料及热处理、公差配合与技术测量等有关技术基础课程知识的综合运用。设计时要特别注意理论联系实际,切忌纯理论观点。由理论计算出的数据一定要考虑诸多工程实际问题,例如加工的可能性、结构的合理性、产品的经济性等问题。

2) 设计步骤和设计结果的多样性

考虑到机械设计的综合性,设计者采用的设计步骤和设计结果都具有多样性。要善于分析利弊,择优选取最佳设计方案。

3) 试算法

由于实际工程问题比较复杂,涉及的相关未知因素很多,例如,齿轮传动涉及齿轮材料、加工工艺性能及齿轮参数(如中心距、模数、齿数、齿宽、螺旋角等),很难实现一步求解得出结论,往往需要采用"试算法",通过反复的初设、计算、分析、修改,最后才能取得较为满意的结果。

0.1.3　性质和任务

1. 性质

机械设计基础是一门培养学生具有一定的机械设计能力的技术基础课程。与其他基础课程相比,它更接近工程实际;与专业课程相比,它有更宽的研究面和更广的适应性。本课程主要综合运用了许多先修课程,并为后续课程即专业课打下牢固的基础,因此,本课程在教学计划中起着承上启下的重要作用。

2. 主要任务

(1)掌握机构的结构、运动特性和机械动力学的基本知识,初步具有分析和设计基本机构的能力,并对机械运动方案的确定有所了解。

（2）掌握通用零部件的工作原理、特点、维护和设计计算的基本知识,初步具有设计机械传动装置和简单机械的能力。

（3）具有运用标准、规范、手册和图册等有关技术资料的能力。

（4）培养创新设计、总结归纳和综合运用所学知识的能力。

0.2　机械设计的基本要求、一般程序和标准化

0.2.1　机械设计的基本要求

机械设计就是根据生产及生活上的某种需要,规划和设计出能实现预期功能的新机器或对原有机械进行改进的创造性工作过程。机械设计是机械生产的第一步,是影响机械产品制造过程和产品性能的重要环节。因此,尽管设计的机械种类繁多,但设计时都应满足下列基本要求。

1. 使用功能要求

所设计的机械应具有预期的使用功能,既能保证执行机构实现所需要的运动（包括运动形式、速度、运动精度和平稳性等）,又能保证组成机构的零部件工作可靠,有足够的强度和使用寿命,而且使用、维护方便。这是机械设计的基本出发点。

2. 安全可靠性要求

（1）使机器和零件在规定的载荷作用下和规定的时间内,能正常工作而不发生断裂、过度变形、过度磨损,不丧失稳定性。

（2）能实现对操作人员的保护,保证人身安全和身体健康。

（3）对于环境不会造成污染,同时要保证机器对环境的适应性。

3. 经济性要求

设计机械时,一定要反对单纯追求技术指标而不顾经济成本的倾向。经济性要求是一个综合指标,它体现在机械的设计、制造和使用的全过程中,因此,设计机械时,应全面综合地考虑以下两方面的经济性要求。

（1）提高设计、制造的经济性。提高设计、制造的经济性的措施主要有:运用现代设计方法,使设计参数最优;推广标准化、系列化和通用化;采用新工艺、新材料、新结构;改善零部件的结构工艺性;合理地规定制造精度和表面粗糙度等。

（2）提高使用的经济性。提高使用的经济性的措施主要有:选用效率高的传动系统和支承装置,以降低能量消耗;提高机械的自动化程度,以提高生产率;采用适当的防护及润滑措施,以延长机械的使用寿命等。

4. 其他要求

应使机器外形美观,便于操作和维修。此外,还必须考虑到,由于工作环境和要求不同,从而对有些机器的设计提出某些特殊要求,如耐腐蚀、高精度等,如果机器用于制造食品,需要考虑卫生条件。

0.2.2　机械设计的一般程序

机械设计是建立满足机械功能要求的技术系统的创作过程。一部机器或一个机械产品

从无到有要经历机械设计的各个程序。机械设计的一般程序主要包括计划阶段、方案设计阶段、技术设计阶段和改进设计阶段,具体步骤如图0.6所示。

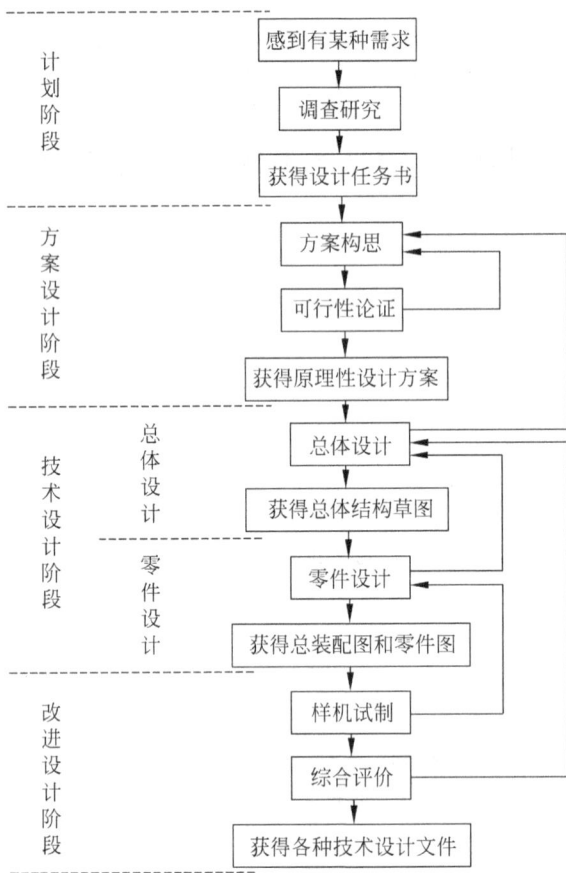

图 0.6　机械设计的一般程序

0.2.3　机械设计中的标准化

标准化是组织现代化大生产的重要手段,也是实行科学管理的重要措施之一。标准化是指对机械零部件的种类、尺寸、结构要素、材料性能、检验方法、设计方法、公差配合、制图规范等制定出大家共同遵守的标准。设计者无需重复设计,可直接从相关手册和样板中选用这些标准。不同类型、不同规格的机器中,很多零部件是相同的,将这些零部件加以标准化,并按不同尺寸加以系列化,在系列之内或跨系列的产品之间尽量采用统一结构和尺寸的零部件,即通用化。标准化、系列化、通用化称为"三化"。

标准化的意义在于:

(1) 能以最先进的方法在专门化的工厂中对那些用途最广泛的零部件进行大量的、集中的制造,从而提高零部件的质量,降低成本。

(2) 能统一材料和零部件的性能指标,使其能够进行比较,从而提高零部件性能的可靠性。

（3）采用标准结构和标准零部件，可以简化设计工作，缩短设计周期，有利于设计者把主要精力用在关键零部件的设计上，从而提高设计质量。

（4）提高互换性，简化了机器的维修工作。

由于标准化具有明显的优越性，所以应在机械设计中大力推广，一个国家的标准化程度代表着其工业制造的先进程度。

我国现行标准分为国家标准、行业标准、地方标准和团体标准、企业标准。国家标准又分为强制性标准（GB）和推荐性标准（GB/T）两种。为增强在国际市场的竞争力，我国鼓励采用国际标准化组织（ISO）的标准。近年来我国发布的国家标准，许多都采用了相应的国际标准。设计人员必须熟悉现行的有关标准，会利用机械设计手册或机械工程手册等查阅有关标准和资料。

0.3　机械零件设计的基本准则及一般步骤

1. 机械零件设计的基本准则

机械零件由于某种原因而不能正常工作时，称为失效。机械零件常见的失效形式有断裂或塑性变形、超过规定的弹性变形、工作表面的过度磨损和损伤、打滑或过热，以及发生强烈的振动等。根据失效原因而制定的判定条件称为计算准则，设计中常将这些准则作为防止失效和进行设计计算的依据。

（1）强度准则。强度是机械零件首先应满足的基本要求。为了保证零件具有足够的强度，应使零件在载荷作用下，其危险截面或工作表面上的工作应力 σ（正应力）或 τ（切应力）不超过零件的许用应力 $[\sigma]$ 或 $[\tau]$，即

$$\sigma \leqslant [\sigma] \quad 或 \quad \tau \leqslant [\tau] \tag{0.1}$$

（2）刚度准则。刚度是零件在载荷作用下抵抗弹性变形的能力。如果零件的刚度不足，产生的弹性变形过大，会影响机器的正常工作。例如，机床主轴刚度不足会影响零件的加工精度，对这类机器的有关零件需进行刚度计算，设计时必须使零件在载荷作用下产生的最大弹性变形量不超过许用变形量，即

$$y \leqslant [y], \quad \theta \leqslant [\theta], \quad \varphi \leqslant [\varphi] \tag{0.2}$$

式中，y、$[y]$ 分别为零件的变形量和许用变形量；θ、$[\theta]$ 分别为零件的转角和许用转角；φ、$[\varphi]$ 分别为零件的扭角和许用扭角。

（3）耐磨性准则。运动副中，摩擦表面物质不断损失的现象称为磨损。磨损会使零件形状及尺寸发生改变，配合间隙增大，精度降低，产生冲击振动从而失效。零件抵抗磨损的能力称为耐磨性。设计时应使零件在预期使用寿命内的磨损量不超过允许范围。有关磨损的计算，常采用条件性计算：使接触表面上的正压力 p 与 pv 值小于或等于许用值 $[p]$ 和 $[pv]$，即

$$p \leqslant [p] \quad 或 \quad pv \leqslant [pv] \tag{0.3}$$

式中，v 为零件工作表面的相对滑动速度。

（4）热平衡准则。对于传动效率低、发热量大的运动副（如蜗杆传动副），若散热不良，会导致零件温升过高，以致两零件局部接触表面熔融，接触表面材料由一个零件表面转移到另一个零件表面（指接触表面擦伤、撕脱，严重时相互咬死），即所谓胶合。对此应进行散热

计算,使其正常工作时的温度 t 不超过许用工作温度 $[t]$,即

$$t \leqslant [t] \tag{0.4}$$

(5) 振动稳定性准则。当机器或零件的自振频率和周期性外载的变化频率相等或接近时,振幅将急剧增大,发生共振,这种现象称为"失去振动稳定性"。共振可在短期内使零件破坏,应避免零件的固有频率和周期性外载的变化频率相等或接近。

(6) 可靠性准则。由于机械零件的工作条件和其材料的机械性能等都具有随机性,所以机械零件能够在设计寿命内正常工作是有概率的。可靠性要求就是要保证这种正常工作的概率不小于允许值。

2. 机械零件设计的一般步骤

(1) 根据使用要求(如功率、转速等),选择零件类型及结构形式,并拟定设计草图。

(2) 根据零件的工作条件,选择合适的材料及热处理方法。

(3) 计算作用在零件上的载荷。

(4) 分析零件的主要失效形式,选择相应的设计准则,确定零件的基本尺寸。

(5) 按结构工艺性及标准化的要求,设计零件的结构及具体尺寸。

(6) 绘制零件工作图,拟定技术要求,编写设计计算说明书。

在实际工作中,也常用与上述相逆的方法进行校核计算,即先参照已有实物或图纸,用经验数据或类比法初步设计出零件结构尺寸,然后再按有关准则进行校核。

习　题

0.1　机械设计基础课程的性质和任务是什么? 通过本课程的学习应达到哪些要求?

0.2　什么是通用零件? 什么是专用零件? 试举例说明。

0.3　指出汽车中若干通用零件和专用零件。

0.4　指出下列机器的动力部分、控制部分和执行部分:汽车、自行车、车床、电风扇。

0.5　什么是机械设计中的标准化? 实行标准化有何重要意义?

第1章 平面机构的结构分析

1.1 概　　述

所有构件的运动平面都相互平行的机构称为平面机构,否则称为空间机构。由于工程实际应用和生活使用的机器中,绝大多数都可以简化成平面机构进行分析,所以本章仅讨论平面机构。

机构是一个由构件通过连接形成的构件系统,构件之间形成了可动的连接,由于机构中各构件之间应具有确定的相对运动,所以任意两构件之间的可动的连接也是确定的。但对于通过可动的连接将构件任意组合而成的构件系统,其构件间可能发生相对运动,也可能不能运动。即使能运动,也不一定具有确定的相对运动,故不具有确定的相对运动的构件系统一定不是机构。本章将讨论构件系统在什么条件下,各构件间具有确定的相对运动。

机器可以是由一个单一的机构组成的,也可以是由多个机构组合而成的。通常机器的外形和结构复杂,工程技术人员和研究人员需要将机器简化和拆分成机构进行分析。所以通常用一些简单的线条和符号作为工程图形语言表征机构,即用机构运动简图表示实际机械。

1.2 运　动　副

平面机构是由许多构件组合而成的。每个构件都以一定的方式与其他构件直接接触,并能产生一定的相对运动,两构件之间这种可动的连接称为运动副。运动副包含三层含义:两个构件、直接接触、相对运动。两构件之间的直接接触形式有点接触、线接触、面接触,按照接触形式,通常把运动副分为低副和高副。

1. 低副

两构件通过面接触构成的运动副称为低副。根据两构件间的相对运动形式,低副又分为转动副和移动副。

(1)转动副。构成运动副的两构件只能在一个平面内做相对转动,则该运动副称为转动副或铰链,如图1.1所示。

(2)移动副。构成运动副的两构件只能在一个平面内做相对移动,则该运动副称为移动副,如图1.2所示。

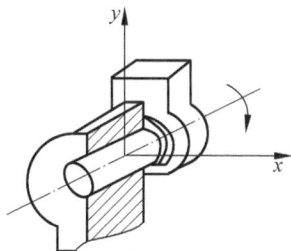

图1.1 转动副或铰链

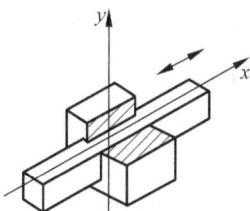

图1.2 移动副

图 1.1

图 1.2

2. 高副

构件通过点或线接触构成的运动副称为高副,如图 1.3 所示。如图 1.3(a)所示,火车车轮 1 与钢轨 2 在 A 处通过线接触构成高副;如图 1.3(b)所示,凸轮机构的从动件 2 的尖顶与凸轮 1 通过点接触构成高副;如图 1.3(c)所示,一对齿轮 1 和 2 的轮齿啮合传动,通过线接触构成高副。

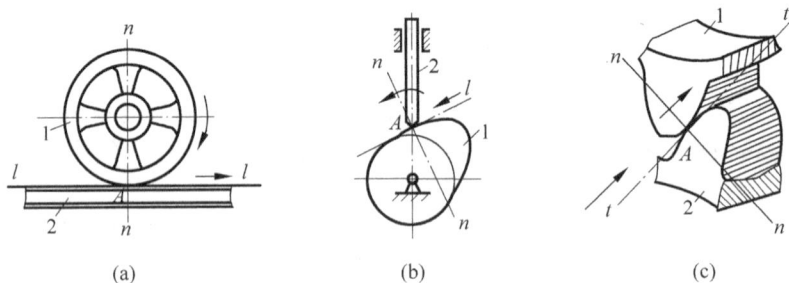

图 1.3　高副

(a) 车轮与钢轨;(b) 凸轮机构;(c) 齿轮机构

此外,常用的运动副还有球面副和螺旋副,如图 1.4 所示,由于它们都是空间运动副,本章不作讨论。

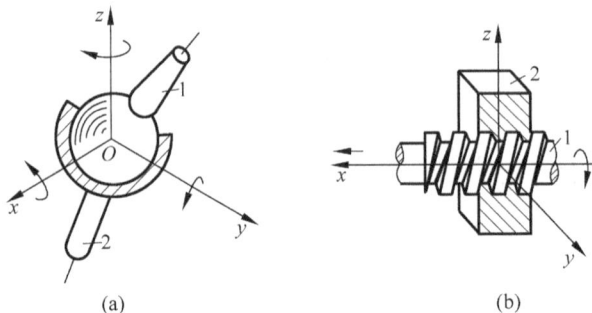

图 1.4　球面副和螺旋副

(a) 球面副;(b) 螺旋副

3. 低副与高副的区别

由于接触形式不同,低副与高副在使用方面主要存在以下区别:

(1) 低副为面接触,因而其两构件接触处的压强小,承载能力大,耐磨损,寿命长,且因其形状简单,所以容易制造;而高副为点或线接触,则相反。

(2) 低副的两构件之间只能做相对滑动,而高副的两构件之间则可做相对滑动或滚动,或二者并存,如图 1.3 所示的凸轮副和齿轮副。

4. 运动链与机构

两个以上的构件以运动副相连接而构成的系统称为运动链,如图 1.5 所示。若运动链中的各构件首尾相连,则称为闭式运动链,如图 1.5(a)所示;否则称为开式运动链,如图 1.5(b)所示。当运动链中的某一构件固定,给定其中的 1 个或几个构件做确定的独立运动时,若其余的非固定构件随之做确定的运动,则该运动链成为机构。

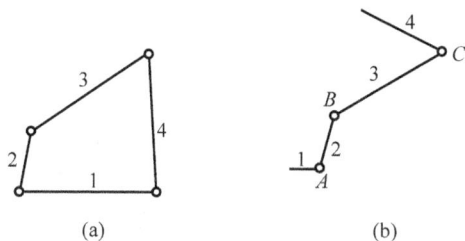

图 1.5　运动链

(a) 闭式运动链；(b) 开式运动链

1.3　平面机构运动简图

为了分析现有机械、构思新的机械运动方案、进行机构的运动和动力分析,用简单的线条和规定的符号来表示构件和运动副,并用一定的比例表示运动副的位置,这种表示机构各构件间相对运动关系的简化图形,称为机构运动简图。

机构运动简图不考虑构件的外形和构造、构件的断面尺寸、零件个数及运动副的具体构造,但其必须与原机构具有完全相同的运动特性。机构运动简图不仅可以用来表示机构的运动情况,而且还可以用来对机构进行运动分析和受力分析。机构运动简图是一种用简单的线条和符号表示机构的工程图形语言,应表明机构的种类、构件的数目、传动路线、运动副的种类及数目。

不严格按比例绘制的机构运动简图,只是定性地表示机构的组成及运动原理,这种机构运动简图则称为机构示意图。

1.3.1　构件的分类

机构中的构件可以分为固定构件和活动构件两大类,其中活动构件又分为原动件和从动件。

1. 固定构件

固定构件又叫机架,机构中有且只有 1 个固定构件。研究机构的运动时,常以固定构件作为参考坐标系,如机床的床身、车辆底盘、飞机机身等。

2. 活动构件

1) 原动件

原动件是按给定运动规律独立运动的构件,它的运动是由外界输入的,所以又叫输入构件。为保证机构的运动,机构中至少有 1 个原动件。在机构运动简图中,通常在原动件上或其旁边画表示运动方向的箭头。

2) 从动件

从动件是随着原动件运动而运动的其余活动构件,其中输出预期运动的从动件叫输出构件,其他从动件则起着传递运动的作用。

1.3.2　构件和运动副的表示方法

1. 一般构件的表示方法

构件通常用直线、三角形、矩形块等来表示。若构件是固定的,则在构件上画平行斜线,如图 1.6 所示;若构件相对复杂,表达一个刚性整体时,常在构件上添加类似焊接的标记,如图 1.7 所示。若构件将与其他构件连接构成运动副时,参与组成两副的构件的表示方法如图 1.8 所示,参与组成三副的构件的表示方法如图 1.9 所示。图 1.9(a)表示 1 个构件,且该构件与其他 3 个构件构成的 3 个运动副在同一条直线上。图 1.9(b)表示 1 个构件将参与构成 2 个转动副和 1 个移动副。图 1.9(c)～(g)都表示 1 个构件,且该构件与其他 3 个构件构成的 3 个运动副不在一条直线上。

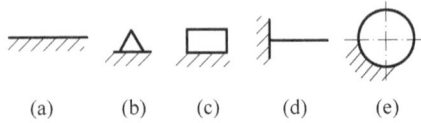

　　(a)　　　(b)　　(c)　　　(d)　　　　(e)

图 1.6　固定构件的表示方法

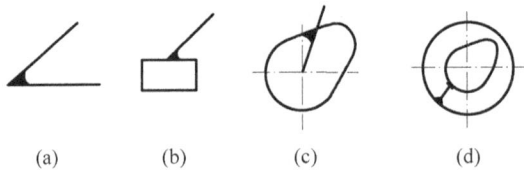

　　(a)　　　　　(b)　　　　　(c)　　　　　(d)

图 1.7　刚性整体构件的表示方法

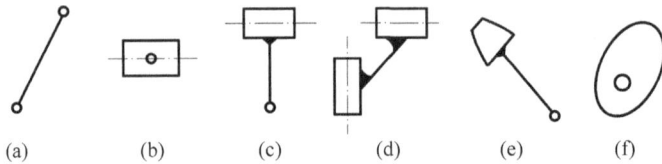

　(a)　　　(b)　　　(c)　　　(d)　　　(e)　　　(f)

图 1.8　参与组成两副的构件的表示方法

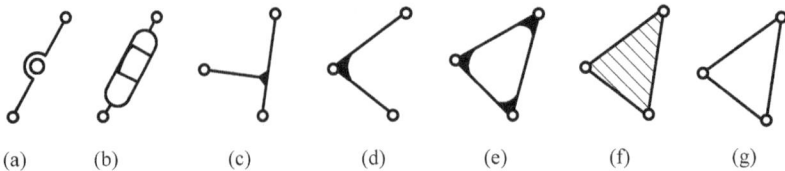

　(a)　　(b)　　(c)　　　(d)　　　(e)　　　(f)　　　(g)

图 1.9　参与组成三副的构件的表示方法

2. 运动副的表示方法

用圆圈表示转动副,其圆心代表相对转动轴线,图 1.10(a)～(c)是两个构件构成转动副的表示方法。两构件构成移动副的表示方法如图 1.10(d)～(f)所示。移动副的导路必须与相对移动方向一致。两构件构成高副时,在简图中应当画出两构件接触处的曲线轮廓,如图 1.10(g)～(i)所示。

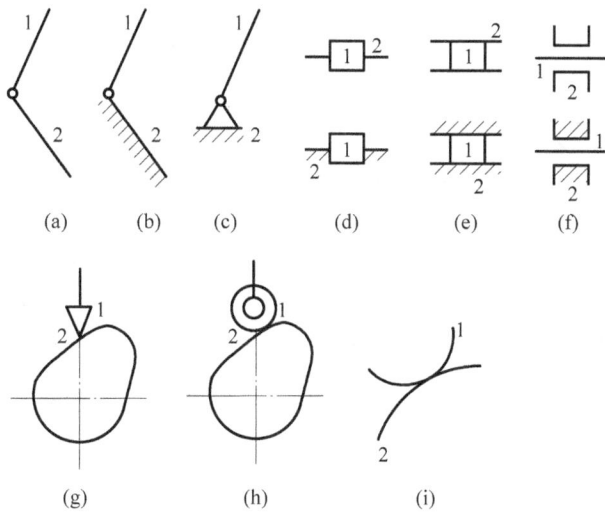

图 1.10　平面运动副的表示方法

3. 其他常用机构或传动装置运动简图的表示方法

其他常用机构或传动装置运动简图的表示方法如表 1.1 所示。

表 1.1　其他常用机构或传动装置运动简图的表示方法

名　称	符　号	名　称	符　号
外啮合齿轮机构		棘轮机构	
内啮合齿轮机构		凸轮机构	
齿轮齿条机构		带传动	
圆锥齿轮机构		链传动	

名　　称	符　　号	名　　称	符　　号
蜗杆机构		在支架上的电机	

1.3.3　平面机构运动简图的绘制

平面机构运动简图应满足的条件为：构件数目与实际相同,运动副的性质、数目与实际相符,运动副之间的相对位置以及构件尺寸与实际机构成比例。平面机构运动简图的一般绘制方法如下:

(1) 分析机构运动,找出机架、原动件与从动件。

(2) 从原动件开始,按照运动的传递顺序,分析各构件之间相对运动的性质,确定活动构件数目、运动副的类型和数目。

(3) 合理选择视图平面,应选择能较好地表示运动关系的平面为视图平面。

(4) 选择合适的比例尺,长度比例尺 μ＝图示长度/实际长度。

(5) 按比例尺定出各运动副之间的相对位置,用规定符号绘制机构运动简图。

(6) 各转动中心标注大写的英文字母,各构件标注阿拉伯数字,机构的原动件用箭头标明。

注意:绘制机构运动简图时,应该抛开构件的实际外形,只考虑运动副的性质,如图 1.11(a)所示的构件主视图,其左视图可以是图 1.11(b)~(d)所示结构,这 3 个左视图中构件的表示方法相同。

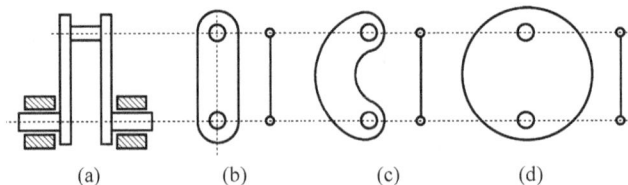

图 1.11　不同外形的构件表达形式可相同

例 1.1　绘制图 1.12 所示的牛头刨床的机构运动简图。

解:

1. 分析机构的组成情况、动作原理和运动情况。

1) 组成情况

该机构由曲柄 5(大齿轮)、滑块 2 和 6、导杆 7、刨头 8、床身 1、小齿轮 4、电动机 3 等组成。

2) 动作原理和运动情况

电动机 3→带传动(图 1.12 中未画)→小齿轮 4→大齿轮 5(曲柄与其一同连续转动)→滑块 6(滑块 6 一方面绕曲柄 5 上的销轴转动,一方面在导杆 7 上的导槽中滑动)→导杆 7 摆

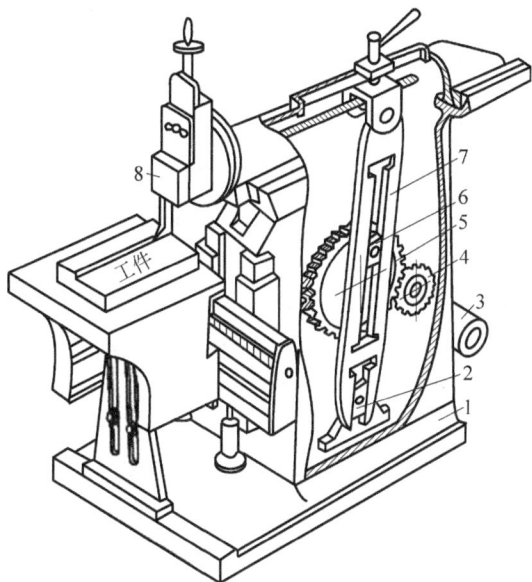

1—床身；2—滑块；3—电动机；4—小齿轮；5—曲柄(大齿轮)；6—滑块；7—导杆；8—刨头。

图 1.12 牛头刨床

动→刨头 8 往复摆动；导杆 7 下部的导槽与滑块 2 相连接，使刨头 8 平动。

3）分析机构的原动件、传动部分和执行部分

原动件——小齿轮 4；执行部分——刨头 8；机架——床身 1；其余为传动部分的活动构件。

2. 分析各连接结构之间的相对运动性质，确定运动副类型。

1）低副

转动副：4—1、5—1、5—6、2—1、7—8

移动副：6—7、7—2、8—1

2）高副

齿轮高副：4—5

3. 选择视图投影面和比例尺，选取垂直齿轮轴线的视图投影面，各运动副均在此平面或其平行平面内，绘制机构运动简图，如图 1.13 所示，标出原动件转向，各转动中心标注大写的英文字母，各构件标注阿拉伯数字。

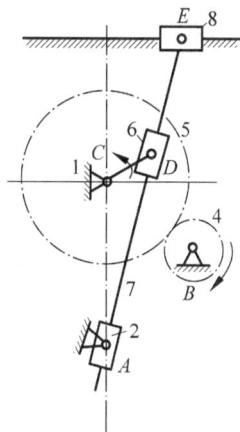

图 1.13 牛头刨床的机构运动简图

1.4 平面机构的自由度

1.4.1 平面机构自由度的计算

1. 构件的自由度

对于一个空间构件，若没有任何约束，可以沿着 x、y、z 轴移动和绕着各轴旋转，则该空间构件具有 6 个自由度，如图 1.14(a)所示；对于一个平面构件，若没有任何约束，可以沿着

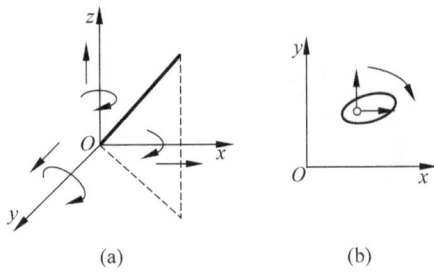

图 1.14　构件的自由度

x、y 轴移动和绕着 z 轴旋转,则该平面构件具有 3 个自由度,如图 1.14(b)所示。所以构件的自由度是构件相对于参考坐标系具有的独立运动的数目。

2. 约束

当两个构件构成运动副之后,它们的相对运动就受到约束,使得某些独立的相对运动受到限制。对独立的相对运动的限制称为约束。约束增多,自由度就相应减少。由于不同种类的运动副引入的约束不同,所以保留的自由度也不同。

1）移动副和转动副

当构件 1 和构件 2 构成移动副后,如图 1.2 所示,约束了沿 1 个轴方向的移动和 1 个转动,即引入 2 个约束,只保留沿另一个轴方向移动的 1 个自由度。

当构件 1 和构件 2 构成转动副后,如图 1.1 所示,约束了沿 2 个轴方向移动的自由度,即引入 2 个约束,只保留 1 个转动的自由度。

2）高副

当构件 1 和构件 2 构成平面高副时,一般只引入 1 个约束,如图 1.3(b)、(c)所示,约束了沿接触处公法线 n—n 方向移动的自由度,保留绕接触处的转动和沿接触处公切线 t—t 方向移动的 2 个自由度。

3. 自由度计算

在平面机构中,每个低副引入 2 个约束,使构件失去 2 个自由度;每个高副引入 1 个约束,使构件失去 1 个自由度。设某平面机构共有 N 个构件。除去固定构件,则活动构件数为 $n=N-1$。在没有引入运动副之前,这些活动构件的自由度为 $3n$,引入运动副后,约束掉部分自由度,若机构中低副数为 P_L 个,高副数为 P_H 个,则运动副引入的约束总数为 $2P_L+P_H$。活动构件的自由度总数减去运动副引入的约束总数就是机构的自由度,以 F 表示,即

$$F=3n-2P_L-P_H \tag{1.1}$$

式(1.1)就是计算平面机构的自由度的公式。由式(1.1)可知,机构自由度取决于活动构件的个数以及运动副的性质和个数。

例 1.2　计算图 1.15 所示曲柄滑块机构的自由度。

解：曲柄滑块机构中,一共有 4 个构件,其中构件 4 为机架,则活动构件数 $n=3$,低副包含 3 个转动副和 1 个移动副,$P_L=4$,$P_H=0$,由式(1.1),得该机构的自由度为

$$F=3n-2P_L-P_H=3\times3-2\times4-0=1$$

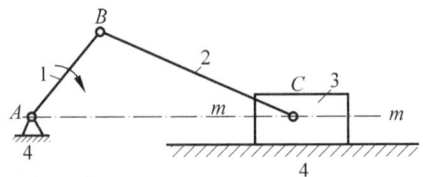

图 1.15　曲柄滑块机构

例 1.3　计算图 1.3(b)所示凸轮机构的自由度。

解：凸轮机构中,一共有 3 个构件,其中活动构件数 $n=2$,低副包含 1 个转动副和 1 个移动副,$P_L=2$,$P_H=1$,由式(1.1),得该机构的自由度为

$$F=3n-2P_L-P_H=3\times2-2\times2-1=1$$

1.4.2　计算平面机构自由度的注意事项

在应用自由度计算公式(1.1)时,需要注意下列问题。

1. 复合铰链

两个以上的构件在同一轴线以转动副相连接,所构成的运动副称为复合铰链,如图 1.16 所示,由图 1.16 可以看出,构件 1 分别与构件 2 和构件 3 构成转动副,该轴线上共有 2 个转动副。因此,由 K 个构件在同一轴线处构成复合铰链时,则组成 $K-1$ 个共轴线的转动副,即此处的转动副数为 $K-1$ 个。

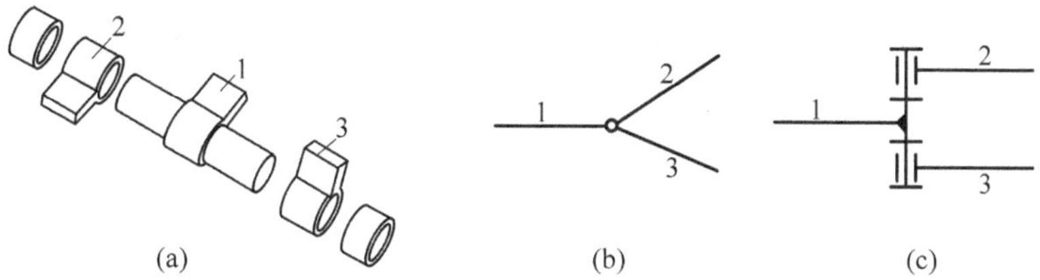

图 1.16　复合铰链

例 1.4　计算图 1.17 所示的圆盘锯主体机构的自由度。

解：机构中有 7 个活动构件,$n=7$,A、B、C、D 4 处都是 3 个构件汇交成的复合铰链,各有 2 个转动副,故 $P_L=10$,$P_H=0$。当原动件 8 转动时,圆盘中心 E 将沿直线 EE' 移动。则该机构的自由度为

$$F=3n-2P_L-P_H=3\times7-2\times10-0=1$$

2. 局部自由度

若机构中某些构件具有的自由度仅与其自身的局部运动有关,并不影响其他构件的运动,则这种自由度称为局部自由度。局部自由度的存在与输出构件的运动无关。局部自由度最常发生的场合是把滑动摩擦变为滚动摩擦时添加的滚子。图 1.18(a)所示为一个滚子从动件盘形凸轮机构,滚子 2 绕其轴心 A 的转动是一个局部自由度,在计算机构的自由度时,可假设滚子 2 与从动件 3 固连成一体,如图 1.18(b)所示,即减少 1 个活动构件,减少 1 个转动副,此时 $n=2$,$P_L=2$,$P_H=1$,由式(1.1)得此凸轮机构的自由度为

$$F=3n-2P_L-P_H=3\times2-2\times2-1=1$$

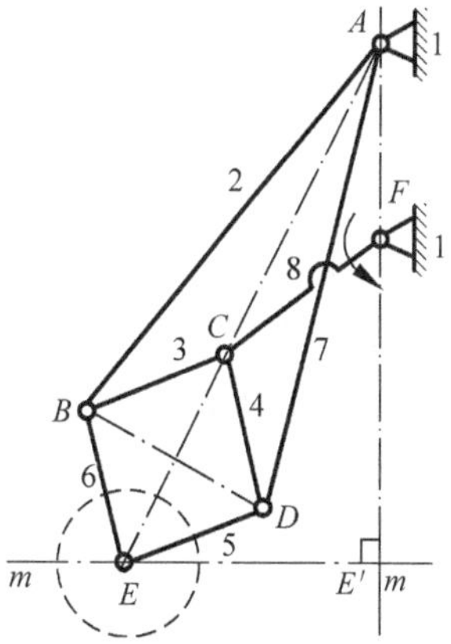

图 1.17　圆盘锯主体机构

3. 虚约束

如果机构中某些运动副或某些运动副与构件的组合所形成的约束,与其他约束重复而对机构的运动不再起约束作用,则这种约束称为虚约束。在计算机构的自由度时,应将虚约束除去不计。

平面机构中的虚约束常出现在下列场合。

(1) 移动副导路平行。两构件之间组成多个导路平行的移动副时,只有一个移动副起作用,其余都是虚约束。如图 1.19 所示,两构件在 E、F 处组成两个移动副,移动副导路方向是平行的,此时只能按一个移动副计算。

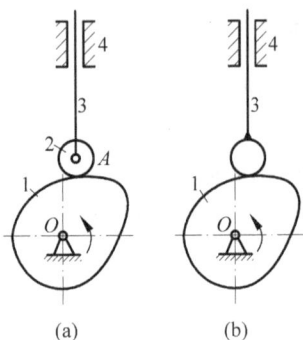

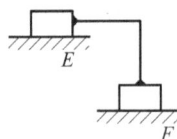

图 1.18　局部自由度　　　　　　　　　　图 1.19　移动副导路平行

（2）转动副轴线重合。当两构件之间组成多个轴线重合的转动副时，只有一个转动副起作用，其余都是虚约束。图 1.20 所示为齿轮轴 1 支承在机架 2 的两个轴承上，在计算机构自由度时，应按一个转动副计算。

（3）两构件连接前后，连接点轨迹重合。如图 1.21 所示，AB、CD、EF 三个杆长度相等且平行，增加构件 4 前后，C 点的轨迹都是同一个圆弧，所以增加的约束不起独立作用，应该去掉构件 4。同理，也可以去掉构件 1 或 3。

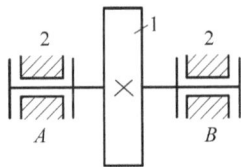

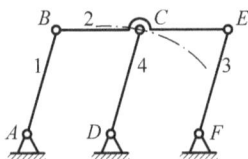

图 1.20　转动副轴线重合的虚约束　　　　图 1.21　两构件连接前后，连接点轨迹重合的虚约束

（4）对传递运动不起独立作用的对称部分。机构中对传递运动不起独立作用的对称部分也为虚约束。如图 1.22 所示的轮系中，中心轮经过两个对称布置的小齿轮 2 和 $2'$ 驱动内齿轮 3，其中有一个小齿轮对传递运动不起独立作用。

（5）两构件构成高副，两处接触，且接触点法线重合。例如等宽凸轮机构，凸轮与从动件接触，两处接触点的法线重合，其中一处高副为虚约束，应该除去不计，如图 1.23 所示；若法线不重合，则变成实际的约束，如图 1.24 所示。

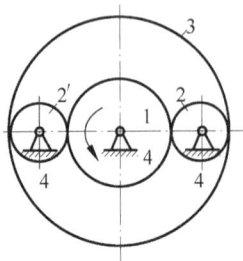

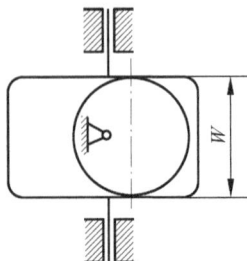

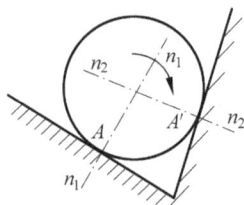

图 1.22　对传递运动不起独立作用　　图 1.23　法线重合的等宽凸轮　　图 1.24　法线不重合的
　　　　　的对称部分的虚约束　　　　　　　机构　　　　　　　　　　　　高副接触

虚约束的存在可以改善受力情况,增加构件的刚度,使机构运动顺利。

1.5　机构具有确定运动的条件

由机构自由度计算公式的推导过程可以发现,机构的自由度是机构具有独立运动参数的个数。从动件是不能独立运动的,只有原动件才能独立运动。通常每个原动件只有一个独立运动,因此机构的自由度必定与原动件的数目相等。

图 1.25(a)所示的 3 个构件彼此用铰链连接,取构件 3 为机架,按照式(1.1)可计算该构件组合的自由度 $F=3n-2P_L-P_H=3\times2-2\times3-0=0$。表明各构件间无相对运动,因此该构件组合是一个刚性桁架,在机构自由度计算过程中遇到这类三角的刚性桁架,应将其当作一个构件进行分析。

图 1.25(b)所示的构件用转动副连接在一起,选构件 3 为机架,则该构件组合的自由度 $F=3n-2P_L-P_H=3\times3-2\times5-0=-1$。表明各构件之间无相对运动,因此该构件组合是一个超静定结构。

图 1.26(a)所示的五杆机构中,由式(1.1)计算得其自由度 $F=2$,当只有 1 个原动件时,由于原动件数小于自由度数 F,构件系统运动过程中可能出现不确定的运动。只有输入 2 个运动时,即原动件数为 2,才能使构件系统获得确定的运动。

图 1.26(b)所示的四杆机构中,由于原动件数为 2,大于构件系统自由度 $F=1$,从动件不能按照原动件 1、3 的运动而运动,否则构件 2 就会被拉断。

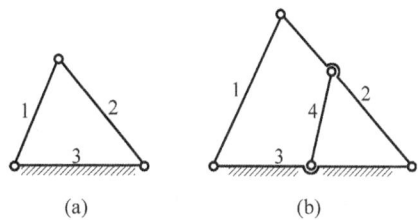

图 1.25　$F\leqslant0$ 的构件组合

综上所述,构件系统若能够运动,必须让其自由度大于零;如果想得到确定的运动,其自由度必须等于原动件数。所以机构具有确定运动的条件是:机构自由度必须大于零,且其原动件数与自由度必须相等。

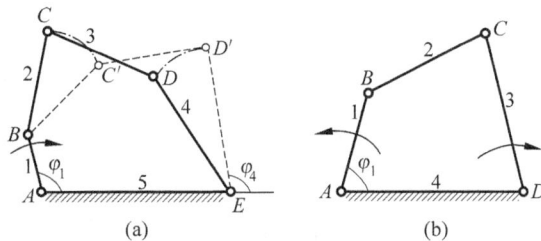

图 1.26　$F>0$ 且 $F\neq$ 原动件数的构件组合

例 1.5　计算图 1.27 所示构件系统的自由度,并判断该构件系统的运动是否是确定的。

解:E 或 F 为虚约束,B 处为复合铰链,D 处为局部自由度,则 $n=6$,$P_L=8$,$P_H=1$,由式(1.1),得该构件系统的自由度为

$$F=3n-2P_L-P_H=3\times6-2\times8-1=1$$

$F>0$ 且 F 与原动件数相等,所以该构件系统的运动是确定的。

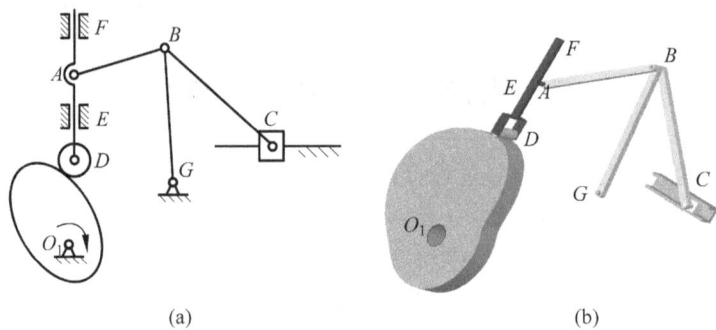

(a)　　　　　　　　　　　　　　(b)

图 1.27　构件系统

习　　题

1.1～1.4　绘出题 1.1 图～题 1.4 图所示机构的机构运动简图。

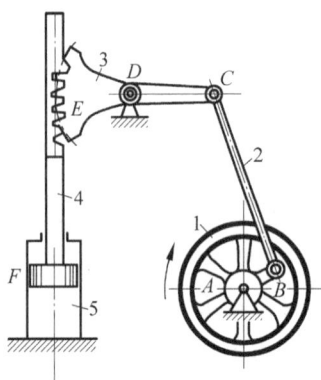

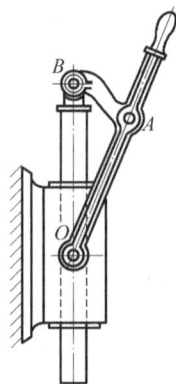

题 1.1 图　　　　　　　　　　　　　题 1.2 图

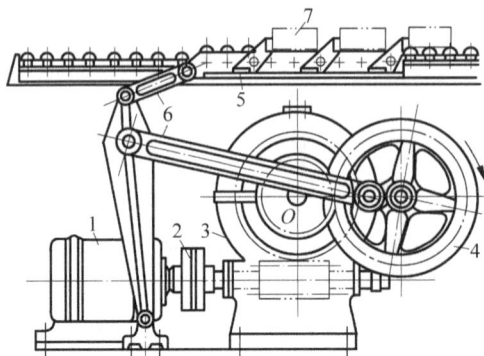

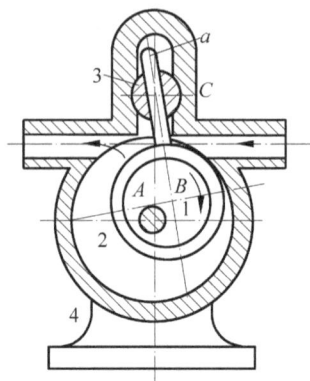

题 1.3 图　　　　　　　　　　　　　题 1.4 图

1.5～1.15 指出题 1.5 图～题 1.15 图所示构件系统中的复合铰链、局部自由度、虚约束，计算其自由度，并判断该构件系统的运动是不是确定的。

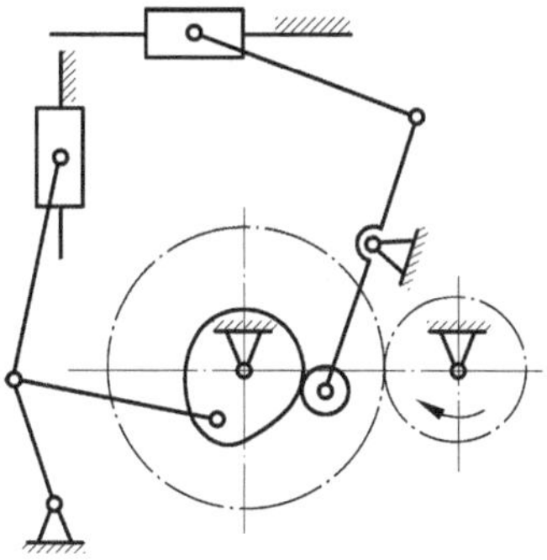

题 1.5 图

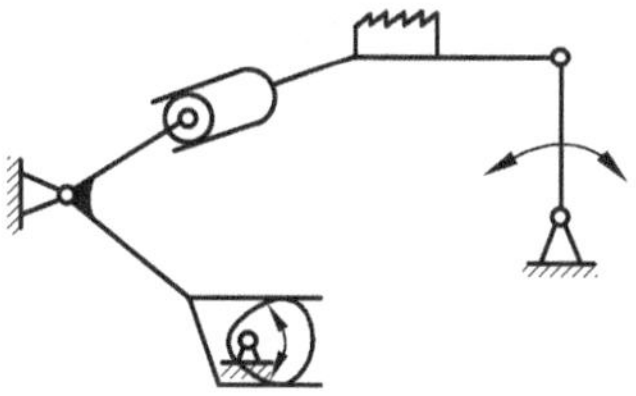

题 1.6 图

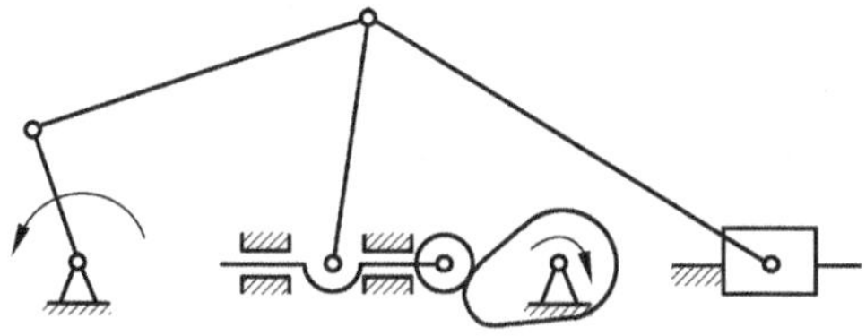

题 1.7 图

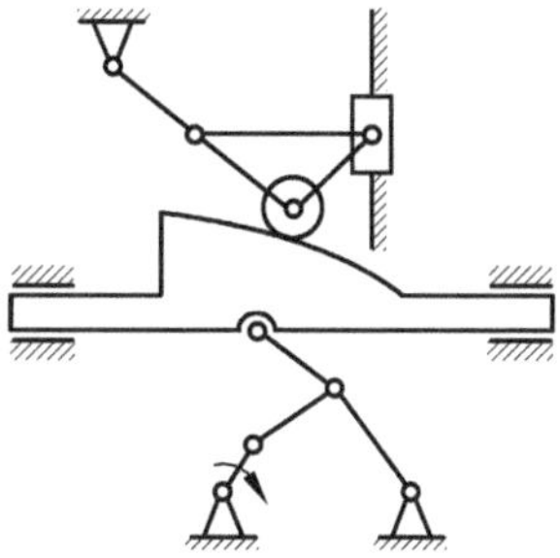

题 1.8 图

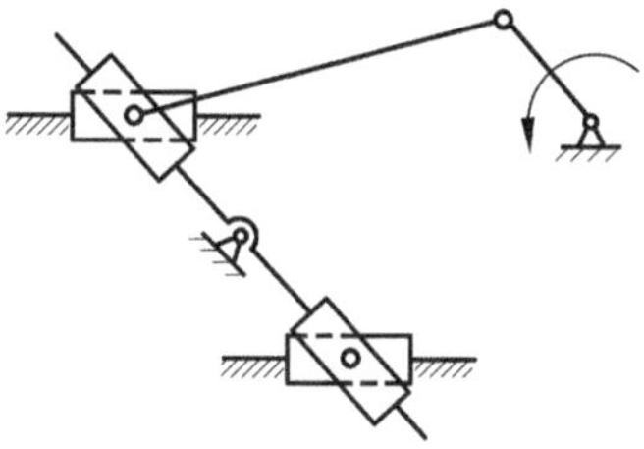

题 1.9 图

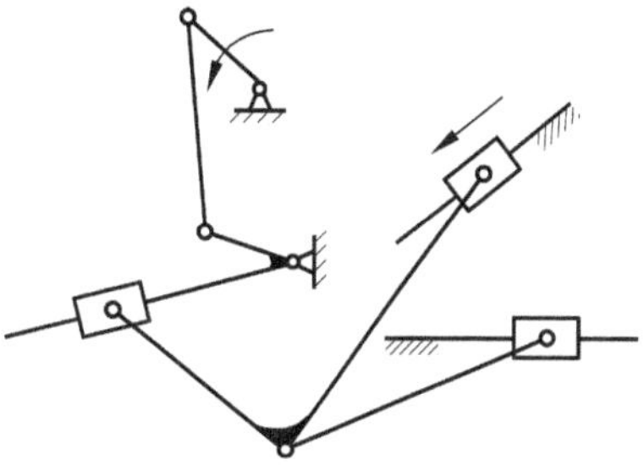

题 1.10 图

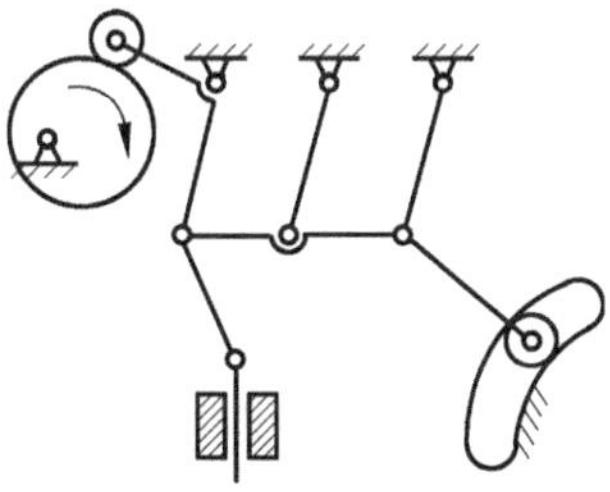

题 1.11 图

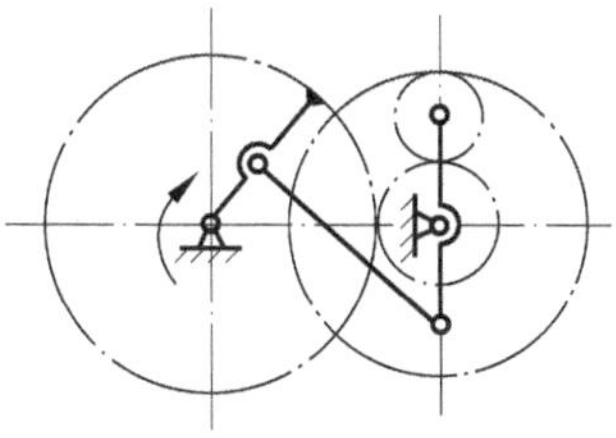

题 1.12 图

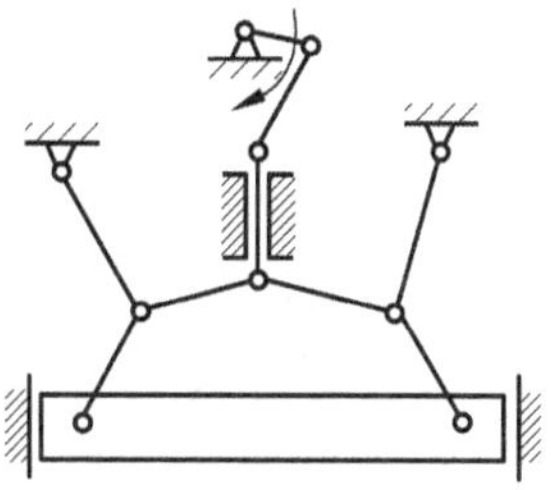

题 1.13 图

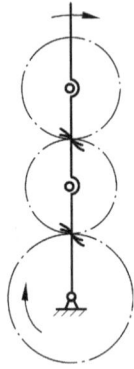

题 1.14 图

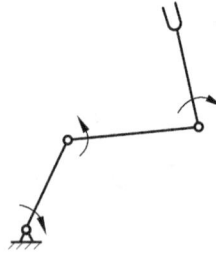

题 1.15 图

＊ 实践拓展练习

1.16 分析题 1.16 图所示构件系统运动的可能性。如果有不合理之处,提出至少两种改正方法。

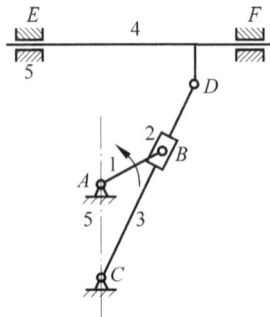

题 1.16 图

第2章 平面连杆机构

2.1 概 述

平面连杆机构是由若干构件用低副(转动副、移动副)连接组成的,且所有构件都在相互平行的平面内运动,又称平面低副机构。

平面连杆机构中构件的运动形式多样,可以实现构件的给定位置、给定的运动规律或运动轨迹,能方便地实现构件的转动、摆动、移动等运动形式的转换。平面连杆机构广泛应用于各类机械和仪器中,常用于机床、动力机械、包装机械、印刷机械、纺织机械中。

平面连杆机构的运动特点是:

(1) 运动副都是低副,压强小,耐磨损,便于润滑,寿命长,可传递较大的动力。

(2) 运动副元素的几何形状简单,易于加工,成本相对较低。

(3) 主动件连续运动时,从动件可实现多种运动规律且其上各点轨迹形状各异,满足不同的使用要求,但不容易实现精确复杂的运动规律。

(4) 机构中构件运动所产生的惯性力难以平衡,不适用于高速传动。

(5) 当构件数和运动副数较多时,运动副中存在的间隙及构件尺寸误差使传递运动的累积误差比较大,效率较低。

最简单的平面连杆机构是由四个构件组成的,称为平面四杆机构。它的应用十分广泛,而且是组成多杆机构的基础。因此,本章着重介绍平面四杆机构的基本类型、特性及其常用的设计方法。

2.2 铰链四杆机构

2.2.1 铰链四杆机构的基本形式

平面四杆机构中的运动副全部是转动副时,该平面四杆机构称为铰链四杆机构,如图 2.1 所示。在图 2.1(a)中,构件 4 为机架,与机架直接相连的构件 1 和 3 为连架杆,不与机架直接相连的构件 2 为连杆。若组成转动副的两构件能做整周相对转动,则该转动副为整转副,否则为摆动副。能做整周运动的连架杆为曲柄,不能做整周运动的连架杆为摇杆。

根据两连架杆是曲柄还是摇杆,将铰链四杆机构分为三种基本形式:曲柄摇杆机构(图 2.1(a)、(c))、双曲柄机构(图 2.1(b))和双摇杆机构(图 2.1(d))。

1. 曲柄摇杆机构

在铰链四杆机构中,若两个连架杆中,一个为曲柄,另一个为摇杆,则此铰链四杆机构为曲柄摇杆机构。在图 2.1(a)所示的曲柄摇杆机构中,A 为整转副,D 为摆动副,即连架杆 1 为曲柄,连架杆 3 为摇杆。图 2.1(c)所示也为曲柄摇杆机构,但机架改为了构件 2。

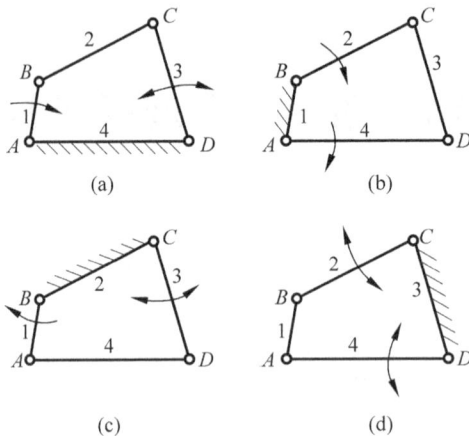

图 2.1　铰链四杆机构

通常曲柄为原动件,做匀速转动;而摇杆为从动件,做变速往复摆动。图 2.2 所示为搅拌器机构,曲柄 1 连续转动,通过连杆 2 使摇杆 3 在一定角度范围内摆动,通过 M 点的运动轨迹实现搅拌功能。图 2.3 所示为调整雷达天线俯仰角的曲柄摇杆机构,曲柄 1 缓慢匀速转动,通过连杆 2 使摇杆 3 在一定角度范围内摆动,从而调整雷达天线俯仰角的大小。

在曲柄摇杆机构中,摇杆也可以作为原动件,曲柄作为从动件。图 2.4 所示为缝纫机的踏板机构,踏板 1 为原动件,做往复摆动,通过连杆 2 驱使曲柄 3(从动件)做整周转动,再经过带传动使机头主轴转动。

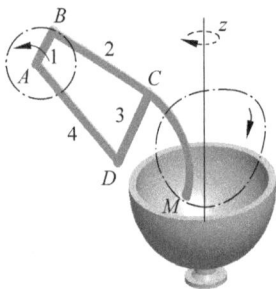

图 2.2　搅拌器机构

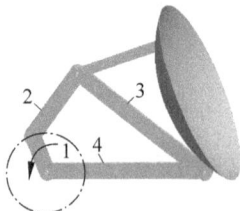

图 2.3　雷达天线俯仰机构

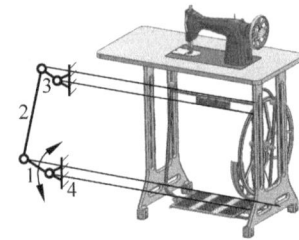

图 2.4　缝纫机的踏板机构

2. 双曲柄机构

在铰链四杆机构中,两连架杆均为曲柄时,则此铰链四杆机构称为双曲柄机构。在图 2.1(b)所示的双曲柄机构中,若 A、B 为整转副,因 1 为机架,则两连架杆 2、4 均为曲柄。

双曲柄机构可以将一个曲柄的等速转动转变为另一个曲柄的等速或变速转动。

图 2.5 所示为惯性筛机构,曲柄 1 做等速转动,曲柄 3 做变速转动,曲柄 1 等角速度转动一周,曲柄 3 变角速度转动一周,带动筛子做往复运动,完成筛选物料的功能。

图 2.6(a)所示为旋转式水泵。它由相位依次相差 $90°$ 的四个双曲柄机构组成,图 2.6(b)是其中一个双曲柄机构的运动简图。当原动曲柄 1 做等角速度顺时针转动时,连杆 2 带动从动曲柄 3 做周期性变速转动,因此相邻两从动曲柄(隔板)间的夹角也周期性地变化。隔板转到右边时,相邻两隔板间的夹角及容积增大,形成真空,于是从进水口吸水;隔板转到

左边时,相邻两隔板的夹角及容积变小,压力升高,从出水口排水,从而起到泵水的作用。

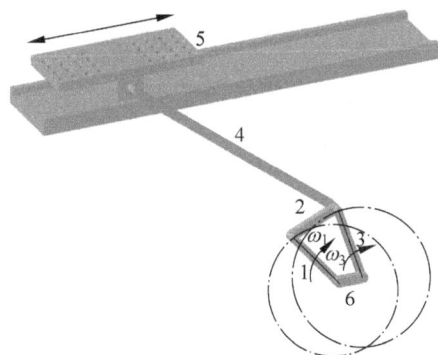

图 2.5 惯性筛机构

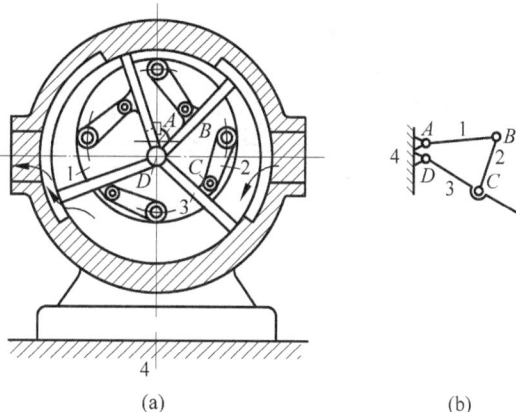

(a)

(b)

图 2.6 旋转式水泵

在双曲柄机构中,用得最多的是平行四边形机构,或称平行双曲柄机构。

图 2.7(a)所示为正平行四边形机构,两个连架杆 AB 和 CD 以相同的角速度沿同一方向转动,连杆 2 做平动。该机构可以用于高空作业车的升降机构,如图 2.8 所示。还可以用于图 2.9 所示的天平机构和图 2.10 所示的机车车轮联动机构。

图 2.7(b)所示为反平行四边形机构,即当曲柄 AB 等速转动时,另一曲柄 CD 做反向变速转动,如图 2.11 所示的汽车车门启闭机构。

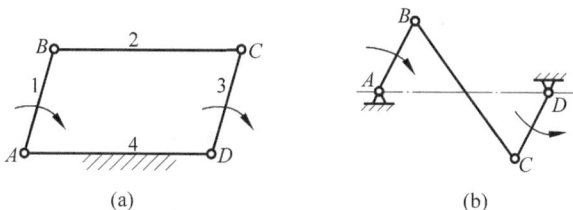

(a)

(b)

图 2.7 平行四边形机构

(a) 正平行四边形机构;(b) 反平行四边形机构

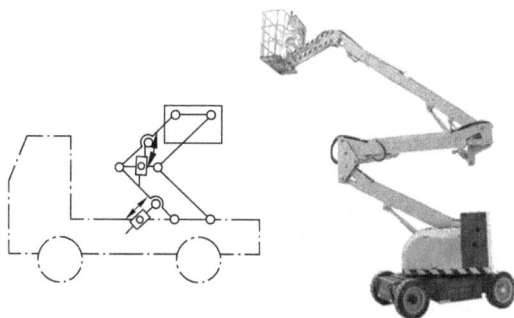

图 2.8 高空作业车的升降机构

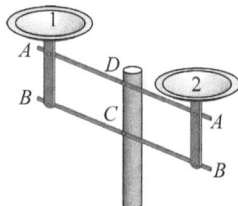

图 2.9 天平机构

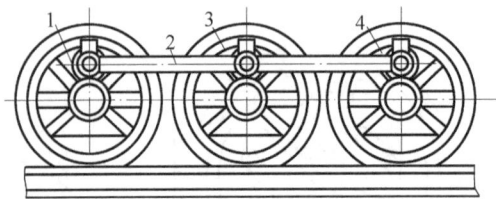

图 2.10　机车车轮联动机构

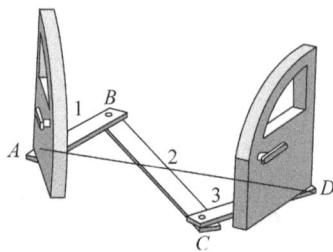

图 2.11　汽车车门启闭机构

3. 双摇杆机构

两连架杆都是摇杆的铰链四杆机构称为双摇杆机构。在图 2.1(d)所示的双摇杆机构中,若 C、D 为摆动副,因 3 为机架,则两连架杆 2、4 均为摇杆。

图 2.12 所示的飞机起落架机构采用了双摇杆机构。飞机着陆前,需要将着陆轮 1 从机翼 4 中推放出来(图 2.12(a)中实线);起飞后,为了减小空气阻力,又需要将着陆轮收入翼中(图 2.12(a)中虚线)。这些动作是由原动摇杆 3,通过连杆 2、从动摇杆 5 带动着陆轮来实现的。

图 2.13 所示的鹤式起重机采用双摇杆机构,构件 1 和构件 3 都是摇杆,当摇杆 1 摆动时,连杆 2 上悬挂货物的 E 点便在近似的水平直线上移动,从而可避免由于货物的升降引起能量消耗。

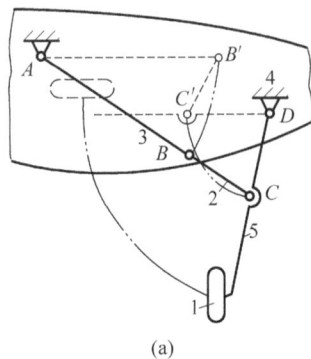

(a)

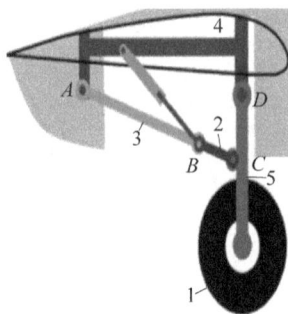

(b)

图 2.12　飞机起落架机构

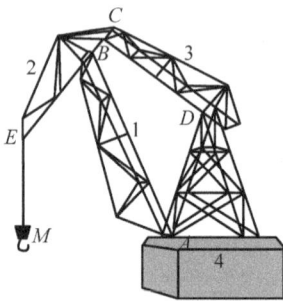

图 2.13　鹤式起重机

在双摇杆机构中,若两摇杆长度相等,则称为等腰梯形机构。在汽车及拖拉机中,常采

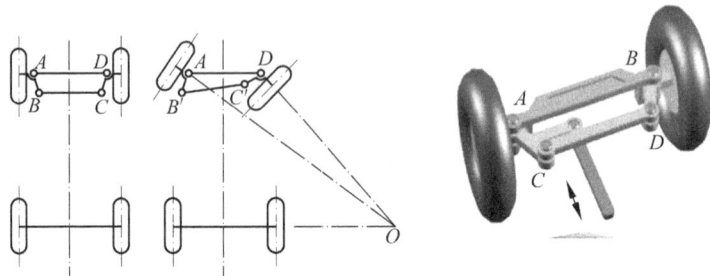

图 2.14　汽车前轮转向机构

用这种等腰梯形机构操纵前轮的转向,如图 2.14 所示。此机构的特点是两摇杆的摆角不相等,当车辆转向时,就有可能实现在任意位置都能使两前轮轴线的交点 O 落在后轮轴线的延长线上,从而使车辆转弯时,四个车轮都在地面上做纯滚动,避免轮胎因滑动而引起磨损。

图 2.15 所示的风扇摇头机构和图 2.16 所示的播种机的料斗机构也是双摇杆机构的应用。

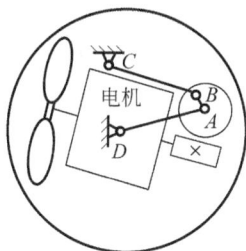

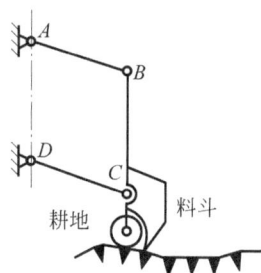

图 2.15　风扇摇头机构　　　　图 2.16　播种机的料斗机构

2.2.2　曲柄存在的条件

铰链四杆机构中若存在曲柄,则该机构中必有连架杆能做整周运动。连架杆能做整周运动,取决于该连架杆与机架连接的转动副是整转副。铰链四杆机构是否具有整转副,取决于各杆的相对长度。

图 2.17 所示的曲柄摇杆机构,AB 为曲柄,BC 为连杆,CD 为摇杆,AD 为机架,各杆长度用 a、b、c、d 表示。因 AB 为曲柄,故杆 AB 与 AD 的夹角的变化范围为 $0°\sim360°$,则杆 AB 与 AD 必有两处共线位置 AB' 和 AB''。当曲柄处于 AB' 的位置时形成 $\triangle B'C'D$。根据三角形两边之和必大于(极限情况下等于)第三边的定律,可得

$$a+d \leqslant b+c \tag{2.1}$$

当曲柄处于 AB'' 位置时,形成 $\triangle B''C''D$,则有以下关系式:

$$b \leqslant (d-a)+c, \quad 即 \quad a+b \leqslant d+c \tag{2.2}$$

$$c \leqslant (d-a)+b, \quad 即 \quad a+c \leqslant d+b \tag{2.3}$$

式(2.1)~式(2.3)分别两两相加,可得

$$a \leqslant b, \quad a \leqslant c, \quad a \leqslant d \tag{2.4}$$

式(2.1)~式(2.4)说明:最短杆与最长杆的长度之和小于或等于其余两杆长度之和。在曲柄摇杆机构中,曲柄 AB 是最短杆。

最短杆与最长杆的长度之和小于或等于其余两杆长度之和,称为杆长条件。若铰链四杆机构的各杆长度满足杆长条件,则说明该机构中有整转副,且整转副在最短杆的两端或整转副是由最短杆与其相邻杆组成的;若曲柄是连架杆,则整转副只有处于机架上才能形成曲柄。

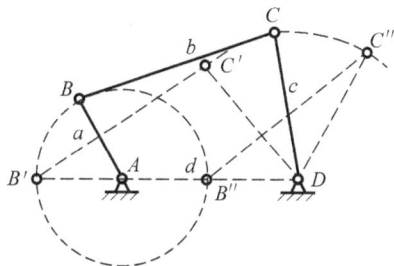

图 2.17　曲柄存在的条件

综上所述,铰链四杆机构中曲柄存在的条件为:①各杆长度满足杆长条件;②连架杆和机架中必有一杆是最短杆。

注意:若铰链四杆机构只满足杆长条件,只能说明铰链四杆机构中有整转副,但是否有曲柄,还应根据选择哪一个杆为机架来判断:

(1) 取最短杆为机架时,机架上有两个整转副,故得双曲柄机构。

(2) 取最短杆的邻边为机架时,机架上只有一个整转副,故得曲柄摇杆机构。

(3) 取最短杆的对边为机架时,机架上没有整转副,故得双摇杆机构。

以低副相连接的构件之间的相对运动关系,不因其中哪一个构件是固定构件而发生改变。若铰链四杆机构中有曲柄,则一定存在整转副,所以整转副的存在是铰链四杆机构中曲柄存在的必要不充分条件。

如果铰链四杆机构中的最短杆与最长杆长度之和大于其余两杆长度之和,则该机构中不存在整转副,无论取哪个构件作为机架都只能得到双摇杆机构。注意:双摇杆机构可以是有整转副的机构,也可以是没有整转副的机构。

2.2.3　铰链四杆机构的演化

1. 改变构件的形状和运动尺寸

图 2.18 所示的曲柄摇杆机构中,摇杆 3 上 C 点的轨迹是以 D 为圆心、以摇杆 3 的长度为半径的圆弧,可以将摇杆 3 做成与弧形槽相配的弧形块,如图 2.18(b)所示;若将弧形槽的半径增至无穷大,则转动副 D 的中心移至无穷远处,弧形槽变为直槽,转动副 D 则转化为移动副,构件 3 由摇杆变为了滑块,曲柄摇杆机构就演化成为曲柄滑块机构,如图 2.18(c)所示,但机构的运动特性并没有改变,曲柄转动中心至其移动方位线 mm 的垂直距离称为偏距 e,当移动方位线 mm 通过曲柄转动中心 A 时(即 $e=0$),则称为对心曲柄滑块机构,如图 2.18(d)所示。

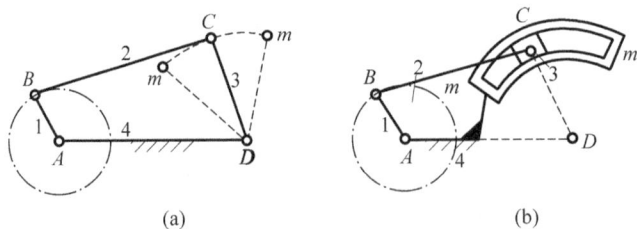

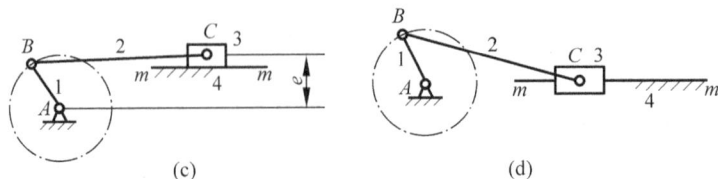

图 2.18　曲柄滑块机构的演化

按照从曲柄摇杆机构到曲柄滑块机构的演化方法,现将图 2.18(d)所示的对心曲柄滑块机构的转动副 B 和杆 2 进行改变,变化过程如图 2.19 所示,最终得到含有两个移动副的机构。含有两个移动副的四杆机构常称为双滑块机构。图 2.19(c)所示的机构中,从动构件 3 的位移 s 与原动件 1(长度为 l)的转角 φ 的正弦成正比,所以该机构也称为正弦机构。

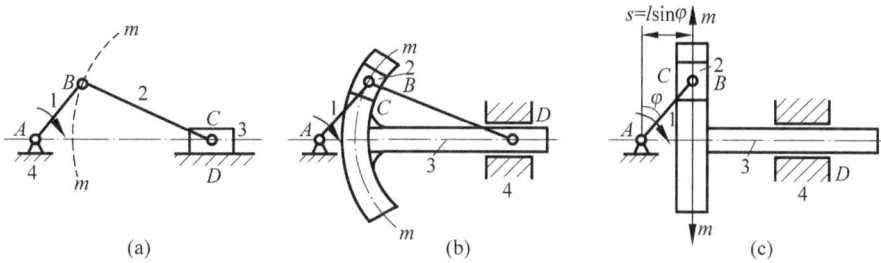

图 2.19　含有两个移动副的机构演化过程

若机构中的两个移动副不相邻,如图 2.20 所示,从动件 3 的位移与原动件转角 φ 的正切成正比,则该机构为正切机构;若机构中的两个移动副相邻,且均不与机架相关联,如图 2.21 (a)所示,则主动件 1 与从动件 3 具有相等的角速度,图 2.21(b) 所示的滑块联轴器就是这种机构的应用实例,它可用来连接中心线平行但不重合的两根轴;若机构中的两个移动副相邻,且都与机架相关联,如图 2.22 所示的椭圆仪,当滑块 1 和 3 沿机架的十字槽滑动时,连杆 2 上的各点便描绘出长、短径不同的椭圆。

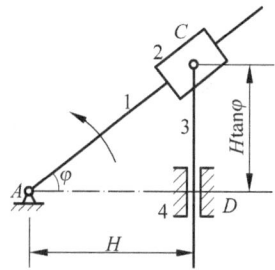

图 2.20　正切机构

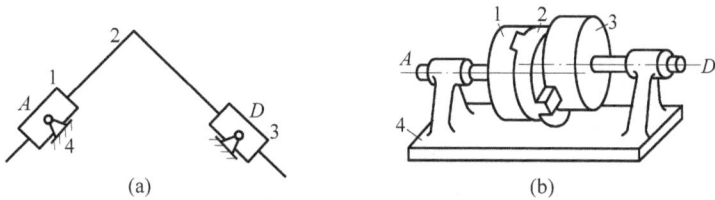

图 2.21　滑块联轴器

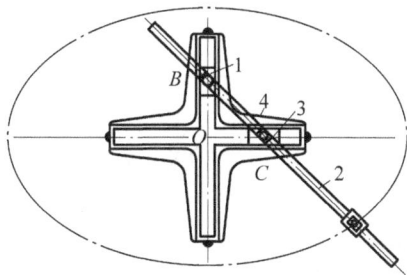

图 2.22　椭圆仪

2. 改变运动副的尺寸

在图 2.23(a)所示的曲柄摇杆机构中,当主动曲柄 AB 很短时,由于结构强度、装配、制造工艺等方面的要求,需将转动副 B 扩大,使转动副 B 包含转动副 A,此时,曲柄就演化成回转轴在 A 点的偏心轮。在图 2.23(b)所示的偏心轮机构中,转动中心 A 与几何中心 B 间的距离 e 为偏心距,它等于曲柄的长度。通过扩大转动副得到的偏心轮机构,其相对运动不变,把曲柄做成偏心轮,增大了轴颈的尺寸,提高了偏心轴的强度和刚度,而且当轴颈位于轴的中部时,便于安装整体式连杆,使结构得到简化。偏心轮机构广泛应用于曲柄销轴受较大冲击载荷或曲柄长度较短的机械中,如破碎机、冲床、剪床及内燃机等。

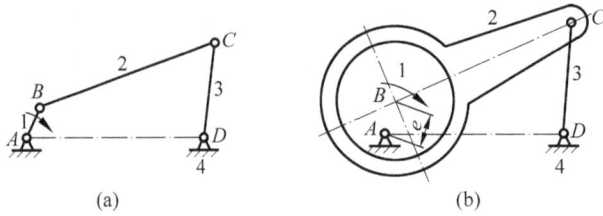

图 2.23(b)

(a)   (b)

图 2.23 偏心轮机构

3. 选不同的构件为机架

在图 2.24(a)所示的曲柄滑块机构中,若改取杆 1 为固定构件,即得到图 2.24(b)所示的导杆机构。杆 4 称为导杆,滑块 3 相对导杆 4 滑动并一起绕 A 点转动,通常取杆 2 为原动件。杆 1 的长度为 l_1,杆 2 的长度为 l_2。当 $l_1 < l_2$ 时(图 2.24(b)),两连架杆 2 和 4 均可相对于机架 1 做整周转动,该机构称为转动导杆机构;当 $l_1 > l_2$ 时,连架杆 4 只能做往复摆动,该机构称为摆动导杆机构。导杆机构常用于牛头刨床、插床和回转式油泵等机械中。图 2.25 所示的小型插床机构,采用的就是转动导杆机构;图 2.26 所示的牛头刨床机构,采用的就是摆动导杆机构。

图 2.24(b)

图 2.24(c)

图 2.24(d)

图 2.25

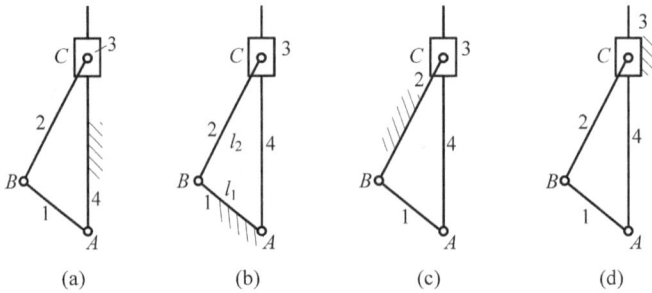

(a)   (b)   (c)   (d)

图 2.24 曲柄滑块机构的演化

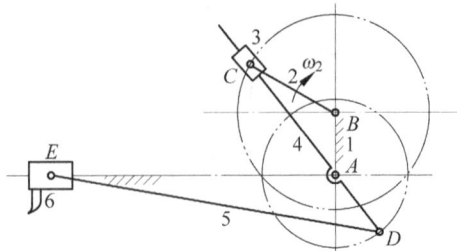

图 2.25 小型插床机构

在图 2.24(a)所示的曲柄滑块机构中,若取杆 2 为机架,即可得到图 2.24(c)所示的摆动滑块机构,也称摇块机构。图 2.27 所示的自卸货车的翻转卸料机构,采用的就是摇块机构,当油缸 3 中的压力油推动活塞杆 4 运动时,车厢 1 便绕转动副中心 B 转动,从而车厢 1 倾斜,当达到一定角度时,物料即可自动卸下。

在图 2.24(a)所示的曲柄滑块机构中,若滑块 3 为固定构件,即可得到图 2.24(d)所示的固定滑块机构,也称定块机构。图 2.28 所示的抽水唧筒,采用的就是定块机构。

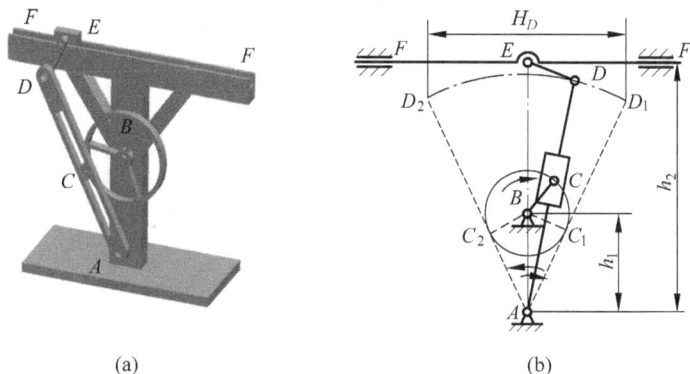

(a)

(b)

图 2.26 牛头刨床机构

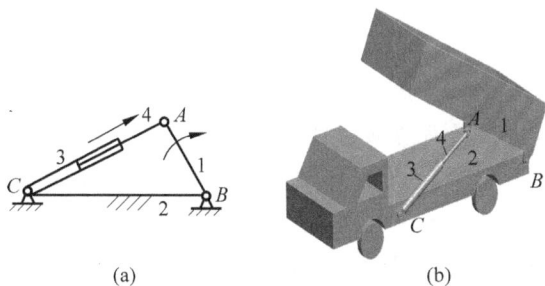

(a)

(b)

图 2.27 自卸货车的翻转卸料机构

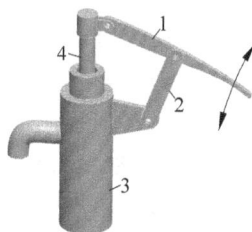

图 2.28 抽水唧筒

2.3 平面四杆机构的基本特性

2.3.1 急回特性

在图 2.29 所示的曲柄摇杆机构中,曲柄 AB 在转动一周的过程中,有两次与连杆 BC 共线。在这两个位置,铰链中心 A 与 C 之间的距离 AC_1 和 AC_2 分别为最长和最短,因而摇杆 CD 的位置 C_1D 和 C_2D 分别为两个极限位置。摇杆在两极限位置间的夹角 ψ 称为摇杆的摆角。

曲柄相应的两个转角 φ_1 和 φ_2 分别为

$$\varphi_1 = 180° + \theta, \quad \varphi_2 = 180° - \theta$$

式中,θ 为摇杆位于两极限位置时曲柄两位置所夹的锐角,称为极位夹角。

由于 $\varphi_1 > \varphi_2$,因此曲柄以等角速度 ω_1 转过这两个角度时,对应的时间 $t_1 > t_2$,并且 $\varphi_1/\varphi_2 = t_1/t_2$,而对应的摇杆 3 的平均角速度为

$$\omega_{m1} = \psi/t_1, \quad \omega_{m2} = \psi/t_2$$

显然,$\omega_{m1} < \omega_{m2}$,即从动摇杆往复摆动的平均角速度不等,一慢一快,这种运动特性称为急回特性。在生产中,常利用这个性质来缩短非生产时间,提高生产率。从动摇杆的急回

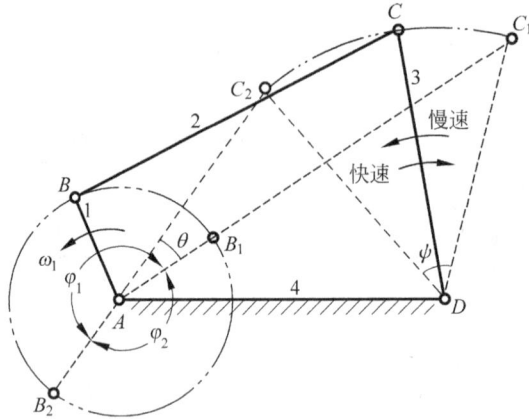

图 2.29　曲柄摇杆机构的急回运动

运动程度可用行程速度变化系数(行程速比系数)K 来描述,即

$$K = \frac{\omega_{m2}}{\omega_{m1}} = \frac{\psi/t_2}{\psi/t_1} = \frac{\varphi_1}{\varphi_2} = \frac{180° + \theta}{180° - \theta} \qquad (2.5)$$

　　式(2.5)表明,曲柄摇杆机构的急回特性,取决于极位夹角 θ。若 $\theta = 0°$,$K = 1$,则该机构没有急回特性;若 $\theta > 0°$,$K > 1$,则该机构具有急回特性,且 θ 角越大,K 值越大,急回特性也越显著。对于对心曲柄滑块机构,当滑块处于左右两个极限位置时,曲柄两位置所夹的锐角 $\theta = 0°$,所以该机构没有急回特性。

　　对于一些要求具有急回特性的机械,应根据工作要求,适当地选择 K 值,在一般机械中 $K = 1 \sim 2$,可根据 K 值计算 θ 角,以便设计出各杆的尺寸。

$$\theta = 180° \frac{K - 1}{K + 1} \qquad (2.6)$$

2.3.2　压力角和传动角

　　平面连杆机构不仅要求实现构件的给定位置或预定的运动规律,还希望运转轻便,效率较高。

　　图 2.30(a)所示的曲柄摇杆机构,如果不计各杆质量和运动副中的摩擦,则连杆 BC 为二力杆,它作用于从动摇杆 3 上的力 F 是沿 BC 方向的。不计摩擦时,作用在从动件上的驱动力 F 与该力作用点绝对速度 v_C 之间所夹的锐角 α 称为压力角。由图 2.30(a)可见,力 F 在 v_C 方向上的有效分力为 $F' = F\cos\alpha$,即压力角越小,有效分力越大。在连杆机构设计中,为了度量方便,习惯用压力角 α 的余角 γ(即连杆和从动摇杆之间所夹的锐角)来判断传力性能,γ 为传动角。因 $\gamma = 90° - \alpha$,所以 α 越小,γ 越大,机构传力性能越好,传动效率越高。反之,传动性能越差。为了保证机构的正常传动,通常应使传动角的最小值 γ_{min} 大于或等于其许用值 $[\gamma]$。一般机械中,推荐 $[\gamma] = 40° \sim 50°$,对于传动效率要求较高的机构,如冲床、颚式破碎机中的主要执行机构,为使其工作时得到更大的效率,可取 $\gamma_{min} \geqslant 50°$。对于一些非传动机构,如控制、仪表等机构,可取 $\gamma_{min} \leqslant 40°$,但不能过小。

　　采用以下方法来确定最小传动角。

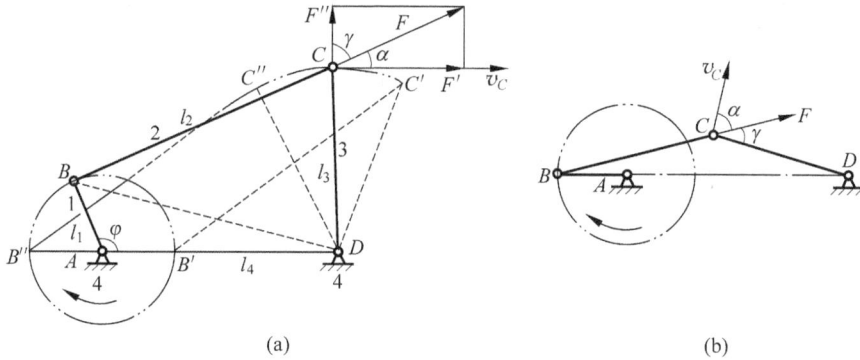

图 2.30　连杆机构的压力角和传动角

由图 2.30(a)中△ABD 和△BCD 可分别写出

$$BD^2 = l_1^2 + l_4^2 - 2l_1 l_4 \cos\varphi$$

$$BD^2 = l_2^2 + l_3^2 - 2l_2 l_3 \cos\angle BCD$$

由此可得

$$\cos\angle BCD = \frac{l_2^2 + l_3^2 - l_1^2 - l_4^2 + 2l_1 l_4 \cos\varphi}{2l_2 l_3} \tag{2.7}$$

由式(2.7)可知,当 $\varphi = 0°$ 时,得 $\angle BCD_{min}$;当 $\varphi = 180°$ 时,得 $\angle BCD_{max}$。由于传动角 γ 是在锐角范围内变化,则当 $\angle BCD$ 在锐角范围内变化时,如图 2.30(a)所示状态,传动角 $\gamma = \angle BCD$,显然 $\angle BCD_{min}$ 即为传动角极小值,它出现在 $\varphi = 0°$ 的位置。若 $\angle BCD$ 在钝角范围内变化,如图 2.30(b)所示,其传动角 $\gamma = 180° - \angle BCD$,则 $\angle BCD_{max}$ 对应传动角的另一极小值,它出现在 $\varphi = 180°$ 的位置。综上所述,曲柄摇杆机构的最小传动角必定出现在曲柄与机架共线($\varphi = 0°$ 或 $\varphi = 180°$)的位置。传动角的表达式如下:

$$\gamma = \begin{cases} \angle BCD & (\angle BCD \text{ 为锐角}) \\ 180° - \angle BCD & (\angle BCD \text{ 为钝角}) \end{cases} \tag{2.8}$$

求解最小传动角时只需将 $\varphi = 0°$ 和 $\varphi = 180°$ 代入式(2.7),求出 $\angle BCD_{min}$ 和 $\angle BCD_{max}$,然后按式(2.8)求出两个 γ,其中较小的一个即为该机构的 γ_{min}。

2.3.3　死点位置

在图 2.31 所示的曲柄摇杆机构中,摇杆 3 为原动件,曲柄 1 为从动件,则当摇杆摆到极限位置 $C_1 D$ 和 $C_2 D$ 时,连杆 2 与曲柄 1 共线,从动件的传动角 $\gamma = 0°$(即 $\alpha = 90°$)。若不计各杆的质量,此时连杆施加给曲柄的力将经过铰链中心 A,此力对点 A 不产生力矩,因此不能使曲柄转动。机构的这种传动角为零的位置称为死点位置。

死点位置会使机构的从动件出现卡死或运动不确定现象,需要采取一些措施来解决该问题。例如,图 2.4 所示的缝纫机的踏板机构,有时会出现踏不动或倒车现象,这就是由于机构处于死点位置而引起的。在正常运转时,借助安装在机头主轴上的飞轮(即

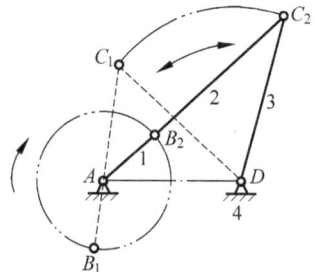

图 2.31　曲柄摇杆机构的死点位置

上带轮)的惯性作用或借助于外力推动曲柄,可以使缝纫机踏板机构的曲柄冲过死点位置。图 2.7(a)所示的正平行四边形机构,当曲柄与机架共线时,机构处于死点位置,可能出现运动不确定现象,如图 2.32(a)所示,可以利用错列来解决这一问题,如图 2.32(b)所示。图 2.10 所示的机车车轮联动机构,是利用第三个平行曲柄(辅助曲柄)来消除平行四边形机构在这个位置运动时的不确定状态的,如图 2.33 所示。

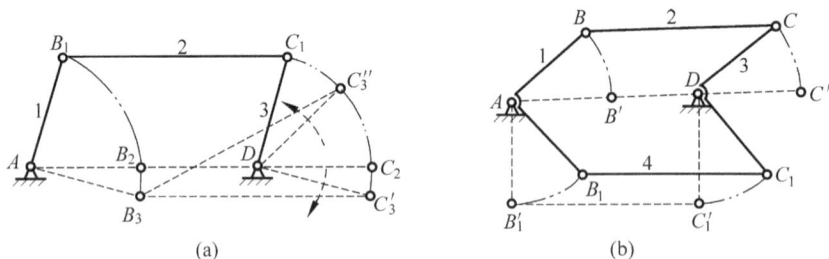

图 2.32　正平行四边形机构的运动不确定和错列

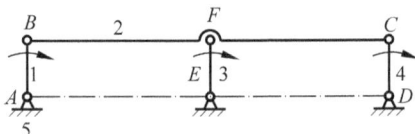

图 2.33　利用辅助曲柄克服死点

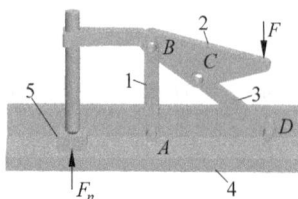

图 2.34　夹具的夹紧机构

机构的死点位置并非都是起消极作用的,有时可以利用死点位置实现某种功能。图 2.34 所示为夹具的夹紧机构,当工件被夹紧后,转动副 B、C、D 处于同一条直线上,工件加在构件 1 上的反作用力无论多大,工件经杆 1 传递给杆 2 再传给杆 3 的力都将通过转动中心 D,此时该力不能使杆 3 转动,则当撤去力 F 后,夹具仍能可靠地夹紧工件,若要取出工件,只需要向上扳动手柄,就可以松开夹具,从而使机构具有安全保险作用。如图 2.12 所示的飞机起落架机构,轮子着陆后,构件 AB 和 BC 成一直线,传给构件 AB 的力通过转动中心 A 点,不论该力有多大,均不会使起落架折回。

2.4　平面四杆机构的设计

平面四杆机构设计的基本问题是根据给定的运动要求选定机构的形式,并确定机构各构件的尺度参数。设计时需要考虑结构条件、动力条件和运动的连续性,如结构上是否存在曲柄、合适的杆长比、合理的运动副结构、最小传动角及连续运动条件等。平面四杆机构设计通常可归纳为以下 3 类问题:

(1) 满足预定的连杆位置要求。即要求连杆能依次占据一系列的预定位置。因这类问题要求机构能引导连杆按一定方位通过预定位置,故又称刚体导引问题。

(2) 满足预定的运动规律要求。即要求两连架杆的转角能够满足预定的对应关系,或者要求在原动件运动规律一定的条件下,从动件能够准确地或近似地满足预定的运动规律要求。

（3）满足预定的轨迹要求。即要求在机构运动过程中，连杆上某点能实现预定的轨迹。平面四杆机构的设计方法有解析法、图解法和实验法，本节只介绍图解法。

2.4.1　按照给定的行程速度变化系数设计四杆机构

在设计具有急回特性的四杆机构时，通常按实际需要先给定行程速度变化系数 K 的数值，然后根据机构在极限位置的几何关系，结合有关辅助条件来确定机构运动简图的尺寸参数。

1. 曲柄摇杆机构

已知条件：摇杆长度 l_3、摆角 ψ 和行程速度变化系数 K。

设曲柄长度为 l_1、连杆长度为 l_2、机架长度为 l_4，曲柄摇杆机构的设计步骤如下：

（1）由给定的行程速度变化系数 K，按式（2.6）求出极位夹角 θ。

（2）如图 2.35 所示，选取适当比例，任选转动副 D 的位置，由摇杆长度 l_3 和摆角 ψ 作出摇杆两个极限位置 C_1D 和 C_2D。

（3）连接 C_1 和 C_2，并作 C_1M 垂直于 C_1C_2。

（4）作 $\angle C_1C_2N=90°-\theta$，$C_2N$ 与 C_1M 相交于 P 点，由图 2.35 可见，$\angle C_1PC_2=\theta$。

（5）作 $\triangle PC_1C_2$ 的外接圆，在此圆周（弧 C_1C_2 和弧 EF 除外）上任取一点 A 作为曲柄的固定铰链中心。连 AC_1 和 AC_2，因同一圆弧的圆周角相等，故 $\angle C_1AC_2=\angle C_1PC_2=\theta$。

（6）因极限位置处曲柄与连杆共线，故 $AC_1=l_2-l_1$，$AC_2=l_2+l_1$，从而得曲柄长度 $l_1=(AC_2-AC_1)/2$，连杆长度 $l_2=(AC_2+AC_1)/2$。由图 2.35 得 $AD=l_4$。

由上述设计过程可知，若仅按行程速度变化系数 K 设计，可得无穷多解。若把点 A 选在交点 E（或 F）上，则机构最小传动角将为 $0°$，该位置即死点位置；若把点 A 选在 EF 弧段上，将出现对摇杆的有效分力与摇杆给定的运动方向相反的情况，机构将不满足运动的连续性要求。A 点位置不同，机构传动角的大小也不同，若曲柄的转动中心 A 选在 C_1E 和 C_2F 两弧段上，当 A 向 E（或 F）靠近时，机构的最小传动角将随之减小。为了获得良好的传动效果，可按照最小传动角或其他辅助条件（如给定机架尺寸）确定 A 点的位置。

2. 曲柄滑块机构

给定行程速度变化系数 K 和滑块行程 H，设计曲柄滑块机构。

按照式（2.6）算出极位夹角 θ，然后作 C_1C_2 等于滑块的行程 H，如图 2.36 所示。从 C_1、C_2 两点分别作 $\angle C_1C_2O=\angle C_2C_1O=90°-\theta$，得 OC_1 与 OC_2 的交点 O。这样得 $\angle C_2OC_1=2\theta$。再以 O 点为圆心，OC_1 为半径作圆。如果给出偏距 e 的值，则解就可以确定。如前文曲柄摇杆机构设计所述，点 A 的范围也有所限制。

当点 A 确定后，连接点 AC_1 和 AC_2。根据式 $(AC_1-AC_2)/2$ 算出曲柄 1 的长度 l_1。以 A 为圆心、l_1 为半径作圆，该圆即为曲柄 AB 上点 B 的轨迹。

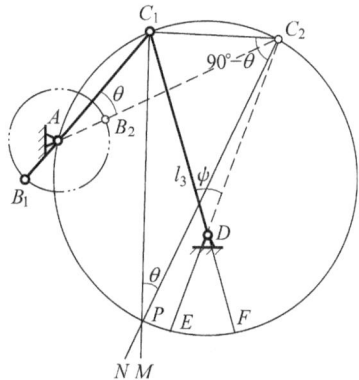

图 2.35　按 K 值设计曲柄摇杆机构

3. 摆动导杆机构

已知条件：机架长度 l_4 和行程速度变化系数 K。

由图 2.37 可知，摆动导杆机构的极位夹角 θ 等于导杆的摆角 ψ，需要确定的尺寸是曲柄长度 l_1。摆动导杆机构的设计步骤如下：

(1) 由已知行程速度变化系数 K，按式(2.6)求得极位夹角 θ（即摆角 ψ）。

(2) 选取适当比例，任选固定铰链中心 C，以夹角 ψ 作出导杆两极限位置 Cn 和 Cm。

(3) 作摆角 ψ 的平分线 AC，并在线上取 $AC=l_4$，得固定铰链中心 A 的位置。

(4) 过 A 点作导杆极限位置的垂线 AB_1（或 AB_2），即得曲柄长度 $l_1=AB_1$。

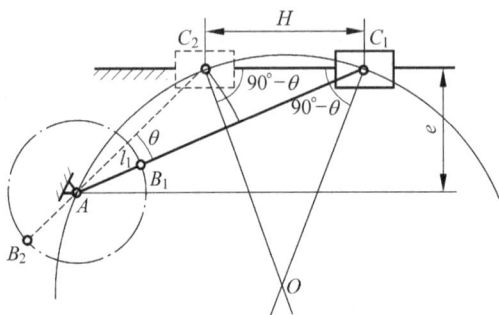

图 2.36　按 K 值设计曲柄滑块机构　　　　图 2.37　按 K 值设计摆动导杆机构

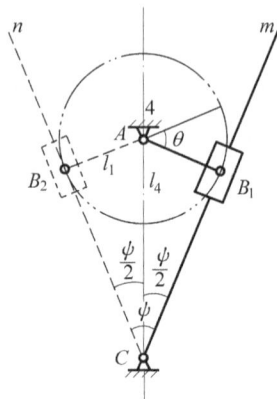

2.4.2　按照给定连杆位置设计四杆机构

1. 按照给定连杆的两个位置设计四杆机构

如图 2.38 所示，已知连杆的两个位置 B_1C_1、B_2C_2 及其长度 l_{BC}，设计铰链四杆机构。

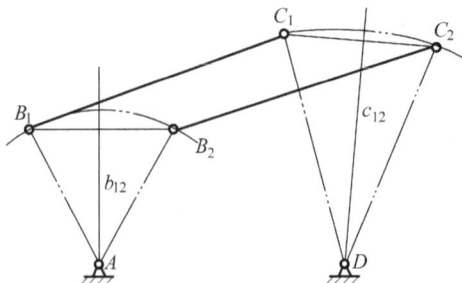

图 2.38　按照给定连杆的两个位置设计四杆机构

铰链四杆机构的设计步骤如下：

(1) 选取比例尺 μ_l。

(2) 分别作 B_1B_2 和 C_1C_2 的中垂线 b_{12}、c_{12}。

(3) 分别在 b_{12}、c_{12} 上任取点 A、D，固定铰链 A、D 分别是 B 点轨迹和 C 点轨迹的圆心。连接 AB_1 和 C_1D，即得到各杆的长度：

$$l_{AB} = \mu_l(AB_1), \quad l_{CD} = \mu_l(C_1D), \quad l_{AD} = \mu_l(AD)$$

由于点 A、D 是任意选取的,所以有无穷多解,因此实际设计时必须根据其他辅助条件,才能得到确定的解,例如最小传动角、各杆尺寸允许的范围或其他结构上的要求等。

2. 按照给定连杆的三个位置设计四杆机构

如图 2.39 所示,已知连杆的三个位置 B_1C_1、B_2C_2、B_3C_3 以及连杆长度 l_{BC},设计四杆机构。

设计方法与给定连杆两个位置的设计方法相同,只是固定铰链 A 是 B_1B_2 的中垂线 b_{12} 和 B_2B_3 的中垂线 b_{23} 的交点,固定铰链 D 是 C_1C_2 的中垂线 c_{12} 和 C_2C_3 的中垂线 c_{23} 的交点,此时设计结果是唯一的。

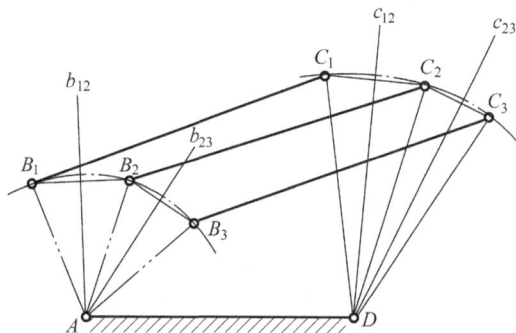

图 2.39　按照给定连杆的三个位置设计四杆机构

2.5　速度瞬心及其在机构速度分析上的应用

2.5.1　速度瞬心及其求法

如图 2.40 所示,刚体 2 相对刚体 1 做平面运动,在任一瞬时,其相对运动可看作是绕某一重合点的转动,该重合点称为速度瞬心或瞬时回转中心,简称瞬心。因此,瞬心是这两个刚体上绝对速度相同的重合点。如果这两个刚体都是运动的,则其瞬心称为相对瞬心;如果两个刚体之一是静止的,则其瞬心称为绝对瞬心。因静止构件的绝对速度为零,所以绝对瞬心是运动刚体上瞬时绝对速度等于零的点。当两刚体的相对运动已知时,其瞬心位置可根据瞬心定义求出。设已知重合点 A_2 和 A_1 的相对速度 $v_{A_2A_1}$ 的方向以及 B_2 和 B_1 的相对速度 $v_{B_2B_1}$ 的方向,则这两个速度向量垂线的交点便是构件 1 和构件 2 的瞬心 P_{12}。

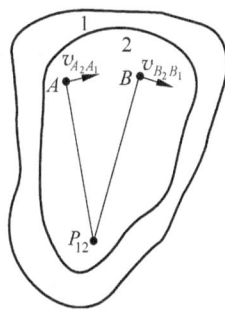

图 2.40　速度瞬心

发生相对运动的任意两个构件间都有一个瞬心。若机构由 K 个构件组成,则瞬心数为

$$N = \frac{K(K-1)}{2} \tag{2.9}$$

在机构中通常用下列方法求得瞬心:如图 2.41(a)所示,当两构件组成转动副时,转动副的中心便是它们的瞬心;如图 2.41(b)所示,当两构件组成移动副时,由于所有重合点的

相对速度方向都平行于移动方向,所以其瞬心位于移动导路垂线的无穷远处;如图 2.41(c)所示,当两构件组成纯滚动高副时,接触点相对速度为零,所以接触点就是其瞬心;如图 2.41(d)所示,当两构件组成滑动兼滚动的高副时,由于接触点的相对速度沿切线方向,因此其瞬心应位于过接触点的公法线 n—n 上,具体位置还要根据其他条件才能确定。

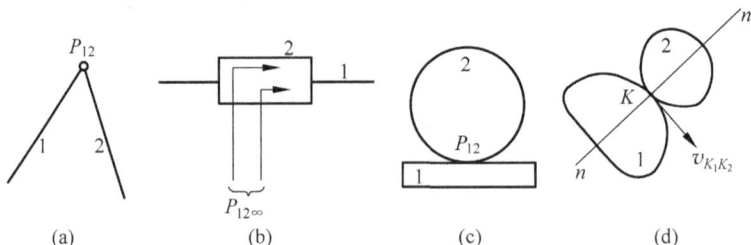

图 2.41　瞬心位置

对于不直接接触的各个构件,其瞬心可用三心定理寻求。该定理是:作相对平面运动的三个构件共有三个瞬心,这三个瞬心位于同一直线上。三心定理的证明如下:

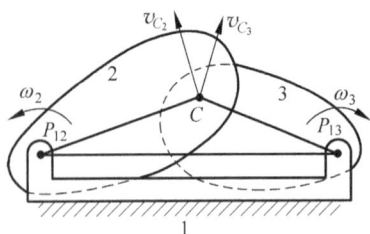

图 2.42　三心定理

如图 2.42 所示,按式(2.9),构件 1、2、3 共有三个瞬心。为证明方便,设构件 1 为固定构件,则 P_{12} 和 P_{13} 各为构件 1、2 和构件 1、3 之间的绝对瞬心。下面采用反证法证明相对瞬心 P_{23} 应位于 P_{12} 和 P_{13} 的连线上。假定 P_{23} 不在直线 $P_{12}P_{13}$ 上,而在其他任意一点 C,重合点 C_2 和 C_3 的绝对速度 v_{C_2} 和 v_{C_3} 各垂直于 CP_{12} 和 CP_{13},显然这时 v_{C_2} 和 v_{C_3} 的方向不一致。瞬心应是绝对速度相同(方向相同,大小相等)的重合点,现在 v_{C_2} 和 v_{C_3} 的方向不同,故 C 点不可能是瞬心。只有位于 $P_{12}P_{13}$ 直线上的重合点,速度 v_{C_2} 和 v_{C_3} 的方向才可能一致,所以瞬心 P_{32} 必在 P_{12} 和 P_{13} 的连线上。

2.5.2　速度瞬心在平面连杆机构速度分析上的应用

对于图 2.43 所示的铰链四杆机构,由式(2.9)计算得到该机构的瞬心数 $N=6$。转动副中心 A、B、C、D 各为瞬心 P_{12}、P_{23}、P_{34}、P_{14}。由三心定理可知,P_{13}、P_{12}、P_{23} 三个瞬心位于同一直线上,P_{13}、P_{14}、P_{34} 也应位于同一直线上,因此 $P_{12}P_{32}$ 和 $P_{14}P_{34}$ 两直线的交点就是瞬心 P_{13}。

同理,直线 $P_{14}P_{12}$ 和直线 $P_{34}P_{23}$ 的交点就是瞬心 P_{24}。

因构件 1 是机架,所以 P_{12}、P_{13}、P_{14} 是绝对瞬心,而 P_{23}、P_{34}、P_{24} 是相对瞬心。

P_{24} 是构件 4 和构件 2 的同速点,因此通过 P_{24} 可以求出构件 4 和构件 2 的角速比。构件 4 绕绝对瞬心 P_{14} 转动,构件 4 上 P_{24} 的绝对速度为

$$v_{P_{24}} = \omega_4 l_{P_{24}P_{14}}$$

构件 2 绕绝对瞬心 P_{12} 转动,构件 2 上 P_{24} 的绝对速度为

$$v_{P_{24}} = \omega_2 l_{P_{24}P_{12}}$$

故得

$$\omega_2 l_{P_{24}P_{12}} = \omega_4 l_{P_{24}P_{14}}$$

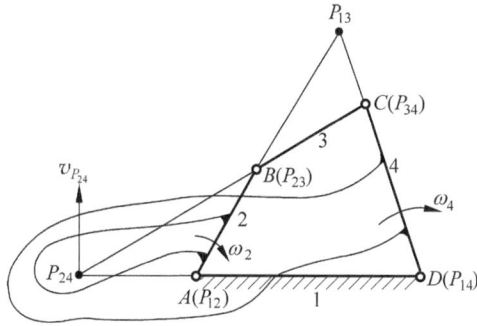

图 2.43　铰链四杆机构的瞬心

或

$$\frac{\omega_2}{\omega_4}=\frac{l_{P_{24}P_{14}}}{l_{P_{24}P_{12}}}=\frac{P_{24}P_{14}}{P_{24}P_{12}} \tag{2.10}$$

式(2.10)表明,两构件的角速度与其绝对瞬心至相对瞬心的距离成反比。若 P_{24} 在 P_{14} 和 P_{12} 的同一侧,则 ω_2 和 ω_4 方向相同;若 P_{24} 在 P_{14} 和 P_{12} 之间,则 ω_2 和 ω_4 方向相反。采用类似方法,可求出其他任意两构件的角速比大小和角速度的方向关系。

图 2.44 所示的曲柄滑块机构由 4 个构件组成,由式(2.9)计算得到该机构的瞬心数 $N=6$。转动副中心 A、B、C 各为瞬心 P_{14}、P_{12}、P_{23}。瞬心 P_{34} 在垂直导路方向无穷远处。作 P_{23} 与 P_{34} 的连线(即过 P_{23} 作导路的垂线),它与直线 $P_{14}P_{12}$ 的交点就是瞬心 P_{24}。同理,过 P_{14} 作导路的垂线,该垂线表示 P_{14} 与 P_{34} 的连线,它与直线 $P_{12}P_{23}$ 的交点就是瞬心 P_{13}。因构件 4 是机架,故 P_{14}、P_{24}、P_{34} 为绝对瞬心,其余为相对瞬心。

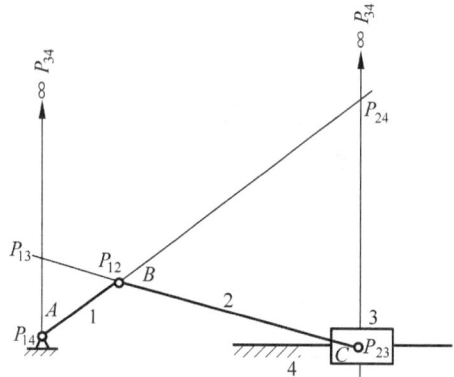

图 2.44　曲柄滑块机构的瞬心

若已知各构件的长度、位置及构件 1 的角速度 ω_1(逆时针回转),可以分析计算得到滑块 3 的速度 v_C。滑块 3 做直线移动,其上各点的速度相等,因为构件 1、3 的相对速度瞬心为 P_{13},所以 P_{13} 可以看成是滑块上的一点,根据瞬心定义,$v_C=v_{P_{13}}=\omega_1 l_{AP_{13}}$。若 μ_l 为机构的比例尺,即

$$\mu_l=\frac{构件的实际长度}{图上所画的构件长度}$$

则量出图 2.44 中 A、P_{13} 两点的距离 AP_{13},可以得到 $v_C=v_{P_{13}}=\omega_1 l_{AP_{13}}=\omega_1\mu_l AP_{13}$。

习　　题

2.1　根据题 2.1 图所注明的尺寸判断各铰链四杆机构的类型,写出计算及分析过程。

2.2　画出题 2.2 图各机构的传动角和压力角。图中标注箭头的构件为原动件。

2.3　题 2.3 图所示为一个偏置曲柄滑块机构,试求构件 1 能做整周转动的条件。

2.4　在题 2.4 图所示的铰链四杆机构中,已知其中三杆的长度分别为 $l_{BC}=50$ mm,

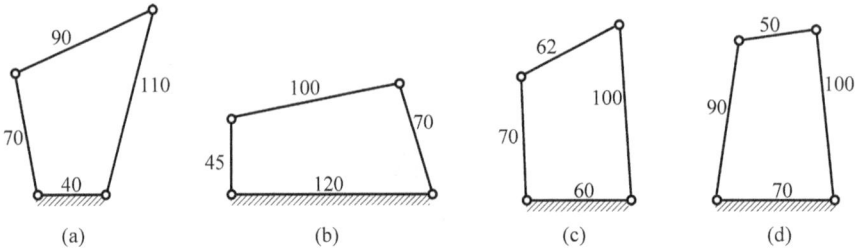

题 2.1 图

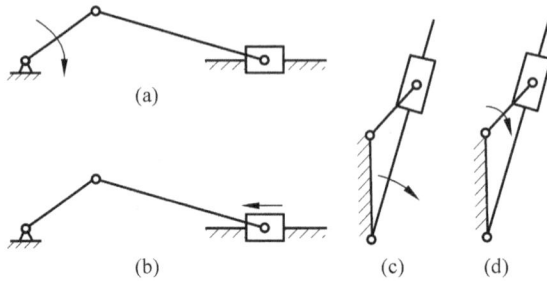

题 2.2 图

$l_{CD}=35$ mm, $l_{AD}=30$ mm, 杆 AD 为机架。

（1）要使该机构成为曲柄摇杆机构, 且 AB 是曲柄, 求 l_{AB} 的取值范围;

（2）要使该机构成为双曲柄机构, 求 l_{AB} 的取值范围;

（3）要使该机构成为双摇杆机构, 求 l_{AB} 的取值范围。

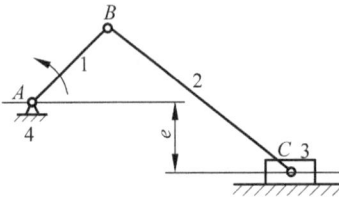

题 2.3 图

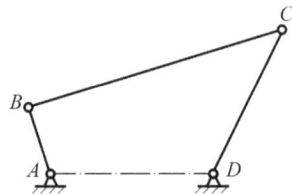

题 2.4 图

2.5　已知某曲柄摇杆机构的曲柄匀速转动, 极位夹角 θ 为 30°, 摇杆工作行程时长为 7s。求:（1）摇杆空回行程为几秒?（2）曲柄每分钟转数是多少?

2.6　在铰链四杆机构中, 各杆 a,b,c,d 的长度分别为 $l_a=28$ mm, $l_b=52$ mm, $l_c=50$ mm, $l_d=72$ mm, 取杆 d 为机架时, 试用图解法:

（1）求该机构的极位夹角 θ, 摇杆 c 的最大摆角 ψ。

（2）求该机构的最小传动角 γ_{min}。

（3）试讨论该机构在什么条件下具有死点位置, 并绘图表示。

2.7　在题 2.7 图所示的铰链四杆机构中, 已知摇杆的长度 $l_{CD}=75$ mm, 行程速度变化系数 $K=1.5$, 机架 AD 的长度 $l_{AD}=100$ mm, 摇杆的一个极限位置与机架的夹角 $\varphi'_3=45°$, 求曲柄的长度 l_{AB} 和连杆的长度 l_{BC}。

2.8　设计一个铰链四杆机构作为加热炉炉门的启闭机构。已知炉门上两活动铰链的中心距为 50 mm,炉门打开后成水平位置时,要求炉门温度较低的一面朝上(如题 2.8 图中虚线所示),设固定铰链安装在 y—y 轴线上,其相关尺寸如题 2.8 图所示,求此铰链四杆机构其余三杆的长度。

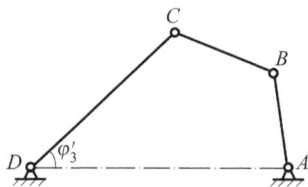

题 2.7 图

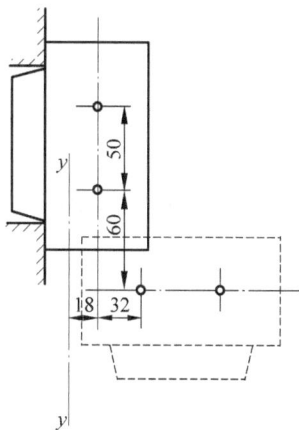

题 2.8 图

2.9 设计曲柄摇杆机构,已知摇杆长度 $l_3=100$ mm,摆角 $\psi=30°$,摇杆的行程速度变化系数 $K=1.25$。试根据最小传动角 $\gamma_{min}\geqslant40°$ 的条件确定其余三杆的尺寸。

2.10 设计曲柄滑块机构,已知滑块的行程速度变化系数 $K=1.5$,滑块行程 $S=50$ mm,偏距 $e=20$ mm。试求曲柄的长度 l_{AB} 和连杆的长度 l_{BC}(比例尺 $\mu_l=2$ mm/mm)。

2.11 求出题 2.11 图所示的导杆机构的全部瞬心和构件 1、3 的角速比。

2.12 求出题 2.12 图所示的正切机构的全部瞬心。设 $\omega_1=10$ rad/s,求构件 3 的速度 v_3。

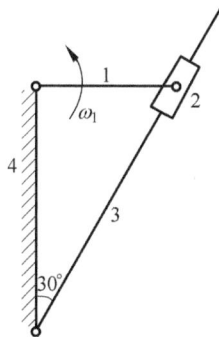

题 2.11 图

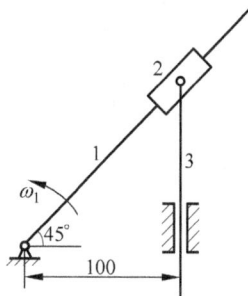

题 2.12 图

＊ 实践拓展练习

2.13 运用平面连杆机构设计一个机械产品,解决生活中或工程中的某个实际问题,通过几种方案的运动分析和比较,选择出合理的设计方案。

第3章 凸轮机构

3.1 凸轮机构的应用与分类

3.1.1 凸轮机构的应用

凸轮机构是机械中的一种常用机构,其结构简单紧凑,设计方便,不仅能够可靠地实现零件严格按照预定的运动规律(如位移、速度、加速度)运动,还能够控制机械系统中若干工件的执行顺序,因此在自动化和半自动化机械中应用非常广泛。但凸轮轮廓与从动件之间为点接触或线接触,易磨损,故通常用于受力不大的控制机构。

图 3.1 所示为内燃机配气机构,由凸轮机构控制内燃机的进气与排气,完成配气动作。当凸轮 1 以等角速度转动时,凸轮 1 的曲线轮廓与气门 3 的平顶面接触,同时压缩弹簧 2 提供复位作用力,从而实现气门 3 按照预期的运动规律做往复直线运动,适时地启闭阀门。多个凸轮与活塞的协调运动可实现发动机的曲轴持续转动,最终实现内燃机的动力连续输出。

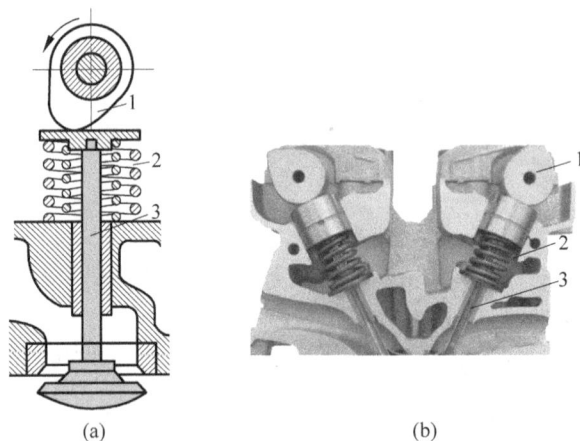

(a)   (b)

1—凸轮;2—压缩弹簧;3—气门。

图 3.1 内燃机配气机构

图 3.2 为绕线机的引线机构,由螺旋齿轮 1、绕线轴 2(与螺旋齿轮 1 固连)、引线杆 3、盘形凸轮 4、螺旋齿轮 5(与盘形凸轮 4 固连)及弹簧 6 组成。绕线时,将线筒套安装在绕线轴 2 上,电动机驱动绕线轴 2 及螺旋齿轮 1 等角速度转动,螺旋齿轮 1 同时驱动螺旋齿轮 5 及盘形凸轮 4 转动。引线杆 3 在盘形凸轮 4 和拉伸弹簧 6 共同作用下,绕机架上的固定点摆动,线嵌在引线杆 3 顶端的引线槽中,随同引线杆 3 一同运动。这样,绕线轴 2 转动时,线就能均匀地多层缠绕在线筒上。

图 3.3 所示为仿形机床中广泛采用的靠模车削加工机构。压缩弹簧 4 提供的弹力将刀架 3 通过滚子 5 与移动凸轮 6 的轮廓曲面紧密接触。当滚子 5 沿着移动凸轮 6 的轮廓曲线

移动时,刀架 3 及车刀 2 的高度也随之变化,同时工件 1 以等角速度转动,加工出手柄轮廓。

图 3.4 所示为录音机的卷带机构。录音机的放音键是移动凸轮 1,摆杆 2 通过拉伸弹簧 3 提供的拉伸力保持其一端与移动凸轮 1 通过滚子接触,摆杆 2 的另一端装有摩擦轮 6,摩擦轮 6 与皮带轮 7 固连。当按下放音键时,凸轮 1 向下移动,安装在摆杆 2 上的摩擦轮 6 与卷带轮 4 接触,皮带轮 7 带动摩擦轮 6 转动,摩擦轮 6 驱动卷带轮 4 绕轴 5 转动,实现放音(图 3.4(a))。当弹起放音键时,移动凸轮 1 向上运动,摆杆 2 绕固定轴顺时针摆动并拉伸弹簧 3,此时摩擦轮 6 与卷带轮 4 脱离接触,摩擦轮 6 无法驱动卷带轮 4 绕轴 5 转动,磁带停止走带,放音停止(图 3.4(b))。

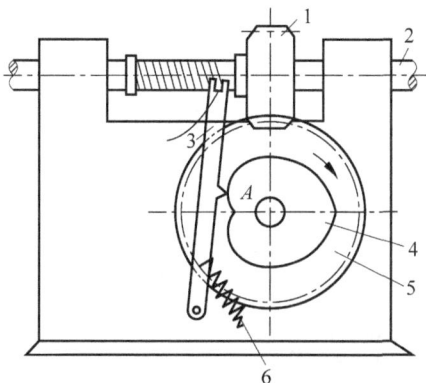

1,5—螺旋齿轮;2—绕线轴;3—引线杆;4—盘形凸轮;
6—拉伸弹簧。

图 3.2 绕线机的引线机构

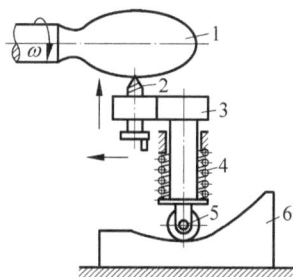

图 3.3

1—工件;2—车刀;3—刀架;4—压缩弹簧;
5—滚子;6—移动凸轮。

图 3.3 靠模车削加工机构

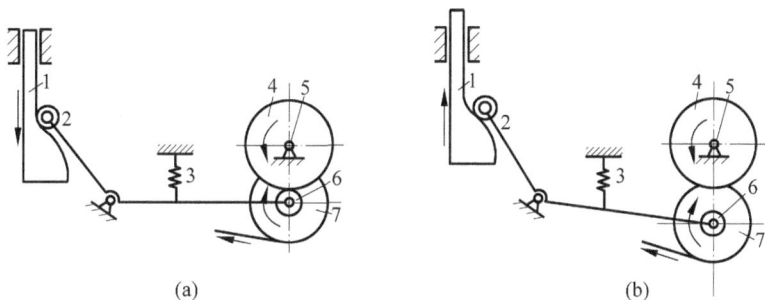

    (a)   (b)

1—移动凸轮;2—摆杆;3—拉伸弹簧;4—卷带轮;5—轴;6—摩擦轮;7—皮带轮。

图 3.4 录音机的卷带机构
(a)放音;(b)停止放音

图 3.5 所示为自动机床的进给机构。当具有凹槽的圆柱凸轮 3 等角速度转动时,其凹槽的侧面通过嵌于凹槽中的滚子 4 迫使摆杆 2 绕轴做往复摆动,摆杆 2 通过齿轮齿条运动控制刀架 1 的进刀和退刀运动。因此,进刀和退刀的运动规律取决于圆柱凸轮 3 的凹槽曲线的形状。

3.1.2 凸轮机构的分类

凸轮机构由凸轮、从动件和机架组成。

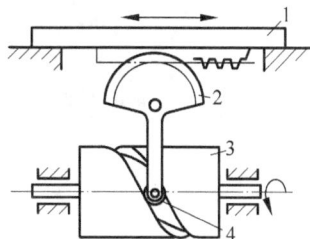

1—刀架;2—摆杆;3—圆柱凸轮;4—滚子。

图 3.5 自动机床的进给机构

凸轮机构可以按照下列 4 种方式进行分类：按凸轮形状分类、按从动件结构形式分类、按从动件运动方式分类、按从动件与凸轮的锁合方式分类。

1. 按凸轮形状分类

根据凸轮形状的不同，可以将凸轮机构划分为盘形凸轮机构、移动凸轮机构、圆柱凸轮机构等。

（1）盘形凸轮机构。如图 3.1 和图 3.2 所示，这类凸轮是一个绕固定轴转动并具有变化半径的盘形零件，从动件做往复直线运动或者绕固定轴线摆动。

（2）移动凸轮机构。如图 3.3 和图 3.4 所示，将盘形凸轮的回转中心设为趋于无穷远时，凸轮沿导路中心线相对机架做近似直线往复运动，此时的凸轮机构称为移动凸轮机构。

（3）圆柱凸轮机构。圆柱凸轮是在圆柱面上开有曲线凹槽(图 3.5)、凸缘(图 3.6(a))或在圆柱端面上加工出曲线轮廓(图 3.6(b))的构件，也可看成是移动凸轮卷绕在圆柱体上形成的。圆柱凸轮机构中的凸轮和从动件的运动不在同一平面或相互平行的平面内，因此圆柱凸轮机构属于空间凸轮机构，如图 3.6 所示。

图 3.6(a)

图 3.6(b)

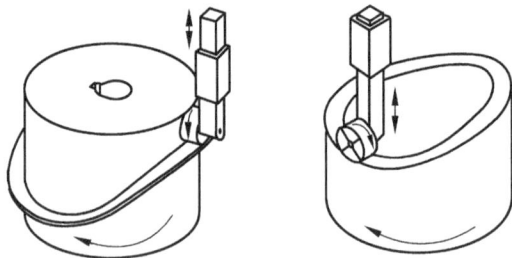

图 3.6 空间凸轮机构
(a) 空间凸缘凸轮机构；(b) 空间端面凸轮机构

图 3.7 所示的圆柱凸轮分割器(又称凸轮分度器、间歇分割器)是一种高精度的回转装置，主要应用在需要把输入轴圆柱凸轮 2 的连续运动转化为分割器输出轴 1 的步进动作的各种自动化机械上，如制药机械、食品包装机械等。

有些凸轮机构只有凸轮而没有从动件，如图 3.8 所示的用于纺织机械中的圆柱凸轮绕线机。绕线机的绕线轮 1 及圆柱凸轮 2 都转动，嵌在圆柱凸轮 2 螺旋槽中的线沿绕线轮 1 的轴线做往复运动，使得线能够均匀地绕在绕线轮 1 上。

图 3.7 圆柱凸轮分割器

图 3.8 圆柱凸轮绕线机

2. 按从动件结构形式分类

根据从动件端部与凸轮接触部位的结构形式不同，如表 3.1 所示，可以将凸轮机构划分为尖顶从动件凸轮机构、滚子从动件凸轮机构、平底从动件凸轮机构和曲面从动件凸轮机构。

（1）尖顶从动件凸轮机构。该类凸轮机构的从动件的尖顶可以与凸轮轮廓保持紧密接触，但尖顶易磨损。尖顶从动件凸轮机构仅适用于作用力很小的低速凸轮机构。

（2）滚子从动件凸轮机构。将自由转动的滚子装在从动件的接触端，滚子与凸轮之间为滚动摩擦，磨损小。滚子从动件凸轮机构可以承受较大的载荷，应用广泛。

（3）平底从动件凸轮机构。从动件的接触端为一平面，直接与凸轮轮廓相接触。若不考虑摩擦，凸轮对从动件的作用力始终垂直于端平面，传动效率高，且接触面间容易形成油膜，利于润滑，减小摩擦，因此常用于高速凸轮机构。其缺点是不能用于凸轮轮廓有内凹曲线的凸轮机构中，否则会造成运动曲线的失真。

（4）曲面从动件凸轮机构。针对尖顶从动件的缺点对从动件进行改进，将从动件的接触尖点改为曲面，从动件的磨损情况有所改善。

3. 按从动件运动方式分类

根据从动件端部运动方式的不同，如表 3.1 所示，可以将凸轮机构划分为移动从动件凸轮机构和摆动从动件凸轮机构。

（1）移动从动件凸轮机构。这种凸轮机构的从动件相对机架做往复直线运动。同时，如果从动件往复移动的导路中心线与凸轮转动中心 O 之间存在偏距 e，则该从动件称为偏置移动从动件；如果从动件往复移动的导路中心线通过凸轮转动中心 O，则该从动件称为对心移动从动件。

（2）摆动从动件凸轮机构。从动件相对机架做往复摆动。

表 3.1　按从动件结构形式和从动件运动方式分类的凸轮机构

从动件类型		尖　顶	滚　子	平　底	曲　面
移动从动件	对心移动从动件	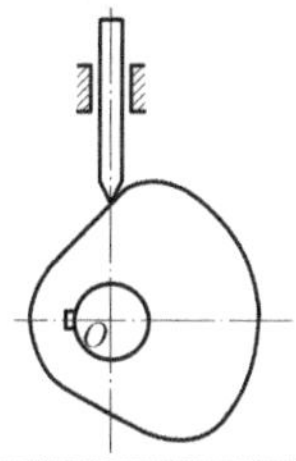	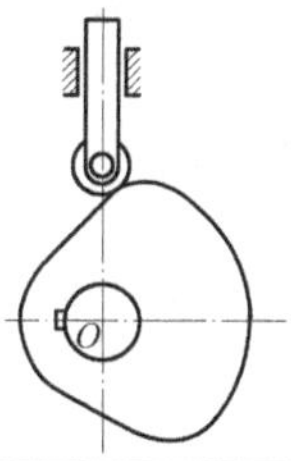	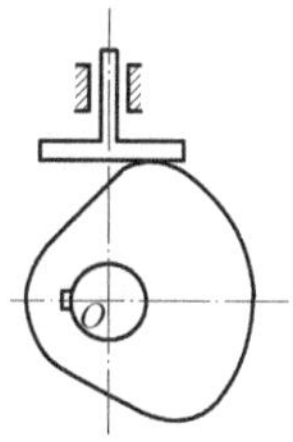	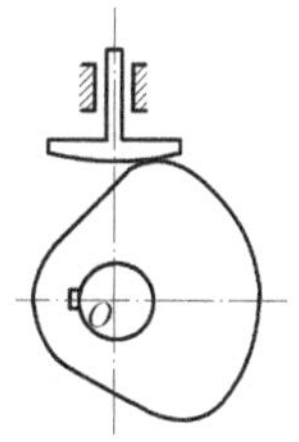
	偏置移动从动件	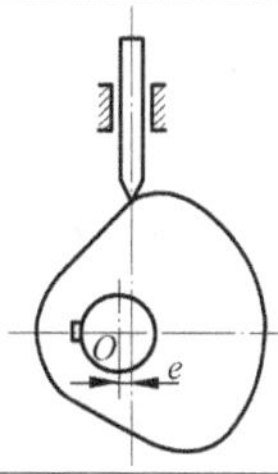	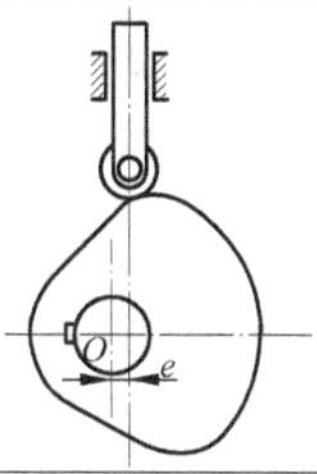	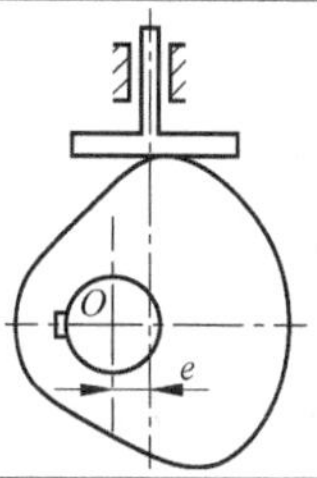	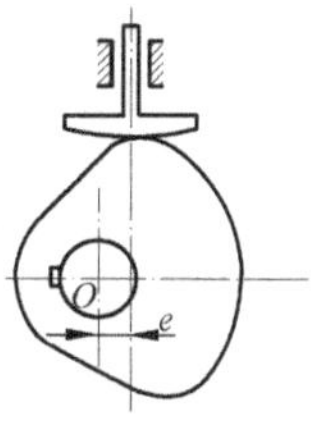
摆动从动件		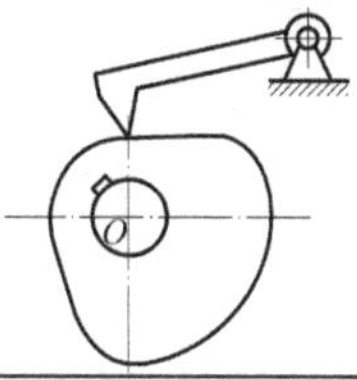	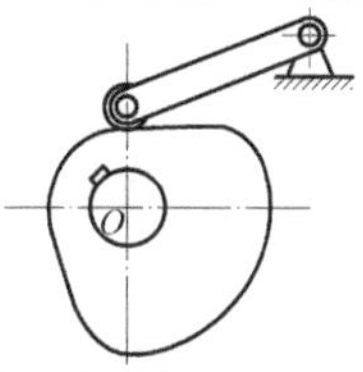	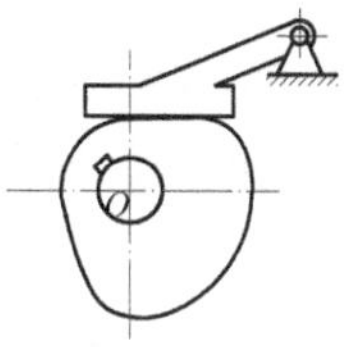	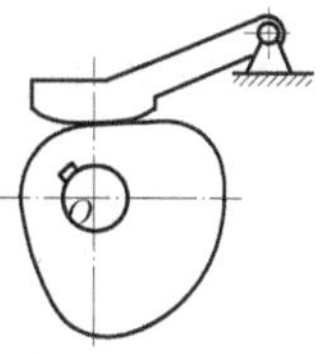

尖底移动凸轮

平底移动凸轮

滚子移动凸轮

滚子摆动凸轮

尖底摆动凸轮

平底摆动凸轮

4. 按从动件与凸轮的锁合方式分类

（1）力封闭凸轮机构。依靠重力、弹簧力或其他外力使从动件与凸轮曲面保持接触。图 3.1～图 3.4 所示的凸轮机构都是靠弹簧力使从动件与凸轮曲面保持接触。

（2）形封闭凸轮机构。从动件具有一定的几何形状，从而使运动时的从动件与凸轮曲面保持接触。图 3.5 所示的圆柱凸轮机构是靠圆柱体上的凹槽使从动件与凸轮保持接触。典型的形封闭凸轮机构有：①槽凸轮机构（图 3.9(a)），其结构简单，但是加大了凸轮的尺寸和重量；②等宽凸轮机构（图 3.9(b)），凸轮轮廓线上任意两条平行切线间的距离相等，且等于槽宽，但是从动件的运动规律受到限制；③等径凸轮机构（图 3.9(c)），两个滚子中心间的距离始终保持不变，缺点是从动件的运动规律同样受到限制；④共轭凸轮机构（图 3.9(d)），可以实现从动件的任意运动规律，但是结构较复杂，制造精度要求较高。

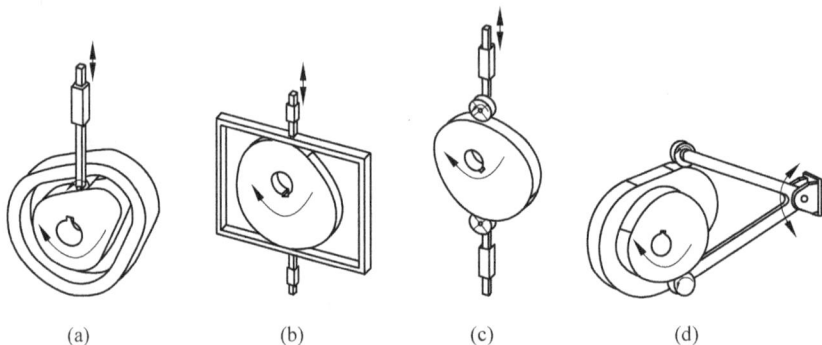

(a)　　　　　　　(b)　　　　　　　(c)　　　　　　　(d)

图 3.9　形封闭凸轮机构

(a) 槽凸轮机构；(b) 等宽凸轮机构；(c) 等径凸轮机构；(d) 共轭凸轮机构

3.2　凸轮机构从动件的运动规律

3.2.1　凸轮机构的相关名词术语

下面以图 3.10 所示的尖顶直动从动件盘形凸轮机构为例，说明从动件运动规律与凸轮轮廓曲线之间的相互关系。如图 3.10(a)所示，以凸轮转动中心 O 为圆心，以凸轮轮廓曲线的最小向径 r_0 为半径所绘制的圆称为基圆。当凸轮以角速度 ω 做顺时针转动时，从动件与轮廓 AB 接触，由基圆与轮廓 AB 的连接点 A（距离凸轮中心 O 最近位置）移至离凸轮中心 O 最远位置 B'，从动件上升的过程称为推程。推程对应的凸轮转角 $\angle AOB$ 称为推程角 Φ。推程中从动件移动的最大距离 h 称为从动件的升程。凸轮继续转动，在从动件与离凸轮转动中心 O 最远位置的轮廓 BC 接触而静止不动时，对应的凸轮上的转角 $\angle BOC$ 称为远休止角 Φ_s。凸轮继续转动，从动件在弹簧力或重力作用下与轮廓 CD 接触，由离凸轮中心 O 最远位置 C 移至离凸轮中心 O 最近位置 D 的过程称为回程。回程对应的凸轮转角 $\angle COD$ 称为回程角 Φ'。凸轮继续转动，从动件与轮廓 DA 接触，在离凸轮转动中心 O 最近位置静止不动时，对应的凸轮转角 $\angle DOA$ 称为近休止角 Φ_s'。当凸轮连续回转时，从动件重复上述运动。

如果以直角坐标系的纵坐标代表从动件位移 s，横坐标代表凸轮转角 φ（因通常凸轮等

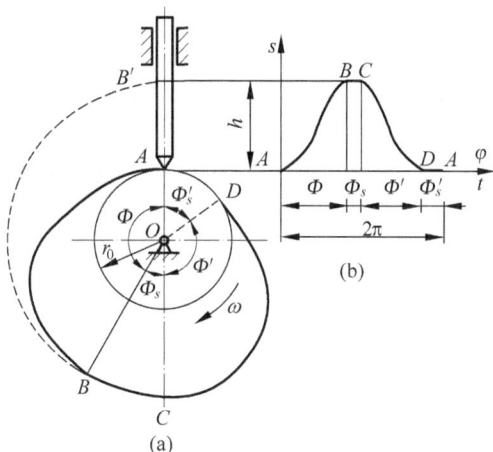

图 3.10 凸轮轮廓曲线与从动件位移线图

角速转动,故横坐标也代表时间 t),则可以画出从动件位移 s 与凸轮转角 φ 之间的关系曲线,如图 3.10(b)所示,称为从动件位移线图。

由以上分析可知,从动件的位移线图取决于凸轮轮廓曲线的形状。也就是说,从动件的不同运动规律要求凸轮具有不同的轮廓曲线。

3.2.2 凸轮机构从动件常用的运动规律

凸轮机构中,从动件的运动规律是设计凸轮轮廓曲线的主要依据。从动件的运动规律是指从动件的位移 s、速度 v 和加速度 a 随时间 t 变化的规律,可以用凸轮转角 φ 随时间 t 的变化规律表示,即 $s=s(\varphi),v=v(\varphi),a=a(\varphi)$ 或 $s=s(t),v=v(t),a=a(t)$。通常采用从动件运动线图来表述这些关系。

在凸轮机构中,常用的从动件运动规律的数学表达形式有的呈多项式形式,如等速运动规律、等加速等减速运动规律。有的数学表达形式呈三角函数形式,如余弦加速度运动规律(或简谐运动规律)和正弦加速度运动规律(或摆线运动规律)。

1. 等速运动规律

如果凸轮机构运行时,凸轮以等角速度 ω 做顺时针匀速转动,其转角 φ 与时间 t 成正比(即 $\varphi=\omega t$),则从动件按等速运动规律运动,其在运动过程中速度恒定不变,其推程运动方程为

$$\begin{cases} s=\dfrac{h\varphi}{\Phi} \\[2mm] v=\dfrac{h\omega}{\Phi} \\[2mm] a=0 \end{cases} \tag{3.1}$$

式中,φ 的取值范围为 $0\sim\Phi$。其回程运动方程为

$$\begin{cases} s=h-\dfrac{h}{\Phi'}(\varphi-\Phi-\Phi_s) \\[2mm] v=-\dfrac{h\omega}{\Phi'} \\[2mm] a=0 \end{cases} \tag{3.2}$$

式中,φ 的取值范围为 $(\varPhi+\varPhi_s)\sim(\varPhi+\varPhi_s+\varPhi')$。

图 3.11 所示为凸轮机构从动件按等速运动规律运动时的推程运动线图。由图 3.11 可以看出从动件等速运动规律的运动特性:从动件的运动速度为常数,在运动的起始点和终止点速度发生突变,产生了理论值为无穷大的加速度,凸轮机构将产生冲击和振动。这种由于加速度理论值趋于无穷大引起的冲击称为刚性冲击。刚性冲击将产生严重危害,因此等速运动规律适用于低速轻载的工作情况。可以通过在运动的开始和终止段将等速运动规律与其他运动规律组合来修正等速运动规律(图 3.12)。

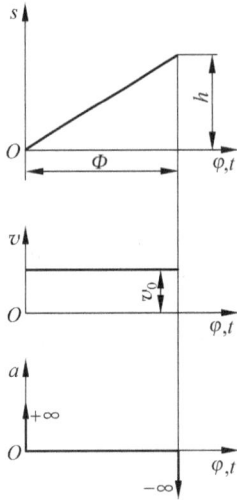

图 3.11　等速运动规律的推程运动线图　　　图 3.12　组合运动规律的推程运动线图

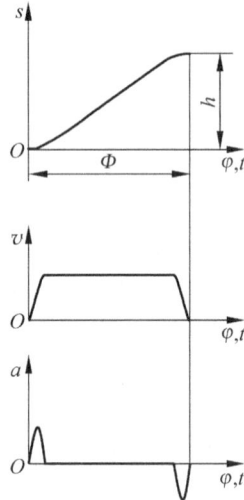

2. 等加速等减速运动规律

凸轮机构从动件按等加速等减速运动规律运动,是指在推程或回程中,从动件首先做等加速运动,然后再做等减速运动。当凸轮以角速度 ω 匀速转动时,其前半推程的运动方程为

$$\begin{cases} s = \dfrac{2h\varphi^2}{\varPhi^2} \\[2mm] v = \dfrac{4h\omega\varphi}{\varPhi^2} \\[2mm] a = \dfrac{4h\omega^2}{\varPhi^2} \end{cases} \tag{3.3}$$

式中,φ 的取值范围为 $0\sim\varPhi/2$。其后半推程运动方程为

$$\begin{cases} s = h - \dfrac{2h}{\varPhi^2}(\varPhi-\varphi)^2 \\[2mm] v = \dfrac{4h\omega}{\varPhi^2}(\varPhi-\varphi) \\[2mm] a = -\dfrac{4h\omega^2}{\varPhi^2} \end{cases} \tag{3.4}$$

式中，φ 的取值范围为 $\Phi/2 \sim \Phi$。

图 3.13 为凸轮机构从动件按等加速等减速运动规律运动时推程的运动线图。由图 3.13 可以看出从动件等加速等减速运动规律的运动特性：从动件运动的加速度为常数，在运动的起始点，等加速等减速运动规律的转折点和终止点，从动件的运动加速度产生有限突变，导致凸轮机构产生一定限度的冲击。这种由加速度有限突变引起的冲击称为柔性冲击。因此，等加速等减速运动规律适用于中速轻载的工作情况。

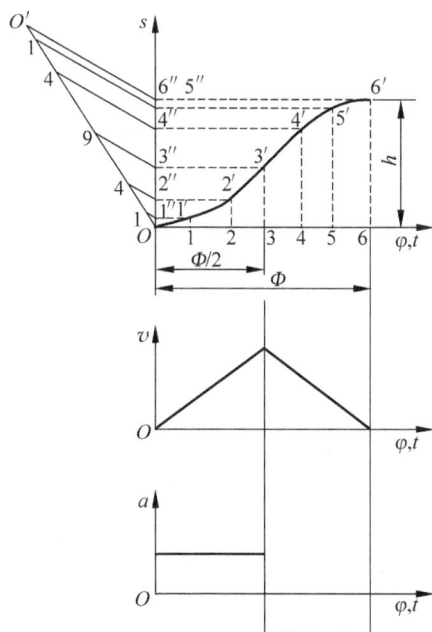

图 3.13　等加速等减速运动规律的推程运动线图

3. 余弦加速度运动规律（或简谐运动规律）

当质点在圆周上做匀速运动时，质点在该圆直径上的投影所形成的运动称为余弦加速度运动。当凸轮以角速度 ω 匀速转动时，其推程运动方程为

$$\begin{cases} s = \dfrac{h}{2}\left[1 - \cos\left(\dfrac{\pi}{\Phi}\varphi\right)\right] \\[2mm] v = \dfrac{h\pi\omega}{2\Phi}\sin\left(\dfrac{\pi}{\Phi}\varphi\right) \\[2mm] a = \dfrac{h\pi^2\omega^2}{2\Phi^2}\cos\left(\dfrac{\pi}{\Phi}\varphi\right) \end{cases} \tag{3.5}$$

式中，φ 的取值范围为 $0 \sim \Phi$。其回程运动方程为

$$\begin{cases} s = \dfrac{h}{2}\left[1 + \cos\dfrac{\pi}{\Phi'}(\varphi - \Phi - \Phi_s)\right] \\[2mm] v = -\dfrac{h\pi\omega}{2\Phi'}\sin\dfrac{\pi}{\Phi'}(\varphi - \Phi - \Phi_s) \\[2mm] a = -\dfrac{h\pi^2\omega^2}{2\Phi'^2}\cos\dfrac{\pi}{\Phi'}(\varphi - \Phi - \Phi_s) \end{cases} \tag{3.6}$$

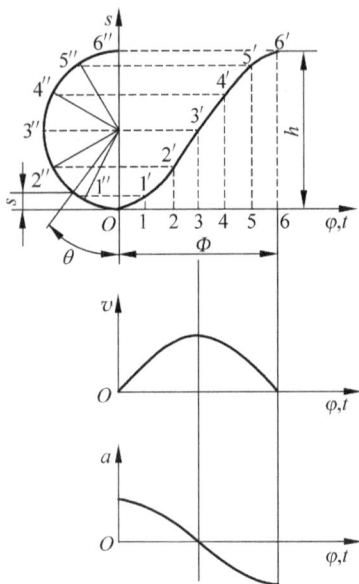

图 3.14　余弦加速度运动规律的推程
　　　　运动线图

式中，φ 的取值范围为 $(\Phi+\Phi_s)\sim(\Phi+\Phi_s+\Phi')$。

图 3.14 所示为凸轮机构从动件按余弦加速度运动规律（或简谐运动规律）运动时的推程运动线图。由图 3.14 可以看出从动件余弦加速度运动规律（或简谐运动规律）的运动特性：从动件在整个运动过程中速度连续，但在运动的起点和终点加速度产生有限突变，凸轮机构产生柔性冲击。因此余弦加速度运动规律（或简谐运动规律）的动力性能优于等加速等减速运动规律，常应用于中速中载的工作情况。

4. 正弦加速度运动规律（或摆线运动规律）

凸轮机构从动件按正弦加速度运动规律运动时，从动件的位移曲线是动圆沿纵坐标轴做纯滚动时，其上一固定点 A 在纵坐标上投影得到的曲线。当凸轮以角速度 ω 匀速转动时，其推程运动方程为

$$\begin{cases} s = h\left(\dfrac{\varphi}{\Phi} - \dfrac{1}{2\pi}\sin\dfrac{2\pi}{\Phi}\varphi\right) \\[2mm] v = \dfrac{h\omega}{\Phi}\left(1 - \cos\dfrac{2\pi}{\Phi}\varphi\right) \\[2mm] a = \dfrac{2h\pi\omega^2}{\Phi^2}\sin\dfrac{2\pi}{\Phi}\varphi \end{cases} \tag{3.7}$$

式中，φ 的取值范围为 $0\sim\Phi$。其回程运动方程为

$$\begin{cases} s = h\left[1 - \dfrac{\varphi-\Phi-\Phi_s}{\Phi'} + \dfrac{1}{2\pi}\sin\dfrac{2\pi}{\Phi'}(\varphi-\Phi-\Phi_s)\right] \\[2mm] v = -\dfrac{h\omega}{\Phi'}\left[1 - \cos\dfrac{2\pi}{\Phi'}(\varphi-\Phi-\Phi_s)\right] \\[2mm] a = -\dfrac{2h\pi\omega^2}{\Phi'^2}\sin\dfrac{2\pi}{\Phi'}(\varphi-\Phi-\Phi_s) \end{cases} \tag{3.8}$$

式中，φ 的取值范围为 $(\Phi+\Phi_s)\sim(\Phi+\Phi_s+\Phi')$。

图 3.15 所示为凸轮机构从动件按正弦加速度运动规律（或摆线运动规律）运动时的推程运动线图。由图 3.15 可以看出从动件正弦加速度运动规律（或摆线运动规律）的运动特性：从动件的速度曲线及加速度曲线始终保持连续变化，加速度无突变，从动件在运动的起始点和终止点加速度为零，无刚性冲击及柔性冲击。因此正弦加速度运动规律具有比较好的运动特性和动力性能，适用于高速的工作情况。

选择或者设计凸轮的从动件运动规律时，通常不仅要考虑满足设备执行动作的基本使用要求，还要综合考虑设备使用该凸轮机构后是否具有良好的动力性能以及

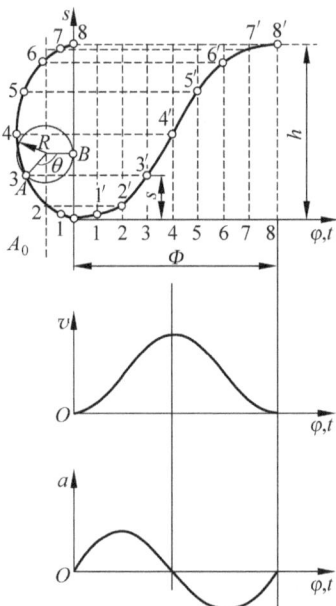

图 3.15　正弦加速度运动规律推程
　　　　运动线图

凸轮轮廓曲线的可加工性。除上述介绍的几种基本运动规律外,还要根据实际使用要求,组合已有的运动规律或利用多项式进行推导求解新的运动规律。

3.3　凸轮机构的压力角

1. 凸轮机构压力角的基本概念

凸轮机构运动时,从动件与凸轮接触,受力点处的驱动力方向线与该点运动绝对速度方向线所夹的锐角,称为凸轮机构的压力角,用 α 表示,如图 3.16 所示。当忽略运动副处的摩擦力时,高副机构中构件间的力是沿着凸轮轮廓法线方向作用的,因此对于高副机构,压力角也就是接触轮廓法线与从动件速度方向所夹的锐角。

凸轮机构除了满足从动件能实现预期运动规律这一基本要求外,还需要考虑构件的受力情况和尺寸。这就需要分析凸轮机构的压力角对机构的受力情况及尺寸的影响。

2. 压力角与作用力的关系

当从动件运动到图 3.16 中所示位置时,凸轮作用于从动件的力 F 沿该点的法线方向 $n—n$,从动件以速度 v_2 沿导路方向运动,该点的压力角 α 为 F 与 v_2 方向所夹的锐角。力 F 可以分解为沿从动件运动方向的有用分力 F' 和导致从动件压紧导路的有害分力 F''。F、F' 与 F'' 之间的关系为

$$\begin{cases} F'' = F\sin\alpha \\ F' = F\cos\alpha \end{cases} \tag{3.9}$$

由式(3.9)可知,当驱动力 F 为定值时,压力角 α 越大,有害分力 F'' 越大,凸轮机构的传动效率越低。当压力角 α 增大到一定数值时,有害分力 F'' 在导路中引起的摩擦阻力会等于甚至大于有用分力 F',此时无论凸轮作用于从动件的力 F 多大,从动件都不能运动,这种现象称为自锁。由此可以看出,压力角 α 是反映凸轮机构动力性能优劣的重要指标。

在实际应用中,为保证凸轮机构具有较高的工作效率,改善其受力状况,必须合理选择压力角 α。凸轮轮廓曲线上各点处的压力角 α 与该点的轮廓曲线有关,因而设计凸轮轮廓曲线时应保证最大压力角 α_{max} 不超过许用压力角 $[\alpha]$。

许用压力角 $[\alpha]$ 的选取原则为:推程时,对于直动从动件凸轮机构,许用压力角的荐用值为 $30° \sim 40°$;对于摆动从动件凸轮机构,许用压力角的荐用值为 $35° \sim 45°$;回程时,许用压力角的荐用值为 $70° \sim 80°$。

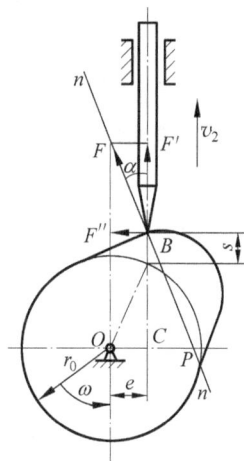

图 3.16　凸轮机构的压力角

3. 压力角与凸轮机构尺寸的关系

容易理解,凸轮的基圆半径 r_0 愈小,设计得到的凸轮机构愈紧凑。但是,基圆半径 r_0 过小会引起压力角 α 增大以至 $\alpha_{max} > [\alpha]$,致使凸轮机构的工作情况变得恶劣。

在图 3.16 所示的凸轮机构中,由瞬心知识可知,P 点为推杆与凸轮的相对速度瞬心。故 $v_P = v = \omega\overline{OP}$,从而有 $\overline{OP} = v/\omega = \mathrm{d}s/\mathrm{d}\varphi$,又由图 3.16 中 $\triangle BCP$ 可得凸轮机构压力角 α

与凸轮机构基本尺寸的关系为

$$\tan\alpha = \frac{\mathrm{d}s/\mathrm{d}\varphi - e}{s + \sqrt{r_0^2 - e^2}} \tag{3.10}$$

式中，s 为对应凸轮转角 φ 的从动件位移；e 为从动件导路的偏距。

显然，在其他条件皆不变的情况下，基圆半径 r_0 愈小，压力角 α 愈大。基圆半径 r_0 过小，压力角 α 会超过压力角许用值 $[\alpha]$，从而使机构效率陡降，甚至发生自锁。

3.4　盘形凸轮的轮廓曲线设计

当根据工作情况需求确定了凸轮结构的形式、基本空间尺寸、从动件的运动规律和驱动凸轮的转向之后，即可设计凸轮的轮廓曲线。凸轮轮廓曲线的设计可以用解析法和图解法。用图解法设计凸轮轮廓曲线简便直观，但是精度较低。随着数字化设计及制造的广泛采用，用解析法设计凸轮机构方便了后续可能进行的力学及动力学等理论分析。但解析法需要一定的数学基础且不能直观地表示凸轮轮廓的形成。以下仅介绍凸轮轮廓曲线的图解法设计。

3.4.1　盘形凸轮轮廓曲线图解法设计的基本原理

盘形凸轮轮廓曲线图解法设计的基本原理是反转法原理。

凸轮机构运动过程中，凸轮与从动件都在运动。其中，凸轮通常以角速度 ω 匀速转动，在凸轮的驱动下，直动从动件沿着导路中心线往复移动；摆动从动件则绕固定点做往复摆动。

以图 3.17(a) 所示的对心尖顶直动从动件盘形凸轮机构的凸轮轮廓曲线设计为例，用图解法设计凸轮轮廓曲线时，假定凸轮相对静止不动，同时假定凸轮机构中的从动件及机架以 $-\omega$ 的角速度运动，即给整个凸轮机构一个附加转速，转速大小与原转速相同，方向相反。假定反向转动导致从动件尖顶与凸轮的相对运动关系保持不变，则从动件尖顶复合运动的轨迹即为凸轮的轮廓曲线。这种假定凸轮固定不动，从动件连同导路一起反转的方法称为反转法。图 3.17(b) 所示为利用反转法求解偏置直动从动件盘形凸轮机构的凸轮轮廓曲线。

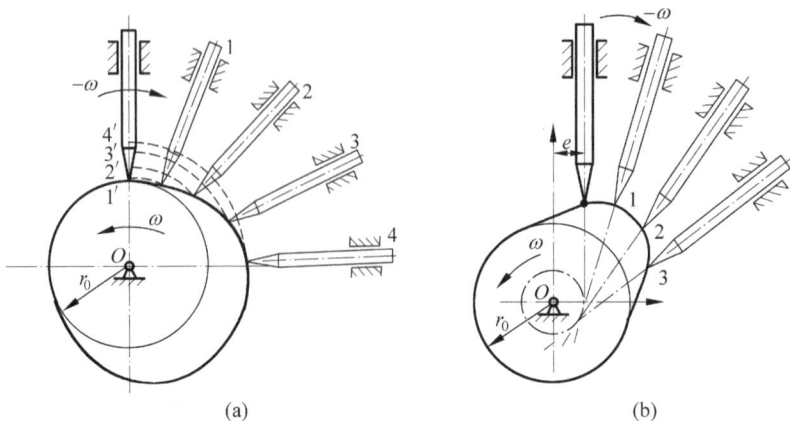

(a)　　　　　　　　　　　　　　　(b)

图 3.17　反转法绘制凸轮轮廓曲线

3.4.2　盘形凸轮轮廓曲线的图解法设计

1. 对心尖顶直动从动件盘形凸轮轮廓的设计

已知凸轮以角速度 ω 逆时针匀速转动,凸轮的基圆半径为 r_0,从动件的运动规律见表 3.2,根据给定条件,设计对心尖顶直动从动件盘形凸轮的轮廓曲线。

表 3.2　从动件的运动规律

项目	推程	远休止角	回程	近休止角
运动规律	等加速(抛物线)	$\Phi_s=30°$	余弦加速度(简谐)	$\Phi'_s=110°$
凸轮转角	$\Phi=110°$		$\Phi'=110°$	
运动件行程	h		h	

设计步骤如下:

(1) 绘制从动件位移线图。建立 $\varphi\text{-}s$ 坐标系,纵坐标轴表示从动件的位移 s,横坐标轴表示凸轮转角 φ。确定绘图比例,并按选定的比例尺和给定的从动件运动规律绘制从动件的位移线图,如图 3.18 所示。

(2) 将位移线图(图 3.18)中的推程运动角 Φ 及回程运动角 Φ' 等分成若干等份。等分从动件各段行程时,应遵循"陡密缓疏"的原则。即位移曲线变化陡峭时,等分数量相对多一些,这样更能准确地描述运动规律;位移曲线变化缓慢时,等分数量相对少一些。图 3.18中,推程运动角 Φ(110°)被分成 5 等份,每等份是 22°;回程运动角 Φ'(110°)被分成 5 等份,每等份也是 22°。

(3) 取与从动件位移线图相同的绘图比例,绘制凸轮基圆(图 3.19)。即以凸轮的转动中心 O 为圆心,凸轮的基圆半径 r_0 为半径绘制凸轮基圆。图 3.19 中,B_0 是从动件运动的起始位置,OB_0 的延长线即为从动件的导路中心线,对心直动从动件的导路中心线通过凸轮的转动中心,偏置直动从动件的导路中心线与偏置圆(以 O 点为圆心,e 为半径)相切。

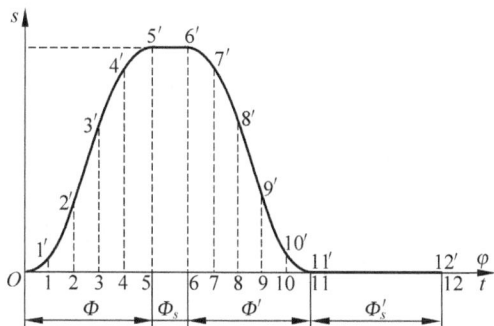

图 3.18　从动件位移线图

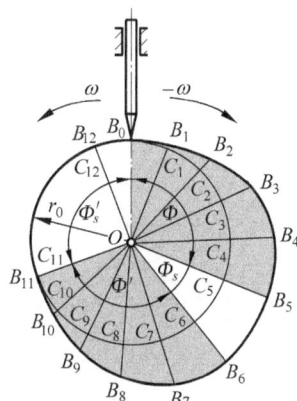

图 3.19　对心尖顶直动从动件盘形凸轮轮廓的设计

(4) 确定反转后从动件导路中心线的位置。自 OB_0 沿 $-\omega$ 方向(顺时针方向)顺序量取推程运动角 $\Phi=110°$、远休止角 $\Phi_s=30°$、回程运动角 $\Phi'=110°$ 和近休止角 $\Phi'_s=110°$,并将各个角度等分成与从动件位移线图对应的等份数,等分线与基圆交于 C_1、C_2、…、C_{12} 点,

等分线 OC_1、OC_2、$\cdots$、OC_{12} 即为反转后从动件导路中心线的各个位置。

（5）确定反转后从动件尖顶在各个等分点上的位置。过 C_1、C_2、$\cdots$、C_{12} 各点，在基圆外截取线段等于位移线图上相应点的位移值，得到机构反转时从动件尖顶运动的一系列位置 B_1、B_2、$\cdots$、B_{12}。

（6）用光滑曲线连接 B_1、B_2、$\cdots$、B_{12} 各点，即得到对心尖顶直动从动件盘形凸轮的轮廓曲线。

如果设计图 3.17(b)所示的偏置尖顶直动从动件盘形凸轮机构的凸轮轮廓曲线，则需要将上述步骤(4)中的各等分线的导路中心线与偏置圆相切。

2. 滚子从动件盘形凸轮轮廓的设计

若将图 3.19 中的尖顶改为滚子，如图 3.20(a)所示，则其凸轮轮廓可按下述方法绘制。

首先，把滚子中心看作尖顶从动件的尖顶。按上面讲述的方法求出一条理论轮廓曲线 η；再以理论轮廓曲线 η 上各点为中心、以滚子半径 r_k 为半径作一系列圆；最后作这些圆的包络线 η'，η' 即为滚子从动件凸轮的实际轮廓线。

如果设计图 3.20(b)所示的偏置滚子直动从动件盘形凸轮机构的凸轮轮廓曲线，则反向转动的从动件各等分线的导路中心线与偏置圆相切。

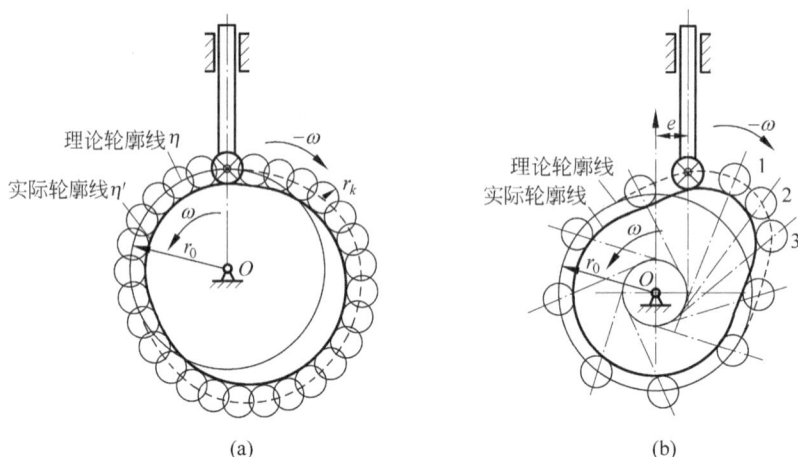

图 3.20　滚子直动从动件盘形凸轮轮廓的设计
(a) 对心式；(b) 偏置式

滚子半径 r_k 的大小对凸轮实际轮廓是否失真有很大影响，现分析如下。

1）理论轮廓线 η 内凹

当凸轮理论轮廓线 η 内凹时，如图 3.21(a)所示，实际轮廓线 η' 上点的曲率半径 ρ' 与理论轮廓线 η 上对应点处的曲率半径 ρ 及滚子半径 r_k 之间为如下关系：

$$\rho' = \rho + r_k \tag{3.11}$$

由式(3.11)可知，凸轮理论轮廓线 η 为内凹曲线时，实际轮廓线 η' 上点的曲率半径 $\rho' > 0$。此时，无论滚子半径 r_k 取任何值，都能够按照既定运动规律得到凸轮的实际轮廓线 η'，从动件的运动不会失真。

2）理论轮廓线 η 外凸

当凸轮理论轮廓线 η 外凸时，如图 3.21(b)~(d)所示，实际轮廓线 η' 上点的曲率半径

ρ' 与理论轮廓线 η 上对应点处的曲率半径 ρ 及滚子半径 r_k 之间为如下关系：

$$\rho' = \rho - r_k \tag{3.12}$$

由式(3.12)可知,当凸轮理论轮廓线 η 外凸时,实际轮廓线 η' 的值有以下三种情况。

(1) 当 $r_k < \rho_{min}$ 时,$\rho' > 0$,如图 3.21(b)所示,凸轮实际轮廓线 η' 为一平滑曲线。能够保证从动件按既定的运动规律运动,不会失真。

(2) 当 $r_k = \rho_{min}$ 时,$\rho' = 0$,如图 3.21(c)所示,此时凸轮实际轮廓线 η' 产生尖点。尖点极易磨损,磨损后会改变从动件的运动规律,发生运动失真。

(3) 当 $r_k > \rho_{min}$ 时,$\rho' < 0$,如图 3.21(d)所示,此时,滚子圆在图纸上包络出的实际轮廓线 η' 为交叉形状,当用盘形铣刀加工凸轮轮廓时,包络出的交叉部分将被切除。由于加工后的凸轮实际轮廓线 η' 不再是理论轮廓线 η 的等距线,因此当滚子沿凸轮实际轮廓线 η' 运动时,滚子中心不再位于凸轮的理论轮廓线 η 上,从而导致从动件运动失真。

通过以上分析可知,选择滚子半径 r_k 时,首先应保证从动件的运动不失真。在满足这一前提条件下,考虑减少滚子磨损,为使滚子中心轴有比较高的强度,滚子半径 r_k 尽可能取大些。

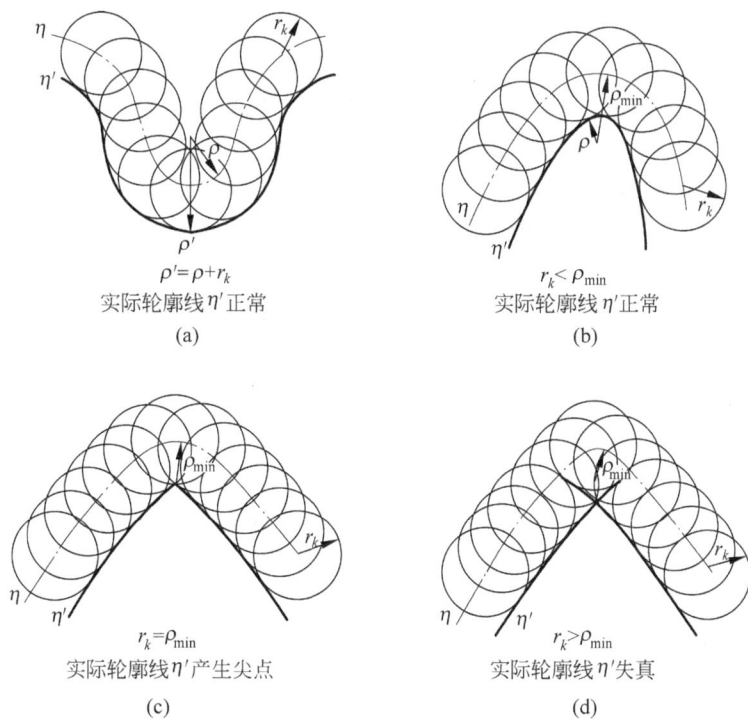

图 3.21　滚子半径 r_k 对凸轮实际轮廓线 η' 的影响

3. 平底直动从动件盘形凸轮轮廓的设计

对于平底直动从动件盘形凸轮机构,其凸轮轮廓曲线的绘制方法如图 3.22 所示。首先,取从动件平底与导路的交点 A 作为从动件的尖顶,按照尖顶从动件凸轮轮廓的绘制方法求出反转后从动件尖顶的一系列位置,然后通过这些点作垂直于导路的一系列直线,将这些直线作为平底,最后画出这些平底的包络线,便得到平底从动件盘形凸轮的实际轮廓线。

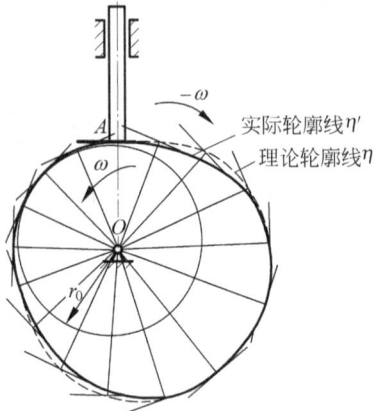

图 3.22　平底直动从动件盘形凸轮
　　　　轮廓的设计

为了保证从动件的平底在所有位置都能够与凸轮轮廓相切,平底左右两侧的宽度必须大于导路至左、右最远切点的距离。同时,要选择合适的基圆半径,因为基圆半径太小会导致平底从动件运动的失真。

4. 摆动从动件盘形凸轮轮廓的设计

对于摆动从动件盘形凸轮机构,同样应用反转法设计凸轮轮廓曲线,具体步骤如下:

(1) 建立坐标系并选取比例尺,绘制从动件运动规律的角位移线图,如图 3.23(a)所示,并遵循"陡密缓疏"的原则对角位移线图横坐标等分,得到等分点 1,2,…,16,等分点分别对应的纵坐标 1′,2′,…,16′代表摆杆对应于凸轮各运动摆角 ψ_1,ψ_2,…,ψ_{16}。

(2) 如图 3.23(b)所示,以凸轮轴心 O 为圆心,凸轮基圆半径 r_0 为半径作基圆;以凸轮轴心 O 为圆心,以 l_{OA_0} 为半径作中心距圆(基圆的同心圆),以摆杆的摆动中心 A_0 为圆心,摆杆长度 $l_{A_0B_0}$ 为半径作圆弧交基圆于 B_0 点,B_0 即为从动摆杆运动的起始位置,ψ_0 称为从动件的初位角。

(3) 从 A_0 点开始,沿 $-\omega$ 方向对中心距圆作与角位移线图横坐标对应的等分,得到 A_1,A_2,…,A_{16} 各点,即为从动件摆动中心反转后的位置。

(4) 分别作 $\angle OA_1B_1 = \psi_0 + \psi_1$,$\angle OA_2B_2 = \psi_0 + \psi_2$,…,$\angle OA_{16}B_{16} = \psi_0 + \psi_{16}$,分别得射线 A_1B_1,A_2B_2,…,$A_{16}B_{16}$,即为从动件摆杆在反转过程中绕其摆动中心摆动的最终位置。

(5) 分别以 A_1,A_2,…,A_{16} 为圆心,以摆杆长度 $l_{A_0B_0}$ 为半径作圆弧,截射线 A_1B_1 于 B_1,A_2B_2 于 B_2,…,$A_{16}B_{16}$ 于 B_{16}。B_1,B_2,…,B_{16} 为从动件尖端在反转过程中的最终位置。用曲线光滑连接点 B_1,B_2,…,B_{16},得到摆动从动件盘形凸轮的最终轮廓线。

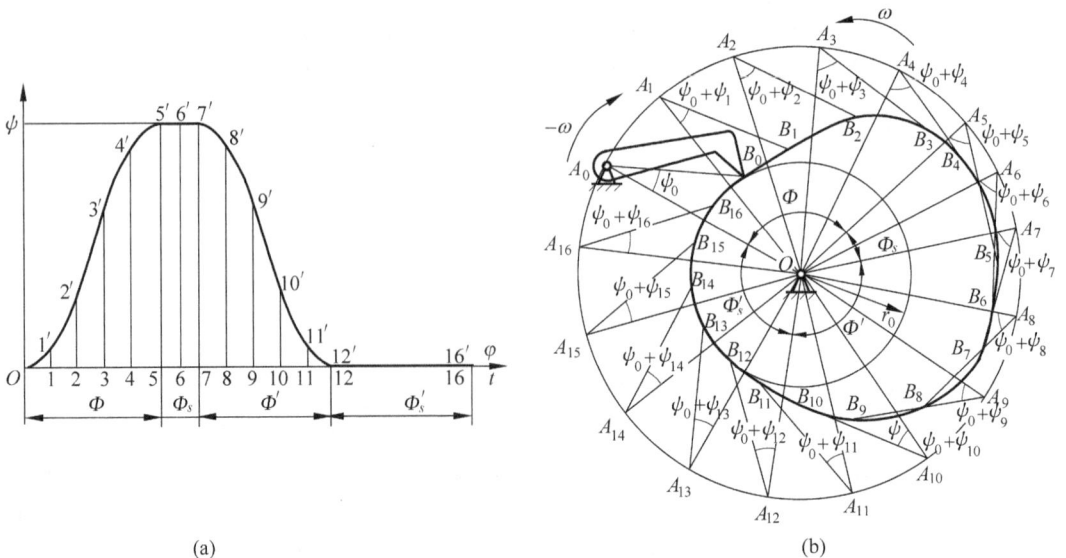

(a)

(b)

图 3.23　尖顶摆动从动件盘形凸轮轮廓的设计

习   题

3.1 凸轮是什么样的构件？凸轮机构由哪几部分组成？凸轮机构的作用是什么？

3.2 滚子从动件的滚子半径大小对凸轮工作有何影响？凸轮机构的滚子损坏后,可以采用什么样的滚子来代替？并给出理由。

3.3 平底直动从动件盘形凸轮机构的凸轮轮廓线是否可以内凹？如果滚子直动从动件盘形凸轮机构的凸轮轮廓线存在内凹,那么内凹的轮廓段是否会出现运动失真？

3.4 题 3.4 图所示为一偏置直动从动件盘形凸轮机构,O 为凸轮转动中心。已知 AB 段为凸轮的推程轮廓线,偏距为 e,试在题 3.4 图上标注推程运动角 Φ。

3.5 题 3.5 图所示为一偏置直动从动件盘形凸轮机构,O 为凸轮转动中心。已知凸轮是一个以 C 为圆心的圆盘,试画出轮廓上 D 点与尖顶接触时的压力角。

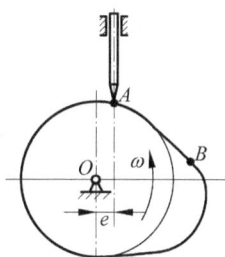
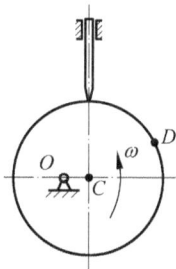

题 3.4 图   题 3.5 图

3.6 设计一对心尖顶直动从动件盘形凸轮机构。已知凸轮以等角速度 ω 做逆时针方向回转,凸轮的基圆半径 $r_0 = 80$ mm,从动件升程 $h = 40$ mm,$\Phi = 110°$,$\Phi_s = 30°$,$\Phi' = 160°$,$\Phi_s' = 60°$,从动件在推程和回程均做简谐运动。选取合适比例,试绘出凸轮的轮廓。

3.7 根据题 3.6 绘制的凸轮,试:

(1) 求从动件的位移 s、速度 v 和加速度 a 的方程;

(2) 通过计算机辅助设计,打印从动件的速度曲线及加速度曲线(每隔 1°计算一点);

(3) 求凸轮机构的最大压力角和最小压力角。

3.8 试将题 3.6 中的对心尖顶直动从动件盘形凸轮机构改为对心滚子直动从动件盘形凸轮机构,其他参数相同,选取合适比例,试绘出凸轮的轮廓。

∗ 实践拓展练习

3.9 利用凸轮机构设计一种自动控制机械。说明采用了何种凸轮机构,作图分析凸轮轮廓与从动件运动规律的关系。

第4章 齿轮机构

4.1 概　述

　　齿轮机构可以传递任意两轴之间的运动和力,是应用最广泛的传动机构之一。齿轮传动的主要优点是:①使用的圆周速度和功率范围广;②传动效率较高;③传动比稳定;④寿命长;⑤工作可靠性高;⑥可实现平行轴、任意角相交轴和任意角交错轴之间的传动。齿轮传动的缺点是:①要求较高的制造和安装精度,成本较高;②不适宜远距离两轴之间的传动。

　　按照两轴的相对位置和齿向,齿轮机构可分类如下。具体示例见图4.1。

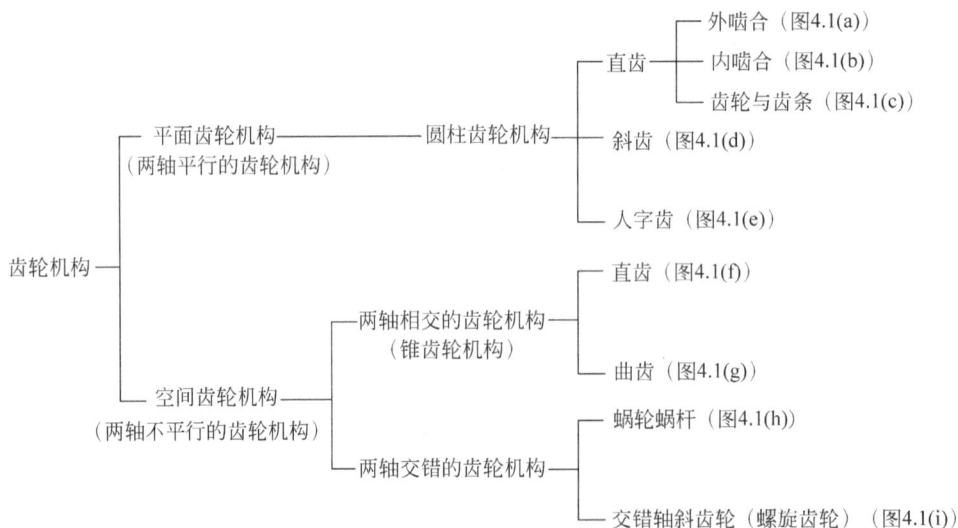

齿轮机构
- 平面齿轮机构（两轴平行的齿轮机构）—— 圆柱齿轮机构
  - 直齿
    - 外啮合（图4.1(a)）
    - 内啮合（图4.1(b)）
    - 齿轮与齿条（图4.1(c)）
  - 斜齿（图4.1(d)）
  - 人字齿（图4.1(e)）
- 空间齿轮机构（两轴不平行的齿轮机构）
  - 两轴相交的齿轮机构（锥齿轮机构）
    - 直齿（图4.1(f)）
    - 曲齿（图4.1(g)）
  - 两轴交错的齿轮机构
    - 蜗轮蜗杆（图4.1(h)）
    - 交错轴斜齿轮（螺旋齿轮）（图4.1(i)）

图 4.1(a)

图 4.1(b)

图 4.1(c)

图 4.1(d)

图 4.1(e)

(a)　　　　(b)　　　　(c)　　　　(d)　　　　(e)

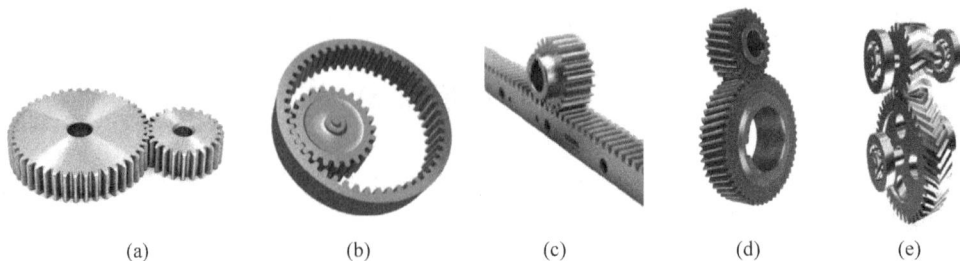

图 4.1　齿轮机构的类型

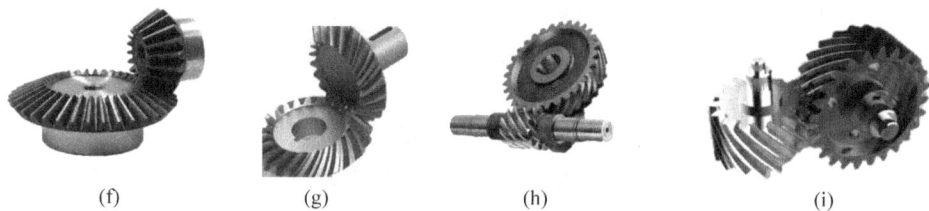

图 4.1(f)

图 4.1(g)

图 4.1(h)

图 4.1(i)

(f)　　　　　(g)　　　　　(h)　　　　　(i)

图 4.1 （续）

4.2 齿廓啮合基本定律

在齿轮传动中,主动轮 1 与从动轮 2 的转速之比称为齿轮的传动比,用 i_{12} 表示。因为转速 $n=\omega/(2\pi)$,因此传动比也可以用两轮的角速度 ω 之比来表示,则

$$i_{12}=\frac{n_1}{n_2}=\frac{\omega_1}{\omega_2} \tag{4.1}$$

齿轮传动是依靠主动轮的轮齿依次推动从动轮的轮齿来进行工作的。对齿轮传动的基本要求之一是其瞬时传动比必须保持不变,否则,当主动轮以等角速度回转时,从动轮的角速度为变速,从而产生惯性力。这种惯性力将影响轮齿的强度、寿命和工作精度。齿廓啮合基本定律就是研究当齿廓形状符合什么条件时,才能满足这一基本要求。

1. 利用瞬心法说明齿廓啮合定律

图 4.2 表示两相互啮合的主动齿廓 E_1 和从动齿廓 E_2 在 K 点接触。过 K 点作两齿廓的公法线 n—n,它与连心线 O_1O_2 的交点 C 称为节点。C 点也是齿轮 1、2 的相对速度瞬心,则齿廓 1、2 在 C 点处具有相同的速度 v_C,$v_C=\omega_1\overline{O_1C}=\omega_2\overline{O_2C}$,所以

$$\frac{\omega_1}{\omega_2}=\frac{\overline{O_2C}}{\overline{O_1C}} \tag{4.2}$$

式(4.2)表明,一对齿廓瞬时角速度比等于节点将齿廓回转中心的连心线 O_1O_2 分成的两线段长度的反比,这一规律称为齿廓啮合基本定律。

由式(4.2)可知:欲使两齿轮瞬时角速度比恒定不变,必须使 C 点为连心线上的固定点。即欲使齿轮保持定角速度比传动,不论齿廓在任何位置接触,过接触点所作的齿廓公法线都必须与连心线交于一定点,即节点 C。分别以 O_1、O_2 为圆

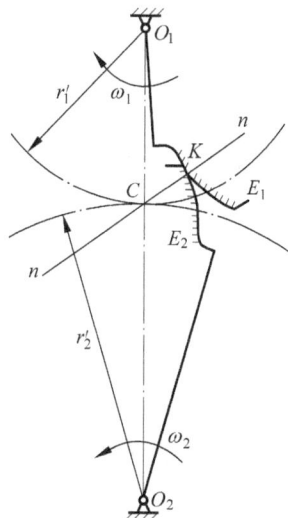

图 4.2 齿廓实现定角速度比的条件

心,过节点 C 所作的两个相切的圆称为节圆。两轮的节圆半径分别用 r'_1、r'_2 表示。由于节点的相对速度等于零,所以一对齿轮传动时,它的一对节圆在做纯滚动。一对外啮合齿轮的中心距恒等于两节圆半径之和。

2. 利用几何法说明齿廓啮合定律

图 4.3 所示为两啮合齿廓 E_1 和 E_2 在任意点 K 啮合的情况。设两齿廓的角速度分别

为 ω_1 和 ω_2，则齿廓 E_1 上 K 点的速度以及齿廓 E_2 上 K 点的线速度分别为

$$v_1 = \omega_1 \overline{O_1 K}, \quad v_2 = \omega_2 \overline{O_2 K} \tag{4.3}$$

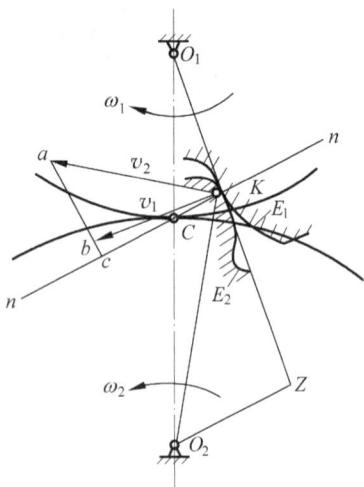

过 K 点作两齿廓的公法线 n—n 与连心线 $O_1 O_2$ 交于 C 点，为了保证两齿轮连续平稳地运动，两齿廓在啮合点 K 处的线速度 v_1 与 v_2 在 n—n 上的分速度应相等。过 O_2 作 n—n 的平行线与 $O_1 K$ 的延长线交于 Z 点，由于 $Ka \perp O_2 K, Kb \perp O_1 K, ab \perp O_2 Z$，则 $\triangle Kab \backsim \triangle KO_2 Z$，于是

$$\frac{v_1}{v_2} = \frac{\overline{KZ}}{\overline{O_2 K}}, \quad \frac{\omega_1 \overline{O_1 K}}{\omega_2 \overline{O_2 K}} = \frac{\overline{KZ}}{\overline{O_2 K}}$$

即两轮的传动比为

$$i_{12} = \frac{\omega_1}{\omega_2} = \frac{\overline{KZ}}{\overline{O_1 K}}$$

又因为 $\triangle O_1 O_2 Z \backsim \triangle O_1 CK$，故

$$\frac{\overline{KZ}}{\overline{O_1 K}} = \frac{\overline{O_2 C}}{\overline{O_1 C}}$$

图 4.3 齿轮的齿廓啮合情况

由此可得

$$i_{12} = \frac{\omega_1}{\omega_2} = \frac{\overline{O_2 C}}{\overline{O_1 C}} \tag{4.4}$$

凡满足齿廓啮合基本定律的一对齿轮的齿廓称为共轭齿廓。作为共轭曲线，从理论上讲有很多，但在生产实践中，选择齿廓曲线时，还必须综合考虑设计、制造、安装、使用等方面的因素。常使用的齿廓曲线有渐开线、摆线、抛物线等。本章主要研究渐开线齿廓的齿轮。

4.3　渐开线及渐开线齿廓

1. 渐开线的形成

如图 4.4 所示，直线 L 与半径为 r_b 的圆相切，当直线沿该圆做纯滚动时，直线上任一点的轨迹即为该圆的渐开线。这个圆为渐开线的基圆，做纯滚动的直线 L 为渐开线的发生线。

2. 渐开线的性质

根据渐开线的形成过程，可知渐开线具有下列特性。

性质 1：发生线在基圆上滚过的线段长度等于基圆上被滚过的圆弧长，即 $\overline{KB} = \overset{\frown}{AB}$。

性质 2：B 点是渐开线在 K 点的曲率中心，$\overline{KB}$ 为渐开线在 K 点的曲率半径。渐开线上离基圆越远的部分，其曲率半径越大。渐开线初始点 A 处的曲率半径为零。

性质 3：KB 为渐开线在 K 点的法线，渐开线上任一点的法线恒切于基圆。

性质 4：渐开线的形状取决于基圆的大小。如图 4.5 所示，

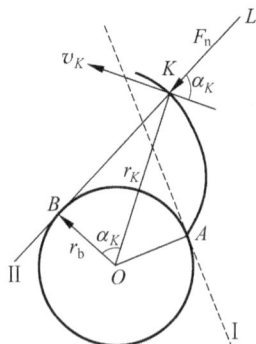

图 4.4 渐开线的形成

基圆半径越小,渐开线越弯曲;基圆半径越大,渐开线越趋平直。当基圆半径趋于无穷大时,其渐开线就变成一条直线。所以渐开线齿条(直径为无穷大的齿轮)具有直线齿廓。

性质 5:渐开线是从基圆开始向外逐渐展开的,故基圆以内无渐开线。

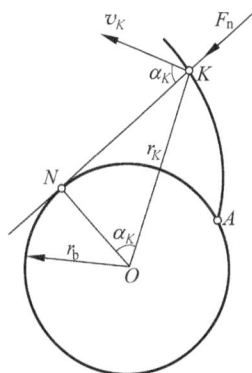

3. 渐开线齿廓的压力角

在一对渐开线齿廓的啮合过程中,齿廓接触点 K 的法向压力 F_n 与齿廓上该点的速度 v_K 方向之间所夹的锐角 α_K,称为齿廓在这一点的压力角,如图 4.6 所示。因为 $\alpha_K = \angle NOK$,故

$$\cos\alpha_K = \frac{r_b}{r_K} \tag{4.5}$$

式(4.5)说明渐开线齿廓上各点压力角不等,半径 r_K 越大,其压力角越大,在基圆上压力角等于零。

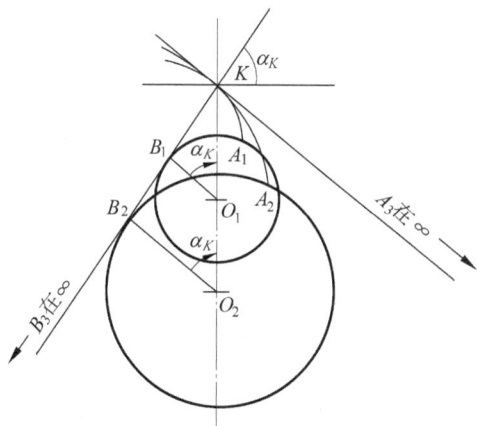

图 4.5　基圆大小与渐开线形状的关系　　　　图 4.6　渐开线齿廓的压力角

4.4　渐开线齿轮及其啮合特点

4.4.1　直齿圆柱齿轮渐开线齿廓曲面的形成

当发生面 S 在基圆柱上做纯滚动时,其上与母线平行的直线 KK' 在空间走过的轨迹为直齿圆柱齿廓的渐开线曲面,如图 4.7(a)所示;当一对轮齿啮合时,接触线为一条直线,如图 4.7(b)所示。

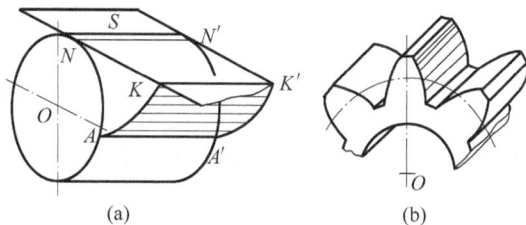

(a)　　　　　　　　　(b)

图 4.7　直齿圆柱齿轮渐开线齿廓曲面的形成与接触线

4.4.2　渐开线齿轮啮合特点

1. 啮合线为一定直线

图 4.8 中渐开线齿廓 E_1 和 E_2 在任意点 K 接触,过 K 点作两齿廓的公法线 $n—n$ 与两齿轮连心线交于 C 点。根据渐开线的特性,$n—n$ 必同时与两基圆相切,切点分别为 N_1、N_2,直线 N_1N_2 称为渐开线的啮合线,过啮合点所作的齿廓公法线即两基圆的内公切线。齿轮传动时基圆位置不变,同一方向的内公切线只有一条,故啮合线是一条定直线。齿廓啮合受力方向是沿着接触点公法线的,所以渐开线齿廓啮合线、接触点公法线、两基圆的公切线和受力线四线合一,因此在渐开线齿轮传动过程中,齿廓间的正压力方向始终不变,对传动极为有利。

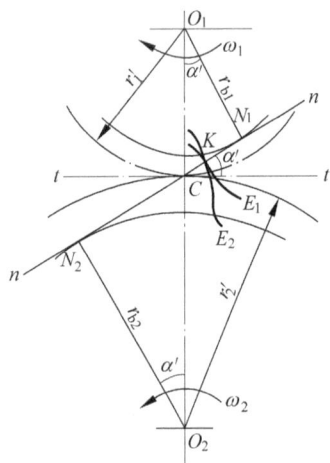

图 4.8　渐开线齿廓的啮合

2. 渐开线齿廓能满足定传动比传动

无论两齿廓在何处接触,过接触点所作齿廓公法线均通过连心线上同一点 C,故渐开线齿廓满足定角速度比要求。

3. 中心距变化不影响传动比

在图 4.8 中,$\triangle O_1N_1C \backsim \triangle O_2N_2C$,故一对齿轮的传动比为

$$i_{12}=\frac{n_1}{n_2}=\frac{\omega_1}{\omega_2}=\frac{r'_2}{r'_1}=\frac{r_{b2}}{r_{b1}} \tag{4.6}$$

式中,r'_1、r'_2 为两齿轮的节圆半径;r_{b1}、r_{b2} 为两齿轮的基圆半径。

一对渐开线齿轮制造完成之后,其基圆半径是不会改变的。式(4.6)表示渐开线齿轮的传动比等于两齿轮基圆半径的反比,即使两齿轮的中心距稍有改变,其角速度比仍保持原值不变,这种性质称为渐开线齿轮传动的中心距可分性。实际上,制造安装误差或轴承磨损,常常导致中心距的微小改变,由于渐开线齿轮传动具有可分性,故仍能保持良好的传动性能。此外,根据渐开线齿轮传动的可分性还可以设计变位齿轮。

4. 啮合角恒等于节圆压力角

过节点 C 作两节圆的公切线 $t—t$,它与啮合线 N_1N_2 间的夹角称为啮合角 α'。由图 4.8 可知,渐开线齿轮传动中啮合角为常数。当渐开线齿廓在节点 C 处啮合时,啮合点 K 与节点 C 重合,这时的压力角称为节圆压力角。由图 4.8 中几何关系可知,啮合角在数值上等于渐开线在节圆上的压力角 α'。啮合角不变表示齿廓间压力方向不变,若齿轮传递的力矩恒定,则轮齿之间、轴与轴承之间压力的大小和方向均不变,这也是渐开线齿轮传动的优点之一。

4.5　渐开线标准齿轮的基本尺寸

4.5.1　齿轮各部分名称

图 4.9 所示为外啮合标准直齿圆柱外齿轮的一部分。为了使齿轮在两个方向都能传

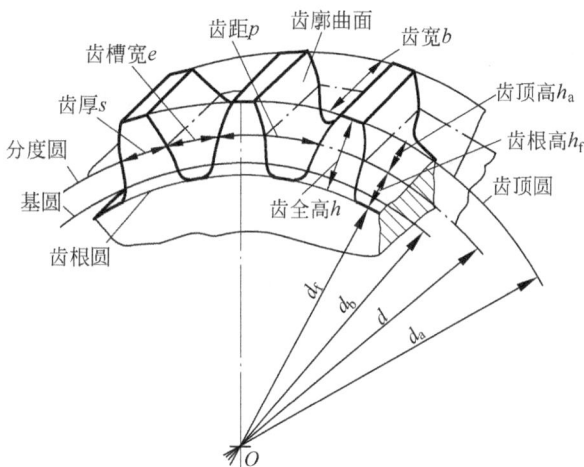

图 4.9 外啮合齿轮各部分名称

动,轮齿两侧齿廓由形状相同、方向相反的渐开线曲面组成。

(1) 齿宽 b:轮齿的宽度。

(2) 基圆:产生渐开线的圆,其直径用 d_b 表示。

(3) 齿槽:相邻两齿间的空间部分。

(4) 齿槽宽 e_K:任意半径 r_K 圆周上,相邻两齿间齿槽两侧齿廓之间的圆弧长度。

(5) 齿厚 s_K:任意半径 r_K 圆周上,轮齿两侧齿廓之间的圆弧长度。

(6) 齿距 p_K:任意半径 r_K 圆周上,相邻两齿同侧齿廓间的圆弧长度。由图 4.9 可知

$p_K = e_K + s_K, z p_K = \pi d_K, p_K = \dfrac{\pi d_K}{z}$。其中,$z$ 为齿数,d_K 为任意圆直径。

(7) 基圆齿距 p_b:基圆上相邻两齿同侧齿廓间的圆弧长度,$p_b = e_b + s_b$。

(8) 齿顶圆:连接所有齿顶部分的圆,其直径用 d_a 表示。

(9) 齿根圆:连接所有齿槽底部的圆,其直径用 d_f 表示。

(10) 分度圆:设计齿轮的基准圆,指在齿顶圆与齿根圆之间齿厚和槽宽相等的一个假想圆,其直径用 d 表示。分度圆上的齿距、齿厚及齿槽宽通常称为齿轮的齿距、齿厚及齿槽宽,且各参数的符号都不带下标,用 s 表示齿厚,用 e 表示齿槽宽,用 p 表示齿距,$e = s$,$p = e + s$,$z p = \pi d$。

(11) 齿顶高 h_a:介于齿顶圆与分度圆之间的径向高度。

(12) 齿根高 h_f:介于齿根圆与分度圆之间的径向高度。

(13) 齿全高 h:介于齿顶圆与齿根圆之间的径向高度,$h = h_a + h_f$。

(14) 顶隙 c:介于一个齿轮齿顶与另一个齿轮齿根之间的径向间隙。

图 4.10 所示为内啮合直齿圆柱齿轮,其各部分名称与外啮合直齿圆柱齿轮各部分名称命名方法一致。内啮合齿轮的轮齿是内凹的,其齿厚和齿槽宽分别对应于外齿轮的齿槽宽和齿厚;内齿轮的齿顶圆小于分度圆,而齿根圆大于分度圆。由于渐开线的一个性质为:基圆内无渐开线,因此内齿轮的齿顶圆必须大于基圆。

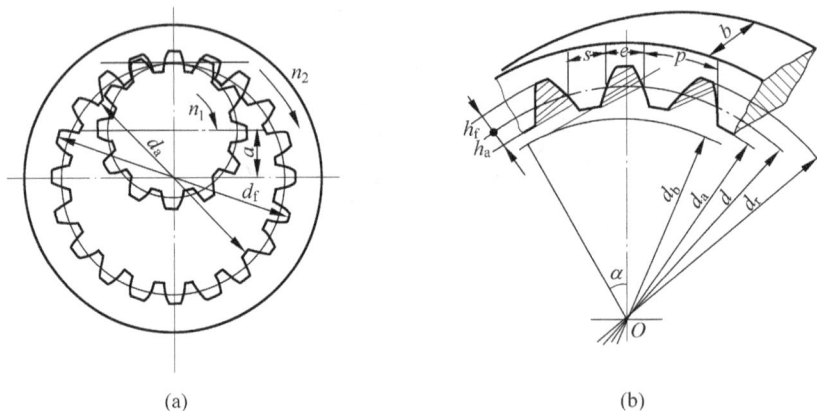

图 4.10 内啮合齿轮各部分名称

4.5.2 渐开线齿轮的基本参数

1. 齿数

齿数指齿轮在整个圆周上轮齿的总数,用 z 表示。

2. 模数

齿轮的分度圆周长为 $\pi d = z p$,则在式 $d = \dfrac{zp}{\pi}$ 中含有无理数 π,对齿轮的计算和测量都不方便,因此规定比值 $\dfrac{p}{\pi}$ 等于整数或简单的有理数,并作为计算齿轮几何尺寸的一个基本参数,这个比值称为模数,用 m 表示,单位为 mm,即 $m = \dfrac{p}{\pi}$,齿轮的主要几何尺寸计算都与模数 m 有关。齿轮的模数 m 已经标准化,表 4.1 所示为国家标准(GB/T 1357—2008)所规定的标准模数系列。

表 4.1 标准模数系列　　　　　　　　　　　　　　　　mm

第Ⅰ系列	1	1.25	1.5	2	2.5	3	4	5	6	8	10	12	16	20	25	32	40	50
第Ⅱ系列	1.125	1.375	1.75	2.25	2.75	3.5	4.5	5.5	(6.5)	7	9	11	14	18	22	28	36	45

注:①本表适用于渐开线直齿和斜齿圆柱齿轮,对斜齿轮是指法面模数;②优先采用第Ⅰ系列,括号内的模数尽可能不用。

3. 压力角

分度圆上的压力角通常称为齿轮的压力角,用 α 表示。分度圆上的压力角已标准化,国家标准规定分度圆上的压力角为标准值,$\alpha = 20°$。

由于齿轮分度圆上的模数和压力角均为规定值,因此齿轮的分度圆也可定义为:齿轮上具有标准模数和标准压力角的圆。齿轮分度圆直径 d 则可表示为

$$d = \frac{p}{\pi} z = mz \tag{4.7}$$

齿顶高和齿根高的标准值可用模数表示为

$$h_a = h_a^* m \tag{4.8}$$

$$h_f = (h_a^* + c^*)m \tag{4.9}$$

式中，h_a^* 和 c^* 分别称为齿顶高系数和顶隙系数，其规定值见表 4.2。

表 4.2 渐开线圆柱齿轮的齿顶高系数和顶隙系数

系数	正常齿制	短齿制
h_a^*	1.0	0.8
c^*	0.25	0.3

由图 4.9 可以得出齿顶圆直径 d_a 和齿根圆直径 d_f 的计算式为

$$d_a = d + 2h_a \tag{4.10}$$

$$d_f = d - 2h_f \tag{4.11}$$

将式(4.5)用于分度圆，可得基圆直径的计算式为

$$d_b = d\cos\alpha \tag{4.12}$$

4.5.3　渐开线标准直齿圆柱齿轮的几何尺寸

模数、压力角、齿顶高系数、顶隙系数均为标准值，且分度圆上齿厚与齿槽宽相等的齿轮称为标准齿轮。因此，对于标准齿轮，有

$$s = e = \frac{p}{2} = \frac{\pi m}{2} \tag{4.13}$$

标准直齿圆柱齿轮的几何尺寸计算公式如表 4.3 所示。

表 4.3 标准直齿圆柱齿轮的几何尺寸计算公式

名　称	代号	公式与说明
齿数	z	根据工作要求
模数	m	由轮齿的承载能力确定，并按表 4.1 取标准值
压力角	α	$\alpha = 20°$
分度圆直径	d	$d_1 = mz_1$；$d_2 = mz_2$
齿顶高	h_a	$h_a = h_a^* m$
齿根高	h_f	$h_f = (h_a^* + c^*)m$
齿全高	h	$h = h_a + h_f$
齿顶圆直径	d_a	$d_{a1} = d_1 + 2h_a = m(z_1 + 2h_a^*)$ $d_{a2} = m(z_2 + 2h_a^*)$
齿根圆直径	d_f	$d_{f1} = d_1 - 2h_f = m(z_1 - 2h_a^* - 2c^*)$ $d_{f2} = m(z_2 - 2h_a^* - 2c^*)$
分度圆齿距	p	$p = \pi m$
分度圆齿厚	s	$s = \frac{1}{2}\pi m$
分度圆齿槽宽	e	$e = \frac{1}{2}\pi m$
基圆直径	d_b	$d_{b1} = d_1\cos\alpha = mz_1\cos\alpha$ $d_{b2} = d_2\cos\alpha = mz_2\cos\alpha$

4.6 渐开线标准齿轮的啮合传动

4.6.1 正确啮合条件

齿轮啮合传动时,每一对齿仅啮合一段时间便要分离,而由后一对齿接替。如图 4.11 所示,当前一对齿在啮合线上 K 点接触时,其后一对齿应在啮合线上另一点 K' 接触,前一对齿分离时,后一对齿才能不中断地接替传动。令 K_1 和 K_1' 表示轮 1 齿廓上的啮合点,K_2 和 K_2' 表示轮 2 齿廓上的啮合点。为了保证前、后两对齿有可能同时在啮合线上接触,轮 1 相邻两齿同侧齿廓沿法线的距离 K_1K_1'(即法向齿距 p_{n1})应与轮 2 相邻两齿同侧齿廓沿法线的距离 K_2K_2'(即法向齿距 p_{n2})相等,则

$$p_{n1} = p_{n2} \tag{4.14}$$

设 m_1、m_2、α_1、α_2、p_{b1}、p_{b2} 分别为两轮的模数、压力角和基圆齿距,根据渐开线性质,由轮 2 可得

$$p_{n2} = N_2K' - N_2K = \widehat{N_2i} - \widehat{N_2j} = \widehat{ji} = p_{b2} = \frac{\pi d_{b2}}{z_2}$$

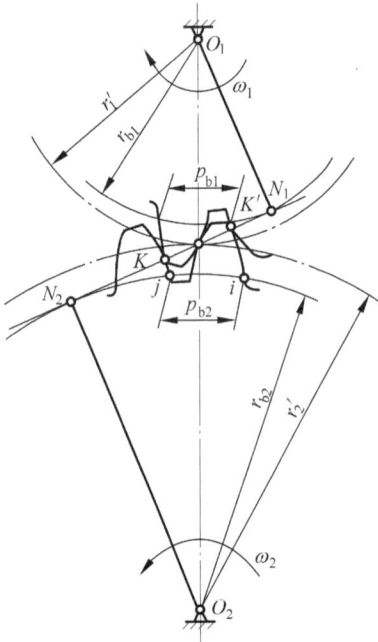

图 4.11 渐开线齿轮正确啮合的条件

$$= \frac{\pi d_2}{z_2}\frac{d_{b2}}{d_2} = p_2\cos\alpha_2 = \pi m_2\cos\alpha_2$$

同理,由轮 1 可得

$$p_{n1} = p_1\cos\alpha_1 = \pi m_1\cos\alpha_1 \tag{4.15}$$

由式(4.14)可得正确啮合条件为

$$\pi m_1\cos\alpha_1 = \pi m_2\cos\alpha_2 \tag{4.16}$$

由于模数和压力角已经标准化,为满足式(4.16)的关系,必须使

$$\begin{cases} m_1 = m_2 = m \\ \alpha_1 = \alpha_2 = \alpha \end{cases} \tag{4.17}$$

式(4.17)表明,渐开线齿轮的正确啮合条件是两轮的模数和压力角必须分别相等。则一对齿轮的传动比可表示为

$$i_{12} = \frac{\omega_1}{\omega_2} = \frac{d_2'}{d_1'} = \frac{d_{b2}}{d_{b1}} = \frac{d_2}{d_1} = \frac{z_2}{z_1} \tag{4.18}$$

4.6.2 无侧隙啮合条件及标准中心距

一对齿轮传动时,一轮节圆上的齿槽宽与另一轮节圆上的齿厚之差称为齿侧间隙。齿轮加工时,刀具轮齿与工件轮齿之间是没有齿侧间隙的。在齿轮传动中,为了消除反向传动空程和减小撞击,也要求齿侧间隙等于零。

由于标准齿轮分度圆的齿厚与齿槽宽相等,正确啮合的一对渐开线齿轮的模数相等,故

$$s_1 = e_1 = s_2 = e_2 = \frac{\pi m}{2}$$

若安装时令分度圆与节圆重合(即两分度圆相切,如图 4.12 所示),则齿侧间隙为零。一对标准齿轮分度圆相切时的中心距称为标准中心距,以 a 表示:

$$a = r'_1 + r'_2 = r_1 + r_2 = \frac{m}{2}(z_1 + z_2) \tag{4.19}$$

因两分度圆相切,故顶隙

$$c = h_f - h_a = c^* m \tag{4.20}$$

顶隙是一个齿轮的齿顶圆到另一个齿轮的齿根圆的径向距离,顶隙有利于润滑油的流动。

应当指出,分度圆和压力角是单个齿轮所具有的,而节圆和啮合角是两个齿轮相互啮合时才出现的。标准齿轮传动只有在分度圆与节圆重合时,压力角与啮合角才相等。

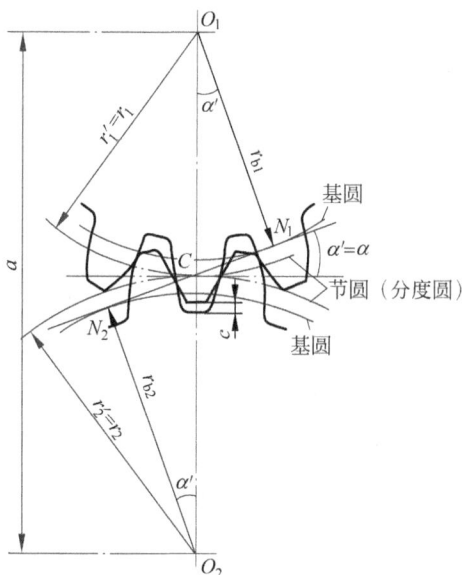

图 4.12　标准齿轮正确安装

4.6.3　连续传动条件与重合度

设图 4.13 中轮 1 为主动轮,轮 2 为从动轮,转动方向如图 4.13 所示。一对齿廓开始啮合时,应是主动轮的齿根部分与从动轮的齿顶接触,所以开始啮合点是从动轮的齿顶圆与啮合线 N_1N_2 的交点 B_2。当两轮继续转动时,啮合点的位置沿啮合线 N_1N_2 向下移动,轮 2 齿廓上的接触点由齿顶向齿根移动,而轮 1 齿廓上的接触点则由齿根向齿顶移动。终止啮合点是主动轮的齿顶圆与啮合线 N_1N_2 的交点 B_1。线段 $\overline{B_1B_2}$ 为啮合点的实际轨迹,称为实际啮合线。

满足正确啮合条件的一对齿轮有可能在啮合线上两点同时啮合。但是,如果实际啮合线的长度 $\overline{B_1B_2}$ 小于两啮合点间的距离 $\overline{B_1K}$,则两点不会同时啮合,连续传动也不能实现。也就是说,满足正确啮合条件只是连续传动的必要不充分条件。为了保证连续传动,还必须研究齿轮传动的重合度。

如果 $\overline{B_1B_2} > p_b$,当前一对齿正要在终止啮合点 B_1 分离时,后一对齿已经在啮合线上

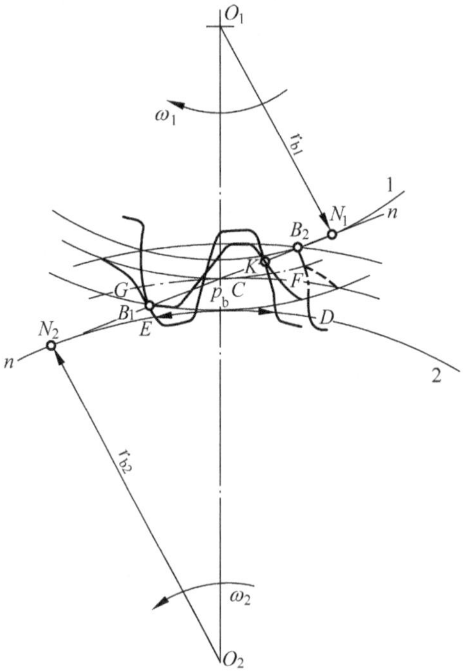

图 4.13　渐开线齿轮的连续传动条件与重合度

K 点啮合,故能保证连续正确传动。如果 $\overline{B_1B_2}=p_b$,则当前一对齿在啮合线上正要分离时,后一对齿在啮合线上正要进入啮合,处于传动连续和不连续的边界状态。如果 $\overline{B_1B_2}<p_b$,则当前一对齿在啮合线上的 B_1 点终止啮合时,后一对齿还未进入啮合。

综上所述,欲保证连续传动,必须使前一对轮齿尚未脱离啮合时,后一对轮齿及时进入啮合。即满足 $\overline{B_1B_2}\geqslant p_b$。把 $\overline{B_1B_2}$ 与基圆齿距 p_b 的比值定义为重合度,用 ε 表示,则连续传动的条件可表示为

$$\varepsilon=\frac{\overline{B_1B_2}}{p_b}\geqslant 1 \qquad\qquad (4.21)$$

考虑到制造和安装的误差,为了确保齿轮能够连续传动,应使 $\varepsilon>1$(标准齿轮传动满足这一条件,故不必检验)。

标准直齿圆柱齿轮的重合度 ε 可按下式近似计算:

$$\varepsilon=1.88-3.2\left(\frac{1}{z_1}\pm\frac{1}{z_2}\right) \qquad\qquad (4.22)$$

式中,“＋”用于外啮合,“－”用于内啮合。显然,重合度 ε 越大,同时参与啮合的齿对数越多,传动越平稳,每对轮齿分担的载荷也越小,齿轮的承载能力越高,因此 ε 是衡量齿轮传动质量的指标之一。$\varepsilon=1$,表示始终 1 对齿啮合;$\varepsilon=2$,表示始终 2 对齿啮合;$\varepsilon=1.3$,其物理意义如图 4.14 所示。

在一般机械制造业中,$\varepsilon\geqslant 1.4$;在汽车与拖拉机行业中,$\varepsilon\geqslant 1.1\sim 1.2$;在金属切削机床制造业中,$\varepsilon\geqslant 1.3$。

例 4.1　已知相啮合的一对正常齿制标准直齿圆柱齿轮,小齿轮齿数 $z_1=30$,小齿轮齿顶圆直径 $d_{a1}=160$ mm,中心距 $a=250$ mm。试求:①模数 m;②大齿轮的齿数 z_2、分度

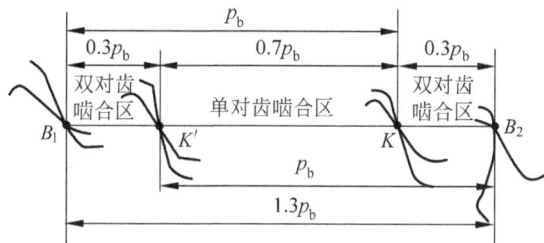

图 4.14　重合度的物理意义

圆直径 d_2、齿顶圆直径 d_{a2}、齿根圆直径 d_{f2}；③齿全高 h。

解：

$m = d_{a1}/(z_1 + 2) = 160/(30 + 2) \text{ mm} = 5 \text{ mm}$

$a = m(z_1 + z_2)/2 = 5 \times (30 + z_2)/2 \text{ mm} = 250 \text{ mm}$，所以 $z_2 = 70$

$d_2 = m z_2 = 5 \times 70 \text{ mm} = 350 \text{ mm}$

$d_{a2} = d_2 + 2h_a^* m = (350 + 2 \times 1 \times 5) \text{ mm} = 360 \text{ mm}$

$d_{f2} = d_2 - 2(h_a^* + c^*)m = [350 - 2 \times (1 + 0.25) \times 5] \text{ mm} = (350 - 12.5) \text{ mm} = 337.5 \text{ mm}$

$h = 2.25m = 2.25 \times 5 \text{ mm} = 11.25 \text{ mm}$

4.7　渐开线齿轮的切齿原理

切齿方法按其原理可分为仿形法和范成法两类。

1. 仿形法

仿形法是用渐开线齿形的仿形刀具直接切出齿形，所采用的刀具在其轴剖面内，刀刃的形状和被切齿轮的齿槽形状相同。常用刀具有盘状铣刀（图 4.15(a)）和指状铣刀（图 4.15(b)）两种。

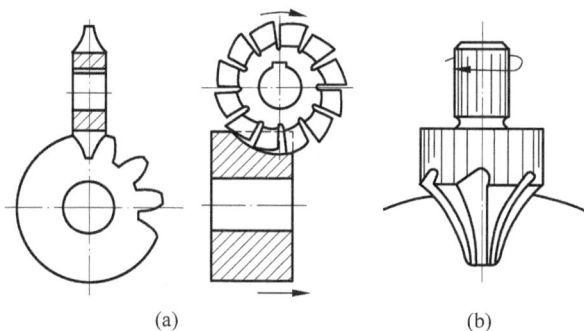

(a)　　　　　　　　　　　　　　(b)

图 4.15　仿形法切齿

图 4.15

加工时铣刀绕本身轴线转动，同时轮坯沿齿轮轴线方向移动，直到铣出一个齿槽以后，再将轮坯退回原处，然后轮坯转过 $360°/z$，再铣第二个齿槽。依此类推，便可切制出一个齿轮。

通常情况下，盘状铣刀用于加工模数 $m \leqslant 10 \text{ mm}$ 的齿轮；指状铣刀用于加工模数 $m =$

$10\sim100$ mm 的齿轮,并可用于切制人字齿轮。

这种切齿方法简单,不需要专用机床,但生产效率低,精度差,故仅适用于单件生产、精度要求不高及不完全齿轮的加工。

2. 范成法

范成法又叫作展成法,是利用一对齿轮(或齿轮与齿条)互相啮合时其共轭齿廓互为包络线的原理来切齿的,是目前齿轮加工中最常用的一种切削加工方法。如果把其中一个齿轮(或齿条)做成刀具,做无齿隙啮合传动,就可以切出与它共轭的渐开线齿廓。用范成法切齿的运动包括范成运动、切削运动、进给运动、让刀运动,常用刀具有以下 3 种。

1) 齿条插刀

齿条插刀与轮坯的范成运动相当于齿轮与齿条的啮合过程,把刀具做成齿条状,如图 4.16 所示。齿条插刀齿廓在水平面上的投影的顶部比传动用的齿条高出 c^*m,以便切出传动时的顶隙部分。齿顶线以上一段刀刃不是直线而是圆弧,用来切出被加工齿轮靠近齿根圆的一段过渡曲线(非渐开线)。

图 4.16

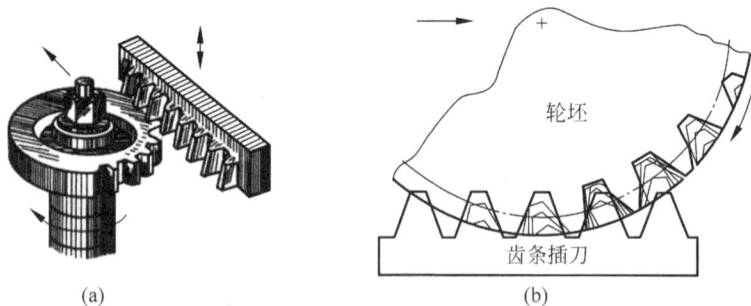

(a)　　　　　　　　　　　　　　　　(b)

图 4.16　齿条插刀切齿

齿条插刀的齿廓为一直线,如图 4.17 所示,不论在中线(齿厚与齿槽宽相等的直线)上还是在与中线平行的其他任一直线上,它们都具有相同的齿距 p、相同的模数 m 和相同的压力角 α。对于齿条刀具,α 也称为齿形角或刀具角。

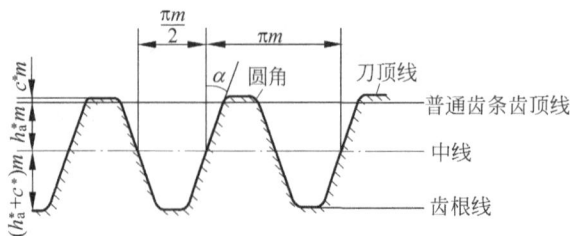

图 4.17　齿条插刀的齿廓

在切制标准齿轮时,轮坯径向进给直至刀具中线与轮坯分度圆相切并保持纯滚动。这样切成的齿轮为标准齿轮,分度圆齿厚与分度圆齿槽宽相等,即 $s=e=\dfrac{\pi m}{2}$,且模数和压力角与刀具的模数和压力角分别相等。根据正确啮合条件,用同一把刀具可以加工出模数、压力角均相同而齿数不同的所有齿轮。这种刀具只能切制外齿轮,不能切制内齿轮,切削不连续,生产效率低。

2) 齿轮插刀

齿轮插刀的形状如图 4.18(a)所示。刀具顶部比正常齿高出 c^*m,以便切出顶隙部分。插齿时,插刀沿轮坯轴线方向做往复切削运动,同时强迫插刀与轮坯模仿一对齿轮传动那样以一定的角速度比转动(图 4.18(b)),相当于一对齿轮的啮合传动,直至全部齿槽切削完毕。

因插齿刀的齿廓是渐开线,所以插制出的齿轮齿廓也是渐开线。根据正确啮合条件,用同一把刀具可以加工出模数、压力角均相同而齿数不同的所有齿轮。这种刀具不仅可以加工外齿轮还可以加工内齿轮,但切削不连续,生产效率低。

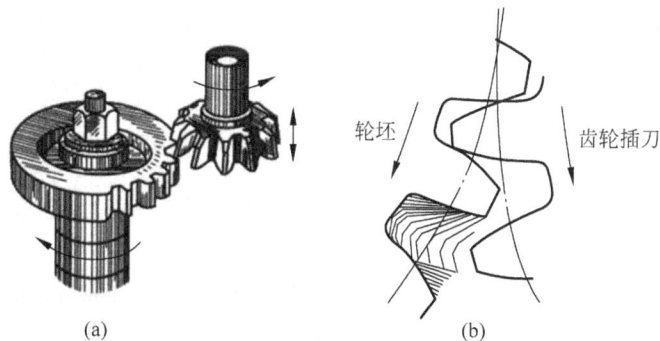

轮坯　齿轮插刀

(a)　(b)

图 4.18　齿轮插刀切齿

3) 齿轮滚刀

目前广泛采用的齿轮滚刀能连续切削,生产率较高,如图 4.19 所示。滚刀的外形类似带有梯形螺纹的螺杆(图 4.19(a)),它的齿廓在水平工作台面上的投影为一齿条,滚刀连续转动时,相当于一根无限长的齿条沿中线方向移动;滚刀除旋转外,还沿轮坯轴向逐渐移动(图 4.19(b)),以便切出整个齿宽,这样便按范成原理切出轮坯的渐开线齿廓。加工时,滚刀轴线与轮坯端面之间有一个安装角,安装滚刀时需使其轴线与轮坯端面间的夹角 λ 等于滚刀的螺旋升角(图 4.19(c)),使滚刀螺纹切线与轮坯的齿向一致,以便加工出齿轮的直齿槽。根据正确啮合条件,用同一把刀具可以加工出模数、压力角均相同而齿数不同的所有齿轮。这种刀具只能切制外齿轮,不能切制内齿轮,但切削连续,生产效率高。

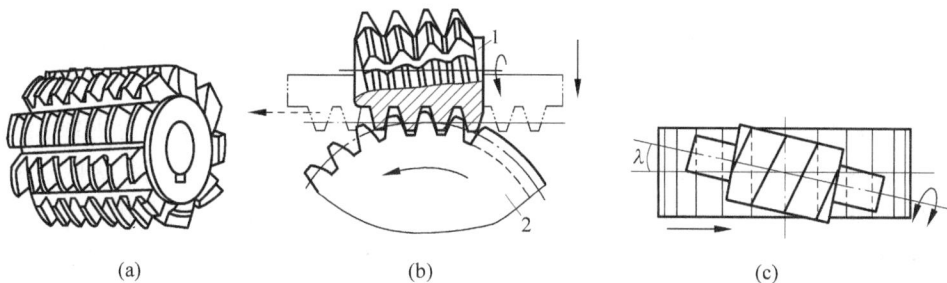

(a)　(b)　(c)

图 4.19　齿轮滚刀切齿

4.8　轮齿的根切现象、最少齿数和变位

1. 根切和最少齿数

在模数和传动比已经给定的情况下,小齿轮的齿数 z_1 越少,大齿轮的齿数 z_2 以及齿数和 (z_1+z_2) 也越少,齿轮机构的中心距、尺寸和质量也减小。因此,设计时希望把 z_1 取得尽可能少。但是对于渐开线标准齿轮,其最少齿数是有限制的。以齿条刀具切削标准齿轮为例,若不考虑齿顶线与刀顶线间非渐开线圆角部分(这部分刀刃主要用于切出顶隙,它不能展成渐开线),则刀具与轮齿的相互关系如图 4.20(a)所示。图 4.20(a)中 N_1 为啮合线的极限点。若刀具齿顶线超过 N_1 点(图 4.20(a)中虚线齿条所示),则由基圆之内无渐开线的性质可知,超过 N_1 点的刀刃不仅不能展成渐开线齿廓,而且会将根部已加工出的渐开线切去一部分(如图 4.20(a)中虚线齿廓),这种现象称为根切。根切会使齿根削弱,严重时还会减小重合度,所以应当避免根切现象。

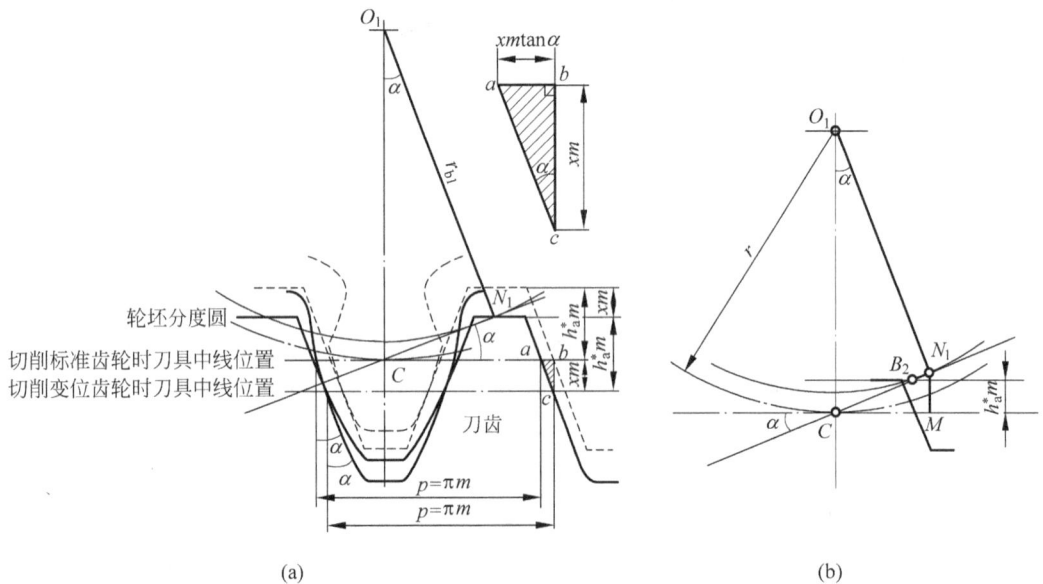

图 4.20　根切和变位齿轮

标准齿轮是否发生根切取决于其齿数的多少。如图 4.20(a)所示,线段 CO_1 表示某被切齿轮的分度圆半径, N_1 点在齿顶线(虚线)下方,故该齿轮必发生根切。当齿数增加时,分度圆半径增大,轮坯中心上移,极限点 N_1 也相应地沿啮合线上移至齿顶线上方,如图 4.20(b)所示,则避免根切;反之,齿数越少,分度圆半径越小,轮坯中心越低,极限点越往下移,根切越严重。要避免根切就必须使刀具与啮合线的交点 B_2 不超过啮合极限点 N_1,即

$$h_a^* m \leqslant \overline{N_1 M}$$

$$\overline{N_1 M} = \overline{CN_1} \sin\alpha = r\sin^2\alpha = \frac{mz}{2}\sin^2\alpha$$

$$z \geqslant \frac{2h_a^*}{\sin^2 \alpha} \tag{4.23}$$

由式(4.23)计算得知,对于 $\alpha = 20°$ 和 $h_a^* = 1$ 的正常齿制标准渐开线齿轮,当用齿条刀具加工时,其最少齿数 $z_{\min} = 17$。某些情况下,为了尽量减少齿数以获得比较紧凑的结构,在满足轮齿弯曲强度条件下,允许齿根部有轻微根切时, $z_{\min} = 14$。

2. 变位齿轮

标准齿轮虽有设计计算比较简单和互换性较好等优点,但也存在下列缺点:

(1) 为了避免加工时发生根切,标准齿轮的齿数必须大于或等于最少齿数 $z_{\min}$。

(2) 标准齿轮不适用于实际中心距 a' 不等于标准中心距 a 的场合,当 $a' < a$ 时,无法安装齿轮;当 $a' > a$ 时,两齿轮间产生过大侧隙,且重合度下降。

(3) 一对互相啮合的标准齿轮,小齿轮与大齿轮相比,齿根薄,磨损大,容易损坏,从而限制了齿轮机构的承载能力和寿命。

为了弥补这些缺点,在齿轮传动中出现了变位齿轮。

用齿条型刀具加工齿轮时,若对刀时齿条刀具的中线与被加工齿轮分度圆相切,加工出来的齿轮即为标准齿轮($s = e$),如图4.21(a)所示,否则,加工出来的齿轮称为变位齿轮($s \neq e$),如图4.21(b)所示。以切削标准齿轮的位置为基准,刀具所移动的距离称为变位量,用 xm 表示, x 称为变位系数, m 为齿轮模数。规定刀具远离轮坯的变位为正变位($x > 0$),切出的齿轮称为正变位齿轮(图4.21(b));刀具移近轮坯的变位为负变位($x < 0$),相应切出的齿轮称为负变位齿轮(图4.21(c))。

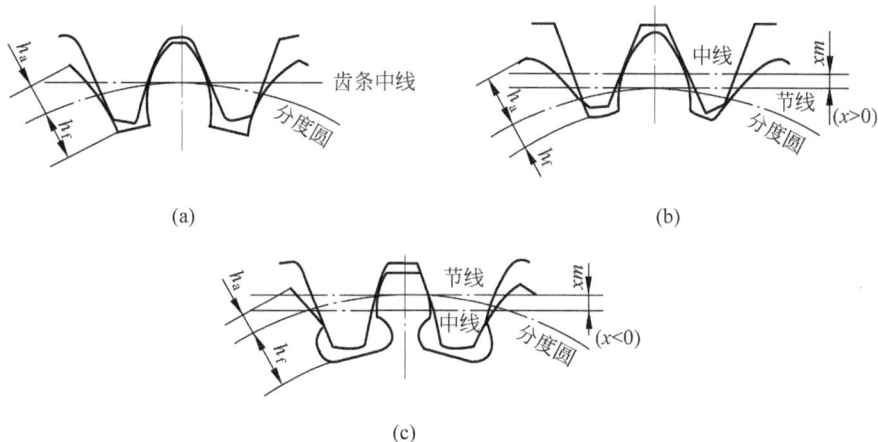

(a)

(b)

(c)

图 4.21　变位齿轮的切削原理

由于齿条在不同高度上的齿距 p、压力角 α 都是相同的,所以无论齿条位置如何变化,切出的变位齿轮模数、压力角都与在齿条中线上切出的相同,为标准值。变位齿轮的分度圆直径、基圆直径与标准齿轮也相同,其齿廓曲线和标准齿轮的齿廓曲线为同一基圆形成的渐开线,只不过是截取不同曲线段,如图4.22所示,所以可以用同一把刀具加工标准齿轮和变位齿轮。变位齿轮和标准齿轮相比,模数、压力角、分度圆、基圆、齿距和齿全高都不变,但是变位齿轮的某些尺寸是非标准的,齿厚、齿槽宽、齿顶高、齿根高、齿顶圆半径、齿根圆半径会发生变化,如正变位齿轮的齿厚和齿顶高变大,齿槽宽和齿根高变小等。变位齿轮的齿厚和

齿槽宽计算公式分别为

$$s = \pi m/2 + 2xm\tan\alpha \qquad\qquad (4.24)$$

$$e = \pi m/2 - 2xm\tan\alpha \qquad\qquad (4.25)$$

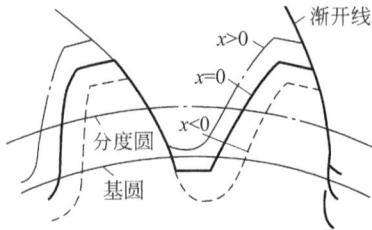

图 4.22　齿廓曲线的比较

变位齿轮传动可分为等移距变位齿轮传动和不等移距变位齿轮传动两类。

1) 等移距变位齿轮传动

等移距变位齿轮传动中,两轮变位系数绝对值相等,但小齿轮为正变位,大齿轮为负变位。即 $x_1 > 0$, $x_2 < 0$,且 $x_1 = -x_2$。由于小齿轮取正变位,故可减少小齿轮的齿数和增大小齿轮根部的齿厚,从而提高传动质量。为了使两轮都不产生根切,两轮齿数之和必须大于或等于最小齿数的两倍,即 $z_1 + z_2 \geqslant 2z_{\min}$。

由式(4.24)和式(4.25)可知,这种传动中,小齿轮分度圆齿厚的增量正好等于大齿轮齿槽宽的增量,故两轮分度圆相切(即分度圆与节圆重合),仍可实现无侧隙啮合。因此,等移距变位齿轮传动的中心距仍为标准中心距 a,其啮合角也与标准齿轮传动相同,$\alpha' = \alpha = 20°$。但刀具变位后,被切齿轮的齿顶高和齿根高已不同于标准齿轮,所以等移距变位又称高度变位。正常齿等移距变位齿轮传动的几何尺寸计算参见表 4.4。

表 4.4　正常齿等移距变位齿轮传动的几何尺寸计算

序号	名　称	符　号	计算公式及参数选择
1	齿数	z_1, z_2	$z_1 + z_2 \geqslant 34$
2	变位系数	x_1, x_2	$x_1 = -x_2 \neq 0, x_1 \geqslant \dfrac{17-z_1}{17}, x_2 \geqslant \dfrac{17-z_2}{17}$
3	中心距	a'	$a' = a = \dfrac{m}{2}(z_1 + z_2)$
4	啮合角	α'	$\alpha' = \alpha = 20°$
5	节圆直径	d_1', d_2'	$d_1' = d_1 = mz_1, d_2' = d_2 = mz_2$
6	齿顶圆直径	d_{a1}, d_{a2}	$d_{a1} = d_1 + m(2 + 2x_1), d_{a2} = d_2 + m(2 + 2x_2)$
7	齿根圆直径	d_{f1}, d_{f2}	$d_{f1} = d_1 - m(2.5 - 2x_1), d_{f2} = d_2 - m(2.5 - 2x_2)$

2) 不等移距变位齿轮传动

除标准齿轮传动($x_1 = x_2 = 0$)和等移距变位齿轮传动($x_1 = -x_2$)之外,其余变位齿轮传动均称为不等移距变位齿轮传动。其变位系数可在不根切的条件下自由选择。这种传动中,$x_1 \neq -x_2$,故由式(4.24)和式(4.25)可知,小齿轮分度圆齿厚与大齿轮分度圆齿槽宽必定不相等。若小齿轮齿厚小于大齿轮齿槽宽,则两个分度圆相切时,必然出现过大的齿侧间隙,只有缩小中心距($a' < a$),使两轮趋近,才能消除过大间隙,实现正常传动。反之,若小齿轮齿厚大于大齿轮齿槽宽,则两个分度圆相切时将无法安装,只有拉开中心距($a' > a$),使两轮远离,才能安装。综上所述可知,采用不同变位系数可调整两轮分度圆齿厚,实现任意非标准中心距传动,故常用于变速箱滑移齿轮设计等场合。

不等移距变位齿轮传动的中心距不等于标准中心距。中心距增减时,两轮的分度圆相离或相交,但不相切。显然,这种传动中分度圆与节圆不重合,啮合角 α' 不等于分度圆压力

角 α,即 $\alpha' \neq 20°$。由于啮合角发生了变化,所以不等移距变位又称角变位。角变位除用于凑配中心距之外,还常用于增大啮合角,加强齿根,从而提高齿轮的接触强度和弯曲强度。角变位传动的几何尺寸计算很复杂,其有关公式见机械设计手册。

4.9　平行轴斜齿轮机构

平行轴齿轮传动相当于一对节圆柱的纯滚动,所以平行轴斜齿轮机构又称为斜齿圆柱齿轮机构,简称斜齿轮机构。斜齿轮与直齿轮的区别在于轮齿相对于轴线有倾斜。

4.9.1　斜齿轮齿廓曲面的形成及其啮合特点

图 4.23 为斜齿圆柱齿轮渐开线齿廓曲面的形成。当发生面 S 在基圆柱上做纯滚动时,其上与母线平行的直线 KK' 在空间所走过的轨迹即为斜齿圆柱齿轮渐开线曲面。

斜齿圆柱齿轮齿廓曲面的形成原理和直齿轮相似。所不同的是形成渐开线齿面的直线 KK' 不再与轴线平行,而是与其成 β_b 角,当发生面 S 在基圆柱上做纯滚动时,其上与母线 NN' 成一倾斜角 β_b 的斜直线 KK' 在空间所走过的轨迹,即为斜齿轮的渐开线螺旋齿面。β_b 称为基圆柱上的螺旋角。

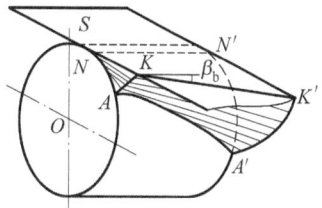

图 4.23　斜齿轮的齿廓曲面的形成

一对斜齿轮齿廓曲面的啮合特点为:

(1) 在端面内,斜齿轮的齿廓曲线为渐开线,相当于直齿圆柱齿轮传动,满足定传动比要求。

(2) 接触线长度是变化的,如图 4.24 所示,齿廓接触线的长度由零逐渐增长,从某一位置以后,又逐渐缩短,直至脱离接触。说明斜齿轮的齿廓是逐渐进入接触又逐渐脱离接触的,即加载和卸载过程是逐渐进行的,因此传动平稳,冲击、振动和噪声均较小,适宜高速、重载传动。而一对直齿轮的齿廓进入和脱离接触都是沿齿宽突然发生的,如图 4.7(b)所示,噪声较大,不适于高速传动。

渐开线螺旋面齿廓的特点为:

(1) 相切于基圆柱的平面与齿廓曲面的交线为斜直线,与基圆柱母线的夹角总是 β_b;齿面接触线始终与 KK' 线平行并且位于两基圆的公切面内(图 4.25)。

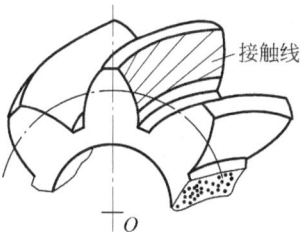

图 4.24　斜齿轮齿面上的接触线

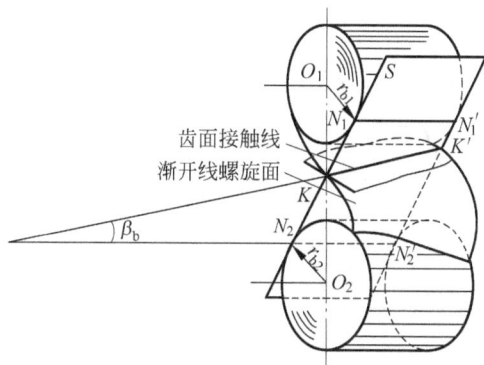

图 4.25　斜齿轮的齿廓曲面

(2) 基圆柱面以及与它同轴的圆柱面,与齿廓曲面的交线都是螺旋线,但其螺旋角不等。分度圆柱面上的螺旋角 β 简称螺旋角。

4.9.2 斜齿轮的基本参数和几何尺寸计算

1. 基本参数

1) 法面模数 m_n 和端面模数 m_t

斜齿轮的几何参数有端面和法面(垂直于某个轮齿的方向)之分。图 4.26 为斜齿条的分度面截面图。由图 4.26 可见,法向齿距 p_n 和端面齿距 p_t 之间的关系为

$$p_n = p_t \cos\beta \qquad (4.26)$$

因 $p = \pi m$,故法面模数 m_n 和端面模数 m_t 之间的关系为

$$m_n = m_t \cos\beta \qquad (4.27)$$

用铣刀切制斜齿轮时,铣刀的齿形应等于齿轮的法向齿形;在计算强度时,也需要研究最小截面——法向齿形,因此国家标准规定斜齿轮的法面参数(m_n、法面压力角 α_n、法向齿顶高系数 h_{an}^* 和法向顶隙系数 c_n^*)为标准值,而端面参数为非标准值。

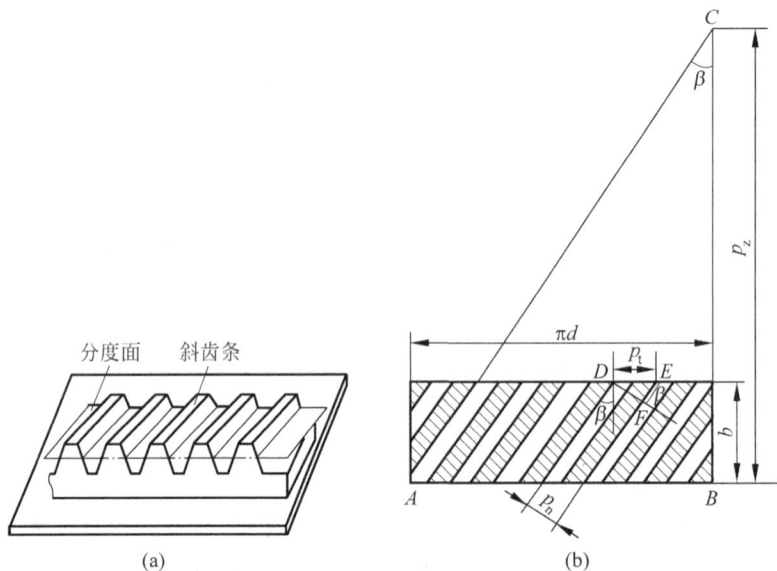

图 4.26　端面齿距与法向齿距

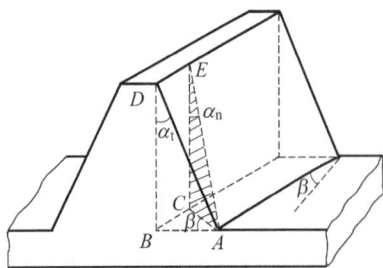

图 4.27　斜齿条

2) 法面压力角 α_n 和端面压力角 α_t

为了便于分析,用斜齿条说明,如图 4.27 所示。平面 ABD 为前端面,平面 ACE 为法面,$\angle ACB = 90°$。

在直角三角形 ABD、ACE 及 ACB 中,

$$\tan\alpha_t = \frac{\overline{AB}}{\overline{BD}}, \quad \tan\alpha_n = \frac{\overline{AC}}{\overline{CE}}, \quad \overline{AC} = \overline{AB}\cos\beta$$

又因 $\overline{BD} = \overline{CE}$,则

$$\tan\alpha_n = \tan\alpha_t \cos\beta \qquad (4.28)$$

3) 齿顶高系数 h_{an}^*、h_{at}^* 和顶隙系数 c_n^*、c_t^*

无论从法面还是从端面来看,轮齿的齿顶高都是相同的,顶隙也是相同的,即

$$h_{an}^{*} m_n = h_{at}^{*} m_t, \quad c_n^{*} m_n = c_t^{*} m_t$$

将式(4.27)代入上式得

$$\begin{cases} h_{at}^{*} = h_{an}^{*} \cos\beta \\ c_t^{*} = c_n^{*} \cos\beta \end{cases} \tag{4.29}$$

4) 斜齿轮的螺旋角 β

由图 4.26 可知,斜齿轮分度圆柱面上的螺旋角 β 满足

$$\tan\beta = \frac{\pi d}{p_z} \tag{4.30}$$

式中, p_z 为螺旋线的导程,即螺旋线绕一周时它沿轮轴方向前进的距离。

因为斜齿轮各个圆柱面上的螺旋线的导程不同,所以基圆柱上的螺旋角 β_b 满足

$$\tan\beta_b = \frac{\pi d_b}{p_z} \tag{4.31}$$

由式(4.30)、式(4.31)得

$$\tan\beta_b = \frac{d_b}{d}\tan\beta = \tan\beta\cos\alpha_t \tag{4.32}$$

2. 斜齿轮几何尺寸计算

一对斜齿轮传动在端面上相当于一对直齿轮传动,故可将直齿轮的几何尺寸计算公式用于斜齿轮的端面。渐开线标准斜齿圆柱齿轮的几何尺寸可按表 4.5 进行计算。

表 4.5　渐开线标准斜齿圆柱齿轮的几何尺寸计算

序号	名　　称	符　　号	计算公式及参数选择
1	端面模数	m_t	$m_t = \dfrac{m_n}{\cos\beta}$, m_n 为标准值
2	螺旋角	β	一般取 $\beta = 8° \sim 20°$
3	分度圆直径	d_1, d_2	$d_1 = m_t z_1 = \dfrac{m_n z_1}{\cos\beta}$, $d_2 = m_t z_2 = \dfrac{m_n z_2}{\cos\beta}$
4	齿顶高	h_a	$h_a = m_n$
5	齿根高	h_f	$h_f = 1.25 m_n$
6	齿全高	h	$h = h_a + h_f = 2.25 m_n$
7	顶隙	c	$c = h_f - h_a = 0.25 m_n$
8	齿顶圆直径	d_{a1}, d_{a2}	$d_{a1} = d_1 + 2h_a$, $d_{a2} = d_2 + 2h_a$
9	齿根圆直径	d_{f1}, d_{f2}	$d_{f1} = d_1 - 2h_f$, $d_{f2} = d_2 - 2h_f$
10	中心距	a	$a = \dfrac{d_1 + d_2}{2} = \dfrac{m_t}{2}(z_1 + z_2) = \dfrac{m_n(z_1 + z_2)}{2\cos\beta}$

4.9.3　平行轴斜齿轮啮合传动

1. 正确啮合条件

平行轴斜齿轮在端面内的啮合相当于直齿轮的啮合,所以端面的正确啮合条件为两轮端面模数和压力角分别相等。由图 4.25 可知,平行轴斜齿轮传动的两基圆柱螺旋角必相

等,即 $\beta_{b1}=\pm\beta_{b2}$,又由式(4.32)可得 $\beta_1=\pm\beta_2$。外啮合斜齿轮,两轮螺旋角大小相等而方向相反($\beta_1=-\beta_2$);而内啮合斜齿轮,两轮螺旋角大小相等而方向相同($\beta_1=\beta_2$)。一对斜齿轮的正确啮合条件,除了如直齿轮一样,两齿轮的模数和压力角应分别相等外,它们的螺旋角还必须相匹配。因此,一对平行轴斜齿圆柱齿轮的正确啮合条件为

$$\left.\begin{array}{l} \alpha_{n1}=\alpha_{n2} \\ m_{n1}=m_{n2} \\ \beta_1=\pm\beta_2 \end{array}\right\} \quad 或 \quad \left.\begin{array}{l} \alpha_{t1}=\alpha_{t2} \\ m_{t1}=m_{t2} \\ \beta_1=\pm\beta_2 \end{array}\right\} \tag{4.33}$$

2. 重合度

图 4.28(a)表示斜齿轮与斜齿条在前端面的啮合情况。齿廓在 A 点开始啮合,在 E 点终止啮合,FG 是端面内齿条分度线上一点啮合始末所走的距离,即端面啮合弧。显然,齿条的工作齿廓只在 FG 区间处于啮合状态,FG 区间之外均不可能啮合。作从动齿条分度面的俯视图,如图 4.28(b)所示。当轮齿到达虚线所示位置时,其前端面虽已开始脱离啮合,但轮齿后端面仍处在啮合区内,整个轮齿尚未终止啮合。只有当轮齿后端面走出啮合区,该轮齿才终止啮合。由此可见,斜齿轮传动的啮合弧 FH 比端面齿廓完全相同的直齿轮长 GH,故斜齿轮传动的重合度为

$$\varepsilon=\frac{啮合弧长}{端面齿距}=\frac{\overline{FH}}{p_t}=\frac{\overline{FG}+\overline{GH}}{p_t}=\varepsilon_t+\frac{b\tan\beta}{p_t} \tag{4.34}$$

式中,ε_t 为端面重合度,即与斜齿轮端面齿廓相同的直齿轮传动的重合度;$b\tan\beta/p_t$ 为轮齿倾斜而产生的附加重合度。由式(4.34)可见,斜齿轮传动的重合度随齿宽 b 和螺旋角 β 的增大而增大,可达到很大的数值,这是斜齿轮传动平稳、承载能力较高的主要原因之一。

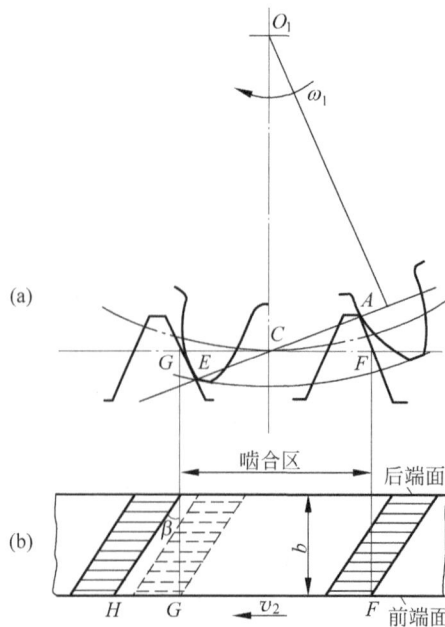

图 4.28 斜齿轮传动的重合度

4.9.4　斜齿轮的当量齿数

由于斜齿轮的强度计算是针对法面进行的,所以需要知道斜齿轮的法向齿形。但法向齿形较为复杂,通常采用下述近似方法进行分析。

如图 4.29 所示,过斜齿轮分度圆柱上齿廓的任一点 C 作轮齿螺旋线的法面 n—n,该法面与分度圆柱的交线为一椭圆。其长半轴 $a=\dfrac{d}{2\cos\beta}$,短半轴 $b=\dfrac{d}{2}$。由高等数学可知,椭圆在 C 点的曲率半径 $\rho=\dfrac{a^2}{b}=\dfrac{d}{2\cos^2\beta}$。以 ρ 为分度圆半径,以斜齿轮法向模数 m_n 为模数,取标准压力角 α_n 作一直齿圆柱齿轮,其齿形即可认为近似于斜齿轮的法向齿形。该直齿圆柱齿轮称为斜齿圆柱齿轮的当量齿轮,其齿数称为当量齿数,用 z_v 表示,故

$$z_v=\frac{2\rho}{m_n}=\frac{d}{m_n\cos^2\beta}=\frac{m_n z}{m_n\cos^3\beta}=\frac{z}{\cos^3\beta} \tag{4.35}$$

式中,z 为斜齿轮的实际齿数。

正常齿标准斜齿轮不发生根切的最少齿数 z_{min} 可由其当量直齿轮的最小齿数 $z_{vmin}(z_{vmin}=17)$ 计算出来,即

$$z_{min}=z_{vmin}\cos^3\beta \tag{4.36}$$

当量齿数除用于斜齿轮弯曲强度计算及铣刀号码的选择外,在斜齿轮变位系数的选择及齿厚测量等方面也要用到。

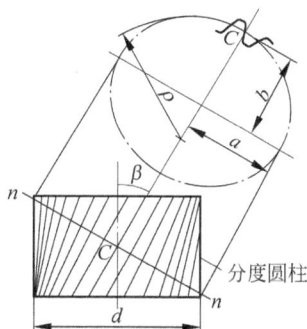

图 4.29　斜齿轮的当量齿轮

4.9.5　斜齿轮的特点

与直齿轮相比,斜齿轮具有以下特点:

(1) 齿廓接触线是斜线,一对齿是逐渐进入啮合和逐渐脱离啮合的,故运转平稳,噪声小。

(2) 重合度大,并随齿宽和螺旋角的增大而增大,故承载能力高,适于高速传动。

(3) 斜齿轮不发生根切的最少齿数小于直齿轮。

(4) 斜齿齿面受法向力 F 作用时会产生轴向分力 F_a,如图 4.30(a)所示,支承轴需要安装推力轴承,从而使结构复杂化。

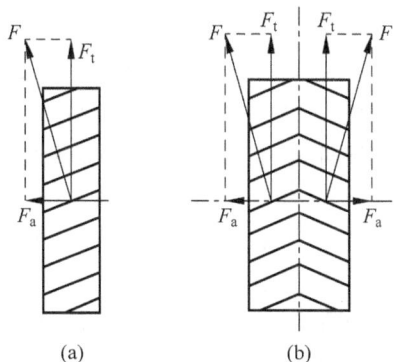

(a)　　　(b)

图 4.30　斜齿上的轴向作用力

为了克服上述轴向分力的不足之处,可以采用人字齿轮,如图 4.30(b)所示。人字齿轮可看作由螺旋角大小相等、方向相反的两个斜齿轮合并而成,因左右对称而使两轴向力的作用互相抵消。人字齿轮的缺点是制造较困难,成本较高。

由上述可知,螺旋角 β 的大小对斜齿轮的传动性能影响很大。若 β 太小,则斜齿轮的优点不能充分体现;若 β 太大,则会产生很大的轴向力。设计时一般取 $\beta=8°\sim20°$。

4.10　直齿圆锥齿轮机构

1. 概述

圆锥齿轮用于两相交轴之间的传动,其中应用最广泛的是两轴交角 $\Sigma = \delta_1 + \delta_2 = 90°$ 的直齿圆锥齿轮传动。与圆柱齿轮不同,圆锥齿轮的轮齿是沿圆锥面分布的,其轮齿尺寸朝锥顶方向逐渐缩小。

圆锥齿轮的运动关系相当于一对节圆锥做纯滚动。除节圆锥外,圆锥齿轮还有分度圆锥、齿顶圆锥、齿根圆锥和基圆锥。

图 4.31 所示为一对标准直齿圆锥齿轮,其节圆锥与分度圆锥重合,其中 δ_1、δ_2 为节锥角,Σ 为两节圆锥几何轴线的交角,d_1、d_2 为大端节圆直径。当 $\Sigma = \delta_1 + \delta_2 = 90°$ 时,其传动比为

$$i = \frac{n_1}{n_2} = \frac{d_2}{d_1} = \frac{z_2}{z_1} = \frac{\sin\delta_2}{\sin\delta_1} = \tan\delta_2 = \cot\delta_1 \tag{4.37}$$

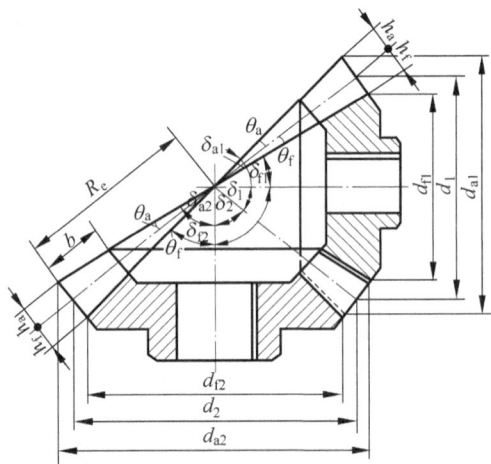

图 4.31　圆锥齿轮传动分析

2. 直齿圆锥齿轮的齿廓曲线、背锥和当量齿数

如图 4.32 所示,当发生面 S 沿基圆锥做纯滚动时,平面上一条通过锥顶的直线 OK 形成一渐开线曲面,此曲面即为直齿圆锥齿轮的齿廓曲面,直线 OK 上各点的轨迹都是渐开线。渐开线 NK 上各点到锥顶 O 的距离均相等,所以该渐开线是在一个以 O 为球心的球面上,即为一球面渐开线。但因球面渐开线无法在平面上展开,给设计和制造造成困难,故常用背锥上的齿廓曲线来代替球面渐开线。

图 4.33 所示为一圆锥齿轮的轴线平面,△OAB、△Obb、△Oaa 分别表示其分度圆锥、顶圆锥和根圆锥与轴线平面的交线。过 A 点作 OA 的垂线,与圆锥齿轮的轴线交于 O′ 点,以 OO′ 为轴线、O′A 为母线作圆锥,这个圆锥称为背锥。若将球面渐开线的轮齿向背锥上投影,则 a、b 点的投影为 a′、b′ 点,由图 4.33 可见 a′b′ 和 ab 相差很小,因此可以用背锥上的齿廓曲线来代替圆锥齿轮的球面渐开线。

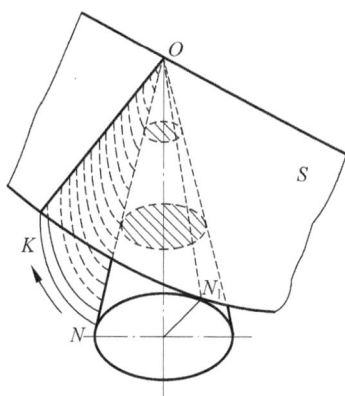

图 4.32　球面渐开线的形成

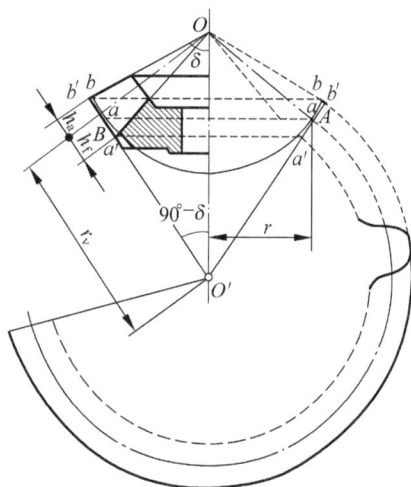

图 4.33　圆锥齿轮的背锥和当量齿数

因圆锥面可以展开成平面,故把背锥表面展开成一扇形平面,扇形的半径 r_v 就是背锥母线的长度。以 r_v 为分度圆半径,大端模数 m_e 为标准模数,大端压力角为 20°,按照圆柱齿轮的作图方法画出扇形齿轮的齿形。该齿廓即为圆锥齿轮大端的近似齿廓,扇形齿轮的齿数为圆锥齿轮的实际齿数。将扇形齿轮补足为完整的圆柱齿轮,这个圆柱齿轮称为圆锥齿轮的当量齿轮,当量齿轮的齿数 z_v 称为当量齿数。由图 4.33 可见,

$$r_v = \frac{r}{\cos\delta} = \frac{mz}{2\cos\delta} \tag{4.38}$$

而 $r_v = \dfrac{mz_v}{2}$,故

$$z_v = \frac{z}{\cos\delta} \tag{4.39}$$

根据上式可知,$z_v > z$,且往往不是整数。

综上所述,一对圆锥齿轮的啮合相当于一对当量圆柱齿轮的啮合,因此可把圆柱齿轮的啮合原理运用到圆锥齿轮。

3. 直齿圆锥齿轮的几何尺寸计算

按 GB/T 12369—1990 规定,直齿圆锥齿轮传动的几何尺寸计算是以其大端为标准。当轴交角 $\Sigma = 90°$ 时,标准直齿圆锥齿轮的几何尺寸计算公式见表 4.6。

表 4.6　$\Sigma = 90°$标准直齿圆锥齿轮的几何尺寸计算

名　称	代　号	计算方式及说明
大端模数	m_e	按 GB/T 12369—1990 取标准值
传动比	i	$i = \dfrac{z_2}{z_1} = \tan\delta_2 = \cot\delta_1$
分度圆锥角	δ_1, δ_2	$\delta_2 = \arctan\dfrac{z_2}{z_1}, \delta_1 = 90° - \delta_2$
分度圆直径	d_1, d_2	$d_1 = m_e z_1, d_2 = m_e z_2$

续表

名　　称	代　　号	计算方式及说明
齿顶高	h_a	$h_a = m_e$
齿根高	h_f	$h_f = 1.2m_e$
齿全高	h	$h = 2.2m_e$
顶隙	c	$c = 0.2m_e$
齿顶圆直径	d_{a1}, d_{a2}	$d_{a1} = d_1 + 2m_e\cos\delta_1$，$d_{a2} = d_2 + 2m_e\cos\delta_2$
齿根圆直径	d_{f1}, d_{f2}	$d_{f1} = d_1 - 2.4m_e\cos\delta_1$，$d_{f2} = d_2 - 2.4m_e\cos\delta_2$
外锥距	R_e	$R_e = \sqrt{r_1^2 + r_2^2} = \dfrac{m_e}{2}\sqrt{z_1^2 + z_2^2} = \dfrac{d_1}{2\sin\delta_1} = \dfrac{d_2}{2\sin\delta_2}$
齿宽	b	$b \leqslant \dfrac{R_e}{3}$，$b \leqslant 10m_e$
齿顶角	θ_a	$\theta_a = \arctan\dfrac{h_f}{R_e}$（不等顶隙齿）；$\theta_a = \theta_f$（等顶隙齿）
齿根角	θ_f	$\theta_f = \arctan\dfrac{h_f}{R_e}$
根锥角	δ_{f1}, δ_{f2}	$\delta_{f1} = \delta_1 - \theta_f$，$\delta_{f2} = \delta_2 - \theta_f$
顶锥角	δ_{a1}, δ_{a2}	$\delta_{a1} = \delta_1 + \theta_a$，$\delta_{a2} = \delta_2 + \theta_a$

习　　题

4.1　已知一对正常齿制渐开线标准外啮合直齿圆柱齿轮传动，其模数 $m = 4$ mm，齿顶高系数 $h_a^* = 1$，顶隙系数 $c^* = 0.25$，压力角 $\alpha = 20°$，中心距 $a = 144$ mm，传动比 $i_{12} = 3$。试求：(1)两轮的齿数 z_1, z_2；(2)小齿轮的分度圆半径 r_1、齿顶圆半径 r_{a1}、齿根圆半径 r_{f1}、基圆半径 r_{b1}、分度圆齿厚 s 和槽宽 e。

4.2　试比较正常齿制渐开线标准外啮合直齿圆柱齿轮的基圆和齿根圆，在什么条件下基圆大于齿根圆，在什么条件下基圆小于齿根圆？

4.3　有一正常齿渐开线外啮合标准直齿圆柱齿轮传动，标准安装，两齿轮分度圆直径 $d_1 = 120$ mm，$d_2 = 180$ mm，模数 $m = 6$ mm。试计算大小齿轮的齿数 z_1、z_2，齿顶圆直径 d_{a1}、d_{a2}，齿根圆直径 d_{f1}、d_{f2}，基圆直径 d_{b1}、d_{b2}，传动的中心距 a，传动比 i_{12}。

4.4　一对外啮合标准正常齿制直齿圆柱齿轮，已知传动比 $i = 3$，模数 $m = 2.5$ mm，压力角 $\alpha = 20°$，中心距 $a = 120$ mm（注：$h_a^* = 1$，$c^* = 0.25$）。试求：(1)两轮齿数 z_1、z_2；(2)小齿轮的齿顶圆直径 d_{a1}、基圆直径 d_{b1}；(3)分度圆上齿距 p、齿厚 s 和齿槽宽 e；(4)若两轮实际中心距 $a' = 121$ mm，该齿轮传动能否正确啮合？为什么？

4.5　已知一对外啮合渐开线直齿圆柱齿轮传动有如下数据：$z_1 = 20$，$m = 5$ mm，$\alpha = 20°$，$h_a^* = 1.0$，$c^* = 0.25$，标准制造，标准安装，中心距 $a = 180$ mm。试计算：(1)两齿轮的分度圆半径；(2)两齿轮的齿顶圆半径；(3)两齿轮分度圆上的齿厚及节圆上的齿厚；(4)该对齿轮传动的传动比。

4.6　欲配制一个遗失的齿轮，已知与其啮合齿轮的齿顶圆直径 $d_a = 136$ mm，齿数 $z = 15$，两轮中心距 $a = 260$ mm，求所配齿轮的尺寸。

4.7 一对国产正常齿标准直齿圆柱齿轮外啮合,已知小齿轮顶圆直径 $d_{a1} = 320$ mm,齿根圆直径 $d_{f1} = 275$ mm,又知标准中心距 $a = 600$ mm,且 $h_a^* = 1$,$c^* = 0.25$,$\alpha = 20°$。试计算齿轮模数 m、传动比 i_{12}。

4.8 试与标准齿轮比较,说明正变位直齿圆柱齿轮的下列参数:m、α、α'、d、d'、s、s_f、h_f、d_f、d_b,哪些不变?哪些发生了变化?变大还是变小?

4.9 国产外啮合直齿圆柱齿轮,已知 $h_a^* = 1$,$c^* = 0.25$,$\alpha = 20°$,又知齿轮基圆齿距 $p_b = 29.52$ mm,传动比 $i_{12} = 3$,实际中心距 $a' = 402$ mm,大齿轮基圆半径 $d_{b2} = 563.82$ mm。求齿厚 s、小齿轮齿数 z、齿顶顶隙 c。

4.10 一对平行轴直齿圆柱斜齿轮外啮合传动,已知 $z_1 = 30$,$i_{12} = 2$,$\beta = 12°$,$m_n = 5$ mm,$h_{an}^* = 1$,$c_n^* = 0.25$。求中心距 a、小齿轮分度圆直径 d_1 及压力角 α_t。

＊ 实践拓展练习

4.11 针对齿轮机构的各种类型,分析其特点和适合应用的场合,举出实例。

4.12 斜齿轮与直齿轮相比,基本参数和几何尺寸的计算有哪些相同点和不同点?

第5章 轮　系

5.1　概　　述

工程应用中,往往要实现大传动比传动的工作要求。若仅依靠一对齿轮啮合进行传动,大齿轮和小齿轮直径的巨大差距将导致齿轮机构外廓尺寸增大,且传动过程中大齿轮运转一圈,与之配合的小齿轮需运转数十圈甚至几百圈。长此以往,小齿轮的磨损较大齿轮更为剧烈,而大齿轮的性能得不到充分发挥。为此,常常在原动件与执行机构之间,引入一系列相互啮合的齿轮构成传动系统,用以传递运动和动力。这种传动系统称为齿轮系统,简称轮系。使用轮系还能够实现较远距离传动、大功率传动、分路传动、变速换向、运动的合成与分解等,因而被广泛应用。

5.1.1　轮系的功用

1. 实现较远距离或大传动比传动

当原动件与执行机构相距较远即主动轴与从动轴中心距 a 较大,而传递运动的传动比不大时,如果采用图 5.1(a)所示的一对齿轮啮合的传动方案,机构整体外廓尺寸较大。而采用图 5.1(b)所示的若干对齿轮传动,通过 4 个齿轮(3 对齿轮副)组成的轮系将主动轴的运动传递给从动轴,则机构的径向尺寸明显缩小。由此可见,采用轮系不仅能使传动装置的结构紧凑,而且能节约原材料,降低加工齿轮的成本。

若需实现大传动比传动的工作要求,可采用图 5.2(b)中的轮系替代图 5.2(a)所示方案中的一对齿轮啮合传动,每对齿轮副中的两齿轮直径相差不大,且齿轮轮齿工作次数相近,避免了因小齿轮磨损过快导致的大、小齿轮寿命悬殊的问题。

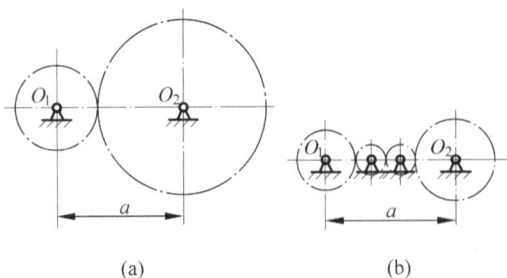

(a)	(b)

图 5.1　远距离齿轮传动
（a）不合理；（b）合理

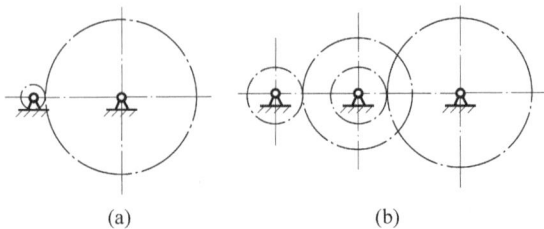

(a)	(b)

图 5.2　大传动比齿轮传动
（a）不合理；（b）合理

通常情况下,对于一级传动。圆柱齿轮的传动比为 3～6;圆锥齿轮的传动比为 2～3;蜗轮蜗杆的传动比为 10～40。而轮系传动的传动比 i 可以达到 10000。

2. 实现结构紧凑的大功率传动

在周转轮系中,可采用多个行星轮均布在中心轮四周的方式,不仅可以有效地利用内啮合的空间,而且载荷由多对齿轮承受,可大大提高承载能力,加之输入轴与输出轴共线,可减小径向尺寸,故可在结构紧凑的情况下实现大功率传动,如图 5.3 所示。

3. 实现分路传动

利用定轴轮系,通过一个主动轴带动若干个从动轴,分别把运动传给多个工作部分,从而实现分路传动。图 5.4 所示为滚齿机工作台传动机构,电动机带动主动轴转动,通过该轴上齿轮 1 和齿轮 3,分两路将运动传给滚刀 A 和轮坯 B,从而使刀具和轮坯之间具有确定的对滚关系。

图 5.3 行星齿轮减速器

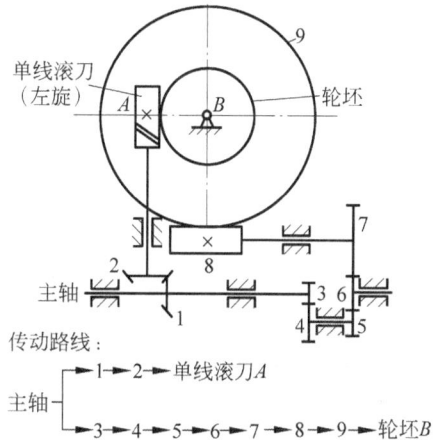

图 5.4 滚齿机的刀具与工件的分路传动

4. 实现变速与换向传动

在主动轴转速不变的情况下,利用轮系可使从动轴获得多种转速。图 5.5 中,轴 I 为主动轴,齿轮 $1'$ 和 $2'$ 固连在其上;轴 II 为从动轴,齿轮 1 与齿轮 2 组成双联齿轮,可以在轴 II 上沿着其轴线轴向移动。主动轴 I 上齿轮的齿数以及从动轴 II 上双联齿轮的齿数不等,即 $z_{1'} \neq z_{2'}$、$z_1 \neq z_2$。主动轴 I 转速不变,移动从动轴 II 上的双联齿轮,通过换挡分别使其与 I 上不同齿数的齿轮啮合,即可改变从动轴 II 的转速,从而实现变速。

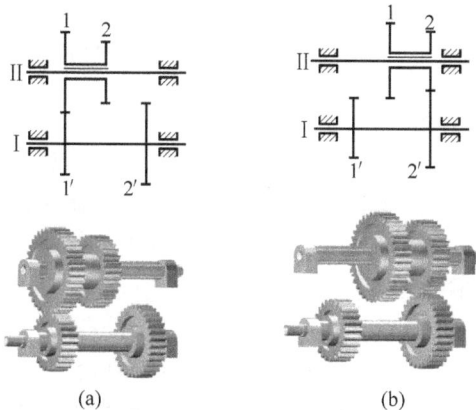

图 5.5 换挡变速传动机构

(a) 速度 1:齿轮 1 与齿轮 $1'$ 啮合;(b) 速度 2:齿轮 2 与齿轮 $2'$ 啮合

一般的机床、起重器等设备上都需要这种变速器。如图 5.6 所示的汽车变速箱，输出轴Ⅲ可获得四挡转速。

第一挡：齿轮 5、6 相啮合，而齿轮 3、4 和离合器 A、B 均脱离；

第二挡：齿轮 3、4 相啮合，而齿轮 5、6 和离合器 A、B 均脱离；

第三挡：离合器 A、B 相嵌合，而齿轮 5、6 和齿轮 3、4 均脱离；

倒退挡：齿轮 6、8 相啮合，而齿轮 3、4 和齿轮 5、6 以及离合器 A、B 均脱离，此时，由于惰轮 8 的作用，输出轴Ⅲ反转。

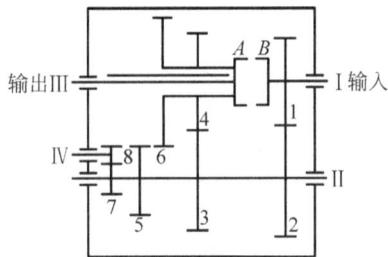

(a)　　　　　　　　　　　(b)

图 5.6　汽车变速箱

图 5.7 所示的三星轮换向机构可使从动轴做正反向转动。图 5.7(a)中主动轮 1 的转动经过中间齿轮 2 和 3 传到从动齿轮 4，使齿轮 4 与齿轮 1 转向相反；若转动手柄处于图 5.7(b)所示位置，中间齿轮 2 与齿轮 1 脱离，则主动齿轮 1 的转动经中间齿轮 3 传到从动齿轮 4，使齿轮 4 与齿轮 1 转向相同。

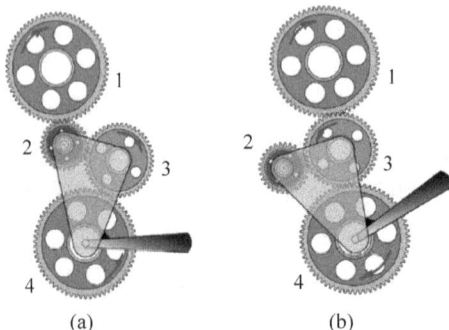

(a)　　　　　　　　　　　(b)

图 5.7　车床上走刀丝杠的三星轮换向机构

5. 实现运动的合成与分解

如图 5.8(a)所示，差动轮系有两个自由度，利用这一特点不仅能将两个独立的运动合成为一个运动，而且还可将一个基本构件的主动转动，按所需比例分解成另两个基本构件的不同运动。差动轮系广泛用于机床、计算装置、补偿调整装置中。如图 5.8(b)所示，如果同时给齿轮 1 和齿轮 3 分别输入运动，能够得到加法机构；如果齿轮 3 和系杆 H 为输入构件，则得到减法机构，如图 5.8(c)所示。

图 5.9(a)所示为汽车差速器。汽车直线行驶时，前轮的转向机构通过地面的约束作用，要求两后轮有相同的转速，即整个差动轮系相当于同齿轮 2 固连在一起成为一个刚体随齿轮 2 一起转动(图 5.9(b))。而汽车向左转弯时，两前轮在梯形转向机构 $ABCD$ 作用下

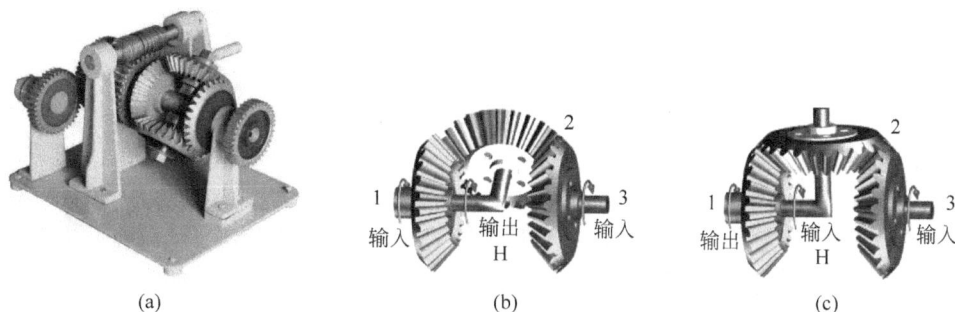

图 5.8　差动轮系实现运动合成

（a）差动轮系；（b）加法机构；（c）减法机构

向左偏转，其轴线与两后轮轴线相交于 P 点（图 5.9（c）），要求四个轮都能绕 P 点做纯滚动。此时借助于地面的约束作用，可利用图 5.9（a）中的差速器将汽车主轴的转动自动分解为前后轮的不同转速。

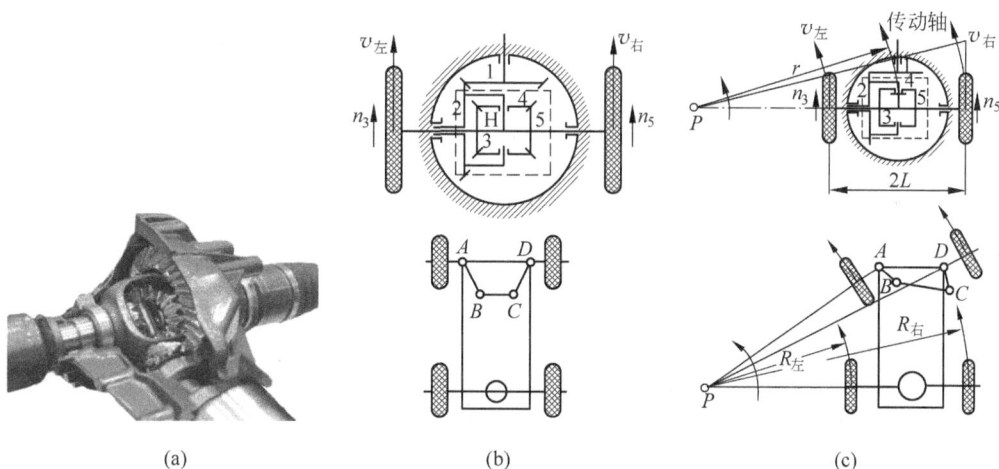

图 5.9　差动轮系实现运动分解

（a）汽车差速器；（b）汽车直线行驶；（c）汽车向左转弯

6. 实现执行构件的复杂运动

在周转轮系中，行星轮系既自转又公转，利用行星轮系的这一特有的运动特点，可以实现机械执行构件的复杂运动。如图 5.10 所示，将搅拌器与行星轮系固结为一体，从而得到复合运动，增加了搅拌效果。

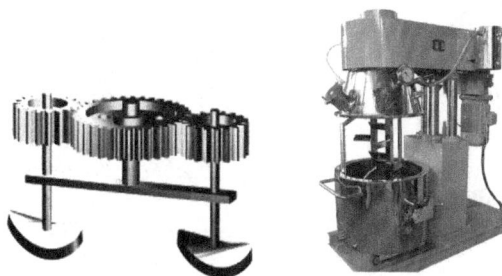

图 5.10　行星搅拌器

5.1.2 轮系的分类

根据轮系在运转过程中,各齿轮的几何轴线在空间的相对位置是否变化,将轮系分为定轴轮系、周转轮系和复合轮系三种类型。

1. 定轴轮系

轮系运转时,如果所有齿轮的轴线相对于机架的位置都固定不变,则该轮系称为定轴轮系。根据组成轮系的各齿轮轴线是否平行,又将定轴轮系分为平面定轴轮系和空间定轴轮系,如图 5.11 所示。平面定轴轮系中所有组成轮系的齿轮都在相互平行的平面内运动,即轮系中所有齿轮的轴线均相互平行(图 5.11(a))。空间定轴轮系的齿轮机构中至少有一个齿轮的轴线与其他齿轮轴线不平行,如圆锥齿轮机构、蜗轮蜗杆机构等(图 5.11(b))。

图 5.11(a)

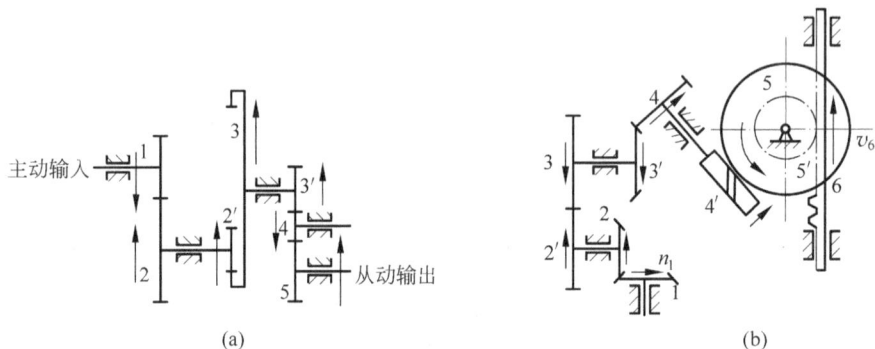

图 5.11 定轴轮系

(a) 平面定轴轮系;(b) 空间定轴轮系

2. 周转轮系

轮系运转时至少有一个齿轮的几何轴线的位置并不固定,而是绕其他定轴齿轮轴线回转,则该轮系称为周转轮系,或动轴轮系。

在图 5.12 所示的周转轮系中,齿轮 1、3 和构件 H 的转动轴线相重合且位置固定不变,齿轮 2 安装在构件 H 上,既绕其回转中心 O_2 自转,又在构件 H 的约束下绕轮系的固定轴线公转,从而做一复杂的平面运动。在周转轮系中,轴线位置固定的齿轮(如齿轮 1、3)称为太阳轮或中心轮;轴线位置变动的齿轮(如齿轮 2)称为行星轮,带着行星轮绕固定轴线回转并保证其与太阳轮啮合的构件 H 称为系杆、行星架或转臂。在周转轮系中,行星架与太阳轮的回转轴线必须共线,否则轮系不能运转。中心轮和系杆是组成周转轮系的基本构件,也是进行周转轮系运动分析的单元,而且周转轮系的基本构件都围绕同一固定轴线旋转。

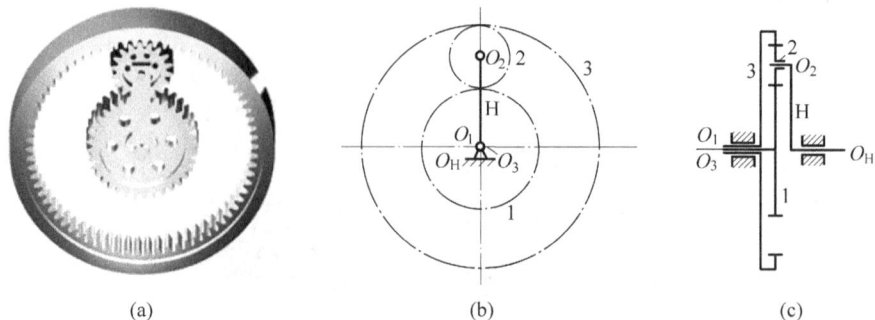

图 5.12 周转轮系

按自由度数目的不同,周转轮系可以分为以下两类。

(1) 行星轮系。如图 5.13(a)所示,当太阳轮 3 固定时,机构的活动构件数目 $n=3$,低副数 $P_L=3$,高副数 $P_H=2$,由机构自由度计算公式可以求得其自由度 $F=3n-2P_L-P_H=3\times3-2\times3-2=1$。只要给定一个原动件,整个轮系就具有确定的相对运动。这种自由度为 1 的轮系称为行星轮系。

(2) 差动轮系。如果太阳轮 3 不固定,则其自由度 $F=3n-2P_L-P_H=3\times4-2\times4-2=2$,为了使其具有确定的相对运动,需要两个原动件,如图 5.13(b)所示。这种自由度为 2 的轮系称为差动轮系。

周转轮系具有体积小、质量轻、传动比范围大、工作平稳等优点,缺点是结构复杂、制造安装精度要求较高。由于周转轮系结构特殊,它更易于完成一些特殊的工作和任务,如运动的合成与分解、变速传动、大功率传动等,因而周转轮系应用非常广泛。

3. 复合轮系

实际机械中所用的轮系,往往既包含定轴轮系部分,又包含周转轮系部分(图 5.14(a)),或由几部分周转轮系组成(图 5.14(b)),这种轮系称为复合轮系。

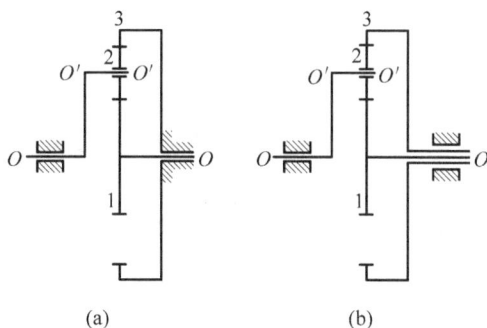

图 5.13　周转轮系(按自由度数目分类)　　　　图 5.14　复合轮系

(a) 行星轮系；(b) 差动轮系

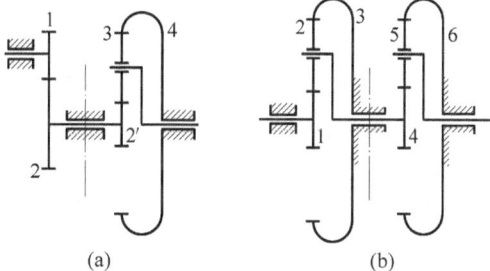

图 5.13(a)

图 5.13(b)

5.2　定轴轮系的传动比

5.2.1　平面定轴轮系的传动比

1. 一对齿轮机构的传动比

一对齿轮啮合时,若两齿轮的齿数分别为 z_1、z_2(或蜗杆头数为 z_1,蜗轮齿数为 z_2),则其传动比大小为

$$i_{12}=\frac{n_1}{n_2}=\frac{z_2}{z_1} \tag{5.1}$$

即一对齿轮传动的传动比为主从动轮齿数的反比。

齿轮的转向关系可以用以下两种方法判断。

(1) 根据两齿轮在啮合节点处的速度判断。一对外啮合圆柱齿轮的转动方向相反,表示方向的箭头同时指向或同时背离节点,即尖对尖,背对背,如图 5.15(a)所示；一对内啮合圆柱齿轮的转动方向相同,表示方向的箭头为同方向,如图 5.15(b)所示。图 5.15(c)所示的外啮合圆锥齿轮传动中,表示方向的箭头将同时指向或同时背离节点(尖对尖,背对背)。而蜗轮蜗杆的转向根据空间力系的关系用左右手定则来判断(图 5.15(d)):蜗杆右旋用右手(左旋用左手),依据主动蜗杆(或蜗轮)的旋转方向,用右手(左旋用左手)假想地握住蜗杆,弯曲四指的方向为蜗杆转动方向,则大拇指的反方向为蜗轮在节点处线速度的方向(蜗轮圆周力的方向),由此可判定蜗轮的转动方向。

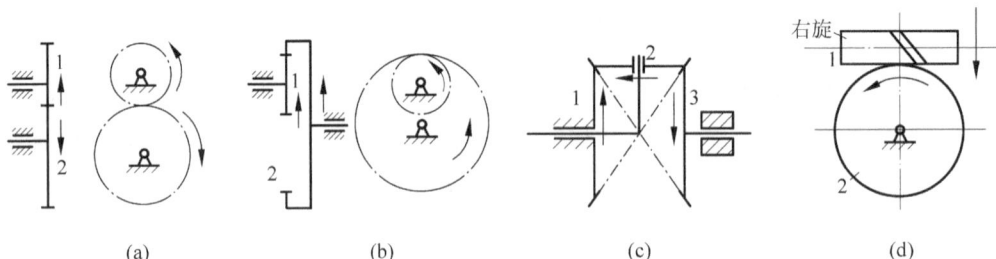

(a)　　　　　　　(b)　　　　　　　(c)　　　　　　　(d)

图 5.15　一对齿轮传动的转动方向

(a) 外啮合圆柱齿轮;(b) 内啮合圆柱齿轮;(c) 圆锥齿轮;(d) 蜗轮蜗杆

(2) 根据正负号判断。当两轴或齿轮的轴线平行时,可以用正号"+"或负号"−"表示它们的转向相同或相反并直接标注在传动比的公式中。例如,$i_{12} = 10$ 表明轴 1 和轴 2 的传动比大小为 10,且转向相同;$i_{12} = -5$ 表明轴 1 和轴 2 的传动比为 5,但二者转向相反。

2. 轮系的传动比

轮系的传动比是指轮系运动的输入轴(首构件)与输出轴(末构件)的角速度(或转速)之比,轮系的传动比计算包括以下两方面内容:

(1) 计算传动比值的大小。轮系的输入轴转速为 ω_{in}(或 n_{in}),输出轴转速为 ω_{out}(或 n_{out}),则传动比 i_{io} 的表达式为

$$i_{io} = \frac{\omega_{in}}{\omega_{out}} = \frac{n_{in}}{n_{out}} \tag{5.2}$$

(2) 确定轮系中齿轮的转向关系。为了完整地表达输入轴、输出轴之间的传动关系,不仅要确定轮系传动比的数值,并且要确定两轴的相对转动方向。

3. 平面轮系传动比的计算

现以图 5.11(a)所示的平面定轴轮系为例介绍其传动比的计算方法。这种轮系由圆柱齿轮组成,其各轮的轴线相互平行,因此它的传动比有正负之分。由一对齿轮传动机构的转动方向判断可知,首、末轮的转向是否相同,取决于外啮合次数 m。当 m 为奇数时,首、末轮转向相反;m 为偶数时,首、末轮转向相同。故可用 $(-1)^m$ 来标明传动比符号。

该轮系由齿轮对 1—2、2′—3、3′—4 和 4—5 组成,其中 2—2′ 与 3—3′ 分别为同轴齿轮。齿轮 1 为主动轮(首构件),齿轮 5 为从动轮(末构件),则此轮系的传动比为

$$i_{15} = \frac{\omega_1}{\omega_5} = \frac{\omega_1}{\omega_2}\frac{\omega_2}{\omega_3}\frac{\omega_3}{\omega_4}\frac{\omega_4}{\omega_5} = \frac{\omega_1}{\omega_2}\frac{\omega_{2'}}{\omega_3}\frac{\omega_{3'}}{\omega_4}\frac{\omega_4}{\omega_5} = i_{12} \times i_{2'3} \times i_{3'4} \times i_{45}$$

$$= (-1)^3 \frac{z_2}{z_1}\frac{z_3}{z_{2'}}\frac{z_4}{z_{3'}}\frac{z_5}{z_4} = \frac{\text{首轮 1 至末轮 5 之间所有从动齿轮的齿数乘积}}{\text{首轮 1 至末轮 5 之间所有主动齿轮的齿数乘积}} \tag{5.3}$$

由式(5.3)得出推论:任何定轴轮系的输入轴 A 与输出轴 B 的传动比的值,可以通过首轮(1 轮)至末轮(n 轮)之间各对齿轮传动比的连乘积计算,也可以利用轮系中首轮与末轮之间各个齿轮的齿数计算,即为

$$i_{AB} = \frac{\omega_A}{\omega_B} = i_{12} i_{23} \cdots i_{(n-1)n} = \frac{\text{所有各对齿轮的从动轮齿数的乘积}}{\text{所有各对齿轮的主动轮齿数的乘积}} \tag{5.4}$$

轮系传动比的正、负号可以利用外啮合次数确定,也可以通过画箭头的方法来判断。

在图 5.11(a)中,4 轮既是前一级啮合的从动轮,又是后一级啮合的主动轮,故其齿数数值对传动比的大小没影响,但可以改变齿轮的转动方向,且会改变齿轮的排列位置和距离,这种齿轮称为过轮、惰轮或中间轮。计算时勿漏。

例 5.1 在图 5.16 所示的钟表传动示意图中,N 为发条盘,E 为擒纵轮,S、M 及 H 分别为秒针、分针和时针。设 $z_1 = 72$,$z_2 = 12$,$z_3 = 64$,$z_4 = 8$,$z_5 = 60$,$z_6 = 8$,$z_7 = 60$,$z_8 = 6$,$z_9 = 8$,$z_{10} = 24$,$z_{11} = 6$,$z_{12} = 24$,求秒针与分针的传动比 i_{SM} 及分针与时针的传动比 i_{MH}。

解: 由齿轮 6 上带着秒针,齿轮 3 上带着分针,可知秒针到分针的传递路线为 6→5→4→3,故有

$$i_{SM} = (-1)^2 \frac{z_5 \cdot z_3}{z_6 \cdot z_4} = \frac{60 \times 64}{8 \times 8} = 60$$

由齿轮 9 上带着分针,齿轮 12 上带着时针可知,分针到时针的传递路线为 9→10→11→12,故有

$$i_{MH} = (-1)^2 \frac{z_{10} \cdot z_{12}}{z_9 \cdot z_{11}} = \frac{24 \times 24}{8 \times 6} = 12$$

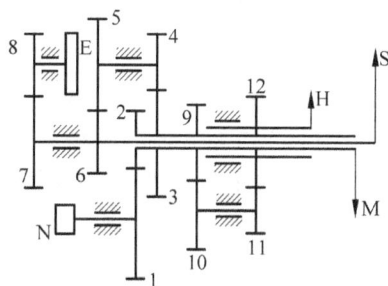

图 5.16 钟表传动示意图

5.2.2 空间定轴轮系的传动比

对于首、末轮轴线平行的空间定轴轮系来说,可用正、负号来表示首、末轮的转动方向是否相同;而首、末轮轴线不平行的空间轮系,不能用相同或相反来描述首、末轮的转向,只能用画箭头的方法来判断。

例 5.2 在图 5.17 所示的空间定轴轮系中,已知 $z_1 = 15$,$z_2 = 25$,$z_{2'} = z_4 = 14$,$z_3 = 24$,$z_{4'} = 20$,$z_5 = 24$,$z_6 = 40$,$z_7 = 2$,$z_8 = 60$,若 $n_1 = 800$ r/min,求传动比 i_{18}、蜗轮 8 的转速和转向。

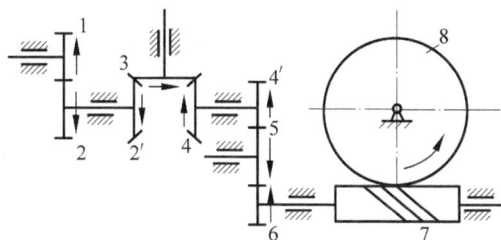

图 5.17 空间定轴轮系

解: $i_{18} = \dfrac{n_1}{n_8} = \dfrac{z_2 z_3 z_4 z_5 z_6 z_8}{z_1 z_{2'} z_3 z_{4'} z_5 z_7} = \dfrac{25 \times 14 \times 40 \times 60}{15 \times 14 \times 20 \times 2} = 100$

$$n_8 = \frac{n_1}{i_{18}} = \frac{800}{100} \text{ r/min} = 8 \text{ r/min}$$

由于齿轮 1 与蜗轮 8 的轴线不平行,故不能用正、负号来描述首、末轮的转向,只能用画箭头的方法来判断。各轮转向如图 5.17 所示。

5.3 周转轮系的传动比

周转轮系与定轴轮系的根本区别在于:周转轮系中行星轮被一个绕定轴转动的系杆 H 支承,使其既自转,同时又随着系杆 H 绕着定轴线公转(图 5.18(a))。因此无法直接利用定轴轮系的传动比计算方法求解周转轮系的传动比。这也是周转轮系传动比计算的难点。

5.3.1 周转轮系的转化轮系

图 5.18(a)所示的周转轮系中齿轮 1、2、3 及系杆 H 的转速分别为 n_1、n_2、n_3 和 n_H,转向分别如图 5.18(a)所示。根据相对运动原理可知,若给整个周转轮系加上一个假想的公共转速 $-n_H$,系杆 H 则变为静止不动的构件。此时,周转轮系就转化成了一个假想的定轴轮系。这个假想的定轴轮系称为周转轮系的转化轮系,如图 5.18(b)所示。转化轮系中各个构件之间的相对运动关系与周转轮系中构件的相对运动关系完全相同。周转轮系转化前后各构件的转速如表 5.1 所示,并且采用具有上标 H 的传动比和转速符号来表示转化轮系中的传动比和转速。

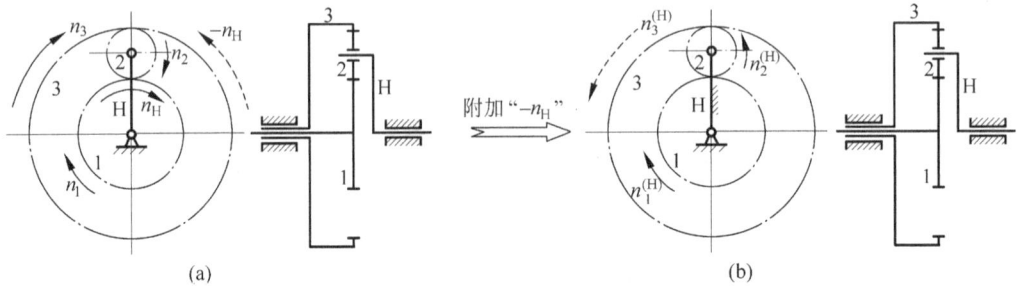

图 5.18 周转轮系转化
(a) 周转轮系;(b) 转化轮系

表 5.1 周转轮系转化前后各构件的转速

构件转速	齿轮 1	齿轮 2	齿轮 3	系杆 H	机架
周转轮系转速	n_1	n_2	n_3	n_H	0
转化轮系转速	$n_1^{(H)}=n_1-n_H$	$n_2^{(H)}=n_2-n_H$	$n_3^{(H)}=n_3-n_H$	$n_H^{(H)}=n_H-n_H=0$	$-n_H$

由表 5.1 可知,周转轮系转化后,转化轮系中系杆 H 的转速 $n_H^{(H)}=0$,说明系杆 H 静止,变成机架,如图 5.18(b)所示,原周转轮系变成定轴轮系(转化轮系)。这样,借助定轴轮系传动比的计算方法,即可求解并确定转化轮系中各个齿轮的转速和转向。

5.3.2　周转轮系的传动比计算

1. 转化轮系的传动比

周转轮系的转化轮系是定轴轮系,因此可按定轴轮系传动比的计算方法求解转化轮系的传动比。在图 5.18(b)所示的转化轮系中,所有齿轮轴线均平行,因此,可以通过首、末轮(中心轮 1 与 3)之间齿轮传动的外啮合次数 $m(m=1)$,确定两个中心轮的转向是相同还是相反。由表 5.1 可以求得图 5.18(b)所示的转化轮系中齿轮 1 至齿轮 3 的传动比 $i_{13}^{(H)}$,即

$$i_{13}^{(H)} = \frac{n_1^{(H)}}{n_3^{(H)}} = \frac{n_1 - n_H}{n_3 - n_H} = (-1)^m \frac{z_2 z_3}{z_1 z_2} = -\frac{z_3}{z_1} \tag{5.5}$$

传动比 $i_{13}^{(H)}$ 为负值,说明转化轮系中首、末轮(齿轮 1 与齿轮 3)的转向相反。

2. 周转轮系的传动比

将式(5.5)推广到一般情形,设齿轮 g 和齿轮 k 是周转轮系中与系杆 H 轴线平行的任意两个齿轮(中心轮),其转速分别为 n_g 和 n_k,则有

$$\begin{aligned} i_{gk}^{(H)} &= \frac{n_g^{(H)}}{n_k^{(H)}} = \frac{n_g - n_H}{n_k - n_H} \\ &= \pm \frac{\text{转化轮系中首轮 g 至末轮 k 之间所有从动轮齿数的乘积}}{\text{转化轮系中首轮 g 至末轮 k 之间所有主动轮齿数的乘积}} \end{aligned} \tag{5.6}$$

由于周转轮系中各齿轮的齿数是已知值,若已知式(5.6)中三个构件(齿轮 g、齿轮 k 和系杆 H)中任意两个的转速,即可求得第三个转速的大小,从而求得周转轮系中任意两个构件之间的传动比。转化轮系中,如果首轮 g 与末轮 k 的轴线平行且转向相同,则式(5.6)的右边取正号,称其为正号机构;如果首轮 g 与末轮 k 的轴线平行且转向相反,则式(5.6)的右边取负号,并称其为负号机构。

关于式(5.6)的有关说明如下:

(1) 式(5.6)只适用于首轮 g、末轮 k 和系杆 H 三者轴线相互平行的场合,即三者在同一平面内或者在相互平行的平面内转动,否则转速不能直接相加或者相减。

(2) 如果行星轮的轴线与系杆 H 的轴线平行,亦可用式(5.6)求解行星轮的转速。式(5.6)同样适用于由圆锥齿轮组成的周转轮系,但两个中心轮 g、k 和行星架 H 的轴线必须相互平行,且其转化机构传动比的正、负号必须用画箭头的方法来确定。

(3) n_g、n_k 和 n_H 均是代数量,将已知转速的数值代入式(5.6)中时,如果规定某一转速的转向为正,则其余两者转向与规定转向相反时,其转速应以负值代入式(5.6)中进行计算。通常逆时针为"+",顺时针为"-";向上的箭头(齿轮可见侧圆周速度的方向)为"+",反之为"-"。

(4) 式(5.6)末尾等号右边的正号或负号不仅表明转化轮系中首轮 g 与末轮 k 之间的转向关系,而且还影响到周转轮系中转速 n_g、n_k、n_H 的计算值和周转轮系传动比的正负号(即齿轮之间的转向关系),因此,计算过程中不能去除式(5.6)末尾等号右边的正号或负号。

例 5.3　设图 5.19 所示轮系中,各个齿轮的齿数分别为 $z_1 = 100$,$z_2 = 101$,$z_{2'} = 100$,$z_3 = 99$,求传动比 i_{1H}。

解:图 5.19 中齿轮 3 固定不动,$n_3 = 0$,齿轮 1 和齿轮 3 的轴线均与系杆 H 的转动轴线

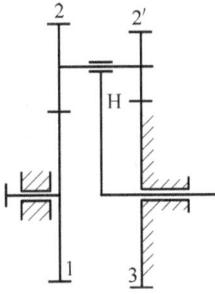

图 5.19　例 5.3 图和
例 5.4 图

平行,运动从齿轮 1 传递至齿轮 3 经历两次外啮合传动,即外啮合传动的次数 $m=2$。利用式(5.6)求解得

$$i_{13}^{(\mathrm{H})} = \frac{n_1^{(\mathrm{H})}}{n_3^{(\mathrm{H})}} = \frac{n_1 - n_\mathrm{H}}{n_3 - n_\mathrm{H}} = \frac{n_1 - n_\mathrm{H}}{0 - n_\mathrm{H}} = 1 - i_{1\mathrm{H}}$$

$$= (-1)^2 \frac{z_2 z_3}{z_1 z_{2'}} = \frac{101 \times 99}{100 \times 100} = \frac{9999}{10^4}$$

即 $i_{1\mathrm{H}} = \dfrac{n_1}{n_\mathrm{H}} = 1 - i_{13}^{(\mathrm{H})} = \dfrac{1}{10000}$。$i_{1\mathrm{H}} > 0$,说明齿轮 1 每转动 1 圈,系杆 H 与齿轮 1 同方向转动 10000 圈。

如果将系杆 H 作为主动件,齿轮 1 作为从动件,则传动比 $i_{\mathrm{H}1} = \dfrac{n_\mathrm{H}}{n_1} = \dfrac{1}{i_{1\mathrm{H}}} = 10000$。该例说明利用轮系可以实现大传动比的运动传递。

例 5.4　图 5.19 所示轮系中,将齿轮 3 的齿数增加 1,由原来的 99 改变成 100,其余齿轮的齿数与例 5.3 相同,即 $z_1 = 100, z_2 = 101, z_{2'} = 100, z_3 = 100$,求传动比 $i_{1\mathrm{H}}$。

解：求解方法与例 5.3 类同,只是以不同的齿数 z_3 代入计算,即 $i_{13}^{(\mathrm{H})} = \dfrac{101 \times 100}{100 \times 100} = \dfrac{101}{100}$,即 $i_{1\mathrm{H}} = \dfrac{n_1}{n_\mathrm{H}} = 1 - i_{13}^{(\mathrm{H})} = -\dfrac{1}{100}$。$i_{1\mathrm{H}} < 0$,说明齿轮 1 每转动 1 圈,系杆 H 与齿轮 1 反方向转动 100 圈。

例 5.3 和例 5.4 说明,行星轮系中输出轴的转向不仅与输入轴的转向有关,而且与轮系中各个齿轮的齿数有关。例 5.4 只是将例 5.3 中的齿轮 3 增加了 1 个齿数,系杆 H 不仅改变了方向,由原来与齿轮 1 同方向旋转改变成与齿轮 1 转向相反,而且转臂(系杆)的转速值也产生了较大变化,与齿轮 1 之间的传动比由 $i_{1\mathrm{H}} = 1/10000$ 变成 $i_{1\mathrm{H}} = -1/100$。这一特点也正是周转轮系与定轴轮系的不同之处。

5.4　复合轮系的传动比

在机械中,常用到由几个基本周转轮系或定轴轮系和周转轮系组合而成的复合轮系。传动比计算时,如果给整个轮系附加一个公共转速 $-n_\mathrm{H}$,虽然可将复合轮系中的周转轮系转化成定轴轮系,但同时也将复合轮系中的定轴轮系转化成了周转轮系,因此求解复合轮系传动比的问题仍然没有得到解决。如果复合轮系由若干个周转轮系组成,并且各个周转轮系中系杆的转速不等,则无法通过给整个复合轮系附加一个公共转速 $-n_\mathrm{H}$ 的方法,将整个轮系转化为定轴轮系。由此可见,计算复合轮系传动比,最重要的问题就是正确地将轮系中的各部分加以划分,划分的方法为:

(1) 将该复合轮系所包含的各个定轴轮系和各个基本周转轮系一一划分出来。

(2) 找出各个基本轮系之间的连接关系。

(3) 分别列出各定轴轮系和周转轮系传动比的计算关系式。

(4) 联立求解这些关系式,从而求出该复合轮系的传动比。

分解轮系的关键在于正确找出各个基本的周转轮系,一般步骤如下:

（1）找行星轮及行星架。即找出轴线位置不固定的齿轮以及支承行星轮运转的构件。注意,行星架可能是由轮系中具有其他功能的构件兼任的。

（2）找中心轮。每一个行星架支承若干个行星轮,直接与行星轮相啮合的定轴齿轮均为中心轮。

（3）确定周转轮系。每一个行星架对应一个基本周转轮系,行星架上的行星轮和与行星轮相啮合的中心轮就组成一个基本周转轮系。与此无关的构件不属于周转轮系部分。

将周转轮系分出来后,剩余部分就是定轴轮系。

例 5.5　图 5.20 所示的复合轮系中,各齿轮齿数分别为 $z_1 = 20, z_2 = 30, z_{2'} = 20, z_3 = 40, z_4 = 45, z_{4'} = 44, z_5 = 81, z_6 = 80$,求 i_{16}。

解：这是一个由定轴轮系和周转轮系组成的复合轮系。

（1）划分基本轮系。

周转轮系：太阳轮 5—行星轮 4—4′—太阳轮 6

　　　　　　　　　　｜

　　　　　　　（行星架 H）

定轴轮系：齿轮 1—齿轮 2—2′—齿轮 3

（2）分别列出各基本轮系传动比的计算方程式。

周转轮系：

$$i_{65}^{(H)} = \frac{n_6^{(H)}}{n_5^{(H)}} = \frac{n_6 - n_H}{0 - n_H} = 1 - \frac{n_6}{n_H} = \frac{z_{4'} z_5}{z_6 z_4} = \frac{44 \times 81}{80 \times 45} = 0.99$$

$$i_{6H} = \frac{n_6}{n_H} = 1 - 0.99 = 0.01$$

图 5.20　复合轮系

定轴轮系：$i_{13} = \dfrac{n_1}{n_3} = \dfrac{z_2 z_3}{z_1 z_{2'}} = \dfrac{30 \times 40}{20 \times 20} = 3$

（3）确定各基本轮系之间的关联条件：$n_H = n_3$

（4）联立求解,计算复合轮系的传动比

$$i_{16} = \frac{n_1}{n_6} = \frac{3 n_3}{0.01 n_H} = 300$$

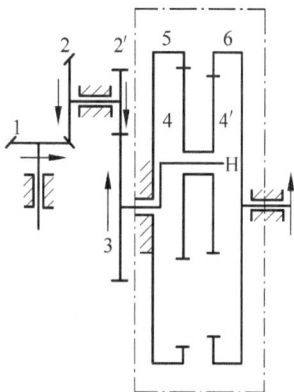

习　题

5.1　题 5.1 图所示的双级蜗轮传动中,已知右旋蜗杆 1 的转向如题 5.1 图所示。试判断蜗轮 2 和蜗轮 3 的转向,用箭头表示。

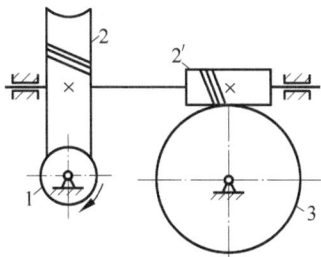

5.2　已知题 5.2 图中各齿轮齿数 $z_1 = 30, z_2 = 48, z_3 = 16, z_4 = 40$。求传动比 i_{14}。

5.3　题 5.3 图所示的轮系中,已知 $z_1 = 24, z_2 = 46, z_{2'} = 23, z_3 = 48, z_4 = 35, z_{4'} = 20, z_5 = 48, O_1$ 为主动轴。试计算轮系的传动比 i_{15},并确定齿轮 5 的转动方向。

5.4　题 5.4 图所示的轮系中,已知蜗杆为双头且右旋,转速 $n_1 = 1440$ r/min,转动方向如题 5.4 图所示,其余

题 5.1 图

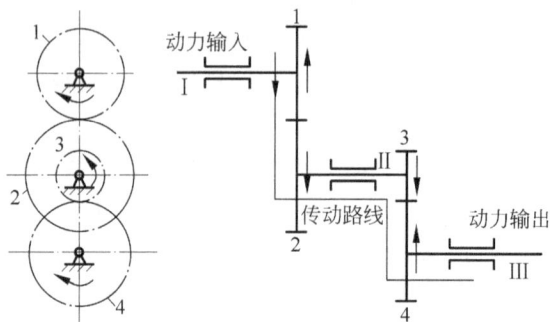

题 5.2 图

各轮齿数分别为 $z_2=60,z_{2'}=30,z_3=72,z_{3'}=20,z_4=25,z_5=20$。试：

(1) 说明轮系属于何种类型；

(2) 计算传动比 i_{15}；

(3) 求出 n_5，并在题 5.4 图上标出各轮转动方向。

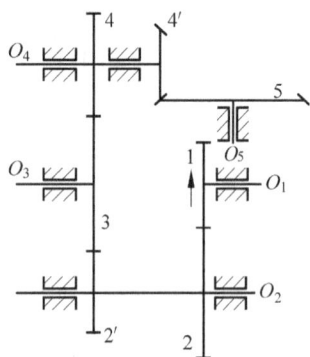

题 5.3 图

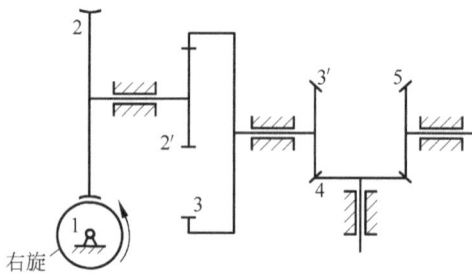

题 5.4 图

5.5　题 5.5 图所示轮系中，齿轮 1 为主动轮，转动方向如题 5.5 图所示。已知：$z_1=20,z_2=30,z_{2'}=20,z_3=50,z_{3'}=20,z_4=40,z_{4'}=20,z_5=80,z_{5'}=2,z_6=50,z_{6'}=20$（该直齿圆柱齿轮的模数 $m=4$ mm），若 $n_1=600$ r/min，求：

(1) 传动比 i_{16}，在题 5.5 图中标出轮系各齿轮的转动方向；

(2) 齿条 7 的线速度 v 的大小(单位：mm/s)和方向。

5.6　题 5.6 图所示为卷扬机传动示意图，悬挂重物 G 的钢丝绳绕在鼓轮上，鼓轮与蜗轮 4 连接在一起。已知各齿轮的齿数，$z_1=20,z_2=60,z_3=2$(右旋)，$z_4=120$，试：

(1) 求传动比 i_{14}；

(2) 说明若重物上升，加在把手上的力应使轮 1 如何转动。

5.7　在题 5.7 图所示的轮系中，已知各轮的齿数 $z_1=63,z_2=35,z_3=32,z_4=60$，系杆 H 的转速 $n_H=1000$ r/min。试求传动比 i_{4H} 和齿轮 4 的转速 n_4，并说明轮 4 与系杆 H 的转向关系。

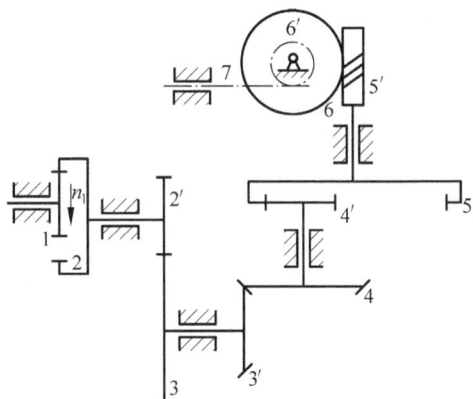

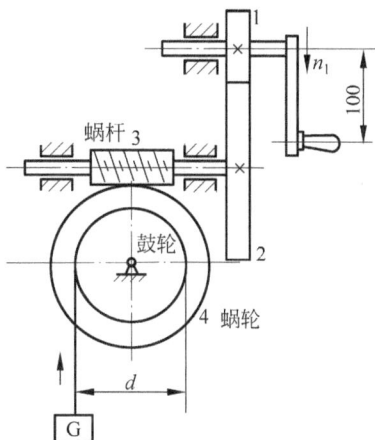

题 5.5 图   题 5.6 图

5.8　在题 5.8 图所示液压回转台的传动机构中,已知 $z_2=15$,液压马达 M 的转速 $n_M=12$ r/min,回转台 H 的转速 $n_H=-1.5$ r/min。求齿轮 1 的齿数(提示:$n_M=n_2-n_H$)。

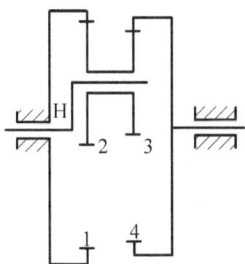

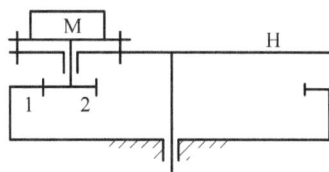

题 5.7 图   题 5.8 图

5.9　在题 5.9 图所示马铃薯挖掘机的机构中,齿轮 4 固定不动,挖叉 A 固连在最外边的齿轮 3 上。挖薯时,十字架 1 回转而挖叉却始终保持一定的方向。各齿数应满足什么条件?

5.10　题 5.9 图所示轮系中,已知各轮齿数 $z_1=36,z_2=60,z_3=23,z_4=49,z_{4'}=69,z_5=31,z_6=131,z_7=91,z_8=36,z_9=167,n_1=3950$ r/min,试求 n_H。

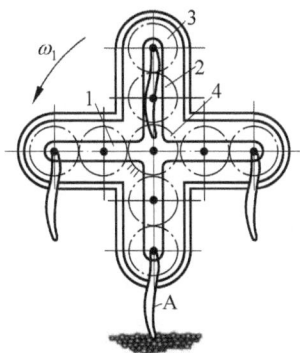

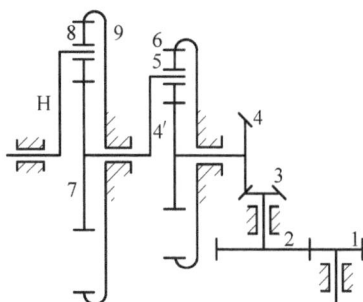

题 5.9 图   题 5.10 图

＊ 实践拓展练习

5.11　生活中还有哪些轮系的运用？都属于什么类型？

5.12　有的轮系中，其中一个转速的轻微变化会引起输出运动的改变，实现这种放大效益的基本原理是什么？

第6章　间歇运动机构

主动件连续转动或连续往复运动时,从动件做周期性时动、时停运动的机构称为间歇运动机构。间歇运动机构广泛应用于电子机械、复杂的轻工机械以及自动生产线中,实现转位、步进和计数等功能。其主要类型有棘轮机构、槽轮机构、不完全齿轮机构等,本章将对这些机构的工作原理、运动特点及应用分别进行简要介绍。

6.1　棘　轮　机　构

6.1.1　棘轮机构的组成及工作原理

棘轮机构的典型结构如图6.1所示,棘轮4固连在传动轴3上,其轮齿分布在轮的外缘(也可分布于内缘或端面),主动摇杆1空套在轴3上。当主动件1逆时针方向摆动时,与它相连的驱动棘爪2便借助弹簧或自重的作用插入棘轮的齿槽内,使棘轮随其转过一定角度,此时止回棘爪5在棘轮的齿背上滑过。当主动件1顺时针方向摆动时,驱动棘爪2便在棘轮齿背上滑过,而止回棘爪5则在弹簧片6的作用下插入棘轮的齿槽,阻止其顺时针转动,故棘轮静止。当主动摇杆1连续往复摆动时,棘轮便得到单向的间歇运动。通常,主动摇杆的往复摆动可由曲柄摇杆机构获得。

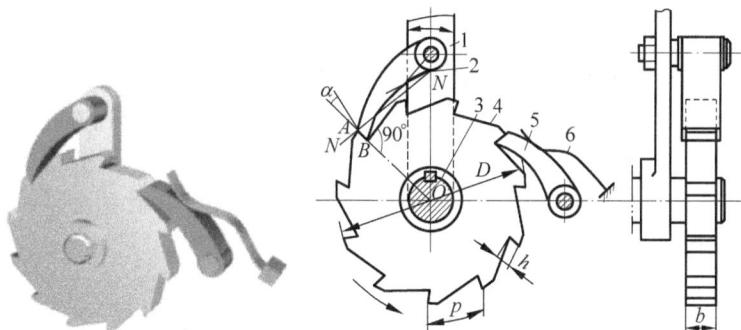

图 6.1　棘轮机构

6.1.2　棘轮机构的类型及应用

按照实现棘轮驱动力的方式,可以将棘轮机构分为两大类:依靠轮齿啮合力驱动的棘轮机构(即轮齿式棘轮机构)和依靠摩擦力驱动的棘轮机构(即摩擦式棘轮机构)。

1. 轮齿式棘轮机构

轮齿式棘轮机构通过棘爪驱动棘轮上的棘齿(或通过棘轮上的棘齿驱动棘爪),将主动件的运动传递给从动件。轮齿式棘轮机构按啮合方式分为外啮合棘轮机构、内啮合棘轮机构和棘条机构。

图 6.2(a)所示为外啮合棘轮机构,棘轮为外棘轮;图 6.2(b)所示为内啮合棘轮机构,棘轮为内棘轮;如果棘轮的半径趋于无穷大,则棘轮转变成棘齿条,主动摇杆 1 连续往复摆动,带动棘爪推动棘齿条实现单向间歇移动,如图 6.2(c)所示。

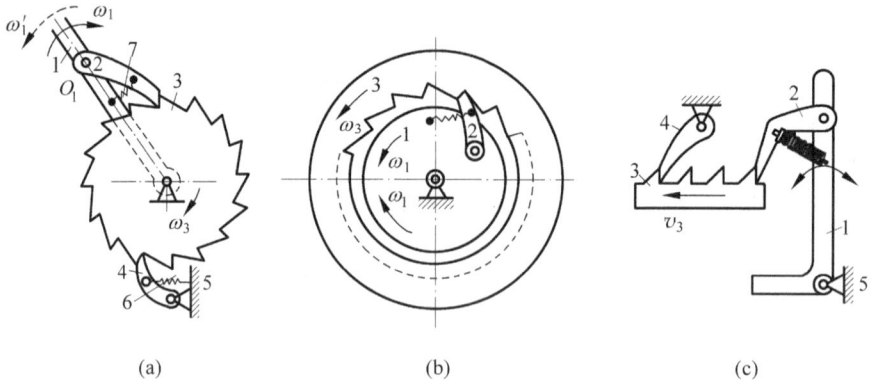

　　　　　(a)　　　　　　　　　　　(b)　　　　　　　　　　　(c)

1—摇杆;2—棘爪;3—棘轮;　　　1—摆轴;2—棘爪;3—棘轮。　　　1—摇杆;2—棘爪;3—棘条;
4—止回爪;5—机架;6、7—弹簧。　　　　　　　　　　　　　　　　4—止回爪;5—机架。

图 6.2　轮齿式棘轮机构

(a) 外啮合棘轮机构;(b) 内啮合棘轮机构;(c) 棘条机构

　　轮齿式棘轮机构按运动形式分为单向间歇转动棘轮机构、单向间歇移动棘轮机构、双动式棘轮机构和双向式棘轮机构。

　　图 6.2(a)、(b)所示棘轮机构中的棘轮 3 均做单向间歇转动。图 6.2(c)所示棘条机构中的棘条做单向间歇移动。图 6.3 所示为双动式棘轮机构,棘爪 3 是双头,实现棘轮双动,棘爪的结构有直推式(图 6.3(a))和钩头式(图 6.3(b))。图 6.4 所示的双向式棘轮机构把棘轮的齿形设计加工成矩形齿,棘爪位置可调节,从而实现双向的间歇运动,调节方式有翻转式(图 6.4(a))和提转式(图 6.4(b))。提转式双向棘轮机构常应用在牛头刨床工作台的横向进给装置中,通过改变曲柄长度的大小调节横向进给量。当棘爪 7 处在图 6.4(b)所示状态时,棘轮 5 沿逆时针方向做间歇进给;若将棘爪 7 拔出,并绕本身轴线转 180°后再放下,由于棘爪工作面的改变,棘轮将改为沿顺时针方向间歇进给。

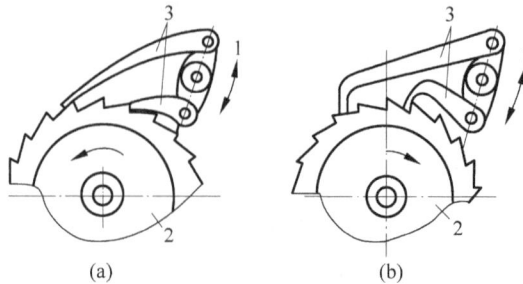

　　　　　　　(a)　　　　　　　　　　　　　(b)

1—摇杆;2—棘轮;3—棘爪。

图 6.3　双动式棘轮机构

(a) 直推式;(b) 钩头式

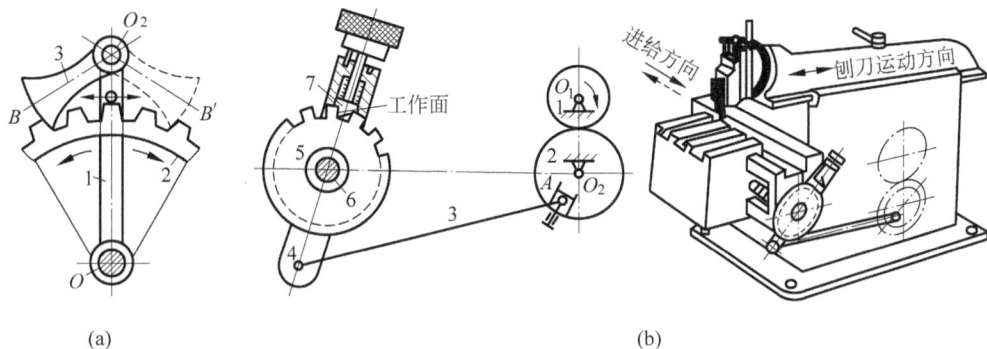

1—摇杆；2—棘轮；3—棘爪　　　　　　　　1、2—齿轮；3—连杆；4—摇杆；5—棘轮；6—轴；7—棘爪

图 6.4　双向式棘轮机构

(a) 翻转式；(b) 提转式(牛头刨床工作台的横向进给机构)

除了间歇运动外,棘轮机构还能实现超越运动。图 6.5 所示为自行车后轮轴上的棘轮机构。当脚蹬踏板时,经链轮 1 和链条 2 带动内圈具有棘轮的链轮 3 顺时针转动,再通过棘爪 4 的作用,使后轮 5 顺时针转动,从而驱使自行车前进。自行车前进时,如果令踏板不动,后轮 5 便会超越链轮 3 而转动,让棘爪 4 在棘轮齿背上滑过,从而实现不蹬踏板的自由滑行。

轮齿式棘轮机构具有下述特点:

(1) 结构简单、运动可靠。轮齿式棘轮机构常用作防止转动件反转的附加保险机构,广泛用于卷扬机、起重机以及运输和牵引设备中。在图 6.6 所示的起重止动器中,起吊重物的圆盘随原动件棘轮一同转动。逆时针转动时,向上提起重物,此时棘爪在棘轮齿背上滑过。将重物提升到预定位置后,棘爪起止动作用,防止圆盘(棘轮)在重物的重力作用下顺时针反转。

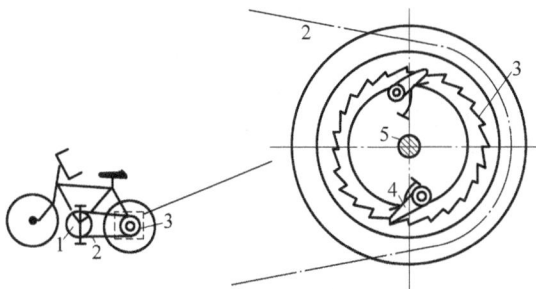

图 6.5　超越式棘轮机构　　　　　　　　图 6.6　起重机中的棘轮止动器

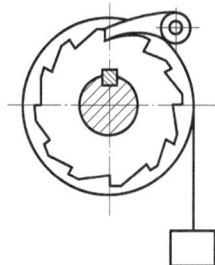

(2) 不能无级调节。棘轮运动的动程可以在比较大的范围内调节,但只能实现有级调节。棘轮运动时转过的角度(动程)虽然可大可小,但一定是相邻两齿间圆心角的倍数,不能无级调节。图 6.7 所示为电钟的棘轮机构,电子线路每秒钟准时地给电磁铁一个电脉冲,摇杆在电磁铁的吸引下向右摆动,其上棘爪推动棘轮每转过一齿,固定在棘轮上的秒针走过 1 s。当电磁铁断电后,在弹簧的作用下,摇杆向左摆回,碰到挡铁为止,棘爪空回。该棘轮再通过轮系带动分针和时针。

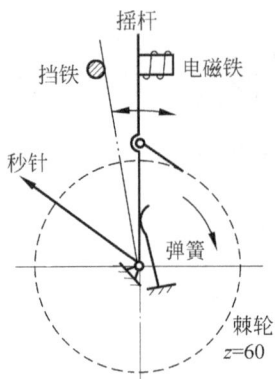

图 6.7　电钟的棘轮机构

（3）动停时间比可调。选择合适的驱动机构，可以调节棘轮机构的动停时间比，该特点常用于机构工作情况经常改变的场合。

（4）存在刚性冲击。棘爪在棘轮齿背上滑动的过程中，会产生比较大的噪声，棘轮在动棘爪的突然撞击下起动，理论上在接触瞬间产生刚性冲击。另外，棘齿容易磨损，故棘轮机构常用于速度较低和载荷不大的场合，且运动精度较差。

2. 摩擦式棘轮机构

摩擦式棘轮机构，通过棘爪与棘轮之间的摩擦力，将主动件的运动传递给从动件。图 6.8(a)所示为外接摩擦式棘轮机构，图 6.8(b)所示为内接摩擦式棘轮机构。当摇杆(摆轴)1 带动滚子 2 逆时针方向转动时，由于摩擦力的作用，滚子 2 楔紧在构件 1、3 的狭隙处，从而带动构件 3 一起逆时针方向转动；当摇杆(摆轴)1 带动滚子 2 顺时针方向转动时，滚子 2 松开，构件 3 静止不动。

图 6.8(c)所示为滚子内接摩擦式棘轮机构，由星轮 1、套筒 2、弹簧顶杆 3 及滚子 4 等组成。若星轮 1 为主动件，当其逆时针回转时，滚子 4 借助摩擦力而滚向楔形空隙的小端，并将套筒 2 楔紧星轮 1，使其随星轮一同回转；而当星轮顺时针回转时，滚子滚到空隙的大端，将套筒 2 松开，这时套筒静止不动。此种机构可用作单向离合器和超越离合器。单向离合器是指当主动件向某一方向转动时，主、从动件结合；而当主动件向反向转动时，主、从动件分离。而所谓超越离合器，是指当主动星轮 1 逆时针转动时，如果套筒 2 逆时针转动的速度更高，两者便自动分离，套筒 2 可以以较高的速度自由转动。

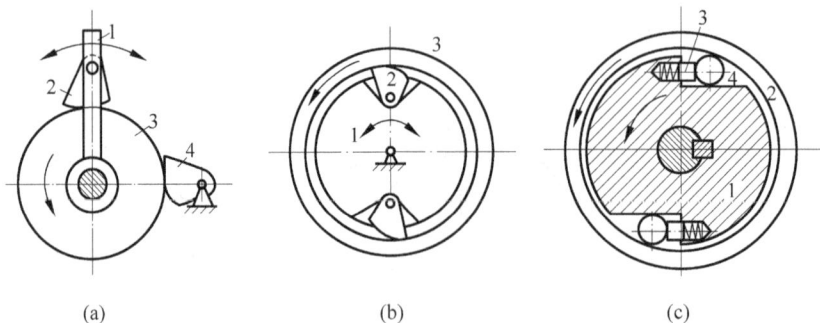

图 6.8　摩擦式棘轮机构
(a) 外接式；(b) 内接式；(c) 滚子内接式

摩擦式棘轮机构通过摩擦力传递运动，传动平稳、无噪声，棘轮与棘爪配合表面选用合适的材料，可以增大两者接触面之间的摩擦力，由此增大机构传递力矩的能力。由于棘轮与棘爪之间靠摩擦力传递运动，因此棘轮的动程能够实现无级调节，即棘轮运动时转过的角度可以根据需要任意调节。当机构传递的载荷超过允许值时，棘爪与棘轮之间会出现打滑现象，起到过载保护作用，但同时也降低了机构的传动精度。鉴于摩擦式棘轮机构的这些特点，常将其应用于低速轻载的间歇运动场合中。

6.2　槽　轮　机　构

6.2.1　槽轮机构的组成及工作原理

　　槽轮机构又称马尔他机构。图 6.9 所示为外啮合槽轮机构,它是由具有圆销 A 的主动拨盘 1、具有径向槽的从动槽轮 2 和机架组成的。主动拨盘 1 逆时针以 ω_1 做等速连续转动,当圆销 A 进入径向槽时,拨盘 1 的外凸锁止弧 α 和槽轮 2 的内凹锁止弧 β 脱开,槽轮 2 在圆销 A 的驱动下顺时针转动;当圆销 A 脱离径向槽时,槽轮 2 又被另一锁止弧锁住而静止,从而实现从动槽轮的单向间歇转动。图 6.10 所示为内啮合槽轮机构,带圆柱销的拨盘在槽轮的内部,其工作原理同外啮合槽轮机构。内啮合槽轮机构的槽轮转动方向与拨盘转动方向相同。

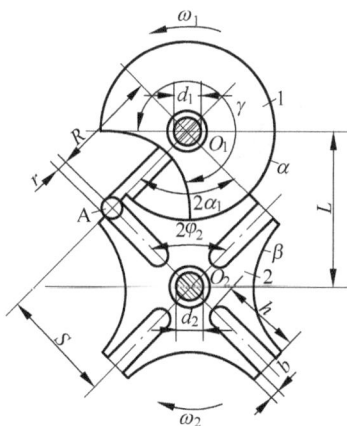

图 6.9

图 6.9　外啮合槽轮机构　　　　　　　　　图 6.10　内啮合槽轮机构

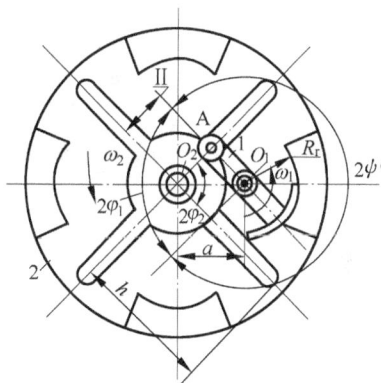

6.2.2　槽轮机构的类型及应用

1. 槽轮机构的类型

　　槽轮机构主要分为普通型和特殊型两大类,又可按照传递的运动分为传递平行轴运动的平面槽轮机构和传递相交轴运动的空间槽轮机构两大类。普通型槽轮机构分为外啮合式的外槽轮机构(图 6.9)、内啮合式的内槽轮机构(图 6.10)以及槽条机构(图 6.11)。外槽轮机构的主、从动轮转向相反;内槽轮机构的主、从动轮转向相同;槽条机构可以实现把连续转动转换为间歇移动。与外槽轮机构相比,内槽轮机构传动较平稳、停歇时间短、所占空间小。特殊型槽轮机构有不等臂多销槽轮机构(图 6.12)、曲线式槽轮机构(图 6.13)、球面槽轮机构(图 6.14)和偏置式槽轮机构(图 6.15)等。

2. 槽轮机构的特点及应用

　　槽轮机构的特点可以概括为以下 4 个方面:

　　(1) 结构简单、制造方便,工作可靠,能准确地控制槽轮运动所需的转角,因此机械效率高。

图 6.11　槽条机构

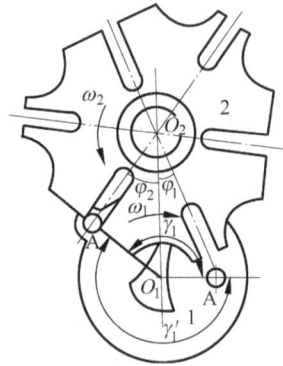

图 6.12　不等臂多销槽轮机构

(a)　　　　　　　　　　　　　　　　(b)

图 6.13　曲线式槽轮机构

(a) 曲线式外槽轮机构；(b) 曲线式内槽轮机构

图 6.14　球面槽轮机构

(a)　　　　　　　　　　　　(b)

图 6.15　偏置式槽轮机构

(a) 偏置式外槽轮机构；(b) 偏置式内槽轮机构

　　(2) 槽轮机构中的原动件拨盘与从动件槽轮的主从关系不能互换,即其输出运动的构件只能是槽轮。

　　(3) 机构设计完毕后,槽轮(或者槽齿条)运动时的转角(或者位移)就是确定的,机构间歇运动的动程无法调节,转角不可太小。

　　(4) 槽轮运动过程中,速度变化比较大,会产生较大的角加速度,引起较大的惯性力或者惯性力矩,有冲击,从而导致机构运行过程中的动力性能差,且该问题随着转速的增加或槽轮槽数的减少而加剧,因而槽轮机构不适用于高速的场合。

在自动化机械、轻工机械、仪器仪表中,常将槽轮机构作为中速间歇进给运动机构、转位机构或分度机构等。图 6.16(a)所示为电影放映机卷片机构,当槽轮 2 间歇运动时,胶片上的画面依次在方框中停留,通过视觉暂留而获得连续的场景。图 6.16(b)所示的纺织机械卷取机构中采用了双动式棘轮机构,棘爪 4 和棘爪 5 轮流驱动棘轮 6 顺时针间歇转动,最终将织好的布规律地卷到卷布辊 13 上。图 6.16(c)为六角车床转塔刀架的槽轮机构。

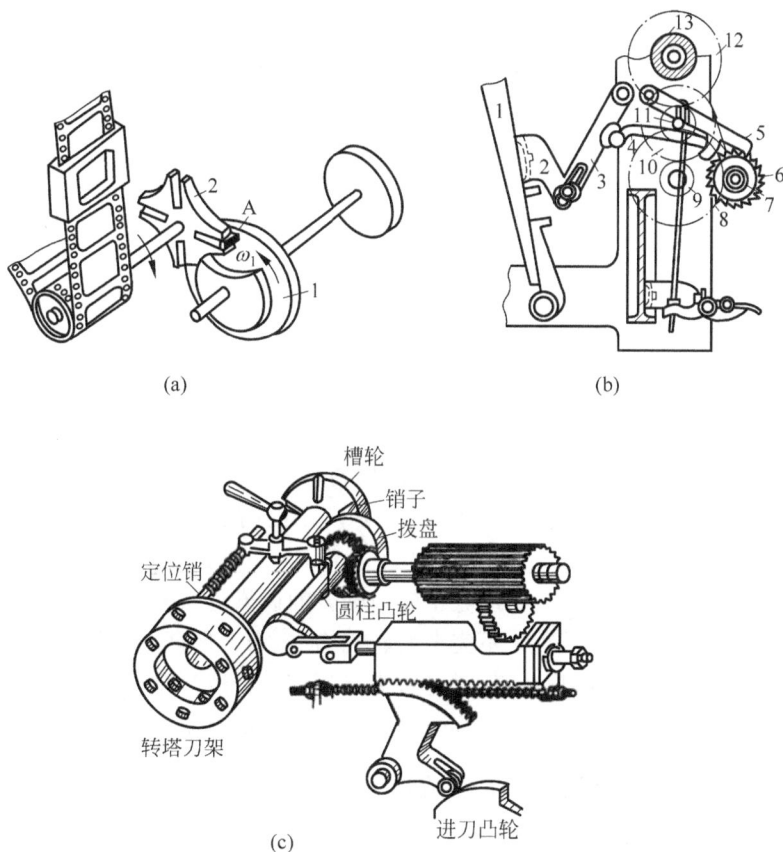

(a)　　　　　　　　　　　　　　　　(b)

图 6.16　槽轮机构应用示例

(a)电影放映机卷片机构;(b)纺织机械卷取机构;(c)六角车床转塔刀架

6.3　不完全齿轮机构

6.3.1　不完全齿轮机构的组成及工作原理

不完全齿轮机构是由一般的渐开线齿轮机构演变而得的一种间歇运动机构。不同之处在于不完全齿轮机构的轮齿没有布满整个圆周,即在主动轮上只做出一部分轮齿,并根据运动时间与停歇时间的要求,在从动轮上做出与主动轮轮齿相啮合的轮齿。当主动轮做连续回转运动时,从动轮做间歇回转运动。在从动轮停歇期内,两轮轮缘各有锁止弧起定位作用,以防止从动轮的游动。图 6.17 所示为不完全齿轮机构的基本形式。其中,齿轮 1 是机构中的主动轮,其上只有一个或若干个轮齿,其余部分为外凸锁止圆弧,从动轮 2 上,与主动轮轮齿啮合的齿槽以及厚齿锁止弧相间分布,从动轮 2 在一个运动循环中的齿槽数目等于主动轮 1 上的轮齿数目。不完全齿轮机构中的从动轮也可以是普通的完全齿轮(图 6.18)。

图 6.17(a)

图 6.17(b)

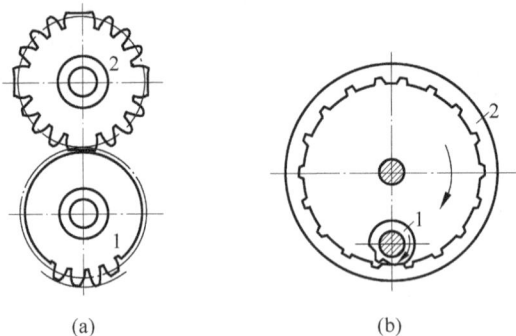

图 6.17　不完全齿轮机构

(a) 外啮合；(b) 内啮合

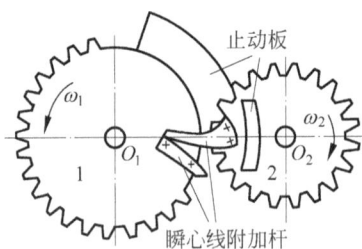

图 6.18　改进型的不完全齿轮机构

在图 6.17(a)所示的外啮合不完全齿轮机构中,主动轮上有 4 个轮齿,从动轮上有 4 段轮齿和 4 个内凹圆弧相间布置,每段轮齿上有 4 个齿槽与主动轮齿相啮合,当主动轮转动一周时,从动轮转动角度 $\alpha = \pi/2$；而在图 6.17(b)所示的内啮合不完全齿轮机构中,主动轮 1 只有 1 个轮齿,在一个运动循环中,从动轮 2 上与主动轮 1 轮齿啮合的齿槽也只有 1 个。值得注意的是,在不完全齿轮机构中,为了保证主动轮的首齿能顺利地进入啮合状态而不与从动轮的齿顶相碰,需将首齿齿顶高进行适当削减。同时,为了保证从动轮停歇在预定位置,主动轮的末齿齿顶高也需要进行适当的修正(图 6.17(a))。

6.3.2　不完全齿轮机构的特点及应用

1. 不完全齿轮机构的特点

不完全齿轮机构的特点可以概括为以下 5 个方面:

(1) 从动轮的运动角度(动程)范围比较大。在不完全齿轮机构中,从动轮的动程取决于主动轮上轮齿的数目。主动轮上轮齿数目越多,从动轮的运动角度(动程)越大。故不完全齿轮机构中,从动轮的动程可以根据需要确定。

(2) 容易实现一个周期中多次动、停时间不等的间歇运动。如果主动轮轮缘的不同部位分布不同数目的轮齿,则在主动轮转动一周的过程中,从动轮可以实现不同动程的运动。

(3) 从动轮在动程起始及终止时会产生刚性冲击。在不完全齿轮机构中,主动轮进入或者退出啮合时,即在从动轮动程起始和终止的瞬间,从动轮的运行速度由零突变至一定值(动程起始时),或者由一定值突变为零(动程终止时),产生比较大的加速度,引起刚性冲击。故不完全齿轮机构一般只适用于低速、轻载的场合。图 6.18 是改进型的不完全齿轮机构,其中,主动轮 1 是不完全齿轮,从动轮 2 是普通完全齿轮,两个齿轮上安装的止动板的用途是确保从动轮 2 在动程结束后能够静止不动。另外,主动轮 1 和从动轮 2 上还分别安装了瞬心附加杆,由此保证从动轮 2 的运行速度变化平稳,以减小冲击,改善从动轮的动力性能。

这种改进型的不完全齿轮机构能够适应高速运转的要求。

（4）主动轮与从动轮不能互换。不完全齿轮机构的结构特征决定了机构中的主动轮与从动轮不能够互换。若将图 6.17 中的从动轮 2 作为主动轮，将无法驱动不完全齿轮 1 转动。

（5）加工复杂。不完全齿轮上含有锁止弧，无法利用齿轮加工机床直接加工。不完全齿轮的加工、制造比较复杂。

2. 不完全齿轮机构的应用

不完全齿轮机构在计数器，电影放映机，多工位、多工序的自动机械或者生产线中应用比较广泛，机械中工作台的间歇转位机构和进给机构中也常采用不完全齿轮机构。

图 6.19 所示为蜂窝煤饼压制机的工作台间歇转动的传动图。工作台 7 用 5 个工位来完成煤粉的填装、压制、退煤等动作，因此工作台需间歇转动，每次转动 1/5 转。为了满足这一运动要求，在工作台上装有一大齿圈，用中间齿轮 6 来传动，而主动轮 3 为不完全齿轮，它与齿轮 6 组成不完全齿轮机构。当齿轮 3 连续转动时，可以使工作台 7 得到预期的间歇转动。又为了减轻工作台间歇起动时的冲击，在不完全齿轮 3 和齿轮 6 上加装一对瞬心线附加杆 4 和 5。同时还分别装设了凸形和凹形圆弧板，以便起到锁止弧的作用。

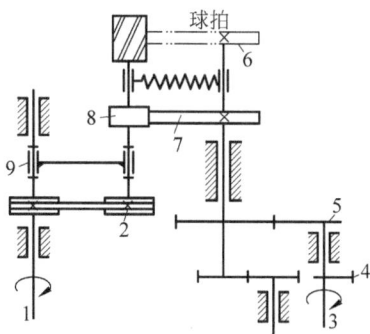

图 6.20 所示为不完全齿轮机构在铣削乒乓球拍周缘的专用靠模铣床中的应用。加工时，主动轴 1 带动铣刀轴 2 转动，1、2 之间的中心距由连杆 9 固定。另一个主动轴 3 上的不完全齿轮 4 和 5 分别使工件轴得到正、反两个方向的回转。当工件轴转动时，在靠模凸轮 7 和弹簧的作用下，铣刀轴上的滚轮 8 紧靠在靠模凸轮 7 上，以保证加工出工件 6（乒乓球拍）的周缘。

除了上面介绍的棘轮机构、槽轮机构、不完全齿轮机构外，其他常用间歇机构还有擒纵机构、星轮机构、非圆齿轮机构、螺旋机构、组合机构等，可查阅有关参考资料。

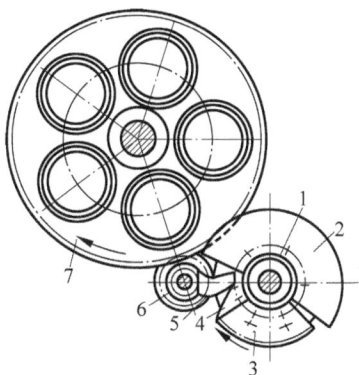

图 6.19　蜂窝煤饼压制机的工作台　　　　图 6.20　铣削乒乓球拍周缘的专用靠模铣床

习　　题

6.1　棘轮机构的工作原理及运动特点是什么？

6.2　当电钟电压不足时，为什么步进式电钟的秒针只在原地振荡，而不能做整周回转？

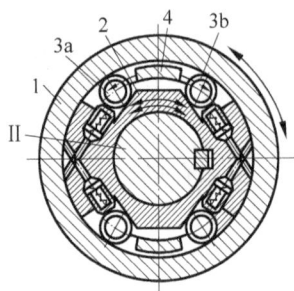

题 6.3 图

6.3　题 6.3 图所示为一双向超越离合器,当其外套筒 1正、反转时,均可带动星轮 2 随之正、反转。试问,当拨爪 4 以更高的速度正、反转时,星轮 2 将做何运动?

6.4　为什么不完全齿轮机构主动轮首、末两轮齿的齿高一般需要削减?加上瞬心线附加杆后,是否仍需削减?为什么?

6.5　本章介绍的棘轮机构、槽轮机构及不完全齿轮机构均能使执行构件获得间歇运动,试从各自的工作特点、运动及动力性能分析它们各自的适用场合。

＊ 实践拓展练习

6.6　自动挡汽车在驻车时要将挡位放在 P 挡。此时变速器内的锁销在下压装置的作用下扣住驻车齿轮。驻车齿轮与车轴固连,被扣住后便不能转动,从而实现驻车功能,其结构如题 6.6 图所示。请分析此机构与棘轮机构有何相似之处?

6.7　从你的生活及环境中,找出 3 种以上不同类型间歇运动机构的应用实例,可以用相机拍摄或手绘图纸,并说明各个间歇运动机构在应用实例中的工作原理、运动特点及其作用。

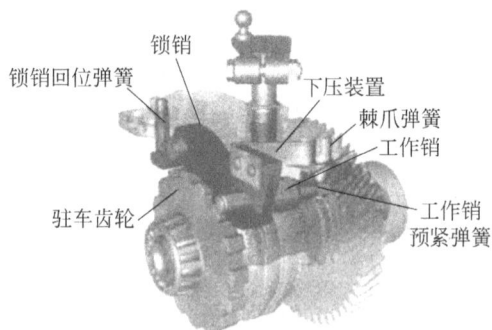

题 6.6 图

第7章 平面机构的力分析

7.1 机构力分析的目的和方法

1. 作用在机械上的力

机械在工作时,需要完成有用的机械功或转换机械能,故伴随着机构运动必然发生力的传递,每个构件均受到力的作用。作用在机构构件上的力可概括为以下几种。

1)驱动力

驱使机械产生运动的力统称为驱动力。由外部施加给机械的原动力都是驱动力,这些力所做的功为正值,称为输入功。

2)阻力

阻碍机构运动的力称为阻力。阻力又可分为有效阻力和有害阻力。

有效阻力又称为工作阻力,这是与生产工作直接相关的阻力,其所做的功称为有效功或输出功,如起重机的荷重、机床中工件作用于刀具的切削阻力等。

有害阻力是阻力中除有效阻力外的无效部分,其所做的功对生产不但无用而且有害,如齿轮机构中的摩擦力等。

3)运动副反力

运动副反力是构件与构件之间通过运动副相互作用的力。对整个机械来讲,运动副反力为内力,但对单一构件来讲,运动副反力为外力。如果不考虑运动副中的摩擦,则在运动过程中运动副反力对机械所做的功为零。进行力分析时运动副反力可分解为沿运动副两元素接触处的法向和切向的两个分力。法向反力又称正压力,因它和运动副两元素的相对运动方向垂直,其所做的功为零;切向反力即运动副中的摩擦力,它阻碍运动,做负功。

4)重力

作用在构件质心上的地球引力称为重力。机械运动过程中,当构件质心下降时重力做正功,反之,做负功。由于质心在一个运动循环后回到原位,所以重力在一个运动循环中所做的功为零。在很多情况下,重力比其他力小得多,可忽略不计。

5)惯性力

惯性力是一种由构件加速度所引起的虚拟力。按达朗贝尔原理,在变速运动的机构上加上惯性力后,可以认为该机构处于静力状态,这样,可用静力学方法对动态的机构作力分析,即所谓机构的动态静力分析。

在以上的诸力中,驱动力、工作阻力、重力对机构和构件来说均为外力。

2. 机构力分析的目的和方法

机构力分析有两个目的:

(1)确定运动副反力。设计机械时,一般要对零件的强度进行计算,因此要先计算各运动副反力;在估算机械效率和研究运动副中磨损、润滑等问题时,必须知道运动副反力的大小和性质。

（2）确定机构需加的平衡力或平衡力矩。平衡力（或力矩）是指为了使机械在已知外力作用下，主动件按预定规律运动时所需外加的未知力（或力矩）。在设计或改进机械时，为了充分挖掘机械的生产潜力，如根据机械的生产负荷确定所需的最小功率，或根据原动机的功率确定能克服的最大阻力，以及为了研究机械的调速、平衡等问题，都需要确定平衡力（或力矩）。

机构在工作时，机构中许多构件的速度是不断变化的，即这些构件不是力的平衡体。根据达朗贝尔原理，假想这些构件上作用有惯性力，则在动载荷惯性力和所有其他外力作用下，机构和构件可以认为是处于平衡状态，因此可以用静力学的方法进行计算，这种动力计算方法称为动态静力法。这样的机构力分析称为机构的动力分析。但对构件质量不大的低速机械进行机构力分析时可忽略惯性力。这样的机构力分析称为机构的静力分析。

在进行机构的动力计算时，若要计入构件的惯性力，必须先知道机构的运动规律。但在机构的驱动力或工作阻力没有确定前，要给出机构的真实的运动规律比较困难，为此，一般假定原动件按机构的名义转速运动，进行机构运动分析，求出各构件的角加速度和质心加速度，以此来计算各构件的惯性力和惯性力矩。

7.2 构件惯性力的确定

构件惯性力的确定有如下两种方法。

1. 一般力学方法

在机械运动过程中，其各构件产生的惯性力，不仅与各构件的质量 m_i、绕过质心轴的转动惯量 J_{S_i}、质心 S_i 的加速度 a_{S_i} 以及构件的角加速度 ε 等有关，且与构件的运动形式有关。现以图 7.1(a)所示的曲柄滑块机构为例，来说明各构件惯性力的确定方法。

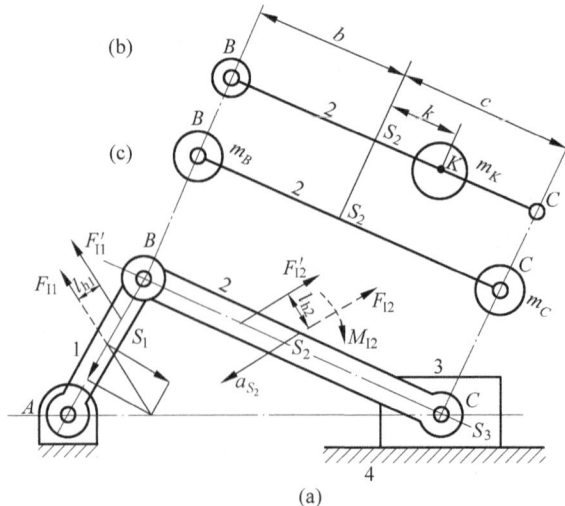

图 7.1 构件惯性力的确定方法

（1）做平面复合运动的构件。对于做平面复合运动且具有平行于运动平面的对称面的构件(如连杆 BC),其惯性力系可简化为一个加在质心 S_2 上的惯性力 $\boldsymbol{F}_{I2}$ 和一个惯性力偶矩 $\boldsymbol{M}_{I2}$,即

$$F_{I2} = -m_2 a_{S_2}, \quad M_{I2} = -J_{S_2}\varepsilon_2 \tag{7.1}$$

也可将其进一步简化为一个大小等于 F_{I2},而作用线偏离质心 S_2 一距离 l_{h2} 的总惯性力 $\boldsymbol{F}'_{I2}$,其中 l_{h2} 为

$$l_{h2} = M_{I2}/F_{I2} \tag{7.2}$$

$\boldsymbol{F}'_{I2}$ 对质心 S_2 的力矩方向应与 ε_2 的方向相反。

(2) 做平面移动的构件。如滑块 3,当其做变速移动时,仅有一个加在质心 S_3 上的惯性力 $F_{I3} = -m_3 a_{S_3}$。

(3) 绕定轴转动的构件。如曲柄 1,若其轴线不通过质心,当构件做变速转动时,其上作用的惯性力 $F_{I1} = -m_1 a_{S_1}$ 及惯性力偶矩 $M_{I1} = -J_{S_1}\varepsilon_1$。这时,同样可用一个总惯性力 $\boldsymbol{F}'_{I1}$ 代替 $\boldsymbol{F}_{I1}$ 和 $\boldsymbol{M}_{I1}$,其中 $\boldsymbol{F}'_{I1}$ 的作用线偏离质心 S_1 的距离 $l_{h1} = M_{I1}/F_{I1}$。如果回转轴线通过构件质心,则只有惯性力偶矩 $M_{I1} = -J_{S_1}\varepsilon_1$。

2. 质量代换法

用一般力学方法确定构件的惯性力时,需要求出构件的质心加速度 a_{S_i} 及角加速度 ε_i,在对机构一系列位置进行力分析时,该过程相当烦琐。为了简化构件的惯性力的确定,可以设想把构件的质量,按一定条件用集中于构件上某几个选定点的假想集中质量来代替,这样便只需求各集中质量的惯性力,而无需求惯性力偶矩,从而使构件惯性力的确定得到简化。这种方法称为质量代换法。设想的集中质量称为代换质量,代换质量所在的位置称为代换点。为使构件在质量代换前后,构件的惯性力和惯性力偶矩保持不变,应满足下列三个条件:

(1) 代换前后构件的质量不变。

(2) 代换前后构件的质心位置不变。

(3) 代换前后构件对质心轴的转动惯量不变。

根据上述三个代换条件,若对连杆 BC 的分布质量用集中在 B、K 两点的集中质量 m_B 和 m_K 来代换(图 7.1(b)中 B、S_2、K 三点位于同一直线上),则有

$$\begin{cases} m_B + m_K = m_2 \\ m_B b = m_k k \\ m_B b^2 + m_K k^2 = J_{S_2} \end{cases} \tag{7.3}$$

在式(7.3)中有四个未知量(b、k、m_B、m_K)、三个方程,故有一个未知量可任选。在工程上一般先选定代换点 B 的位置(即选定 b),其余三个未知量可由下式求出:

$$\begin{cases} k = J_{S_2}/(m_2 b) \\ m_B = m_2 k/(b+k) \\ m_K = m_2 b/(b+k) \end{cases} \tag{7.4}$$

这种同时满足上述三个代换条件的质量代换称为动代换,其优点是在代换后,构件的惯性力和惯性力偶矩都不会发生改变。但其代换点 K 的位置不能随意选择,给工程计算带来不便。

为了便于计算,工程上常采用只满足前两个代换条件的静代换。这时仍有四个未知量,

但只有两个方程,故两个代换点的位置均可任选(图7.1(c)),即可同时选定 b、c,则有

$$\begin{cases} m_B = m_2 c/(b+c) \\ m_C = m_2 b/(b+c) \end{cases} \tag{7.5}$$

因静代换不满足代换的第三个条件,故在代换后,构件的惯性力偶矩会产生一定的误差,但此误差能为一般工程计算所接受。因静代换方法使用简便,工程上更常采用这种代换方法。

7.3　运动副中的摩擦

7.3.1　移动副中的摩擦

如图7.2(a)所示,滑块1与水平平台2构成移动副。G 为作用在滑块1上的铅垂载荷,F_{N21} 为平台2作用在滑块1上的法向反力。设滑块1在水平力 F 的作用下等速向右移动,滑块1将受到平台作用的摩擦力 F_{f21}。

$$F_{f21} = f F_{N21} \tag{7.6}$$

其方向与滑块1相对平台2的相对速度 v_{12} 的方向相反。式(7.6)中 f 为摩擦系数。

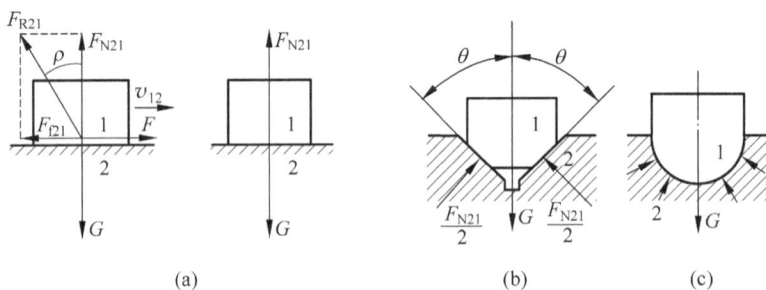

图7.2　移动副中的摩擦力

两接触面间摩擦力的大小与接触面的形状有关,当两构件沿单一平面接触时,如图7.2(a)所示,因 $F_{N21}=G$,故 $F_{f21}=fG$;若两构件沿一槽形角为 2θ 的槽面接触(图7.2(b)),因 $F_{N21}=G/\sin\theta$,故 $F_{f21}=fG/\sin\theta$;若两构件沿一半圆柱面接触(图7.2(c)),则因其接触面各点处的法向反力均沿径向,故法向反力的数量总和可表示为 kG。其中,k 为与接触面接触情况有关的系数,当两接触面为点、线接触时,$k\approx1$;当两接触面沿整个半圆周均匀接触时,$k\approx\pi/2$;其余情况下,k 介于上述两者之间,这时 $F_{f21}=fkG$。

为了简化计算,统一计算公式,不论运动副元素的几何形状如何,均将其摩擦力的计算式表达为

$$F_{f21} = f F_{N21} = f_V G \tag{7.7}$$

式中,f_V 称为当量摩擦系数。当运动副两元素为单一平面接触时,$f_V=f$;为槽面接触时,$f_V=f/\sin\theta$;为半圆柱面接触时,$f_V=kf$。即在计算运动副中的摩擦力时,不管运动副两元素的几何形状如何,均可按式(7.7)计算,只需引入相应的当量摩擦系数即可。

运动副中的法向反力和摩擦力的合力,称为运动副中的总反力。如图7.2(a)所示,平台2作用在滑块1上的总反力以 F_{R21} 表示,总反力与法向反力之间的夹角 ρ 为摩擦角,即

$$\rho = \arctan f \tag{7.8}$$

总反力的方向可按下列方法确定：

（1）总反力与法向反力偏斜一摩擦角 ρ；

（2）总反力 $\boldsymbol{F}_{R21}$ 与法向反力偏斜的方向，与构件 1 相对于构件 2 的相对速度 $\boldsymbol{v}_{12}$ 的方向相反。

在总反力方向确定之后，即可很方便地对机构进行力分析了。

7.3.2　螺旋副中的摩擦

1. 矩形螺纹

矩形螺纹的牙型斜角 $\beta = 0°$。当螺旋副在轴向载荷 $\boldsymbol{F}_Q$ 作用下相对转动时，可看作圆周力 $\boldsymbol{F}$ 推动滑块沿螺旋运动（图 7.3(a)）。将矩形螺纹沿中径 d_2 展开可得一斜面（图 7.3(b)），图 7.3(b) 中的 ψ 为螺旋升角。取滑块为受力体，设 $\boldsymbol{F}_Q$ 为轴向载荷，$\boldsymbol{F}$ 为作用于中径处的水平推力，$\boldsymbol{F}_N$ 为法向反力，$\boldsymbol{F}_f$ 为摩擦力，$\boldsymbol{F}_f = f\boldsymbol{F}_N$，$\rho$ 为摩擦角。当推动滑块沿斜面等速上升时，摩擦力向下，故总反力 $\boldsymbol{F}_R$ 与 $\boldsymbol{F}_Q$ 的夹角为 $\psi + \rho$。由力的平衡条件可知，$\boldsymbol{F}_R$、$\boldsymbol{F}$ 和 $\boldsymbol{F}_Q$ 三力组成封闭的力多边形（图 7.3(b)），由图 7.3(b) 可得

$$F = F_Q \tan(\psi + \rho) \tag{7.9}$$

用来克服螺旋副的摩擦阻力和升起重物的螺纹力矩 T 为

$$T = F d_2/2 = F_Q d_2 \tan(\psi + \rho)/2 \tag{7.10}$$

当滑块沿斜面等速下滑时，轴向载荷 $\boldsymbol{F}_Q$ 变为驱动力，$\boldsymbol{F}'$ 为支持力（图 7.3(c)）。由力多边形封闭图可得

$$F' = F_Q \tan(\psi - \rho) \tag{7.11}$$

因此放松螺母所需的平衡力矩 T' 为

$$T' = F' d_2/2 = F_Q d_2 \tan(\psi - \rho)/2 \tag{7.12}$$

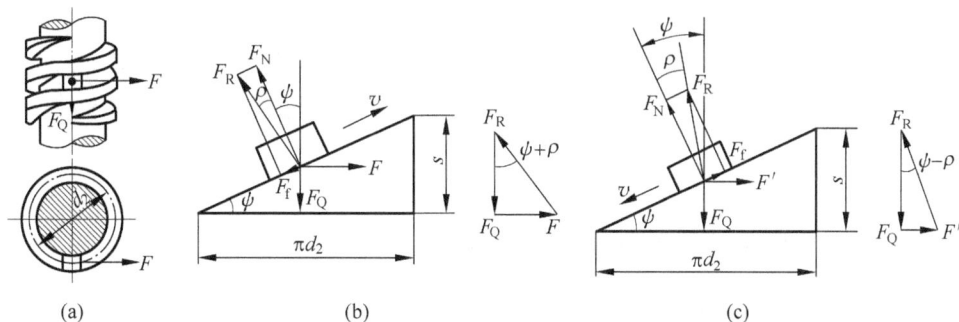

图 7.3　矩形螺纹的受力分析

2. 非矩形螺纹

非矩形螺纹是指牙型斜角 $\beta \neq 0$ 的三角形螺纹、梯形螺纹和锯齿形螺纹。

对比图 7.4(a) 和 (b) 可知，若略去螺纹升角的影响，在轴向载荷 $\boldsymbol{F}_Q$ 作用下，非矩形螺纹的法向力 $F_{N'}$ 比矩形螺纹大（$F_{N'} = F_Q/\cos\beta$）。若把法向力的增加看作摩擦系数的增加，则非矩形螺纹的摩擦阻力 $F_{f'}$ 可写为

$$F_{f'} = f F_{N'} = f F_Q/\cos\beta = f_V F_Q \tag{7.13}$$

式中，f_V 为当量摩擦系数，$f_V = f/\cos\beta = \tan\rho_V$；$\rho_V$ 为当量摩擦角，$\rho_V = \arctan f_V$。

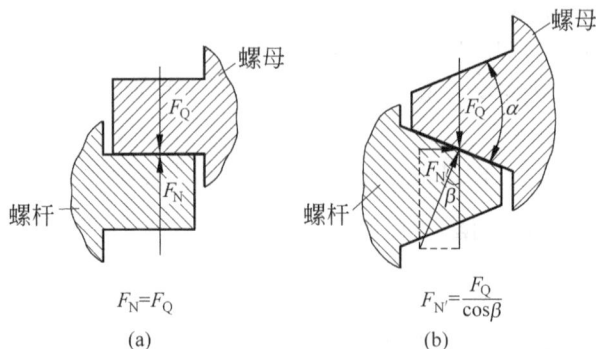

图 7.4　矩形螺纹与非矩形螺纹的法向力

(a) $\beta = 0°$；(b) $\beta \neq 0°$

因此将图 7.3 中的 fF_N 改为 $fF_{N'}$，ρ 改为 ρ_V，可得非矩形螺纹各力之间的关系。

当滑块沿非矩形螺纹等速上升时，可得水平推力

$$F = F_Q \tan(\psi + \rho_V) \tag{7.14}$$

当滑块沿非矩形螺纹等速下滑时，可得支持力 F' 为

$$F' = F_Q \tan(\psi - \rho_V) \tag{7.15}$$

若将当量值 ρ_V 代替 ρ 代入式(7.10)，可得螺纹力矩为

$$T_1 = F_Q d_2 \tan(\psi + \rho_V)/2 \tag{7.16}$$

3. 螺旋副的效率和自锁

螺旋副的效率为有用功与输入功之比。若按螺旋转动一圈计算，其输入功为 $2\pi T_1$，升举滑块(重物)所做的有用功为 $F_Q S$，导程 $S = \tan\psi \cdot \pi d_2$(图 7.3)，其中 d_2 为螺纹中径。故螺旋副的效率为

$$\eta = F_Q S/(2\pi T_1) = \tan\psi/\tan(\psi + \rho_V) \tag{7.17}$$

由式(7.15)可知，当 $\psi \leqslant \rho_V$ 时，F' 为负值，即欲使滑块下滑必须改变 F' 的方向，否则无论轴向力 F_Q 多大，滑块都不会自动下滑，这种现象称为螺旋副的自锁。考虑极限情况，自锁条件为

$$\psi \leqslant \rho_V \tag{7.18}$$

一般为安全起见，应满足 $\psi \leqslant (\rho_V - 1°)$ 为宜。

7.3.3　转动副中的摩擦

机械中由轴颈与轴承组成转动副，如图 7.5 所示，轴放在轴承中的部分称为轴颈。根据轴承受力的方向不同，转动副中的摩擦可分为两大类：承受径向载荷的轴颈摩擦和承受轴向载荷的端面摩擦。

1. 轴颈摩擦

在图 7.6 所示的转动副中，设半径为 r 的轴径 A 在径向载荷 $\boldsymbol{F}$、驱动力偶矩 $\boldsymbol{M}$ 作用下相对轴承 B 以等角速度 $\boldsymbol{\omega}_{AB}$ 顺时针方向回转，此时 A 和 B 间便存在运动副反力。如取 A 为示力体，两物体接触点右移，则 B 加于 A 的总反力为 $\boldsymbol{F}_{RBA}$。根据力的平衡条件有

$$F_{RBA} = -F$$

且 F_{RBA} 与 F 构成一阻止轴颈转动的力偶,其力偶矩与 M 相平衡。设 F_{RBA} 与 F 之间的距离为 S,则

$$F_{RBA}S = M$$

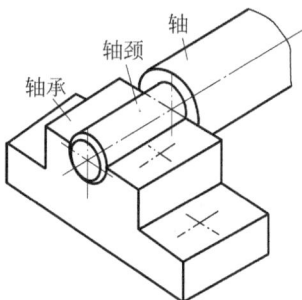

图 7.5　轴颈与轴承

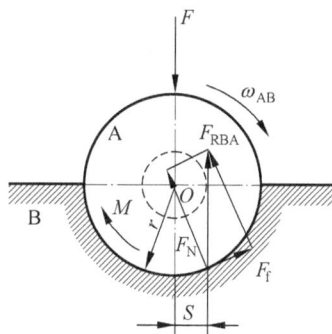

图 7.6　转动副中的摩擦

若 A、B 之间存在间隙,则两者近似呈线接触,按图 7.6 可得

$$F_{RBA} = \sqrt{F_N^2 + F_f^2} = \sqrt{F_N^2 + (F_N f)^2} = F_N\sqrt{1+f^2}$$

由于正压力 F_N 对点 O 无力矩,故与 M 相平衡的也就是摩擦力矩,即

$$M_f = F_f r = fF_N r = fF_{RBA} r/\sqrt{1+f^2} = F_{RBA}f_V r = F_{RBA}S$$

式中,$f_V = f/\sqrt{1+f^2}$;$S = f_V r$,则

$$M_f = FS = Ff_V r \tag{7.19}$$

式中,S 为总反力 F_{RBA} 对轴心的偏心距。S、F_{RBA} 的方向随着径向力 F 的方向改变而改变,但相对于轴心 O 的距离始终为 S,即总反力总与以 O 为圆心、S 为半径的圆相切,一般称此圆为摩擦圆。由于摩擦力矩阻止相对运动,故 F_{RBA} 对轴心的力矩方向必与 ω_{AB} 相反。

2. 轴端摩擦

如图 7.7(a)所示,轴 1 的轴端与承受轴向载荷的止推轴承 2 构成转动副。当轴端 1 在止推轴承 2 上旋转时,由于两者的接触面在轴向载荷 Q 的作用下彼此压紧,所以,在接触面间将产生摩擦力,该摩擦力对轴的回转轴线之矩即为摩擦力矩 M_f,其大小可通过对接触区域积分求得。如图 7.7(b)所示,设接触面为一环形域,压强为 p,则有

$$M_f = \int_r^R \rho f p \, dS = 2\pi f \int_r^R p\rho^2 \, d\rho \tag{7.20}$$

对新制成的轴端和轴承,或相对转动很少的轴端和轴承,可以认为它们各处接触的紧密程度基本相同,即压强处处相等,则式(7.20)可写为

$$M_f = 2\pi f p \int_r^R \rho^2 \, d\rho = 2\pi f p (R^3 - r^3)/3 \tag{7.21}$$

因

$$p = Q/[\pi(R^2 - r^2)]$$

故

$$M_f = \frac{2}{3}fQ(R^3 - r^3)/(R^2 - r^2) \tag{7.22}$$

对于经过跑合的(即工作一段时间后的)轴端与轴承,可认为它们接触各处的磨损基本

相同,即压强 p 的分布近似符合"$p\rho=$ 常数"的规律。于是由式(7.20)可得

$$M_f = 2\pi f p \rho \int_r^R \rho \mathrm{d}\rho = \pi f p \rho (R^2 - r^2)$$

因

$$Q = \int_r^R p \, \mathrm{d}S = 2\pi p \rho (R - r)$$

则

$$M_f = f Q (R + r)/2 \tag{7.23}$$

根据"$p\rho=$ 常数"的关系,可知在轴端中心部分的压强将非常大,故容易压溃,所以载荷较大的轴端一般都做成空心的,如图 7.7 所示。

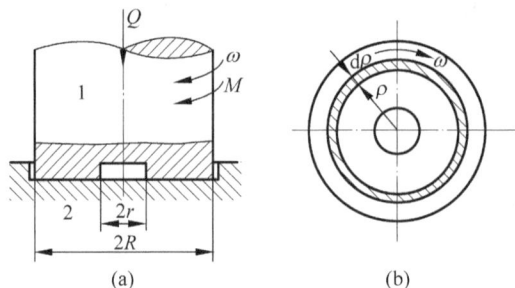

图 7.7　轴端摩擦

例 7.1　图 7.8(a)所示为一曲柄滑块机构,设构件的尺寸已知,各运动副中的摩擦系数均为 f,作用在滑块 4 上的水平阻力为 Q。试求该机构在图 7.8(a)所示的位置时各运动副中的总反力和加于点 B 与曲柄 AB 垂直的平衡力 P_b 的大小(不计各构件的重力和惯性力)。

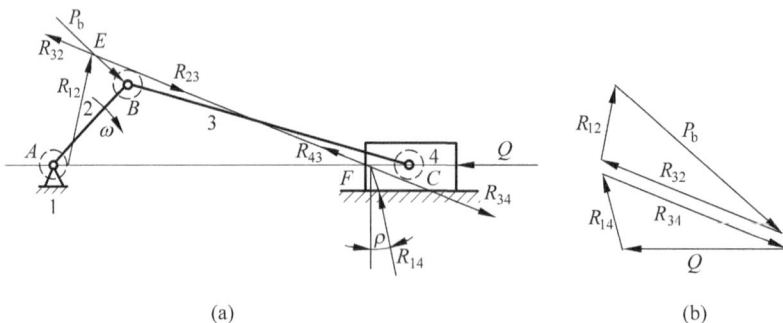

图 7.8　曲柄滑块机构的力分析

解:先根据已知条件作出各转动副处的摩擦圆(如图 7.8(a)中虚线小圆所示)。由于连杆 3 为二力构件,其在 B、C 两运动副所受的力 $\boldsymbol{R}_{23}$ 和 $\boldsymbol{R}_{43}$ 除应分别切于该两处的摩擦圆之外,还应大小相等、方向相反并共线。根据 $\boldsymbol{R}_{23}$ 和 $\boldsymbol{R}_{43}$ 的方向,和连杆 3 在 B 处相对于构件 2 及在 C 处相对于构件 4 的相对转动方向,确定出 $\boldsymbol{R}_{23}$ 和 $\boldsymbol{R}_{43}$ 的实际作用线方向,如图 7.8(a)所示。滑块 4 共受三个力 $\boldsymbol{Q}$、$\boldsymbol{R}_{34}$ 及 $\boldsymbol{R}_{14}$,并保持平衡,即

$$\boldsymbol{Q} + \boldsymbol{R}_{34} + \boldsymbol{R}_{14} = 0$$

同时该三力应汇交于一点 F。曲柄 2 也受有三个力并保持平衡,即

$$\boldsymbol{P}_b + \boldsymbol{R}_{32} + \boldsymbol{R}_{12} = 0$$

同时该三力应汇交于一点 E。

根据上述分析,可用图解法求出各运动副中的总反力 R_{14}、$R_{34}(=-R_{43})$、$R_{32}(=-R_{23}$ $=-R_{43})$、R_{12} 及平衡力 P_b 的大小,如图 7.8(b)所示。

7.4　不考虑摩擦的机构动态静力分析

1. 构件组的静定条件

当机构各构件的惯性力确定后,可根据机构所受的已知外力(包括惯性力)来确定各运动副的反力和需加于该机构上的平衡力。要求解运动副反力,则必须将构件组从机构中分离出来。然而,这样分解成的每一个构件组都必须是静定的,即必须保证能以刚体静力学的方法将构件组中的所有未知力确定出来。欲使构件组成为静定的,则该构件组所能列出的独立的力平衡方程式的数目,应等于构件组中所有力的未知要素的数目。构件组是否满足静定条件,则与构件组中含有的运动副的类型、数目以及构件的数目有关。

当不考虑摩擦力时,转动副中的反力作用线通过转动中心,而其大小及方向未知;移动副中的反力作用线垂直于移动副导路,而其大小及作用点未知;平面高副中的反力应沿高副接触点的法线方向,而其大小未知。因此确定一平面低副中的反力时,必须求解两个未知量;而确定一个平面高副中的反力时,则只要求解一个未知量。

对于一个有 n 个构件的构件组,因对每一个做平面运动的构件都可以写出三个独立的平衡方程式($\sum F_x=0$,$\sum F_y=0$,$\sum M=0$),所以共可列出 $3n$ 个独立的平衡方程式。如果该构件组含有 P_L 个低副和 P_H 个高副,则总的需要求解的未知量数便为($2P_L+P_H$)。因此该构件组的静定条件应为

$$3n=2P_L+P_H \tag{7.24}$$

满足式(7.24)的杆组,其自由度必须为 0。这样的杆组称为基本杆组。基本杆组都是满足静定条件的,即所有的基本杆组都是静定杆组。求解运动副反力时,可按杆组逐组解决。

2. 机构的动态静力分析

不考虑运动副的摩擦时,进行机构动态静力分析的一般步骤是:

(1)先对机构进行运动分析,确定在已知的机构位置时各构件的惯性力和惯性力矩,并将它们视为外力与其他已知外力一并加在机构的对应构件上。

(2)从已知的驱动力或生产阻力所作用的构件或构件组开始,对外力全部已知的一个构件或一组构件列出平衡方程,计算其运动副反力,并逐步推算到平衡力作用的构件。

(3)计算平衡力及其所作用的构件的运动副反力。

习　　题

7.1　作用在机械上的力有哪些种类?哪些是内力?哪些是外力?它们对机械的做功情况如何?

7.2　何谓摩擦角?如何确定移动副中的总反力的方向?

7.3　什么是摩擦圆?其大小与哪些因素有关?

7.4　怎样确定径向轴颈转动副中总反力作用线的位置和方向？

7.5　螺旋副的自锁条件是什么？一螺旋副当量摩擦角 $\rho_V = 5.7°$，螺旋升角 ψ 取下列值，哪个方案更合理？为什么？(1)$\psi = 6°$；(2)$\psi = 5.7°$；(3)$\psi = 5.68°$；(4)$\psi = 4°$。

7.6　在题 7.6 图所示的曲柄滑块机构中，已知 $l_{AB} = 0.1$ m，$l_{BC} = 0.33$ m，$n_1 = 1500$ r/min，滑块 3 的质量 $m_3 = 2.5$ kg，连杆 2 的质量 $m_2 = 3$ kg，$J_{S_2} = 0.0425$ kg·m^2，$l_{BS_2} = l_{BC}/3$。试确定机构在题 7.6 图所示的位置时，滑块 3 和连杆 2 的惯性力。

7.7　题 7.7 图所示为一焊接用的楔形夹具。利用这个夹具把两块要焊接的工件 1 和 1′预先夹妥，以便焊接。题 7.7 图中 2 为夹具体，3 为楔块。已知各接触面摩擦系数 f。试确定夹紧后楔块 3 不会自动松脱的条件。

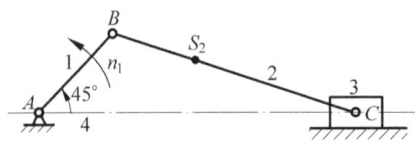

题 7.6 图

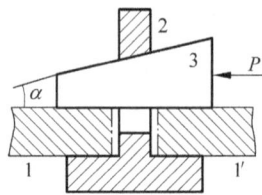

题 7.7 图

＊ 实践拓展练习

7.8　分析自行车前、后轮与地面间的摩擦力是有利的还是有害的。

7.9　观察并分析生活中有哪些螺纹是自锁的，哪些是不自锁的。

第8章 机械调速与平衡

8.1 机械运转与速度波动调节

前文在研究机构的运动及力分析时,一般都假设原动件做等速运动,而实际上机构原动件的运动规律是由各构件的质量、转动惯量及作用于其上的外力(驱动力和阻力)等因素决定的。驱动力所做的功是机械的输入功,阻力所做的功是机械的输出功,二者之差形成机械动能的增减。如果驱动力在一段时间内所做的功等于阻力所做的功,则机械的主轴保持匀速转动。但是实际工作情况下驱动力和阻力常会变化,当输入功大于输出功时,出现盈功,促使机械动能增加;反之,当输入功小于输出功时,出现亏功,亏功需要动能补偿,导致机械动能减小。机械动能的增减产生机械运转速度波动,这会导致运动副中动压力增加,降低机械效率和工作可靠性;会引起机械振动,影响零件的强度和寿命;还会降低机械的精度和工艺性能,使产品质量下降。故应设法将机械运转速度波动的程度限制在许可范围之内。

8.1.1 机械的运动

在一般情况下,原动件的速度和加速度是随时间而变化的,因此为了对机构进行精确的运动分析和力分析,就需要首先确定机构原动件的真实运动规律,这对于高速、高精度和高自动化程度的机械设计是十分重要的。当构件的重力以及运动副中的摩擦力等可以忽略不计时,则作用在机械上的力只有原动机发出的驱动力和执行构件上所承受的阻力。对于不同的机械工作情况及不同的原动机,这些力是不同的。驱动力和生产阻力的确定涉及许多专业知识,在本章的讨论中认为外力是已知的。下面将首先介绍机械在其运转过程中各阶段的运动状态(图 8.1),以及作用在机械上的驱动力和阻力的情况。

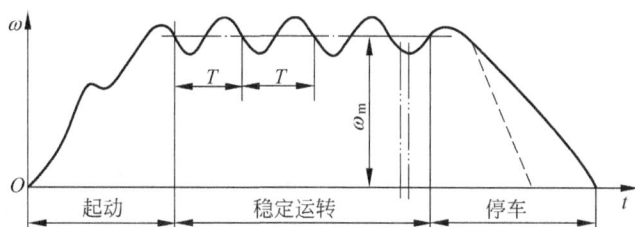

图 8.1 机械原动件的角速度 ω 变化曲线

1. 起动阶段

在起动阶段,机械原动件的角速度 ω 由零逐渐上升,直至达到正常运转速度为止。在此阶段,由于输入功(驱动功)W_d 大于输出功(阻抗功)W_r',盈功转换为动能 E。其功能关系可以表示为

$$W_\mathrm{d} = W_\mathrm{r}' + E \tag{8.1}$$

2. 稳定运转阶段

当原动件的平均角速度 ω_m 保持为一常数时,机械进入稳定运转阶段。通常,原动件的角速度 ω 会出现周期性波动。就一个周期(机械原动件角速度变化的一个周期又称为机械的一个运动循环)而言,机械的总驱动功与总阻抗功是相等的,即

$$W_d = W_r' \tag{8.2}$$

上述这种稳定运转称为周期变速稳定运转(如活塞式压缩机等机械的运转情况)。另外一些机械(如鼓风机、风扇等),其原动件的角速度 ω 在稳定运转过程中恒定不变,即 $\omega = C$(常数),则称为等速稳定运转。

3. 停车阶段

在机械的停车阶段,驱动功 $W_d = 0$。当阻抗功将机械具有的动能消耗完时,机械便停止运转。其功能关系为

$$E = -W_r' \tag{8.3}$$

一般在停车阶段,机械上的工作阻力也不再作用了,为了缩短停车所需时间,在许多机械上都安装了制动装置。安装制动装置后的停车阶段如图 8.1 中的虚线所示。

起动阶段与停车阶段统称为机械运转的过渡阶段。多数机械是在稳定运转阶段进行工作的,但也有一些机械(如起重机等),其工作过程却有相当一部分是在过渡阶段进行的。

8.1.2　稳定运转状态下机械的周期性速度波动及调节

当机械动能做周期性变化时,机械主轴的角速度也做周期性变化,如图 8.2 中虚线所示。由图 8.2 可见,主轴的角速度 ω 在经过一个运动周期 T 之后又回到初始状态,其动能没有增减,即驱动功与阻抗功是相等的。但是,在一个运动周期中的某段时间内,驱动力所做的输入功与阻力所做的输出功是不相等的,因而出现速度的波动。这种有规律、周期性的速度变化称为周期性速度波动。运动周期 T 通常对应于机械主轴回转一转(如冲床)、两转(如四冲程内燃机)或数转(如轧钢机)所用的时间。

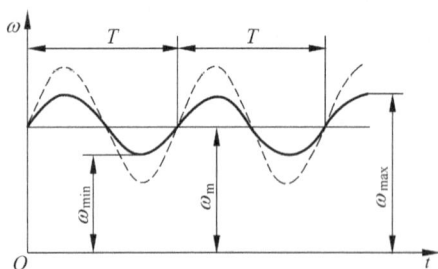

图 8.2　周期性速度波动

1. 机械运转的平均速度和不均匀系数

若已知机械主轴角速度随时间变化的规律 $\omega = f(t)$,一个周期角速度的实际平均值 ω_m 则为

$$\omega_m = \frac{1}{T}\int_0^T \omega\, dt \tag{8.4}$$

这个值称为机器的额定转速。

由于 ω 的变化规律很复杂,故在工程实际中常用算术平均值近似代替实际平均值,即

$$\omega_m = (\omega_{max} + \omega_{min})/2 \tag{8.5}$$

式中,ω_{max} 和 ω_{min} 分别为最大角速度和最小角速度。

用机械运转速度不均匀系数 δ 来表示机械速度波动的相对程度,δ 定义为角速度波动的幅度 $\omega_{max} - \omega_{min}$ 与平均角速度 ω_m 之比,即

$$\delta = (\omega_{max} - \omega_{min})/\omega_m \tag{8.6}$$

若已知 ω_m 和 δ,则由式(8.5)和式(8.6)可得

$$\begin{cases} \omega_{max} = \omega_m(1 + \delta/2) \\ \omega_{min} = \omega_m(1 - \delta/2) \end{cases} \tag{8.7}$$

由式(8.7)可知,δ 越小,主轴越接近匀速转动。

不同类型的机械,对速度不均匀系数 δ 大小的要求是不同的,是根据它们的工作要求确定的。例如驱动发电机的活塞式内燃机,如果主轴的速度波动太大,势必影响输出电压的稳定性,所以这类机械的不均匀系数应当取小一些;反之,如冲床、破碎机等一类机械,速度波动稍大也不影响其工艺性能,这类机械的不均匀系数可取得大一些。设计时,机械的速度不均匀系数不得超过允许值,即

$$\delta \leqslant [\delta] \tag{8.8}$$

式中,$[\delta]$ 为机械的许用不均匀系数。表 8.1 列出了一些常用机械运转速度不均匀系数的许用值 $[\delta]$。必要时,可在机械中安装一个具有很大转动惯量的回转构件——飞轮,以调节机械的周期性速度波动。

表 8.1　常用机械运转速度不均匀系数的许用值 $[\delta]$

机械的名称	$[\delta]$	机械的名称	$[\delta]$
碎石机	1/5～1/20	水泵、鼓风机	1/30～1/50
冲床、剪床	1/7～1/10	造纸机、织布机	1/40～1/50
轧压机	1/10～1/25	纺纱机	1/60～1/100
汽车、拖拉机	1/20～1/60	直流发电机	1/100～1/200
金属切削机床	1/30～1/40	交流发电机	1/200～1/300

2. 飞轮设计方法

飞轮具有很大的转动惯量,故其转速只要略有变化,即可储存或释放较大能量。利用其储能作用,可以对周期性速度波动的机械系统进行调速。当机械出现盈功时,飞轮可将多余的能量吸收储存起来;而当机械出现亏功时,飞轮又可将能量释放出来,以弥补能量的不足,从而使机械速度波动的幅度下降,如图 8.2 中的实线所示。

飞轮设计的基本问题是:已知作用在主轴上的驱动力矩和阻力矩的变化规律,要求在机械运转速度不均匀系数 δ 的容许范围内,确定安装在主轴上的飞轮的转动惯量 J。

1) 飞轮转动惯量的计算

在一般机械中,其他构件所具有的动能与飞轮相比,其值甚小,因此,在近似设计中可以认为飞轮的动能就是整个机械的动能。当主轴处于最大角速度 ω_{max} 时,飞轮具有动能最大值 E_{max};反之,当主轴处于最小角速度 ω_{min} 时,飞轮具有动能最小值 E_{min}。E_{max} 与 E_{min} 之差表示一个周期内动能的最大变化量,它是由最大盈亏功 ΔW_{max}(或最大剩余功)转换而来的,即驱动功与阻抗功之差的最大值

$$\Delta W_{max} = E_{max} - E_{min} = \frac{1}{2}J(\omega_{max}^2 - \omega_{min}^2) = J\omega_m^2\delta \tag{8.9}$$

由此可得,安装在主轴上的飞轮的转动惯量

$$J = \frac{\Delta W_{max}}{\omega_m^2\delta} \tag{8.10}$$

式中,ΔW_{max} 用绝对值表示。

由式(8.10)可知:

(1) 当 ΔW_{max} 与 ω_m 一定时,飞轮转动惯量 J 与运转速度不均匀系数 δ 之间的关系为一等边双曲线,如图 8.3 所示。当 δ 很小时,略微减小 δ 的数值就会使飞轮转动惯量激增。因此过分追求机械运转速度均匀将会使飞轮过于笨重,增加成本。由于 J 不可能为无穷大,若 $\Delta W_{max} \neq 0$,则 δ 不可能为零,即安装飞轮后机械的速度仍有波动,只是幅度有所减小而已。

(2) 当 J 与 ω_m 一定时,ΔW_{max} 与 δ 成正比,即最大盈亏功越大,机械运转速度越不均匀。

(3) 当 ΔW_{max} 与 δ 一定时,J 与 ω_m 的平方值成反比,即主轴的平均转速越高,所需安装在主轴上的飞轮转动惯量越小。故欲减小飞轮转动惯量,最好将飞轮安装在机械的高速轴上。当然,在实际设计中还必须考虑飞轮安装轴的刚性和结构上的可能性等因素。

2) 飞轮主要尺寸的确定

求出飞轮转动惯量 J 之后,还要确定它的直径、宽度、轮缘厚度等有关尺寸。最佳设计是以最少的材料来获得最大的转动惯量,即应把质量集中在轮缘上,故飞轮常被做成图 8.4 所示的形状。这种飞轮的轮毂和轮辐的质量很小,回转半径也较小,近似计算时认为飞轮质量 m 集中于平均直径为 D_m 的轮缘上。则转动惯量可以写成

$$J = m\left(\frac{D_m}{2}\right)^2 = \frac{mD_m^2}{4} \tag{8.11}$$

由式(8.11)可知,按照机器的结构和空间位置选定轮缘的平均直径 D_m 之后,即可求出飞轮的质量 m(kg)。

设轮缘为矩形断面,它的体积、厚度、宽度分别为 $V(m^3)$、$H(m)$、$B(m)$,材料的密度为 $\rho(kg/m^3)$,则

$$m = V\rho = \pi D_m H B\rho \tag{8.12}$$

当飞轮的材料及高宽比 H/B 选定后,即可求得轮缘的横剖截面尺寸。平均直径的选择应适当大一些,但又不宜过大,以免轮缘因离心力过大而破裂。

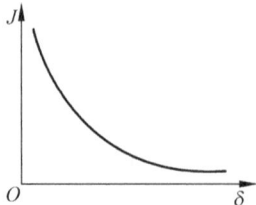

图 8.3　飞轮转动惯量 J 与运转速度不均匀系数 δ 的关系　　　图 8.4　飞轮结构示意图

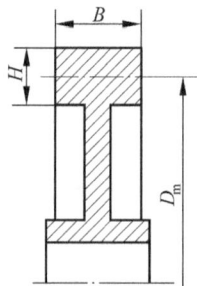

应当说明,飞轮不一定是外加的专门构件。实际机械中往往用增大皮带轮(或齿轮)的尺寸和质量的方法,使其兼起飞轮的作用。这种皮带轮(或齿轮)也就是机器中的飞轮。还应指出,本章所介绍的飞轮设计方法,没有考虑除飞轮外其他构件动能的变化,因而是近似的。当其他构件的质量较大或动能变化较大时,必须考虑这些构件的动能变化。

8.1.3　机械的非周期性速度波动及其调节

如果驱动力所做的输入功在很长一段时间内总是大于阻力所做的输出功,则机械运转的速度将不断升高,直至超越机械强度所容许的极限转速,出现"飞车"现象,从而导致机械损坏;反之,若输入功总是小于输出功,则机械运转的速度将不断下降,直至停车。汽轮发电机组在供汽量不变而用电量突然增减时就会出现这种情况。这种速度波动是随机的、不规则的,没有一定的周期,因此称为非周期性速度波动。

非周期性速度波动的调节问题分为两种情况:

(1) 当机械的原动机所发出的驱动力矩是速度的函数且成反比关系时,机械具有自动调节非周期性速度波动的能力,这种能力称为自调性,选用电动机作为原动机的机械,一般都具有自调性。

(2) 对于没有自调性的机械系统(如采用蒸汽机、汽轮机或内燃机为原动机的机械系统),只能采用特殊的装置使输入功与输出功趋于平衡,以达到新的稳定运转。这种特殊装置称为调速器,其种类很多,按执行机构分类,主要有气动液压式调速器(图 8.5)、机械式调速器(图 8.6)、电液和电子调速器等。机械式离心调速器的工作原理如图 8.6 所示。原动机 2 的输入功与供汽量的大小成正比。当负荷突然减小时,原动机 2 和工作机 1 的主轴转速升高,由圆锥齿轮驱动的调速器主轴的转速也随着升高,重球因离心力增大而飞向上方,带动圆筒 N 上升并通过套环和连杆将节流阀关小,使蒸汽输入量减少;反之,若负荷突然增加,原动机及调速器主轴转速下降,重球下落,节流阀开大,促使供汽量增加。采用这种方法使输入功和负荷所消耗的功(包括摩擦损失)自动趋于平衡,从而保持速度稳定。

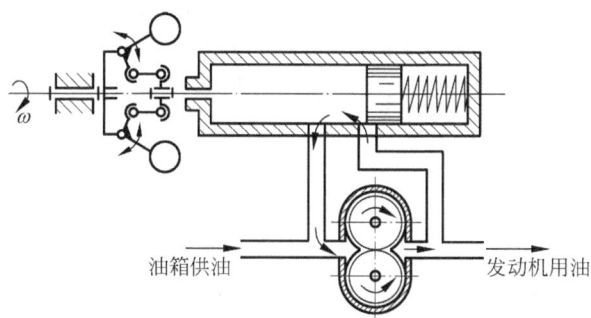

图 8.5　燃气涡轮发动机中的调速器　　　　　图 8.6　机械式离心调速器

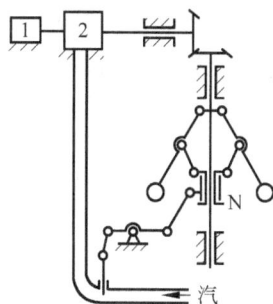

机械式调速器结构简单,成本低廉,常用于电唱机、录音机等调速系统之中,但它的体积庞大,灵敏度低。近代机器多采用电子调速器。电子调速器具有很高的静态和动态调节精度,易实现多功能、远距离和自动化控制及多机组同步并联运行。电子调节系统由各类传感器把采集到的各种信号转换成电信号输入计算机,经计算机处理后发出指令,由执行机构完成控制任务。如在航空电源车、自动化电站、低噪声电站、高精度的柴油发电机组和大功率船用柴油机等中就采用了电子调速器。

8.2 机械的平衡

机械中有许多构件是绕固定轴线回转的,这类做回转运动的构件称为回转件,或称转子。每个转子都可以看作是由若干质量组成的。由理论力学可知,一个偏离回转中心距离为 r 的质量 m,以角速度 ω 转动时,产生的离心力 F 为

$$F = mr\omega^2 \tag{8.13}$$

如果转子的结构不对称、制造不准确或材质不均匀,整个转子在转动时便产生离心力系的不平衡,使离心力系的合力(主向量)和合力偶矩(主矩)不等于零。该合力和合力偶矩的方向随着转子的转动而发生周期性的变化,并在轴承中引起一种附加的动压力,这不仅会增大运动副中的摩擦和构件中的内应力,降低机械效率和使用寿命,而且由于这些惯性力一般都是周期性变化的,所以必将引起机械及其基础产生强迫振动。如转子的频率接近于机械的固有频率,则不仅会影响到机械本身,还会使附近的工作机械及厂房建筑受到影响甚至破坏。近代高速重载和精密机械的发展,使上述问题显得更加突出。因此,调整转子的质量分布,使转子工作时离心力系达到平衡,以消除附加动压力,尽可能减轻有害的机械振动,这就是转子平衡的目的。

在机械工业中,如精密机床主轴、电动机转子、发动机曲轴、一般汽轮机转子和各种回转式泵的叶轮都需要进行平衡。但应指出,有一些机械却是利用振动来工作的,如振实机、按摩机、蛙式打夯机、振动打桩机、振动运输机、振动台等。对于这类机械,则是如何合理利用不平衡惯性力的问题。

本章讨论的对象限于一般机械中的转子,这类转子的刚性都比较好,其共振转速较高,转子的工作转速一般低于 $(0.6 \sim 0.75)n_{c1}$(n_{c1} 为转子的第一阶临界转速)。在此情况下,转子产生的弹性变形甚小,故称之为刚性转子。刚性转子的平衡按理论力学中的力系平衡来进行。如果只要求其惯性力平衡,则称为刚性转子的静平衡;如果同时要求其惯性力和惯性力矩平衡,则称为刚性转子的动平衡。至于航空涡轮发动机、汽轮机、发电机等机械中的大型转子,其质量和跨度很大,而径向尺寸却较小,其共振转速较低,而工作转速 n 又往往很高 $[n \geqslant (0.6 \sim 0.75)n_{c1}]$,故在工作过程中将会产生较大的弯曲变形,从而使其惯性力显著增大。这类转子称为挠性转子,其平衡原理和方法请参阅其他有关资料。

8.2.1 刚性转子的静平衡

1. 静平衡计算

如图 8.7 所示,对于轴向尺寸较小的盘状转子(转子轴向宽度 b 与其直径 d 之比 $b/d < 0.2$),如齿轮、盘形凸轮、带轮、叶轮、飞轮、砂轮等,其质量可以近似地认为分布在垂直于其回转轴线的同一平面内。因此,当该转子匀速转动时,这些质量所产生的离心力构成同一平面内汇交于回转中心的力系。如果该力系不平衡,偏心质量就会产生离心惯性力。因这种不平衡现象在转子静态时即可表现出来,故称其为静不平衡。由力学汇交力系平衡条件可知,只要在同一回转面内增加或去除一部分质量 m_b,使其产生的离心惯性力与各偏心质量所产生的离心惯性力相平衡,此转子就达到了平衡。故静平衡的条件为

$$F = F_b + \sum F_i = 0 \tag{8.14}$$

式中,F、F_b 和 $\sum F_i$ 分别表示总离心力、平衡质量的离心力和各偏心质量离心力的合力。设平衡质量 m_b 的质心向径为 r_b,则式(8.14)可写成

$$me\omega^2 = m_b r_b \omega^2 + \sum m_i r_i \omega^2 = 0 \tag{8.15}$$

式中,m、e 分别为转子的总质量和总质心向径,m_b、r_b 分别为平衡质量及其质心的向径,m_i、r_i 分别为各偏心质量及其质心的向径。质量与向径的乘积称为质径积,为矢量,它表示各个质量所产生的离心力的相对大小和方向,如图 8.8 所示。消去式(8.15)中的公因子 ω^2,可得

$$me = m_b r_b + \sum m_i r_i = 0 \tag{8.16}$$

式(8.16)表明,转子平衡后 $e=0$,即总质心与回转轴线重合,此时转子质量对回转轴线的静力矩 $mge=0$。该转子可以在任何位置保持静止,而不会自行转动,因此将这种平衡称为静平衡(工业上也称为单面平衡)。由上述可知,静平衡的条件是:分布于该转子上各个质量的离心力或质径积的向量和为零,即转子的质心与回转轴线重合。

式(8.16)既可通过图解法进行求解,也可将式中各质径积向量向垂直的两个坐标轴投影,通过解析法求解。关于图解法,现举例说明如下:如图 8.8(a)所示,已知在同一回转平面内有三个质量 m_1、m_2、m_3 及其回转向径 r_1、r_2、r_3。求应加的平衡质量 m_b 及其向径 r_b。

由式(8.16)得

$$m_b r_b + m_1 r_1 + m_2 r_2 + m_3 r_3 = 0$$

式中只有应加的平衡质量的质径积 $m_b r_b$ 为未知,故可用向量图解法将其求出。如图 8.8(b)所示,选定适当比例尺,依次作已知向量 $m_1 r_1$、$m_2 r_2$、$m_3 r_3$,最后将 $m_3 r_3$ 的矢端与 $m_1 r_1$ 的尾部相连。该多边形的封闭向量即表示质径积 $m_b r_b$ 的大小。根据转子结构的特点,当选定了 r_b 的大小后,即可求出平衡质量 m_b,其安装的方向即为向量图上所指的方向。

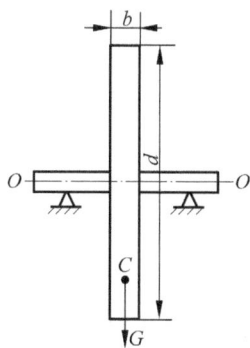

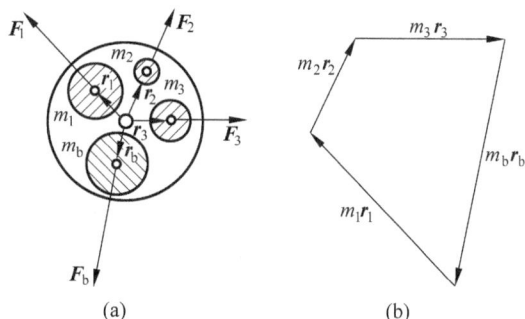

图 8.7　静平衡问题　　　　　　　图 8.8　平面惯性力与力封闭图

2. 静平衡试验

由前述可知,静不平衡的转子,其质心偏离回转轴线,产生静力矩。对转子进行静平衡试验的目的是使转子的质心落在其回转中心上,为此可采用图 8.9 所示的装置。把转子支承在两水平放置的摩擦很小的导轨(图 8.9(a))或滚轮(图 8.9(b))上。存在偏心质量时转子就会在支承上转动直至质心处于最低位置时为止,这时可在质心相反的方向上加上校正平衡质量,再重新使转子转动,反复增减平衡质量,直至转子在支承上呈随遇平衡状态,即说

明转子已达到静平衡。

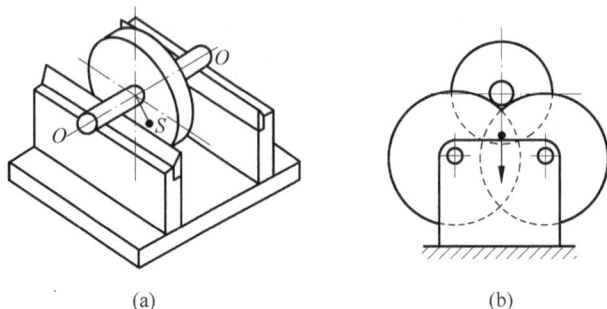

(a)　　　　　　　　　　　　(b)

图 8.9　静平衡试验台

对于圆盘形转子,设圆盘直径为 d,其宽度为 b,当 $d/b>5$ 时,这类转子通常经静平衡试验校正后,可不必进行动平衡。

导轨式静平衡架(图 8.9(a))简单可靠,其精度能满足一般生产需要,但不能用于平衡两端轴径不等的转子。图 8.9(b)所示为圆盘式静平衡架,待平衡转子的轴放置在分别由两个圆盘组成的支承上,圆盘可绕其几何轴线转动,故转子也可以自由转动。圆盘式静平衡架的静平衡试验过程与上述相同。这类平衡架一端的支承高度可调,以便平衡两端轴径不等的转子。圆盘式静平衡架的安装和调整都很简便,但圆盘中心的滚动轴承易弄脏,致使摩擦阻力矩增大,故其精度略低于导轨式静平衡架。

上述静平衡设备,需经过多次反复试验,故工作效率较低。因此,对于批量转子的平衡,需要能迅速地测出转子不平衡质径积大小和方位的平衡设备。图 8.10(a)所示即为一种满足此要求的平衡机的示意图。它类似于一个可朝任何方向倾斜的单摆,当把不平衡转子安装到该平衡机台架上后,摆就倾斜,如图 8.10(b)所示。倾斜方向指出了不平衡质径积的方位,而摆角 θ 给出了不平衡质径积的大小。

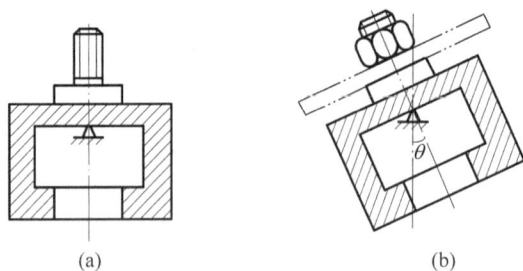

(a)　　　　　　　　　　　　(b)

图 8.10　批量转子平衡机

8.2.2　刚性转子的动平衡

1. 动平衡计算

如图 8.11 所示,对于轴向尺寸较大的转子($b/d \geqslant 0.2$),如多缸发动机曲轴、电机转子、汽轮机转子和机床主轴等,其质量不能再近似地认为分布于同一回转面内,而应看作分布于垂直于轴线的许多互相平行的回转面内。这类转子转动时所产生的离心力系不再是平面汇交力系,而是空间力系。因此单靠在某一回转面内加一平衡质量的静平衡方法并不能消除这类转子转动时的不平衡。如在图 8.12 所示的转子中，设不平衡质量 m_1、m_2 分布于相距 l 的两个回转面内，且 $m_1 = m_2$，$r_1 = -r_2$。该转子的质心落在回转轴上，而且 $m_1 r_1 + m_2 r_2 = 0$，满足静平衡条件。因 m_1 和 m_2 不在同一回转面内，故当转子转动时，在包含回转轴线的平面内存在着一个由离心力 F_1、F_2 组成的力偶，该力偶的作用方位随转子的转动而周期性变化，故也会引起机械设备的振动。这种不平衡现象只有在转子运转时才能显示出来，故称其为动不平衡。因此，对轴向尺寸较大的转子，要求其各偏心质量产生的惯性力和惯性力偶矩都等于零，才能达到平衡。

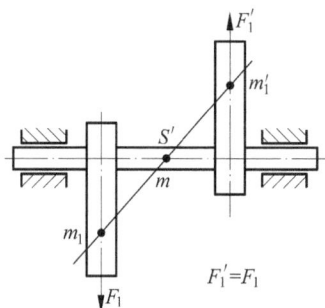

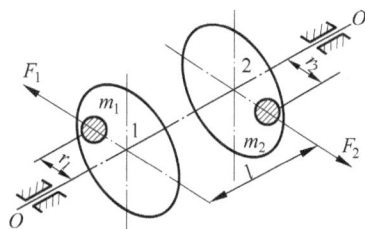

图 8.11　动平衡问题　　　　　　　　　图 8.12　静平衡但动不平衡转子

如图 8.13(a)所示，设转子的不平衡质量分布在 1、2、3 三个回转面内，依次以 m_1、m_2、m_3 表示，其向径分别为 r_1、r_2、r_3。为了使转子获得动平衡，首先选定两个平行回转平面 T' 和 T'' 作为平衡基面（将来在这两个面上增加或除去平衡质量）。现将平面 1、2、3 内的质量 m_1、m_2、m_3 分别用选定的两个回转面 T' 和 T'' 内的质量 m_1'、m_2'、m_3' 和 m_1''、m_2''、m_3'' 来代替，则有如下关系式：

$$\begin{cases} m_i' = \dfrac{m_i}{l} l_i'', & i = 1, 2, 3 \\ m_i'' = \dfrac{m_i}{l} l_i', & i = 1, 2, 3 \end{cases} \tag{8.17}$$

可以认为上述转子的不平衡质量集中在 T' 和 T'' 两个回转面内。设两个回转面 T' 和 T'' 内的质径积分别为 $m_b' r_b'$ 和 $m_b'' r_b''$，则对回转面 T'，其平衡方程为

$$m_b' r_b' + m_1' r_1 + m_2' r_2 + m_3' r_3 = 0 \tag{8.18}$$

对回转面 T''，其平衡方程为

$$m_b'' r_b'' + m_1'' r_1 + m_2'' r_2 + m_3'' r_3 = 0 \tag{8.19}$$

作向量图，如图 8.13(b)和(c)所示，由此求出质径积 $m_b' r_b'$ 和 $m_b'' r_b''$。选定 r_b' 和 r_b'' 后即可确定 m_b' 和 m_b''。

由以上分析可知，对于任何动不平衡的刚性转子，只要在两个平衡基面内分别各加上或除去一个适当的平衡质量，即可得到完全平衡。故动平衡又称为双面平衡。平衡基面的选取需要考虑转子的结构和安装空间，考虑到力矩平衡的效果，两平衡基面间的距离应适当大一些。

显然，动平衡包含了静平衡的条件，故经动平衡的转子一定也是静平衡的。但是必须注意，静平衡的转子却不一定是动平衡的，图 8.12 所示的转子即属此例。对于质量分布在同

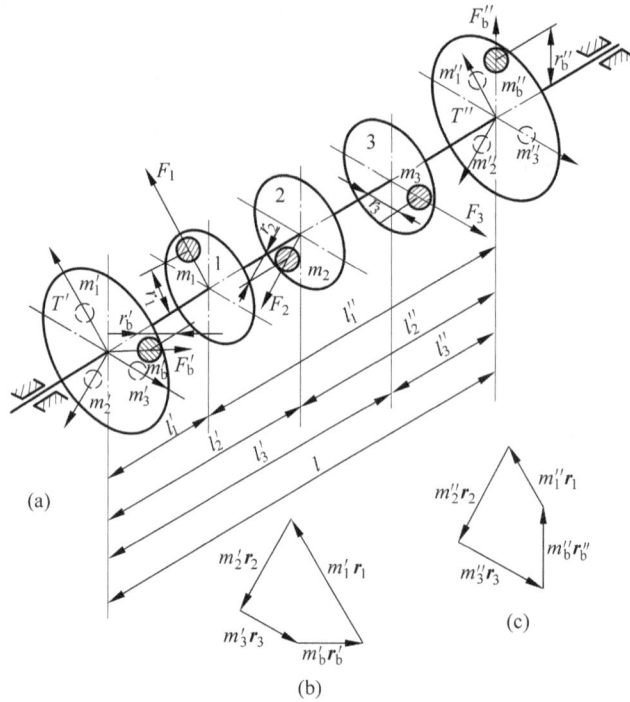

图 8.13　不同回转面内质量的平衡

一回转面内的转子,因离心力在轴面内不存在力臂,故这类转子静平衡后也满足动平衡条件。磨床砂轮和煤气泵叶轮等转子,可看作质量基本分布在同一回转面内,所以经静平衡后不必再做动平衡即可使用。也可以说,静平衡转子属于动平衡转子的特例。

2. 动平衡试验

由动平衡原理可知,轴向尺寸较大的转子,必须分别在任意两个回转平面内各加一个适当的质量,才能达到平衡。令转子在动平衡试验机上运转,然后在两个选定的平面内分别找出所需平衡质径积的大小和方位,从而使转子达到动平衡的方法称为动平衡试验法。

$d/b < 5$ 的转子或有特殊要求的重要转子一般都要进行动平衡试验。

动平衡机有各种不同的形式,各种动平衡机的构造及工作原理也不尽相同,有通用平衡机、专用平衡机(如陀螺平衡机、曲轴平衡机、涡轮转子平衡机、传动轴平衡机等),但其都是用来测定需加于两个平衡基面中的平衡质量的大小及方位,并进行校正的。动平衡试验机主要由驱动系统、支承系统、测量指示系统和校正系统等部分组成。当前工业上使用较多的动平衡机是根据振动原理设计的。测振传感器将因转子转动所引起的振动转换成电信号,通过电子线路加以处理和放大,最后用电子仪器显示出被试转子的不平衡质径积的大小和方位。图 8.14 所示为一种机械式动平衡机的工作原理图。待平衡的转子 1 安装在摆架 2 的两个轴承 B 上。摆架的一端用水平轴线的回转副 O 与机架 3 相连接;另一端用弹簧 4 与机架 3 相连接。调整弹簧使转子的轴线处于水平位置。当摆架绕着 O 轴摆动时,其振幅大小可由指针 5 读出。

应当说明,任何转子,即使经过平衡试验也不可能达到完全平衡。实际应用中,过高的平衡要求既无必要又徒增成本,因此对不同工作条件的转子需要规定不同的许用不平衡量。

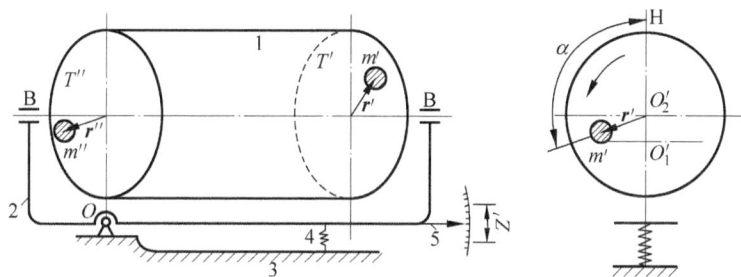

1—转子；2—摆架；3—机架；4—弹簧；5—指针。

图 8.14 动平衡机原理

例 8.1 如图 8.15(a)所示,已知在同一平面内的三个不平衡质量的方位,其中 $m_1 = m_3 = 2$ kg,$m_2 = 1$ kg,$r_1 = 0.15$ m,$r_2 = 0.2$ m,$r_3 = 0.18$ m。如果把平衡质量放在 $r_b = 0.2$ m 处,试求平衡质量的大小和方位。

解: 根据静平衡条件,其平衡方程式为

$$m_1\boldsymbol{r}_1 + m_2\boldsymbol{r}_2 + m_3\boldsymbol{r}_3 + m_b\boldsymbol{r}_b = \boldsymbol{0}$$

式中各不平衡质量的质径积大小分别为

$$m_1 r_1 = 2 \times 0.15 \text{ kg} \cdot \text{m} = 0.3 \text{ kg} \cdot \text{m}$$

$$m_2 r_2 = 1 \times 0.2 \text{ kg} \cdot \text{m} = 0.2 \text{ kg} \cdot \text{m}$$

$$m_3 r_3 = 2 \times 0.18 \text{ kg} \cdot \text{m} = 0.36 \text{ kg} \cdot \text{m}$$

选取比例尺 $\mu_{mr} = 0.01$ kg·m/mm,按平衡方程式绘制质径积矢量多边形,如图 8.15(b)所示,$\overrightarrow{da}$ 即为所求的质径积。从图 8.15(b)中量得 $\overrightarrow{da} = 36$ mm,因而

$$m_b r_b = \mu_{mr} \cdot \overrightarrow{da} = 0.01 \times 36 \text{ kg} \cdot \text{m} = 0.36 \text{ kg} \cdot \text{m}$$

$$m_b = \frac{m_b r_b}{r_b} = \frac{0.36}{0.2} = 1.8 \text{ kg}$$

矢量 $\overrightarrow{da}$ 的方向即表示平衡质量安装方向。

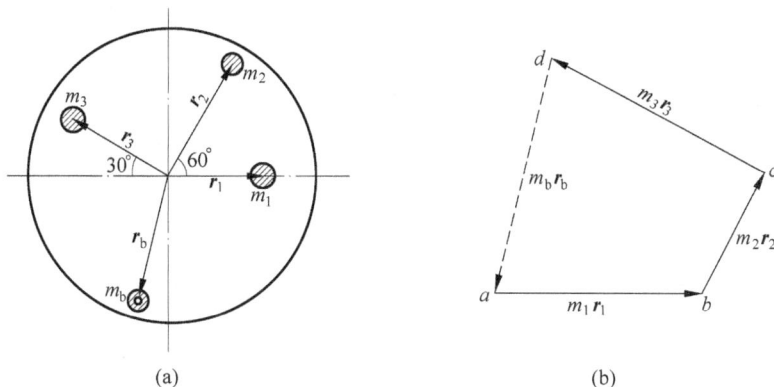

(a)　　　　　　　(b)

图 8.15 回转体的静平衡

习　题

8.1　周期性速度波动应如何调节？它能否调节为恒稳定运转？为什么？

8.2　为什么在机械中安装飞轮就可以调节周期性速度波动？通常都将飞轮安装在高速轴上是什么原因？

8.3　非周期性速度波动应如何调节？能否利用飞轮来调节非周期性波动？为什么？

8.4　为什么说在锻压设备等机械中安装飞轮可以起到节能的作用？

8.5　在什么条件下需要进行转子的静平衡试验？使转子达到静平衡的条件是什么？

8.6　在什么条件下必须进行转子的动平衡试验？使转子达到完全平衡的条件是什么？

8.7　动平衡的构件一定是静平衡的，反之亦然，对吗？为什么？在题 8.7 图所示的两根曲轴中，设各曲拐的偏心质径积均相等，且各曲拐均在同一轴平面上。试说明两曲轴各处于何种平衡状态？

8.8　既然动平衡的构件一定是静平衡的，为什么一些制造精度不高的构件在做动平衡之前需先作静平衡？

8.9　为什么做往复运动的构件和做平面复合运动的构件不能在构件本身内获得平衡，而必须在基座上平衡？机构在基座上平衡的实质是什么？

8.10　题 8.10 图所示的刨床机构中，已知空程和工作行程中消耗于克服阻抗力的恒功率分别为 $P_1 = 367.7$ W 和 $P_2 = 3677$ W，曲柄的平均转速 $n = 100$ r/min，空程曲柄的转角 $\varphi = 120°$。当机构的运转不均匀系数 $\delta = 0.05$ 时，试确定电动机所需的平均功率，并分别计算在以下两种情况下的飞轮转动惯量 J（略去各构件重量和转动惯量）：

（1）飞轮装在曲柄轴上；

（2）飞轮装在电动机轴上，电动机的额定转速 $n_m = 1440$ r/min。电动机通过减速器驱动曲柄，为简化计算，减速器的转动惯量忽略不计。

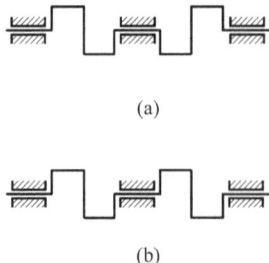

(a)

(b)

题 8.7 图

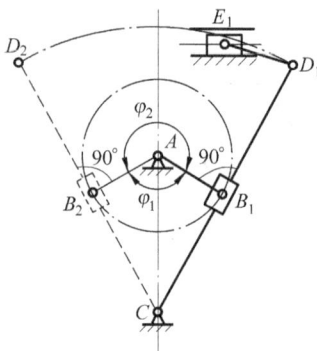

题 8.10 图

8.11　题 8.11 图所示为盘形转子，经静平衡试验得知，其不平衡质径积 $mr = 1.5$ kg·m，方向沿 $\overrightarrow{OA}$。由于结构限制，不允许在与 $\overrightarrow{OA}$ 相反的 $\overrightarrow{OB}$ 线上加平衡质量，只允许在 $\overrightarrow{OC}$ 和 $\overrightarrow{OD}$ 方向各加一个质径积来进行平衡。求 $m_C r_C$ 和 $m_D r_D$ 的数值。

8.12　题 8.12 图所示的盘形转子上有 4 个偏置质量,已知 $m_1 = 10$ kg,$m_2 = 14$ kg,$m_3 = 16$ kg,$m_4 = 10$ kg,$r_1 = 50$ mm,$r_2 = 100$ mm,$r_3 = 75$ mm,$r_4 = 50$ mm,设所有不平衡质量分布在同一回转面内。问:应在什么方位、加多大的平衡质径积才能达到平衡?

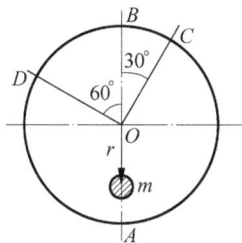

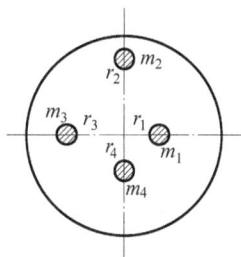

題 8.11 图　　　　　　　　　題 8.12 图

＊ 实践拓展练习

8.13　由本章知识可知,主轴做周期性速度波动时会使机座产生振动,而回转体不平衡时也会使机座产生振动。试比较这两种振动产生的原因,并说明能否在理论上和实践上消除这两种振动。

第9章 连 接

9.1 螺纹的形成和主要参数

螺纹连接是利用螺纹零件构成的可拆连接,其结构简单、装拆方便、工作可靠、互换性好、成本低,广泛用于各类机械设备中。

9.1.1 螺纹的形成

在回转表面上沿螺旋线所形成的具有相同断面的连续凸起和沟槽称为螺纹。在外表面上形成的螺纹称为外螺纹,在内表面上形成的螺纹称为内螺纹,内外螺纹旋合则组成螺纹副。图 9.1 所示的螺母和螺栓即为内、外螺纹在工程实际中最常见的例子。

如图 9.2 所示,将一条与水平面的夹角为 ϕ 的直线绕在圆柱体上,则形成一条螺旋线。如果用一个平面图形沿着螺旋线运动,运动时保持该平面图形始终通过圆柱体轴线,则该平面图形的轮廓在空间的运动轨迹形成螺纹。形成螺纹的平面图形的形状称为牙形,即通过螺纹轴线剖切螺纹时得到的螺纹牙轮廓形状。常用的牙形有三角形、梯形、锯齿形和矩形。

图 9.1 内螺纹与外螺纹

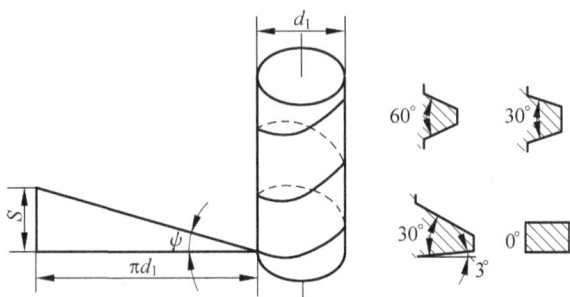

图 9.2 螺旋线的形成

螺纹的加工方法很多,如车削、碾压及用板牙、丝锥等工具加工。在车床上加工时,用卡盘夹持工件做等速旋转,当车刀沿径向进刀后,沿圆柱轴线方向匀速移动,便在加工表面上加工出螺纹(图 9.3(a)、(b))。对于直径较小的工件,可用板牙手工加工外螺纹(图 9.3(c)),也可在钻孔后用丝锥(图 9.3(d)、(e))手工加工内螺纹。

螺纹有单线和多线之分。圆柱面上只有一条螺旋线所生成的螺纹,称为单线螺纹。圆柱面上有两条或两条以上沿轴向等距离分布的螺旋线所生成的螺纹,称为多线螺纹。螺纹的线数用 n 表示。为了制造方便,线数 n 一般不超过 4。

顺时针方向旋入的为右旋螺纹,反之为左旋螺纹。常用螺纹零件均采用右旋螺纹,左旋螺纹一般用于有特殊要求之处,如有安全要求的阀门等。

图 9.4(a)所示为右旋单线螺纹,图 9.4(b)所示为左旋双线螺纹。

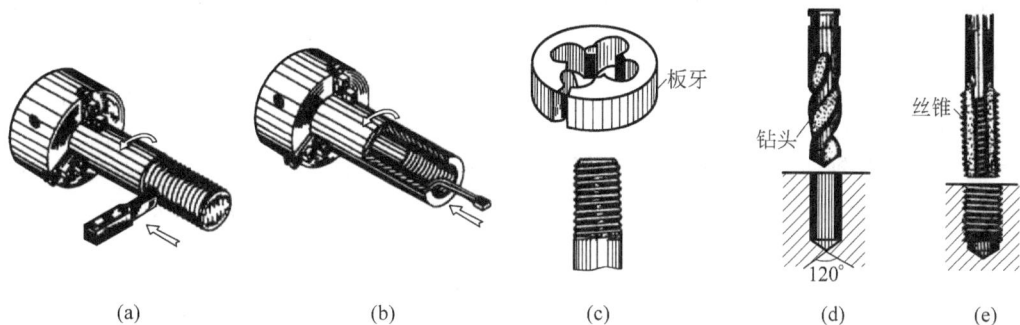

图 9.3 螺纹的加工

9.1.2 螺纹的主要参数

1. 螺纹的直径

螺纹的直径包括大径(d,D)、小径(d_1,D_1)和中径(d_2,D_2)。外螺纹的直径用小写字母表示,内螺纹的直径用大写字母表示,如图 9.5 所示。

螺纹的公称直径一般是指螺纹的大径。大径指过外螺纹牙顶或内螺纹牙底的圆柱面的直径。小径指过外螺纹牙底或内螺纹牙顶的圆柱面的直径。中径指过螺纹牙宽和槽宽相等处的圆柱面的直径。

2. 螺距(P)

相邻两个螺纹牙在中径线上对应两点间的轴向距离,称为螺距,用 P 表示(图 9.5)。

3. 导程(S)

同一条螺旋线上相邻两个螺纹牙在中径线上对应两点间的轴向距离,称为导程,用 S 表示(图 9.5)。导程、线数与螺距之间的关系为 $S = nP$。

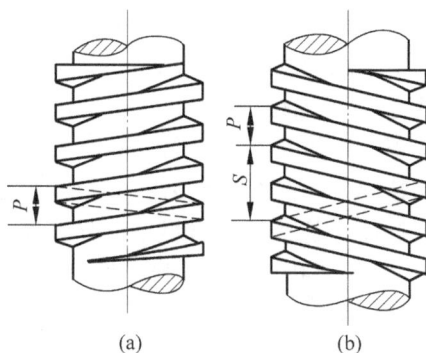

图 9.4 不同旋向和线数的螺纹

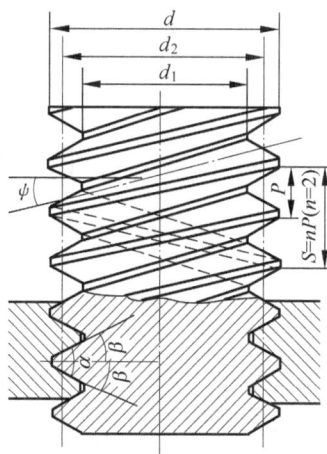

图 9.5 螺纹的主要参数

4. 螺纹升角(ψ)

螺纹升角 ψ 是螺纹中径上螺旋线的切线与垂直于螺纹轴心线的平面的夹角(图 9.5)。

若将中径上一圈螺旋线展开,如图 9.2 所示,则螺纹升角与导程、螺距及中径的关系如下:

$$\psi = \arctan \frac{S}{\pi d_2} = \arctan \frac{nP}{\pi d_2} \tag{9.1}$$

5. 牙型角(α)

牙型角 α 是轴向截面内螺纹牙相邻两侧边的夹角(图 9.5)。三角形螺纹牙型角 α = 60°;梯形螺纹牙型角 α = 30°;锯齿形螺纹牙型角 α = 33°;矩形螺纹牙型角 α = 0°(图 9.2)。

6. 牙型斜角(β)

牙型斜角 β 是轴向截面内螺纹牙侧边与螺纹轴线的垂线间的夹角(图 9.5)。对于对称牙型,β = α/2。锯齿形螺纹承载面的牙型斜角为 3°,非承载面的牙型斜角为 30°(图 9.2)。

9.2 螺纹连接的基本类型和螺纹紧固件

9.2.1 螺纹连接的基本类型

1. 螺栓连接

普通螺栓连接也称受拉螺栓连接,见图 9.6(a),用于被连接件不太厚、能够穿透的情况。螺杆带钉头,通孔的加工精度要求低,螺杆穿过通孔与螺母配合使用。装配后孔与杆间有间隙,并在工作中保持不变。螺栓连接结构简单,装拆方便,使用时,不受被连接件的材料限制,可多次装拆,应用较广。

图 9.6(b)所示为铰制孔用螺栓连接,其螺杆外径与螺栓孔内径具有同一公称尺寸,并常采用过渡配合而得到一种几乎是无间隙的配合,能精确固定被连接件的相对位置,并能承受横向载荷,但是孔的加工精度要求高,需钻孔后铰孔。该螺栓连接用于精密螺栓连接,也可作定位用。

图 9.6(a)

图 9.6(b)

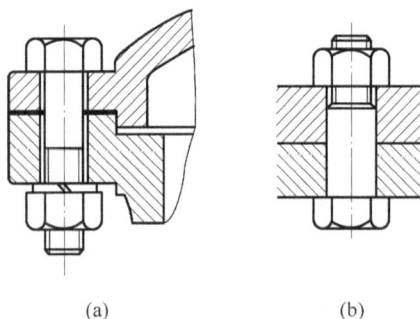

(a)   (b)

图 9.6 螺栓连接

2. 螺钉连接

螺钉连接,如图 9.7 所示,不用螺母,而将螺钉直接拧入被连接件的螺纹孔内。螺钉连接适用于被连接件之一较厚(此件上带螺纹孔)的场合,但是由于经常装拆容易使螺纹孔损坏,所以用于不需经常装拆的地方或受载较小的情况。

3. 双头螺柱连接

双头螺柱连接用在与螺钉连接同样的被连接件厚度的情况下,即被连接件之一较厚,但连接需要经常装拆而被连接件的材料不能保证螺纹有足够耐久性的场合。双头螺柱两端均有螺纹,连接时,一端直接旋入被连接零件,称为旋入端,另一端用螺母拧紧,称为露出端(见图 9.8)。拆装时只需拆螺母,而不将双头螺柱从被连接件中拧出,因此可以保护被连接件的内螺纹。

4. 紧定螺钉连接

紧定螺钉连接用于固定两个零件,使它们不产生相对运动,并承受使零件移动的力。紧定螺钉与一般用途螺钉的不同,在于工作时不是受拉而是受压,以及不用螺钉头而是用末端将力传到与带螺纹零件相配合的零件上(图 9.9)。通常,平端紧定螺钉(图 9.9(a))比锥端紧定螺钉(图 9.9(b))传递的横向力小。

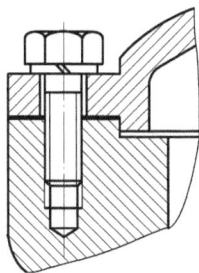
图 9.7　螺钉连接

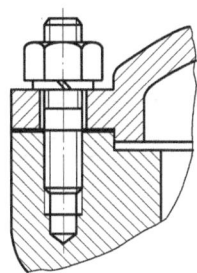
图 9.8　双头螺柱连接

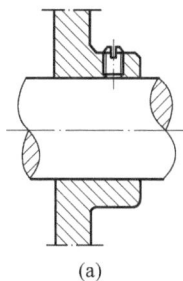
(a)　　　　　　(b)
图 9.9　紧定螺钉连接

图 9.7

图 9.8

图 9.9

9.2.2　螺纹紧固件

用螺纹连接并起紧固作用的零件称为螺纹紧固件。螺纹紧固件的种类很多,大都已标准化,设计者只需合理选择其规格、型号,并可直接到五金商店购买。常用的螺纹紧固件有螺栓、螺钉、双头螺柱、螺母、垫圈等,如图 9.10 所示。

(a)　　(b)　　　　　(c)　　　　　　　(d)

(e)　　(f)　　　(g)　　　(h)　　(i)　　(j)

图 9.10　螺纹紧固件

(a) 六角头螺栓;(b) 双头螺柱;(c) 螺钉及其各自头部型式;(d) 紧定螺钉及其各种尾部型式;(e) 六角螺母;(f) 槽形螺母;(g) 圆螺母;(h) 圆螺母用止动垫圈;(i) 弹簧垫圈;(j)平垫圈

9.2.3　螺纹紧固件的材料和性能等级

由于钢材有很多优点,碳钢和合金钢是螺纹紧固件采用最广泛的材料。螺纹紧固件通常使用 Q215、10、20 钢(强度要求不高)、35、45 钢(高强度要求)或 40Cr、15MnVB(特高强度要求)等钢材。

钢制的螺栓、螺钉和双头螺柱的性能等级从 3.6 级至 12.9 级,共分为 10 级。等级的代号用两个数字来表示,小数点前的数字代表材料的抗拉强度极限的 $1/100$(即为 $\sigma_B/100$),小数点后的数字代表材料的屈服极限与抗拉强度极限之比值（屈强比）的 10 倍（即为 $10\sigma_s/\sigma_B$）。此处 σ_B 为材料的拉伸强度极限，σ_s 为屈服极限，单位均为 MPa。

螺栓、螺钉、双头螺柱及螺母的性能等级列于表 9.1 中。

表 9.1　螺栓、螺钉、双头螺柱及螺母的性能等级

（摘自 GB/T 3098.1—2010 和 GB/T 3098.2—2015）

名称	性能等级	3.6	4.6	4.8	5.6	5.8	6.8	8.8 ≤M16	8.8 >M16	9.8	10.9	12.9
螺栓、螺钉、双头螺柱	σ_B/MPa	300	400	400	500	500	600	800	830	900	1000	1200
	σ_s/MPa	180	240	320	300	400	480	640	660	720	900	1080
	材料及热处理	Q235 Q215 10	Q235 10 15	Q235 15	Q235 35	Q235 15	45 35	低碳合金钢（含硼、锰、铬等），优质中碳钢，淬火并回火		低、中碳合金钢，淬火并回火	合金钢，淬火并回火
	硬度/HBW	90	109	113	134	140	181	232	248	269	312	365
相配螺母	性能等级	4(d>M16) 5(d≤M16)			5		6	8 9(M16<d≤M39)		9(d≤M16)	10	12 (d≤M39)
	推荐材料	低碳钢						低碳合金钢或中碳钢			40Cr 15MnVB	30CrMnSi 15MnVB

9.3　螺纹连接的拧紧和防松

9.3.1　螺纹连接的拧紧

1. 拧紧力矩

为了便于锁紧螺纹连接和防止螺母松动，螺纹连接需要拧紧。拧紧力矩为

$$T = T_1 + T_2 \tag{9.2}$$

式中，T_1 为螺纹力矩；T_2 为螺母或螺钉头支承面上的摩擦力矩。

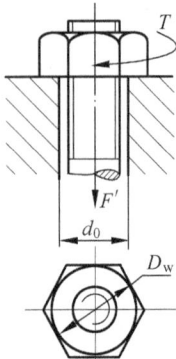

$$T_1 = F' \tan(\psi + \rho_v)\frac{d_2}{2} \tag{9.3}$$

式中，F' 为预紧力（由拧紧螺母引起的螺栓中的预加拉伸载荷）；ρ_v 为当量摩擦角。

$$T_2 = \frac{1}{3}F'\mu\frac{D_w^3 - d_0^3}{D_w^2 - d_0^2} \tag{9.4}$$

式中，μ 为螺母与被连接件支承面间的摩擦系数；D_w 为螺母或螺钉头环形支承面外径（图 9.11）；d_0 为螺孔直径（图 9.11）。

将式（9.3）和式（9.4）代入式（9.2），得

图 9.11　计算螺母支承面力矩用的符号

$$T = T_1 + T_2 = F' \tan(\psi + \rho_v) \frac{d_2}{2} + F' \mu \frac{1}{3} \frac{D_w^3 - d_0^3}{D_w^2 - d_0^2}$$

$$= F'd \frac{1}{2} \left[\frac{d_2}{d} \tan(\psi + \rho_v) + \frac{2}{3} \frac{1}{d} \mu \frac{D_w^3 - d_0^3}{D_w^2 - d_0^2} \right]$$

$$= F'd K_t \tag{9.5}$$

式中，K_t 为拧紧力矩系数，$K_t \approx 0.1 \sim 0.3$，通常取 $K_t = 0.2$，因而可将式(9.5)写成更便于应用的形式：

$$T \approx 0.2 F'd \tag{9.6}$$

2. 拧紧力矩的控制

通常螺纹连接的拧紧程度是靠工人的经验决定的，但对于重要的螺纹连接，为保证质量，应按计算值确定和控制所需的拧紧力矩。螺钉(栓)和螺母用下列方法旋紧可控制拧紧力矩：①采用测力矩扳手(图 9.12(a))；②采用定力矩扳手(图 9.12(b))；③在与螺母支承面接触后，将螺母转过一个预先计算出的角度；④测量螺栓伸长量。随着现代工具的发展，数显扭矩扳手和气动冲击扳手在工程实际中应用较多(图 9.12(c)、(d))。

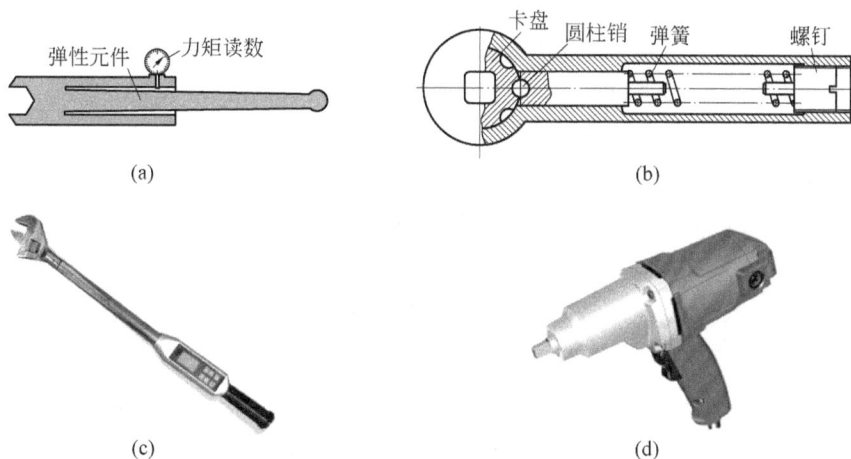

图 9.12　控制拧紧力矩的扳手
(a) 测力矩扳手；(b) 定力矩扳手；(c) 数显扭矩扳手；(d) 气动冲击扳手

9.3.2　螺纹连接的防松

实践表明，在受冲击、振动或变载荷下，或温度变化大时，连接有可能松动，甚至松开，这就容易造成事故。因此在设计螺纹连接时，需要专门的防松装置来防止螺纹连接的这种松动。螺纹连接的防松可采用下列措施来实现。

1. 利用附加摩擦力防松

这种防松是基于所产生的一种附加的摩擦力，当螺栓上轴向外载荷消失或减小时，此摩擦力仍然保持，这种方法可在任意位置上用来防松。

最普遍的螺纹防松方法是采用对顶螺母(图 9.13(a))，即加用第二个螺母，在旋紧对顶螺母之后，当螺栓卸去轴向力时，由于两螺母间相互撑紧而使螺纹中的摩擦力得以保持。

　　弹簧垫圈(图 9.13(b))应用很广。当轴向载荷有变动时,这种垫圈由于其弹性而能在螺纹中保持摩擦力。

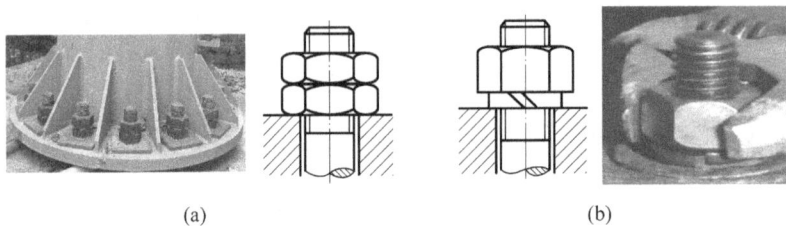

(a)　　　　　　　　　　　　　　　　　(b)

图 9.13　利用附加摩擦力防松

2. 采用专门防松元件防松

　　专门防松元件有开口销、带翅防松垫圈、止动垫片等。

　　开口销是将半圆形截面的钢丝弯成双股,并使其平面彼此相靠而制成的销(图 9.14(a))。开口销穿入螺栓尾部小孔和槽型螺母的槽内,并将开口销尾部掰开与螺母侧面贴紧。

　　带翅防松垫圈(图 9.14(b))主要用来锁住开槽的圆螺母。使垫片内翅嵌入螺栓(轴)的槽内,拧紧螺母后将垫片外翅之一折边嵌于螺母的一个槽内。

　　止动垫片用来相对于被连接零件锁定螺母或螺钉头。外舌止动垫圈将垫片折边以固定螺母和被连接件的相对位置(图 9.14(c))。

　　串联钢丝法用在成组的螺栓或螺钉的紧固连接中,在螺栓杆上的孔和螺母上的槽中或在螺钉头头部的孔中穿过一条钢丝,并将钢丝的两端扭在一起来防松(图 9.14(d))。在螺钉组采用这种方法时需注意钢丝串绕方向要正确,如果弄反则起不到防松作用。

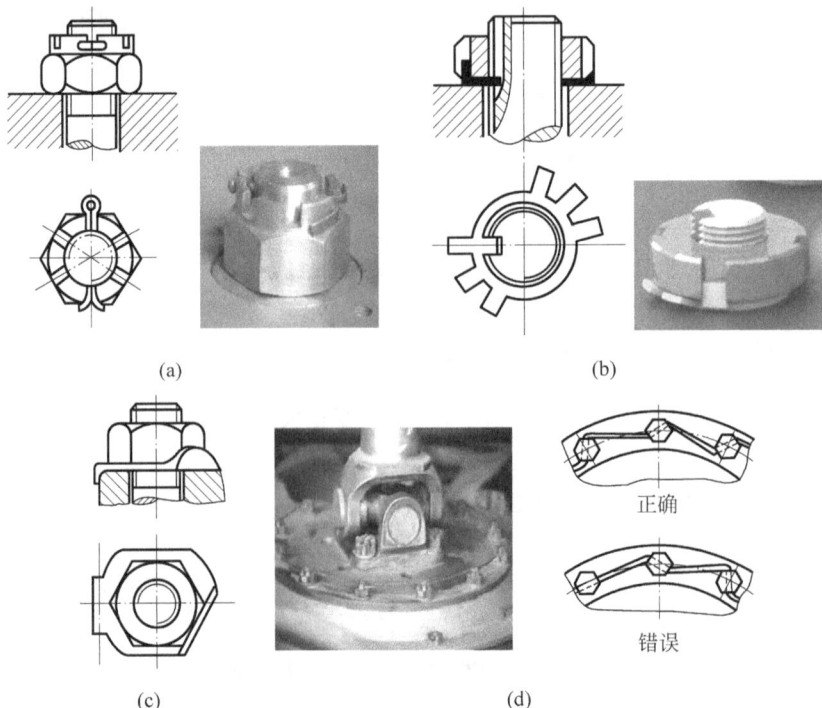

(a)　　　　　　　　　　　　　　　　　(b)

(c)　　　　　　　　　　　　　　　　　(d)

图 9.14　采用专门防松元件防松

3. 永久性防松

对于小直径的螺纹,有时在旋入螺钉或旋上螺母前将螺钉涂以金属黏接胶、树脂或清漆等黏合剂来防松(图 9.15(a))。如果连接在使用期间完全不需要拆开,则可采用塑性变形(图 9.15(b))或用焊接的方法来防松(图 9.15(c))。

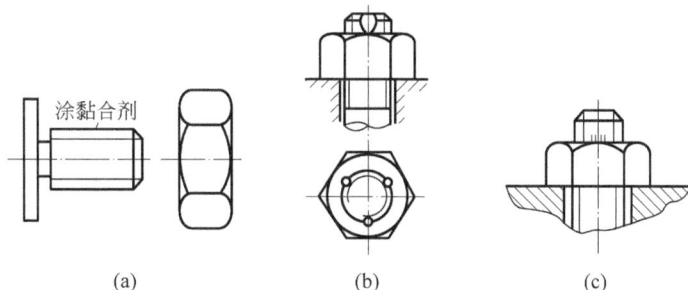

图 9.15 永久性防松

9.4 螺栓连接的强度计算

9.4.1 受拉螺栓连接的强度计算

1. 受拉松螺栓连接

未加预紧力的松连接螺栓在机械中用得不多,并只限于承受静载荷。这种螺栓连接的最典型例子是起重机吊钩尾部的连接(图 9.16)。

当外载荷 F 作用于吊钩时,其螺纹部分的强度条件为

$$\sigma = \frac{F}{\frac{\pi}{4}d_1^2} \leqslant [\sigma] \tag{9.7}$$

式中,d_1 为螺纹小径,mm;$[\sigma]$ 为松连接螺栓的许用拉应力,MPa,$[\sigma] = \dfrac{\sigma_s}{1.2 \sim 1.6}$。

2. 只受预紧力 F' 的紧螺栓连接

这种连接如图 9.17 所示,螺栓装入具有间隙的孔,首先拧紧螺栓和螺母,在螺栓中产生预紧力 F',然后再施加外载荷 F_R,螺栓连接在结合面上产生的摩擦力必须超过外力 F_R。

拧紧螺母时,螺栓承受轴向拉伸的预紧力 F' 和螺纹力矩 T_1,这时螺栓危险截面除受拉应力 σ 外,还受螺纹力矩所引起的扭剪应力 τ。

图 9.16 起重滑轮的松螺栓连接

$$\sigma = \frac{F'}{\frac{\pi}{4}d_1^2} \tag{9.8}$$

$$\tau = \frac{F'\tan(\psi + \rho_v)\dfrac{d_2}{2}}{\frac{\pi}{16}d_1^3} = \frac{2d_2}{d_1}\tan(\psi + \rho_v)\frac{F'}{\pi d_1^2/4} \tag{9.9}$$

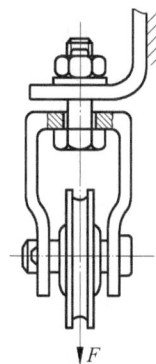

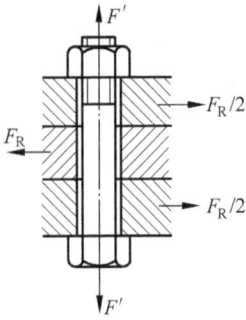

图 9.17　只受预紧力的
紧螺栓连接

对于 M10～M68 的普通螺纹,取 d_2/d_1 和 ψ 的平均值,并取 $\tan\rho_v = f_v = 0.15$,得 $\tau \approx 0.5\sigma$。按第四强度理论(最大变形能理论),当量应力 σ_e 为

$$\sigma_e = \sqrt{\sigma^2 + 3\tau^2} \leqslant [\sigma] \tag{9.10}$$

将 $\tau \approx 0.5\sigma$ 代入式(9.10)可得

$$\sigma_e = \sqrt{\sigma^2 + 3(0.5\sigma)^2} \approx 1.3\sigma \leqslant [\sigma] \tag{9.11}$$

即强度条件为

$$\frac{1.3F'}{\frac{\pi}{4}d_1^2} \leqslant [\sigma] \tag{9.12}$$

式中,$[\sigma]$ 为紧连接螺栓的许用拉应力,MPa,$[\sigma] = \dfrac{\sigma_s}{S}$,$S$ 为安全系数。受静载荷且控制预紧力时,$S = 1.2 \sim 1.5$,不控制预紧力时从表 9.2 中选取安全系数 S。

表 9.2　螺栓连接的安全系数 S(不控制预紧力)

材料	安全系数		
	M6～M16	M16～M30	M30～M60
碳素钢	5～4	4～2.5	2.5～2
合金钢	5.7～5	5～3.4	3.4～3

3. 受预紧力和轴向拉伸载荷的螺栓连接

这种连接常用于压力容器中的螺栓连接。首先拧紧螺栓和螺母,在螺栓中产生预紧力 F',然后再施加外界的轴向拉伸载荷 F,但是作用在螺栓上的总拉力 $F_0 \neq F' + F$,而是取决于预紧力 F'、外载荷 F、螺栓和被连接件的刚度。现说明如下。

图 9.18 为螺栓与被连接件的受力与变形图。图 9.18(a)所示为即将开始拧紧时的状态,此时未产生预紧力。图 9.18(b)所示为拧紧螺栓、螺母时的状态,在螺栓中产生拉伸的预紧力 F' 和拉伸变形 δ_1,预紧力的作用使被连接件处于压缩状态,压缩变形量为 δ_2。令螺栓刚度为 c_1,被连接件刚度为 c_2,则 $\delta_1 = \dfrac{F'}{c_1}$,$\delta_2 = \dfrac{F'}{c_2}$。图 9.18(c)所示为当外载荷 F 作用于有预紧力的螺栓连接时的状态,预紧力 F' 减小至 F'',F'' 称为残余预紧力。作用在被连接件上的力减小了 $F' - F''$,作用在螺栓上的力增加了 $F_0 - F'$。作用在螺栓上的总拉力 F_0 为

$$F_0 = F + F'' \tag{9.13}$$

当外载荷 F 作用时,螺栓和被连接件的变形也有变化,初始处于拉伸状态的螺栓变得更长了,螺栓变形的增量为 $\Delta\delta_1 = \dfrac{F_0 - F'}{c_1}$,而被连接件的压缩将减少,其变形的减少量为 $\Delta\delta_2 = \dfrac{F' - F''}{c_2}$。假设被连接件没有分离,那么由变形协调条件,螺栓变形的增加量必然等于被连接件变形的减少量,即 $\Delta\delta_1 = \Delta\delta_2$。因此

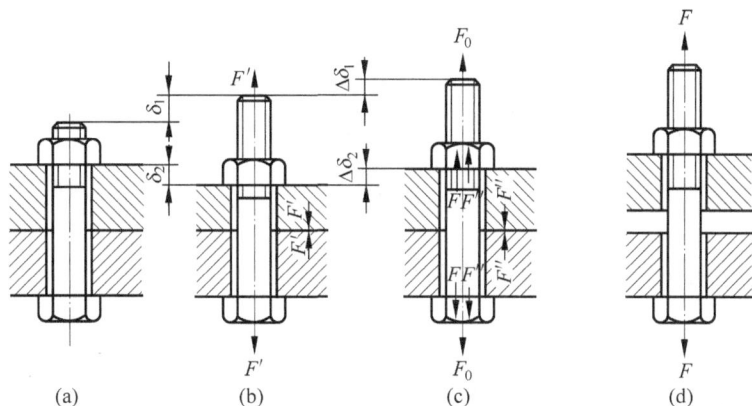

图 9.18　螺栓与被连接件的受力及变形

$$\frac{F_0 - F'}{c_1} = \frac{F' - F''}{c_2} \tag{9.14}$$

将式(9.13)代入式(9.14),得

$$F'' = F' - \frac{c_2}{c_1 + c_2} F \tag{9.15}$$

或

$$F' = F'' + \frac{c_2}{c_1 + c_2} F \tag{9.16}$$

将式(9.15)代入式(9.13),得

$$F_0 = F' + \frac{c_1}{c_1 + c_2} F \tag{9.17}$$

显然,如果外力大到使压缩变形完全消失,则被连接件将彼此分离(图 9.18(d)),而全部载荷将由螺栓承受。

设计时,考虑拉力产生的拉应力和扭矩产生的剪应力共同作用,螺栓的强度条件为

$$\frac{1.3 F_0}{\frac{\pi}{4} d_1^2} \leqslant [\sigma] \tag{9.18}$$

9.4.2　受剪螺栓连接的强度计算

承受剪切载荷螺栓连接所采用的螺栓是铰制孔光制螺栓,如图 9.19 所示。工作载荷为横向载荷,螺栓可能的失效形式为:螺栓杆或螺栓孔壁被压溃以及螺栓被剪断。拧紧时的预紧力和摩擦力等忽略,其强度条件如下:

挤压强度条件为

$$\sigma_p = \frac{F_s}{d_0 h_1} \leqslant [\sigma_p] \tag{9.19}$$

剪切强度条件为

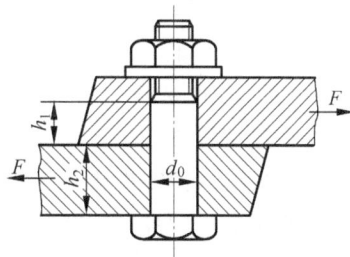

图 9.19　受剪螺栓连接

$$\tau = \frac{F_s}{\frac{\pi}{4}d_0^2 m} \leqslant [\tau] \tag{9.20}$$

式中，F_s 为每个螺栓受的剪切力，N；d_0 为危险截面内螺栓直径，mm；h_1 为最小挤压部分高度，mm；$[\sigma_p]$ 为许用挤压应力，MPa，对钢，$[\sigma_p] = \frac{\sigma_s}{1 \sim 1.25}$，对铸铁，$[\sigma_p] = \frac{\sigma_B}{2 \sim 2.5}$；$m$ 为剪切面数；$[\tau]$ 为许用剪应力，MPa，$[\tau] = \frac{\sigma_s}{2.5}$。

9.5　螺栓组连接的受力分析

1. 受轴向载荷 F_Q 的螺栓组连接

图 9.20(a)所示为压力容器的螺栓组连接，图 9.20(b)所示为压力管道的螺栓组连接，螺栓组受轴向载荷 F_Q，假定全部 z 个螺栓受载均匀，则单个螺栓所受的轴向载荷为

$$F = \frac{F_Q}{z} \tag{9.21}$$

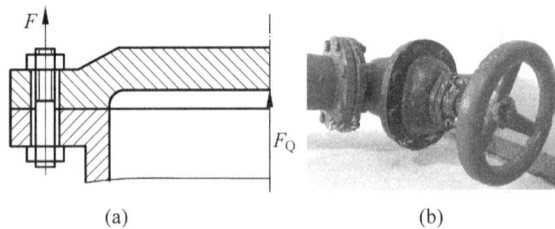

图 9.20　受轴向力的螺栓组连接

2. 受横向载荷 F_R 的螺栓组连接

受横向载荷 F_R 的螺栓组连接可采用受拉螺栓和受剪螺栓两种结构形式。

1）采用受拉螺栓

这种连接将螺栓装在具有间隙的孔中(图 9.21(a))，螺栓连接在接合面上产生的摩擦力必须超过外力 F_R，此时所需的预紧力为

$$F' \geqslant \frac{K_f F_R}{\mu_s m z} \tag{9.22}$$

式中，μ_s 为接合面摩擦系数；m 为接合面数；z 为螺栓数目；K_f 为考虑摩擦传力的可靠性系数，$K_f = 1.1 \sim 1.3$。

2）采用受剪螺栓

这种连接将螺栓装在没有明显间隙的铰孔中(图 9.21(b))，可承受较大的载荷，并且不需要专门措施来使零件相互定位。

螺栓按剪切计算，每个螺栓所受的剪力为

$$F_s = \frac{F_R}{z} \tag{9.23}$$

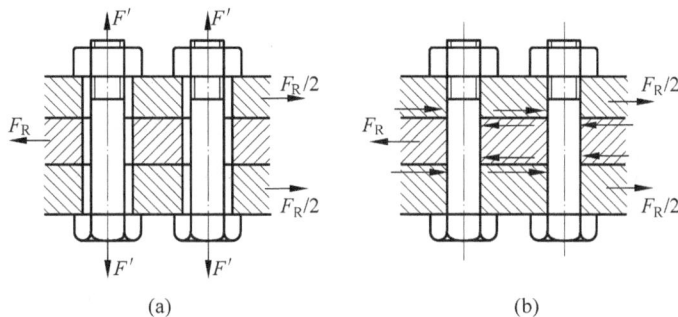

图 9.21　受横向力的螺栓组连接

3. 受扭矩 T 的螺栓组连接

这种连接(图 9.22(a))也可采用两种结构形式。

1) 采用受拉螺栓

如图 9.22(b)所示,螺栓装入具有间隙的钉孔,并承受由接合面上外力所产生的扭矩 T。连接中产生的摩擦力矩应大于所作用的外力矩 T,接合面需满足的条件如下:

$$F'\mu_s r_1 + F'\mu_s r_2 + \cdots + F'\mu_s r_z \geqslant K_f T$$

$$F' \geqslant \frac{K_f T}{\mu_s(r_1 + r_2 + \cdots + r_z)}$$

或

$$F' \geqslant \frac{K_f T}{\mu_s \sum\limits_{i=1}^{z} r_i} \tag{9.24}$$

式中,F' 为预紧力;$r_1, r_2, \cdots, r_z$ 为接合面形心 O 到每个螺栓中心的径向距离;μ_s 为接合面摩擦系数;K_f 为考虑摩擦传力的可靠性系数。

2) 采用受剪螺栓

如果采用受剪螺栓(图 9.22(c)),螺栓与孔壁间无间隙,螺栓按剪切计算。接合面的平衡条件为

$$F_{s1} r_1 + F_{s2} r_2 + \cdots + F_{sz} r_z = T \tag{9.25}$$

式中,$r_1, r_2, \cdots, r_z$ 为接合面形心 O 到每个螺栓中心的径向距离;$F_{s1}, F_{s2}, \cdots, F_{sz}$ 为各螺栓所受的剪力(与螺栓中心至底板旋转中心的连线垂直)。

变形协调条件为

$$\frac{F_{s1}}{r_1} = \frac{F_{s2}}{r_2} = \cdots = \frac{F_{sz}}{r_z} \tag{9.26}$$

联立式(9.25)和式(9.26)可求得 $F_{s1}, F_{s2}, \cdots, F_{sz}$。则得到受载最大的螺栓的剪力为

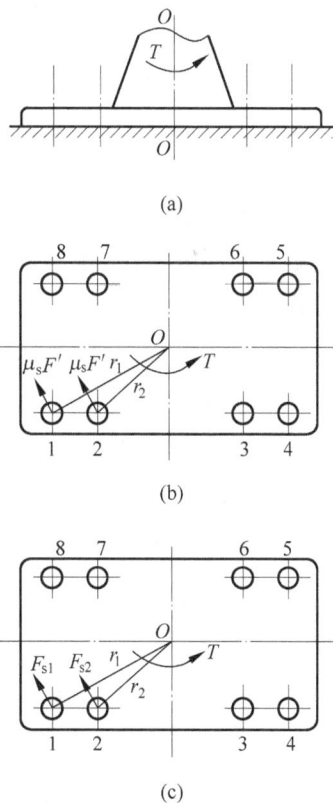

图 9.22　受扭矩的螺栓组连接

$$F_{smax} = \frac{Tr_{max}}{\sum\limits_{i=1}^{z} r_i^2} \tag{9.27}$$

4. 受翻转力矩 M 的螺栓组连接

图 9.23 所示为受翻转力矩 M 的螺栓组连接,底板平衡条件为

$$F_1 l_1 + F_2 l_2 + \cdots + F_z l_z = M \tag{9.28}$$

式中,$l_1, l_2, \cdots, l_z$ 为螺栓中心到接合面形心轴线 O—O 的距离;$F_1, F_2, \cdots, F_z$ 为作用在单个螺栓上的力。

变形协调条件为

$$\frac{F_1}{l_1} = \frac{F_2}{l_2} = \cdots = \frac{F_z}{l_z} \tag{9.29}$$

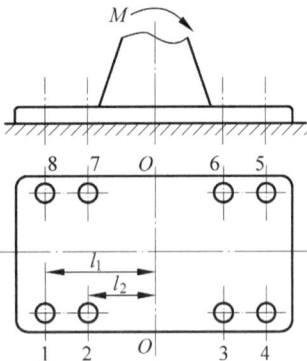

图 9.23　受翻转力矩的螺栓组连接

联立式(9.28)和式(9.29)可求得 $F_1, F_2, \cdots, F_z$。则受力最大的螺栓所受的力为

$$F_{max} = \frac{M l_{max}}{\sum\limits_{i=1}^{z} l_i^2} \tag{9.30}$$

例 9.1　图 9.24(a)所示的螺栓组连接,已知 $P = 1600$ N,采用四个普通受拉螺栓连接,螺栓材料的许用应力 $[\sigma] = 62$ MPa,接合面摩擦系数 $f = 0.15$,取可靠性系数 $K_f = 1.2$。试求所需螺栓直径。

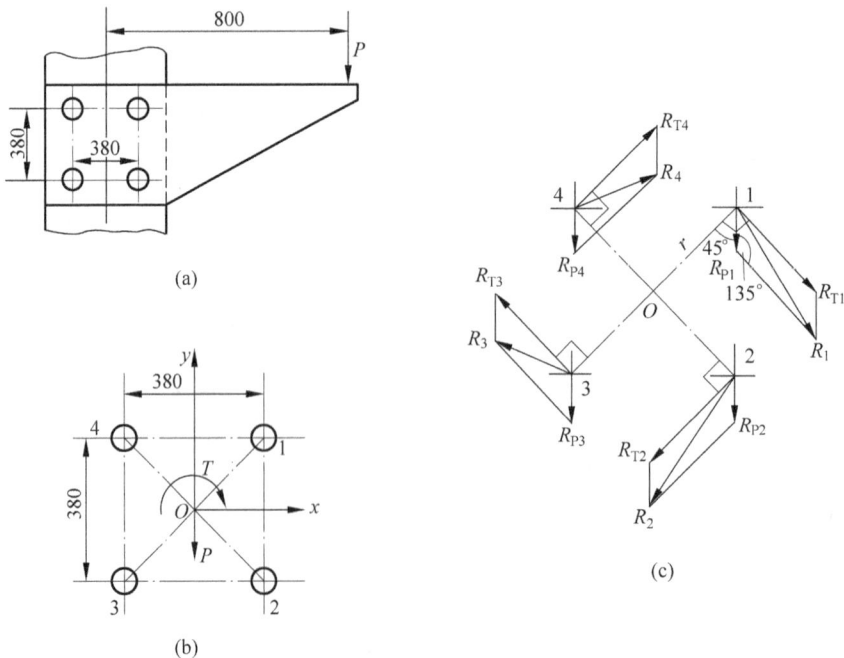

(a)

(b)

(c)

图 9.24　例 9.1 图

解：

（1）简化为基本形式载荷

如图 9.24(b)所示，将载荷 P 向螺栓组形心 O 简化，得横向力 P 及旋转力矩 T。

$$P = 1600 \text{ N}, \quad T = PL = 1600 \times 800 \text{ N} \cdot \text{mm} = 128 \times 10^4 \text{ N} \cdot \text{mm}$$

（2）计算每个螺栓连接的作用力

① 横向力 P 由四个螺栓连接平均承受（图 9.24(c)），即

$$R_{P1} = R_{P2} = R_{P3} = R_{P4} = \frac{P}{4} = \frac{1600}{4} \text{ N} = 400 \text{ N}$$

② 旋转力矩 T 使各螺栓连接承受与形心连线相垂直的横向作用力，且各力相等（图 9.24(c)），即

$$R_{T1} = R_{T2} = R_{T3} = R_{T4}$$

又由静力平衡条件，得

$$R_{T1}r + R_{T2}r + R_{T3}r + R_{T4}r = T$$

所以

$$R_{T1} = R_{T2} = R_{T3} = R_{T4} = \frac{T}{4r} = \frac{128 \times 10^4}{4 \times 380 \times \frac{\sqrt{2}}{2}} \text{ N} = 1191 \text{ N}$$

③ 求受力最大螺栓连接的作用力

每个螺栓连接的横向力等于各自 R_P 与 R_T 的向量和，由几何关系可知（图 9.24(c)），1、2 两螺栓连接的合力最大，其值为

$$R_{max} = R_1 = R_2 = \sqrt{R_{P1}^2 + R_{T1}^2 - 2R_{P1}R_{T1}\cos135°}$$

$$= \sqrt{400^2 + 1191^2 + 2 \times 400 \times 1191\cos45°} \text{ N}$$

$$= 1501 \text{ N}$$

（3）螺栓强度计算

① 受力最大的螺栓连接所需预紧力

$$F' \geqslant \frac{K_f R_{max}}{fmz} = \frac{1.2 \times 1501}{0.15 \times 1 \times 1} \text{ N} = 12008 \text{ N}$$

② 计算所需螺栓直径

$$d_1 \geqslant \sqrt{\frac{4 \times 1.3 F'}{\pi[\sigma]}} = \sqrt{\frac{4 \times 1.3 \times 12008}{\pi \times 62}} \text{ mm} = 17.9 \text{ mm}$$

9.6　提高螺栓连接强度的措施

1. 使载荷在螺纹各圈间均匀分布

在理想的情况下，螺栓内的拉力和螺母内的压力，应当从螺栓和螺母之间相接触的第一圈起均匀地减少。然而，拉力增大了螺栓内的螺距，而压力减小了螺母内的螺距，这样就不能保持受载零件之间的正确配合，载荷大部分传递到第一圈接触螺纹，载荷根本不是均匀分配的。为了部分地改变这种倾向，使载荷在螺纹各圈间均匀分布，可采用下列方法。一种方法是采用受拉螺母（图 9.25(a)、(b)），可以用这种方法提高螺母的柔性，从而增大传递力的

面积,载荷因此分布在较多的螺纹上。另一种方法是将螺母的螺纹切制成很小的锥度(图 9.25(c)),从而减小最初的一些螺纹的接触面积,使载荷在螺纹各圈间均匀分布。用弹性模量比螺栓小的材料制造螺母,也可以使载荷在较大的面积上分布。

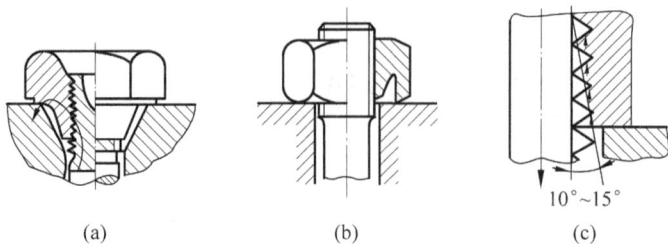

(a)　　　　　　　　(b)　　　　　　　　(c)

图 9.25　使螺纹牙受力分配较均匀的螺母结构

2. 减小螺栓刚度或增大被连接件刚度

理论分析表明,降低应力幅 σ_a 可提高螺栓连接的疲劳强度。在一定的工作载荷 F 作用下,螺栓总拉力 F_0 一定时,减小螺栓刚度 c_1 或增大被连接件刚度 c_2,都能使应力幅 σ_a 减小,从而提高螺栓的疲劳强度。采用加粗螺栓直径的方法,对提高螺栓疲劳强度并无益,这样只增加了螺栓的强度,但并未降低螺栓的刚度。减小螺栓的刚度可采用如下措施:采用细长杆的螺栓、柔性螺栓(部分减小螺杆直径或采用中空螺栓,如图 9.26 所示)。

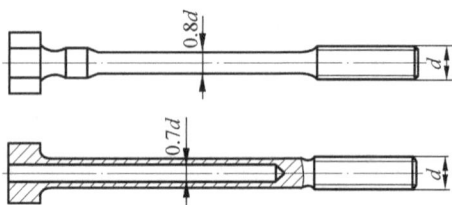

图 9.26　柔性螺栓可提高螺栓的疲劳强度

如上所述,减小连接件刚度或增大被连接件刚度,均可提高螺栓连接的疲劳强度。图 9.27(a)所示为压力容器,用刚度小的普通密封垫,就相当于减小了被连接件的刚度,因此降低了螺栓的疲劳强度。如果改为图 9.27(b)所示的结构,即被连接件之间无垫片,开密封槽并放入橡胶密封环进行密封,就增大了被连接件的刚度,因此较前一种方法极大地提高了螺栓的疲劳强度。

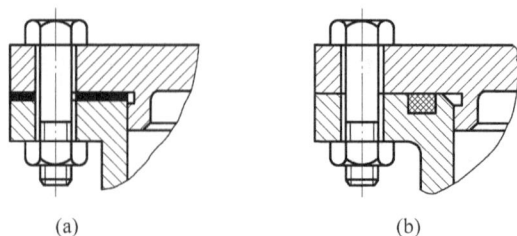

(a)　　　　　　　　　　　　(b)

图 9.27　增大被连接件的刚度可提高螺栓连接的疲劳强度
(a) 用刚度小的密封垫(较差);(b) 无垫片(较好)

3. 减小应力集中

载荷从较大的截面传递到较小的截面时,螺栓杆与螺栓头之间小的圆角半径可引起较大的应力集中(图 9.28(a)),而采用较大的圆角半径(图 9.28(b))和卸载结构(图 9.28(c))等则可减小应力集中,提高螺栓杆的强度。

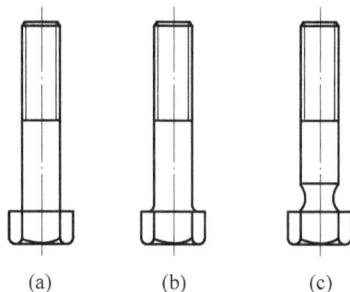

图 9.28　螺栓头根部圆角半径对疲劳强度的影响

(a) 较差；(b) 较好；(c) 好

4. 减小附加应力

螺栓的弯曲应力对螺栓的断裂起到关键作用,因此减小附加应力主要指如何减小弯曲应力。产生弯曲应力的原因是:螺栓的轴线与被连接件表面不垂直,因此设计时必须保证螺栓的轴线与被连接件表面垂直。例如,铸造表面不可以直接安装螺栓,必须加工平整,常用的方法是在铸造表面有螺栓连接的地方采用凸台或沉孔,如图 9.29(a)、(b)所示。同时,还可以采用图 9.29(c)、(d)、(e)等其他的一些方法使螺杆避免或减小附加弯曲应力。

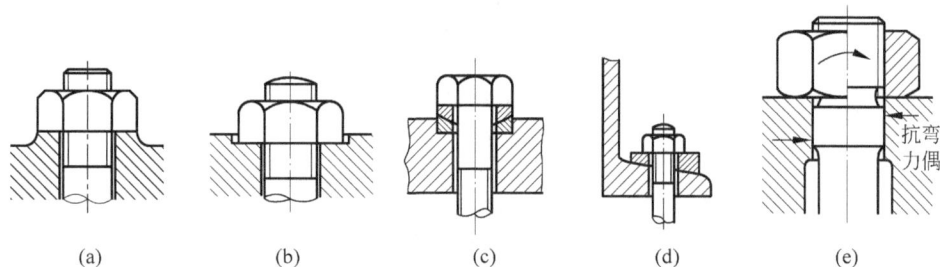

图 9.29(b)

抗弯力偶

图 9.29　避免或减小弯曲应力的方法示例

(a) 采用凸台；(b) 采用沉头座；(c) 采用球面垫圈；(d) 采用斜垫圈；(e) 采用环腰

9.7　键连接和花键连接

9.7.1　键连接

键主要用来实现轴和轴上零件之间的周向固定并传递转矩。有些类型的键还可实现轴上零件的轴向固定或轴向移动。

1. 平键连接

普通平键连接的结构型式及 A 型、B 型、C 型键的形状如图 9.30 所示。键的上表面与轴上零件的轮毂不接触,有间隙,侧面与轴槽及轮毂槽间为配合尺寸,两侧面为工作面,靠键与槽的挤压和键的剪切传递转矩。

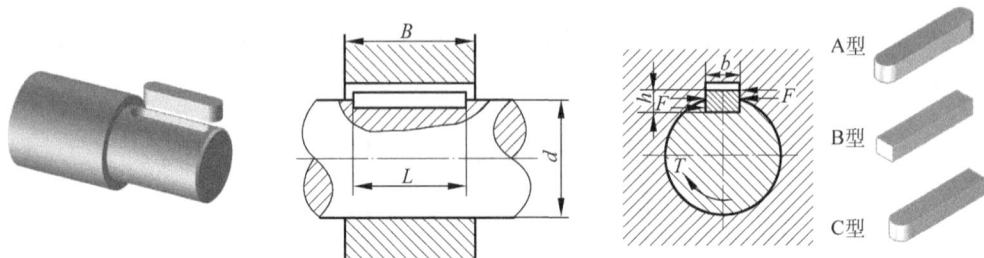

图 9.30 普通平键连接及其键的类型

　　如图 9.31 所示,A 型键为圆头平键,轴上的键槽用指状铣刀加工出来,因此,键与槽同形,定位好,工程上最常用。但是,由于指状铣刀圆角半径小,因此轴槽的应力集中较大,降低了轴的疲劳强度。B 型键为方头键,轴上的键槽用盘铣刀进行加工,盘铣刀圆角半径大,所以轴槽的应力集中小,但是因键与槽不同形,所以轴向定位效果不好,常用紧定螺钉紧固。C 型键的键槽与 A 型键的键槽加工方法相同,由于 C 型键一侧是圆头,一侧是方头,所以常用在轴端。轮毂的键槽是用拉刀或插刀进行加工的。

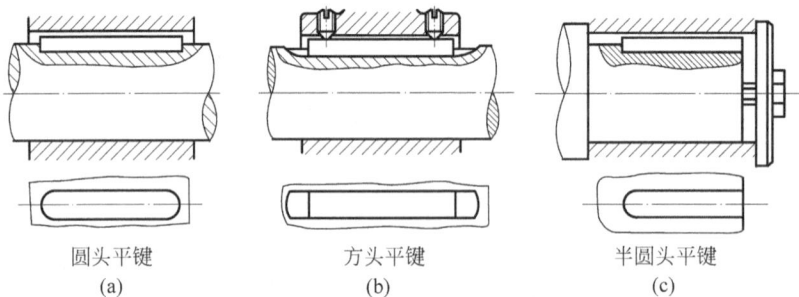

圆头平键   方头平键   半圆头平键
(a)   (b)   (c)

图 9.31 普通平键连接及键槽结构
(a) A 型(圆头);(b) B 型(方头);(c) C 型(一端圆头、一端方头)

　　如果是薄壁结构、空心轴等径向尺寸受限制的连接,可采用薄型平键,其键高约为普通平键的 60%~70%。

　　当轴上的零件需要在轴上移动时,可采用导向平键和滑键连接。导向平键用螺钉固定在轴槽中,键不动,轮毂轴向移动,如图 9.32 所示,导向平键结构有圆头和方头两种。而滑键固定在轮毂上,随轮毂一同沿着轴上键槽移动,如图 9.33 所示。导向平键连接与滑键连

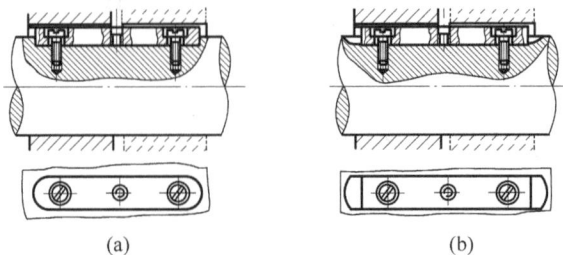

(a)   (b)

图 9.32 导向平键连接
(a) 圆头;(b) 方头

接均为动连接。键与其相对滑动的键槽之间的配合为间隙配合。当轴向移动距离较大时，宜采用滑键，因为如采用导向平键，键将很长，增加制造的困难。

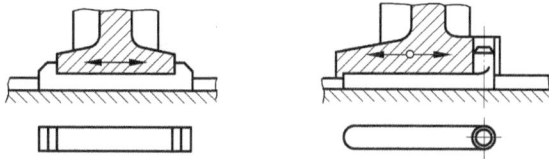

图 9.33 滑键连接

平键连接的特点是装拆方便，零件对中性好，容易制造，工作可靠，多用于高精度连接；但只能作圆周方向固定，不能承受轴向力。

2. 半圆键连接

半圆键连接如图 9.34 所示，轴槽用与半圆键形状相同的铣刀加工，键能在槽中绕几何中心摆动，键的侧面为工作面，工作时靠其侧面的挤压来传递转矩。

半圆键连接的特点是工艺性好，装配方便，尤其适用于锥形轴与轮毂的连接；缺点是轴的键槽对轴的强度削弱较大，只适宜轻载连接。

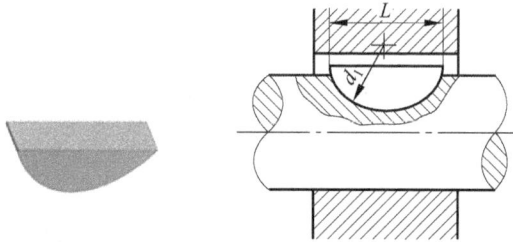

图 9.34 半圆键与半圆键连接

3. 楔键连接

楔键连接靠键的上、下表面与毂孔及轴槽之间的楔紧产生的摩擦力传递转矩，并可传递小部分单向轴向力(图 9.35(a))。楔键分为普通楔键(图 9.35(b))和钩头楔键(图 9.35(c))两种，普通楔键也有圆头、方头及单圆头三种。楔键的上、下面为工作表面，有 1∶100 的斜度(键与键槽在侧面有间隙)。

楔键连接适用于低速轻载、精度要求不高的场合。这种连接对中性较差，有偏心，不宜用于高速和精度要求高的连接，变载下易松动。钩头楔键一般只用于轴端连接，且为了安全起见，要加装防护罩。

4. 切向键连接

切向键连接由两个斜度为 1∶100 的楔键组成，靠工作面与轴及轮毂相挤压来传递转矩，如图 9.36 所示。切向键的上、下两面为工作面，布置在圆周的切向。一对切向键连接只能单向传动。当要求双向传动时，必须用两对切向键且成 120°布置，以便不至于严重削弱轴与轮毂的强度。因为键槽对轴的强度削弱较大，因此适用于直径 $d>100$ mm 的轴，且对中要求不高时采用。

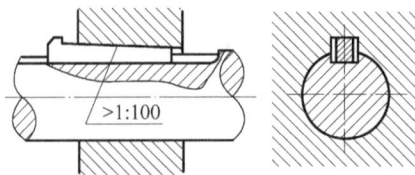

(a)

(b)　　　　　　　　　　(c)

图 9.35　楔键连接与楔键

（a）楔键连接；（b）普通楔键；（c）钩头楔键

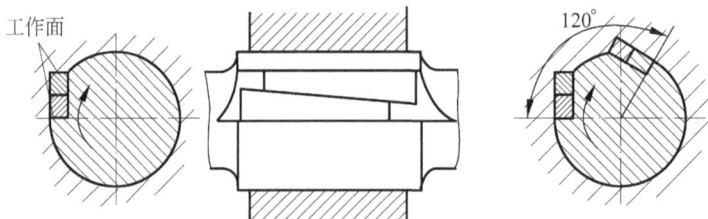

图 9.36　切向键连接

5. 平键连接强度计算

1）键的选择

根据轴的直径、结构特点、使用要求和工作条件，按标准选取键的类型和规格。

平键截面尺寸已有标准，可根据轴的直径 d 从标准中查取。键槽尺寸也必须按标准确定。具体尺寸系列参见附录 A 的表 A.4 和附录 C.7。

键的长度根据轮毂的长度和强度要求确定。如果强度不足，可采用双键连接，两个键相隔 180° 对称布置，考虑载荷分布不均匀性，在强度校核中可按 1.5 个键计算。

2）平键连接强度计算

平键连接的载荷由平键的侧面承受，因此平键连接可能出现的失效形式为侧面压溃、键剪断（静连接）和磨损（动连接）。键很少被剪断，所以这种失效形式一般可以不考虑。

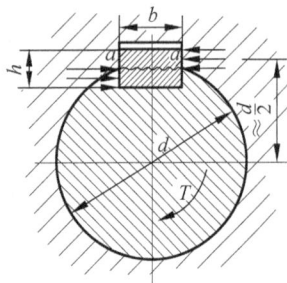

图 9.37　平键连接的受力情况

强度计算中，假设键侧面与轴和轮毂的接触面上压力均匀分布，为简单起见，再假设作用在键上的力臂为 $d/2$（图 9.37），此处 d 为轴的直径，因此挤压强度条件为

$$\sigma_p = \frac{\dfrac{T}{d/2}}{\dfrac{h}{2}L'} = \frac{4T}{dhL'} \leqslant [\sigma_p] \qquad (9.31)$$

式中，σ_p 为挤压应力，MPa；$[\sigma_p]$ 为键、轴、毂中最弱材料的许用挤压应力，MPa，见表 9.3；T 为传递的转矩，N·mm；h 为键高，mm；L' 为键的工作长度，mm，A 型普通平键的 $L' =$

$L-b$（L 为键长，b 为键宽），B 型普通平键的 $L'=L$。

在截面 $a-a$ 上（图 9.37）的剪切强度条件为

$$\tau=\frac{\dfrac{T}{d/2}}{bL'}=\frac{2T}{dbL'}\leqslant[\tau] \tag{9.32}$$

式中，τ 为剪切应力，MPa；$[\tau]$ 为许用剪切应力，MPa，静载时可取 120 MPa，冲击载荷时可取 60 MPa。

导向平键连接和滑键连接的抗磨损强度条件为

$$p=\frac{4T}{dhL'}\leqslant[p] \tag{9.33}$$

式中，p 为压强，MPa；$[p]$ 为键、轴、毂中最弱材料的许用压强，MPa，见表 9.3。

表 9.3　键连接的许用挤压应力 $[\sigma_p]$ 和许用压强 $[p]$　　　　　　MPa

连接工作方式	键或毂、轴的材料	$[\sigma_p]$ 或 $[p]$		
		静载荷	轻微冲击载荷	冲击载荷
静连接，用 $[\sigma_p]$	钢	120～150	100～120	60～90
	铸铁	70～80	50～60	30～45
动连接，用 $[p]$	钢	50	40	30

例 9.2　某一钢轴，其直径为 60 mm。轴以 $n=120$ r/min 的转速旋转，并通过齿轮传递功率 $P=10$ kW。齿轮与轴为静连接，齿轮材料为铸铁，齿轮轮毂长为 100 mm。试选择适用于该轴与齿轮连接的键。

解：

（1）键的选择

选择普通平键。根据轴径 $d=60$ mm，由附录 A 的表 A.4 和附录 C.7 查得键宽 $b=18$ mm，键高 $h=11$ mm，根据齿轮轮毂长为 100 mm，取键长 $L=90$ mm。

（2）强度验算

由转矩与功率的关系式求得转矩为

$$T=\frac{9.55\times10^6 P}{n}=\frac{9.55\times10^6\times10}{120}\ \text{N}\cdot\text{mm}=796\times10^3\ \text{N}\cdot\text{mm}$$

由表 9.3 查得 $[\sigma_p]=80$ MPa，键的工作长度为 $L'=L-b=(90-18)$ mm $=72$ mm，则挤压强度条件为

$$\sigma_p=\frac{4T}{dhL'}=\frac{4\times796\times10^3}{60\times11\times72}\ \text{MPa}=67\ \text{MPa}<[\sigma]=80\ \text{MPa}$$

可见满足挤压强度条件。

剪切强度条件为

$$\tau=\frac{2T}{dbL'}=\frac{2\times796\times10^3}{60\times18\times72}\ \text{MPa}=20\ \text{MPa}\ll[\tau]=120\ \text{MPa}$$

可见远远满足剪切强度条件，因此一般设计中无需作这一验算。

9.7.2 花键连接

1. 花键连接的类型与结构形式

轴和轮毂孔周向均布的多个键齿构成的连接,称为花键连接。图 9.38(a)所示为外花键,图 9.38(b)所示为内花键。齿的侧面为工作面。由于是多齿传递载荷,所以花键连接比平键连接的承载能力高,对轴的削弱程度小,定心和导向性能好。它适用于定心精度要求高、载荷大或经常滑移的连接。按齿形的不同,花键连接可分为矩形花键连接(图 9.39)和渐开线花键连接(图 9.40)。

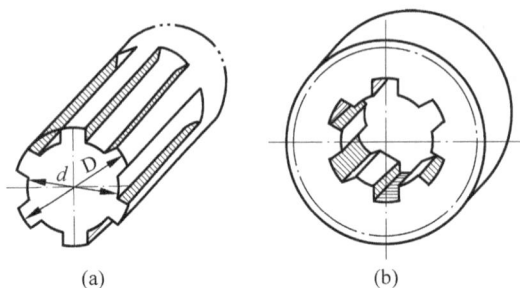

图 9.38 花键

(a) 外花键;(b) 内花键

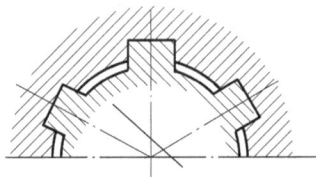

图 9.39 矩形花键连接

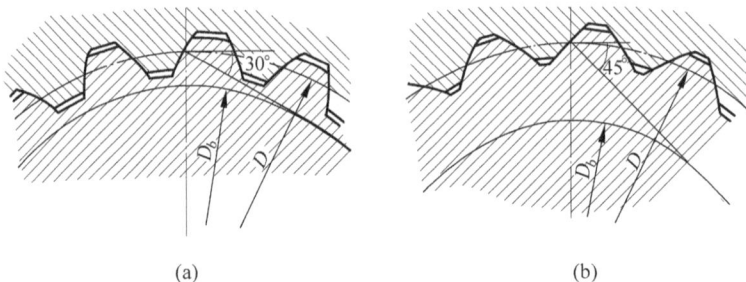

图 9.40 渐开线花键连接

(a) $\alpha = 30°$;(b) $\alpha = 45°$

2. 矩形花键

矩形花键制造容易,应用广泛,按齿高的不同分轻、中两个系列,已标准化。国家标准规定其定心方式为内径定心,即外花键和内花键的小径为配合面。制造时,轴和毂上的结合面都要经过磨削,定心精度高,定心稳定性好,表面硬度高于 40 HRC。当用外径定心时,轴、孔加工简单,孔可拉削,但如果硬度过高则拉不动,一般用于硬度小于 40 HRC 的情况。侧面定心载荷分布均匀,承载能力高但精度不高,零件易移动,侧面易磨损,使对中性变坏,一般适于定心要求不高的重载连接(静连接)。

3. 渐开线花键

渐开线花键的齿廓为渐开线,分度圆压力角有 $\alpha = 30°$ 和 $\alpha = 45°$ 两种,后者也称细齿渐开线花键或三角形花键,齿顶高分别为 $0.5m$ 和 $0.4m$(m 为模数),可用齿轮机床进行加工,工艺性较好,制造精度高,齿根圆角大,应力集中小,易于对心。但加工花键孔用渐开线拉刀制造复杂,成本高,适宜于传递大转矩、大直径的轴。渐开线花键为齿形定心,当齿受力时,齿上的径向力能起到自动定心的作用。

9.8　销　连　接

销主要用作装配定位,也可用来连接或固定零件,还可作为安全装置中的过载剪断元件。销的类型、尺寸、材料和热处理以及技术要求都有标准规定。

按用途分,销可分为定位销、连接销、安全销。

(1) 定位销。定位销主要用于固定零件间的位置,不受载荷或受很小载荷,其直径可按结构确定,数目不得少于两个,如图 9.41 所示。

(2) 连接销。连接销用于连接,可传递不大的载荷,其直径可根据连接的结构特点按经验确定,必要时再验算强度,如图 9.42 所示。

(3) 安全销。安全销可作安全保护装置中的剪断元件,如用在剪销安全离合器中的销,见图 9.43。

按形状分,销可分为圆柱销、圆锥销、带螺纹锥销、开尾圆锥销、槽销、弹性圆柱销、开口销等。

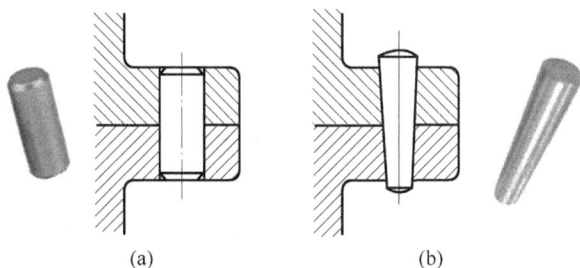

图 9.42

(a)　　　(b)

图 9.41　定位销

(a) 圆柱销；(b) 圆锥销

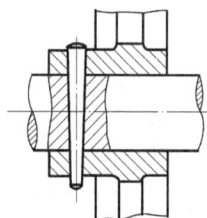

图 9.42　连接销

(1) 圆柱销(图 9.41(a))。圆柱销利用微量过盈固定在铰光的销孔中,不能多次装拆,否则定位精度下降。

(2) 圆锥销(图 9.41(b))。圆锥销的锥度为 1:50,可自锁,靠锥挤作用固定在铰光的销孔中,定位精度较高,便于拆卸且允许多次装拆。

(3) 带螺纹圆锥销(图 9.44)。大端带螺纹圆锥销(图 9.44(a)、(b))可用于没有开通或拆卸困难的场合,小端带螺纹圆锥销(图 9.44(c))用于冲击、振动或变载的场合,防止销松脱。

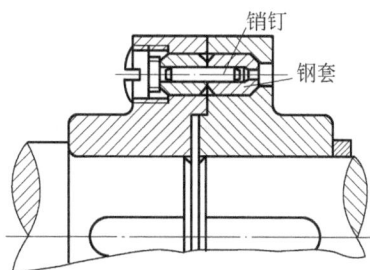

销钉

钢套

图 9.43　安全销

(4) 开尾圆锥销(图 9.45)。开尾圆锥销适用于冲击、振动或变载的场合,防止销松脱。

(5) 槽销(图 9.46)。槽销不需要铰孔,当销钉被打入时,在制造销钉时从槽中压出的材料发生相反方向的变形,这样就产生高的局部压力,使销钉稳固地固定在孔中,如图 9.46(a)所示。图 9.46(b)中,细线为打入前,粗线为打入后。槽销可重复拆装,槽销主要

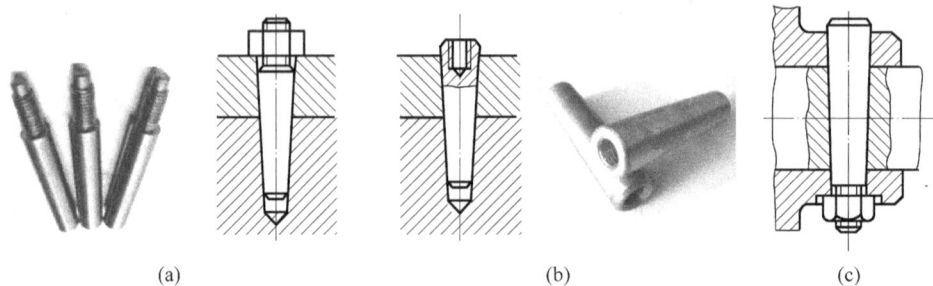

图 9.44　带螺纹的圆锥销

用来传递载荷。

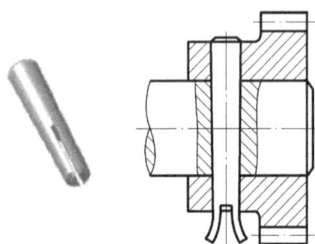

图 9.45　开尾圆锥销

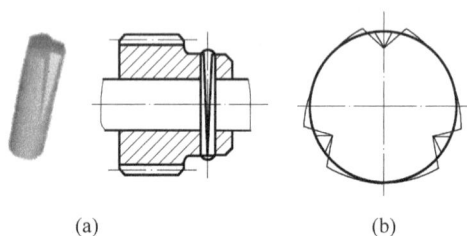

图 9.46　槽销

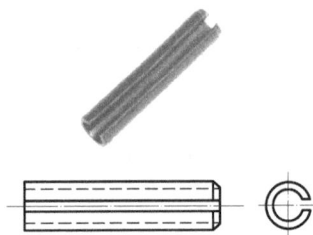

图 9.47　弹性圆柱销

（6）弹性圆柱销（图 9.47）。弹性圆柱销由带钢料卷制而成，并经淬火，比实心销轻，销孔无需铰光。由于弹性大，这种销钉可在很广的公差范围内装入孔中，甚至在冲击载荷下接合能力仍然很高，而且在多次拆装后还可保持。

（7）开口销（图 9.48）。开口销的外形如图 9.48（a）所示。装配时将开口销末端分开并弯折，以防脱落，除与销轴（图 9.48（b））配用外，还常用于螺纹连接的防松装置中。

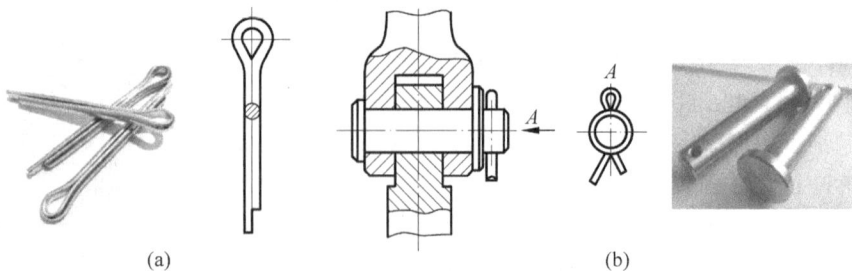

图 9.48　开口销

习　　题

9.1　螺纹的主要参数有哪些？螺距与导程有何不同？

9.2　螺栓、双头螺柱和螺钉在应用上有何不同？

9.3 为什么大多数螺纹连接都需要拧紧？拧紧时要克服哪些力矩？此时螺栓与被连接件各受什么力？

9.4 按防松原理分,螺栓连接常用的防松措施有哪几类？每种类型举出 1~2 例。

9.5 键连接的主要类型有哪几种？各有什么特点？销连接按用途分为哪几类？

9.6 题 9.6 图所示为用两个 M10($d_1=8.376$ mm)的螺钉固定一牵曳钩,若螺钉材料强度级别为 5.8 级,装配时控制预紧力 F',接合面摩擦系数 $\mu_s=0.3$,取安全系数 $S=2$,可靠系数 $K_f=1.2$。求其允许的牵引力 R。

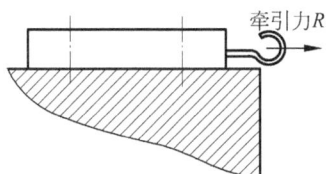

9.7 题 9.7 图所示的两根梁用 8 个 4.6 级的普通螺栓与两块钢盖板相连接,梁受到的拉力 $F=28$ kN,接合面摩擦系数 $\mu_s=0.2$,控制预紧力,取安全系数 $S=1.3$,可靠性系数 $K_f=1.2$。试确定所需螺栓的小径 d_1。

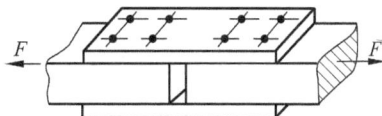

题 9.6 图   题 9.7 图

9.8 用以传递工作转矩的螺栓组连接(刚性联轴器)如题 9.8 图所示。8 个 M16 的螺栓均匀地布置在 $D=200$ mm 的圆周上,所传递的工作转矩 $T=450$ N・m。试验算此螺栓组连接在下列情况下是否安全可靠:

(1) 用普通螺栓(小径 $d_1=13.835$ mm),被连接件为钻孔,靠摩擦传力,连接表面间的摩擦系数 $\mu_s=0.15$,要求可靠性系数 $K_f=1.2$,螺栓材料 Q235 的许用应力 $[\sigma]=57.5$ MPa;

(2) 用铰制孔光制螺栓(光杆直径 $d_0=16$ mm),被连接件为铰孔,靠剪切传力,已知螺栓材料的许用剪切应力 $[\tau]=92$ MPa。

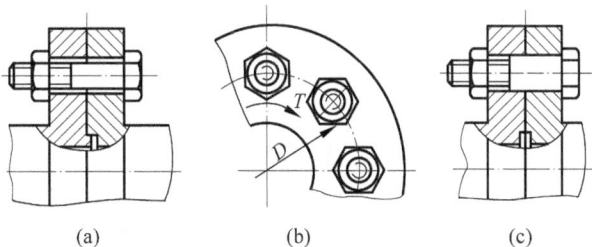

(a)   (b)   (c)

题 9.8 图

(a) 受拉螺栓；(b) 螺栓周向分布；(c) 铰制孔用螺栓

9.9 对于题 9.9 图所示的三种螺栓布置方案进行受力分析,写出各方案中受载最大的螺栓的载荷表达式,指出哪个方案布置最合理。

9.10 题 9.10 图所示的起重卷筒与大齿轮为双头螺柱连接,起重钢索拉力 $Q=50$ kN,卷筒直径 $D=400$ mm,利用双头螺柱夹紧产生的摩擦力矩将扭矩由齿轮传至卷筒,8 个螺柱均匀分布在直径 $D_0=500$ mm 的圆周上。试计算双头螺柱的直径,其强度级别为

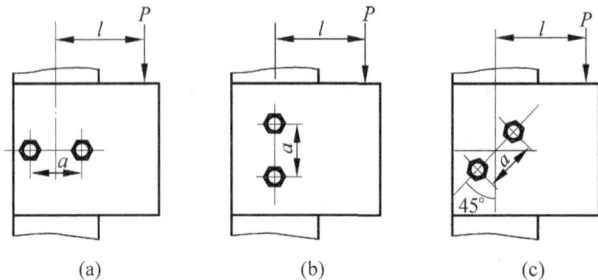

题 9.9 图

4.6 级,安全系数取 $S=2.4$,连接接触面摩擦系数 $\mu_s=0.12$,可靠性系数 $K_f=1.2$。

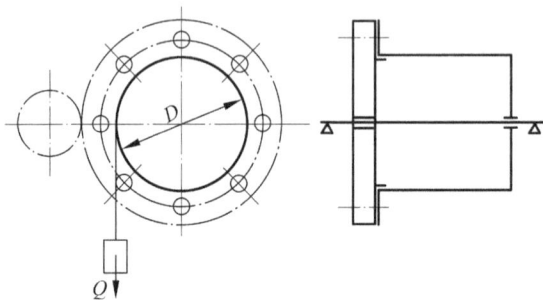

题 9.10 图

9.11　气缸容器螺栓连接,沿圆周均布 12 个 M16 螺栓。已知缸体和缸盖材料为铝合金,螺栓强度级别为 4.6 级,气缸内径为 250 mm。按工作要求,残余预紧力 $F''=1.5F$,如按控制预紧力考虑,取安全系数 $S=1.2$,试求:

(1) 预紧力 F' 及缸体内气体容许的最大压强 p_{max}(假设 $C_1/C_2=1/5$);

(2) 如果为了不漏气,当压强 $p<1.6$ MPa 时,取螺栓间距 $t<7d$;当压强 $p>1.6$ MPa 时,取 $t<5d$,试求螺栓分布圆周直径(必要时,可改变螺栓数目和直径)。

9.12　试设计一齿轮与轴的键连接,已知轴的直径 $d=90$ mm,齿轮轮毂宽 $B=110$ mm,轴传递的转矩 $T=1800$ N·m,载荷平稳,轴和键的材料均为钢,齿轮材料为锻钢。

＊ 实践拓展练习

9.13　观察生产、生活中的各种螺纹连接,分析其属于何种类型,是否采用了防松措施?

9.14　某公园铁栅栏侧面欲安装放置花盆用的三角形托架,采用普通螺栓组连接。设计该螺栓组的布置方案和结构参数,分析其受载荷形式并进行强度计算(载荷自行设定)。

第 10 章 带 传 动

10.1 概　　述

如图 10.1 所示,带传动由主动带轮 1 和从动带轮 2 以及传动带 3 组成,传动带以一定的张紧力套在带轮上,靠摩擦来传递运动和动力。传动中可以有两个或多个带轮。

带传动适用范围如下:

(1) 适用于较高速度的场合,带的工作速度一般为 5~30 m/s,最高为 60 m/s。

(2) 适用于中、小功率,$P \leqslant 50$ kW。

(3) 一般传动比 $i \leqslant 7$;最大 $i = 10$。

(4) 适用于传动比要求不十分准确的场合。

1. 带传动的类型

上述摩擦型带传动,根据带的截面形状可分为平带(图 10.2(a))、V 带(图 10.2(b))、多楔带(图 10.2(c))和圆带(图 10.2(d))等。

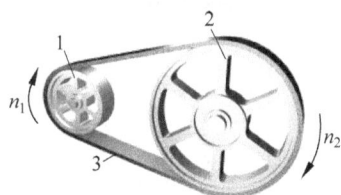

图 10.1 带传动

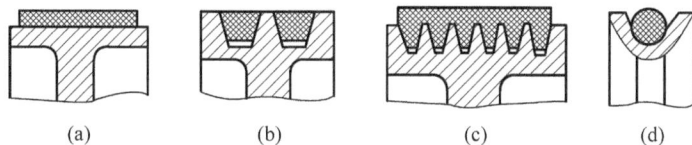

(a)　　　　　(b)　　　　　(c)　　　　　(d)

图 10.2　不同截面形状的摩擦带传动

平带传动靠带的环形内表面与带轮外表面压紧产生摩擦力,结构简单,带的挠性好,带轮容易制造,大多用于传动中心距较大的场合,例如,生活中健身用的跑步机、地铁入口处的行李安检机等。图 10.3 所示为糊盒机中的平带传动。

V 带传动靠带的两侧面与轮槽侧面压紧产生摩擦力。与平带传动比较,当带对带轮的压力相同时,V 带传动的摩擦力大,故能传递较大功率,结构也较紧凑,且 V 带无接头,传动较平稳,因此 V 带传动应用最广。图 10.4 所示为拖拉机中的 V 带传动。

多楔带传动靠带和带轮间的楔面之间产生的摩擦力工作,兼有平带和 V 带的优点,适宜于要求结构紧凑且传递功率较大的场合,可靠性更好,传动效率高,特别适用于要求 V 带根数较多或轮轴线垂直于地面的传动,常用于带动压缩机、水泵、发电机等。图 10.5 所示为汽车发动机中的多楔带传动。

圆带传动靠带与轮槽压紧产生摩擦力,常用于低速小功率传动,主要用于仪器、台式机床、服装业机械和家用器械中,如缝纫机、磁带盘的传动等。

2. 带传动的优、缺点

带传动被广泛应用于工业当中,具有如下优点:

（1）用于大中心距的场合。

（2）可以很大程度地缓和、吸收载荷冲击与振动，运行平稳、无噪声。

（3）系统出现过载时将引起打滑，因而可防止其他零件损坏。

（4）结构简单，成本相对较低。

图 10.3　糊盒机中的
　　　　平带传动

图 10.4　拖拉机中的 V 带传动

图 10.5　汽车发动机中的
　　　　多楔带传动

带传动的缺点有：

（1）带的弹性滑动使两传动轴间的角速度比不准确。

（2）应用带传动时其中心距通常需要进行调整。

（3）尺寸较大，往往是啮合传动装置的数倍。

（4）在高速传动中寿命较短，效率较低。

（5）不宜用于高温、易燃等场合。

10.2　V 带与 V 带轮

10.2.1　普通 V 带的构造和标准

1. V 带的构造

如图 10.6 所示，V 带由下述部分组成：

（1）抗拉体。承受载荷的主体，对拉力提供足够的强度，还要允许挠曲，大约位于通过横截面重心的水平线上，其材料为化学纤维织物。

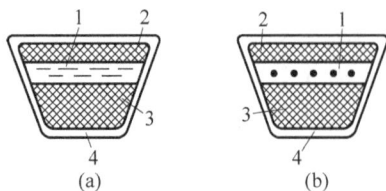

1—抗拉体；2—顶胶层；3—底胶层；
4—包布层。

图 10.6　普通 V 带的构造

（2）顶胶层。位于抗拉体的上部，当 V 带弯曲时，将伸长，由胶料制成。

（3）底胶层。位于抗拉体的下部，当 V 带弯曲时，将缩短，由胶料制成。

（4）包布层。由胶帆布制成，用来将带外圈的各部分包紧。

2. V 带的型号

V 带的梯形截面已经标准化为七种型号：Y、Z、

A、B、C、D、E。其中 Y 型最小,E 型最大(GB/T 11544—2012)。表 10.1 列出了 V 带的截面尺寸和单位长度质量。

表 10.1　普通 V 带的截面尺寸和单位长度质量

型　　号	Y	Z	A	B	C	D	E
顶宽 b/mm	6.0	10.0	13.0	17.0	22.0	32.0	38.0
节宽 b_p/mm	5.3	8.5	11.0	14.0	19.0	27.0	32.0
高度 h/mm	4.0	6.0	8.0	11.0	14.0	19.0	23.0
楔角 θ	40°						
单位长度质量 q/(kg/m)	0.023	0.060	0.105	0.170	0.300	0.630	0.970

3. V 带传动的基本参数

(1)基准长度 L_d:当 V 带弯曲时,顶胶层伸长,底胶层缩短,中间存在一个长度不变的过渡层称为中性层,中性层的周长称为基准长度,也称节线长度。普通 V 带的基准长度 L_d为标准值,其值见表 10.2。

(2)基准直径 d:V 带安装在带轮上,带的节宽 b_p 与轮槽的基准宽度 b_d 重合并相等,其对应的带轮直径称为基准直径。

(3)中心距 a:两带轮中心的距离。

(4)包角 α:带与轮接触弧所对应的圆心角。

表 10.2　普通 V 带的基准长度系列及长度系数 K_L

基准长度 L_d/mm	K_L				基准长度 L_d/mm	K_L					
	Z	A	B	C		Z	A	B	C	D	E
400	0.87				2000		1.03	0.98	0.88		
450	0.89				2240		1.06	1.00	0.91		
500	0.91				2500		1.09	1.03	0.93		
560	0.94				2800		1.11	1.05	0.95	0.83	
630	0.96	0.81			3150		1.13	1.07	0.97	0.86	
710	0.99	0.83			3550		1.17	1.09	0.99	0.89	
800	1.00	0.85			4000		1.19	1.13	1.02	0.91	
900	1.03	0.87	0.82		4500			1.15	1.04	0.93	0.90
1000	1.06	0.89	0.84		5000			1.18	1.07	0.96	0.92
1120	1.08	0.91	0.86		5600				1.09	0.98	0.95
1250	1.11	0.93	0.88		6300				1.12	1.00	0.97
1400	1.14	0.96	0.90		7100				1.15	1.03	1.00
1600	1.16	0.99	0.92	0.83	8000				1.18	1.06	1.02
1800	1.18	1.01	0.95	0.86	9000				1.21	1.08	1.05

10.2.2　V 带轮

带轮一般由铸铁制造,如 HT150 和 HT200。由铸铁制得的带轮的最大许用圆周速度为 25 m/s。速度更高时,带轮宜用铸钢制造或由钢板焊接而成。对于轻载场合,带轮可由铸铝合金或塑料制造。

典型的 V 带轮结构有实心式(图 10.7(a))、腹板式(图 10.7(b))、孔板式(图 10.8(a))和轮辐式(图 10.8(b))。如果带轮的基准直径 d 不大于$(2.5\sim3)d_0$(其中 d_0 为轴径),带轮可设计

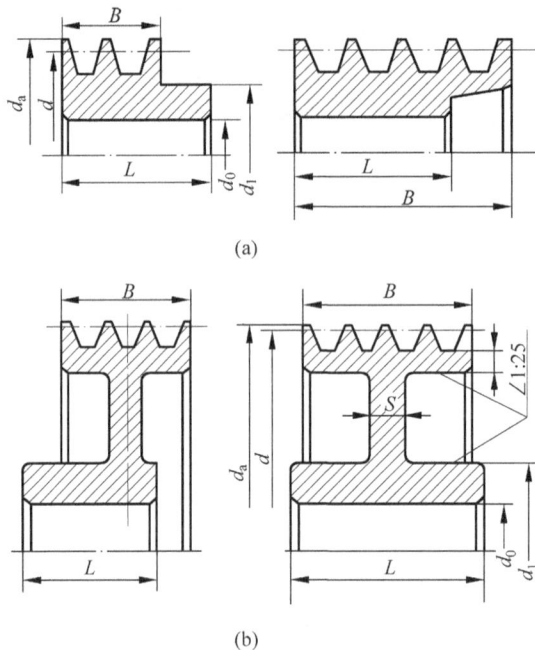

(a)

(b)

图 10.7　实心式和腹板式带轮

(a) 实心式;(b) 腹板式

$$d_1=(1.8\sim2)d_0,L=(1.5\sim2)d_0,d_0\text{——轴径};S=(0.2\sim3)B$$

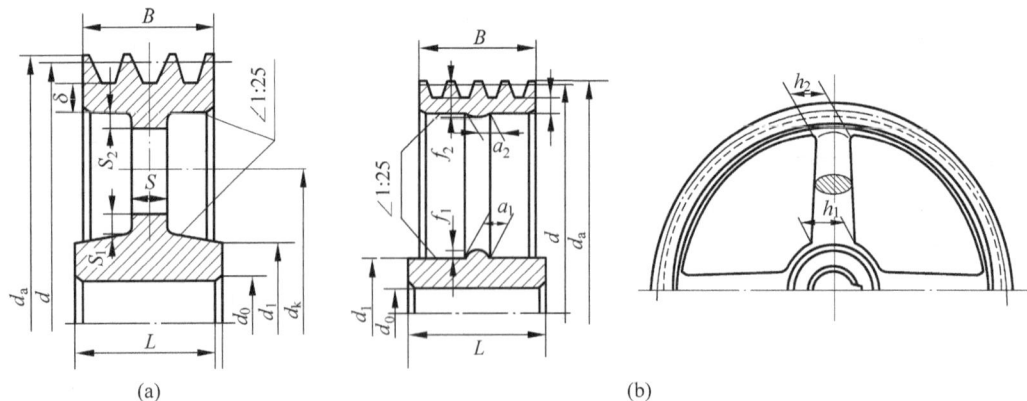

图 10.8　孔板式和轮辐式带轮

(a) 孔板式;(b) 轮辐式

$$d_1=(1.8\sim2)d_0,L=(1.5\sim2)d_0,d_0\text{——轴径};S=(0.2\sim0.3)B,S_1\geqslant1.5S,S_2\geqslant0.5S;$$

$$h_1=290\sqrt[3]{\frac{P}{nA}},P\text{——传递功率(kW)},n\text{——带轮转速(r/min)},A\text{——轮辐数};$$

$$h_2=0.8h_1,a_1=0.4h_1,a_2=0.8a_1;f_1=0.2h_1,f_1=0.2h_2$$

成实心式。对中型直径尺寸的带轮（$d \leqslant 300$ mm），可设计成腹板式或孔板式来减轻重量。大尺寸的带轮（$d > 300$ mm）可设计成轮辐式。四种类型的带轮三维仿真图如图 10.9 所示。

图 10.9　不同类型带轮仿真图

(a) 实心轮；(b) 腹板轮；(c) 孔板轮；(d) 轮辐轮

　　V 带轮轮缘的截面尺寸如表 10.3 所示。当 V 带绕在带轮上时，由于横向变形会使楔角变小，为保证带轮和带的良好接触，带轮轮槽角度应取成 32°、34°、36° 和 38°。

　　V 带轮的结构设计主要是根据带轮的基准直径来选择结构类型。然后，依据 V 带型号确定轮槽尺寸，其他结构尺寸可由图 10.7 和图 10.8 中所示的公式计算得出。带轮各个部分的尺寸确定后，即可画出零件工作图，并根据技术要求写出相应的技术条件等。

表 10.3　普通 V 带轮的轮槽尺寸　　　　　　　　　　　　　　　　mm

槽型截面尺寸		型　号						
		Y	Z	A	B	C	D	E
槽根高 h_{fmin}		4.7	7.0	8.7	10.8	14.3	19.9	23.4
槽顶高 h_{amin}		1.6	2.0	2.75	3.5	4.8	8.1	9.6
槽间距 e		8±0.3	12±0.3	15±0.3	19±0.4	25.5±0.5	37±0.6	44.5±0.7
槽边距 f_{min}		6	7	9	11.5	16	23	28
基准宽度 b_d		5.3	8.5	11	14	19	27	32
轮缘厚度 δ_{min}		5	5.5	6	7.5	10	12	15
轮宽 B		$B = (z-1)e + 2f$，z 为轮槽数						
外径 d_a		$d_a = d + 2h_a$						
槽角 φ	32°	基准直径 d	≤60	—	—	—	—	—	—
	34°		—	≤80	≤118	≤190	≤315	—	—
	36°		>60	—	—	—	—	≤475	≤600
	38°		—	>80	>118	>190	>315	>475	>600

10.3　带传动的受力和应力分析

10.3.1　带传动的受力分析

传动带以一定的初拉力 F_0 张紧在两带轮上。静止时，带在带轮两边的拉力相等

（图 10.10(a)）。工作时，由于作用在带和带轮间的摩擦力 F_f 使得带轮两边的拉力不相等（图 10.10(b)）。如果环形带在工作时的总长为常量，则紧边拉力的增量 $F_1 - F_0$ 等于松边拉力的减量 $F_0 - F_2$，因此有

$$F_1 + F_2 = 2F_0 \qquad (10.1)$$

式中，F_1 为紧边拉力，F_2 为松边拉力。

作用在带轮上的圆周力或有效拉力为

$$F = F_1 - F_2 \qquad (10.2)$$

圆周力 F(N)、带速 v(m/s) 和传递功率 P(kW) 间的关系为

$$P = \frac{Fv}{1000} \qquad (10.3)$$

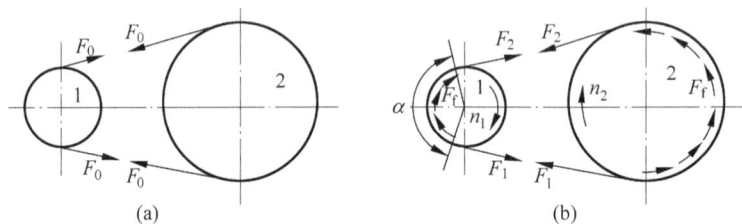

图 10.10　传动带的受力分析

如果带上的圆周力超过了带与带轮间的摩擦力之和的极限值，带与带轮间就会发生相对滑动。这种现象叫打滑。

理论分析表明，临界打滑状态时的最大有效拉力为

$$F_{max} = 2F_0 \frac{e^{f\alpha} - 1}{e^{f\alpha} + 1} = 2F_0 \left(1 - \frac{2}{e^{f\alpha} + 1}\right) \qquad (10.4)$$

式中，f 为带与带轮间的摩擦系数；α 为包角；e 为自然对数的底，$e \approx 2.718$。

从式(10.4)可知，增大带的初拉力、包角和摩擦系数可以提高带的圆周力。但过大的初拉力 F_0 将缩短带的工作寿命。

10.3.2　带传动的应力分析

带工作时，带上的应力由拉应力、离心拉应力及弯曲应力组成。

1. 紧边拉力产生的拉应力 σ_1 和松边拉力产生的拉应力 σ_2

$$\begin{cases} \sigma_1 = \dfrac{F_1}{A} \\[2mm] \sigma_2 = \dfrac{F_2}{A} \end{cases} \qquad (10.5)$$

式中，A 为带的横截面积，mm^2。

2. 离心力产生的离心拉应力

$$\sigma_c = \frac{F_c}{A} = \frac{qv^2}{A} \qquad (10.6)$$

式中，F_c 为离心拉力，N；q 为带的单位长度质量，kg/m；v 为带速，m/s。

3. 弯曲应力

带绕过小带轮处产生的弯曲应力 σ_{b1} 和带绕过大带轮处产生的弯曲应力 σ_{b2} 分别为

$$\begin{cases} \sigma_{b1} = \dfrac{2yE}{d_1} \\[3mm] \sigma_{b2} = \dfrac{2yE}{d_2} \end{cases} \tag{10.7}$$

式中,y 为带的最外层到中性层的距离,mm;E 为带材料的弹性模量,MPa;d 为带轮的直径,mm,对于 V 带轮,d 为基准直径。

带的弯曲应力只产生在带绕过带轮部分的弧段。当两个带轮的直径大小不等时,显然小带轮上将产生更大的弯曲应力。因此,有必要对小带轮的最小直径有所限定。

带的总应力如图 10.11 所示。最大应力发生在紧边开始绕上小带轮处的横截面上,最大应力为

$$\sigma_{max} = \sigma_1 + \sigma_{b1} + \sigma_c \tag{10.8}$$

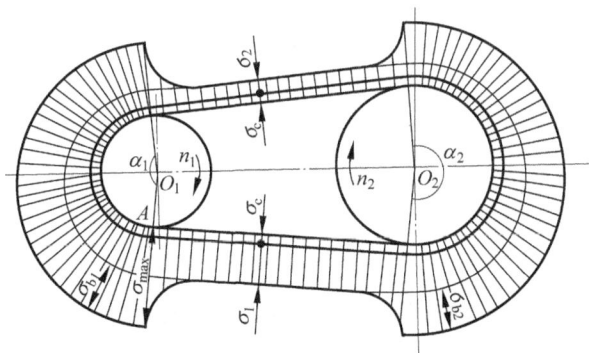

图 10.11 带的应力分布

10.4 带传动的弹性滑动和传动比

10.4.1 带传动的弹性滑动

当主动轮通过带与从动轮连起来时,带在轮两侧的拉力是不同的。紧边的弹性伸长量比松边的弹性伸长量大。如图 10.12 所示,在带从 a 点处接触主动轮,转到 b 点处与主动轮分离的过程中,带的拉力逐渐从 F_1 下降到 F_2,带的弹性伸长量也随之下降。因此,带的圆周速度小于主动轮的圆周速度。在带绕过主动带轮的区间,带速由 v_1 缓慢下降到 v_2。因此,在带与带轮之间便发生了局部的相对滑动。对从动轮而言,由于带从松边过渡到紧边,带的弹性伸长量逐渐增大,带速超过了带轮的圆周速度,带与带轮间也发生了相对滑动。上述这种由于带的弹性和拉力差而引起的带与带轮之间的相对滑动称为带传动的弹性滑动。

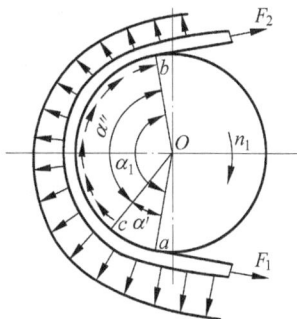

图 10.12(1)

图 10.12(2)

图 10.12 带的弹性滑动

在图 10.12 中,这种弹性滑动只发生在相应包角 α 的全部接触弧的一部分(cb)上,这个部分叫滑动弧,而另一部分不滑动的弧(ac)叫静弧。

打滑和弹性滑动是两种不同的现象。打滑是由过载引起的全面滑动,应当避免。弹性滑动是由于带的弹性及紧边和松边的拉力不同而引起的,是不可避免的物理现象。

10.4.2 带传动的传动比

由于弹性滑动不可避免,从动轮的圆周速度 v_2 低于主动轮的圆周速度 v_1。从动轮圆周速度的相对降低率称为滑动率,用 ε 表示。

$$\varepsilon = \frac{v_1 - v_2}{v_1} = \frac{d_1 n_1 - d_2 n_2}{d_1 n_1} \tag{10.9}$$

式中,d_1、d_2 分别为主动轮和从动轮的直径;n_1、n_2 分别为主动轮和从动轮的转速。

因此,实际传动比为

$$i = \frac{n_1}{n_2} = \frac{d_2}{d_1(1-\varepsilon)} \tag{10.10}$$

从动轮转速为

$$n_2 = \frac{n_1 d_1 (1-\varepsilon)}{d_2} \tag{10.11}$$

带传动的滑动率一般为 $1\% \sim 2\%$,在一般计算中可不予考虑。

10.5 V 带传动的设计

10.5.1 设计准则和单根 V 带的基本额定功率

1. 带传动的主要失效形式和设计准则

带传动的主要失效形式是带与带轮间的打滑和交变应力作用造成的带疲劳破坏。因此,带传动的设计准则是:避免带工作时发生打滑,同时保证带有足够的疲劳强度。

2. 单根普通 V 带的基本额定功率

为了避免带在运转过程中出现打滑,必须限定带传动的圆周力不大于最大有效拉力 F_{max}。在带处于即将打滑的临界状态时,如忽略离心力,则带的紧边拉力 F_1 与松边拉力 F_2 满足挠性体摩擦的欧拉公式,即 $F_1/F_2 = e^{f\alpha}$,又由式(10.2),得

$$F_{max} = F_1 - F_2 = F_1\left(1 - \frac{1}{e^{f\alpha}}\right) = \sigma_1 A\left(1 - \frac{1}{e^{f\alpha}}\right)$$

由式(10.3)可知,保证带不发生打滑时的最大传递功率为

$$P = \frac{F_{max} v}{1000} = \frac{\sigma_1 A\left(1 - \dfrac{1}{e^{f\alpha}}\right) v}{1000} \tag{10.12}$$

为保证带有足够的疲劳强度和工作寿命,必须使 $\sigma_{\max}$ 不超过$[\sigma]$。根据式(10.8),可得

$$\sigma_{\max} = \sigma_1 + \sigma_{b1} + \sigma_c \leqslant [\sigma]$$

$$\sigma_1 \leqslant [\sigma] - \sigma_{b1} - \sigma_c$$

式中,$[\sigma]$为由带的疲劳强度决定的许用应力。

将上式代入式(10.12),得单根带传递的功率为

$$P = \frac{([\sigma] - \sigma_{b1} - \sigma_c) A \left(1 - \dfrac{1}{e^{fa}}\right) v}{1000} \tag{10.13}$$

在载荷平稳、包角 $\alpha_1 = \alpha_2 = 180°$(即 $i=1$)、带长 L_d 为特定长度的条件下,由式(10.13)求得的单根普通 V 带所能传递的基本额定功率 P_0 列于表 10.4 中。

表 10.4　特定条件下单根普通 V 带的基本额定功率 P_0　　　　kW

型号	小带轮直径 d_1/mm	小带轮转速 n_1/(r/min)											
		200	400	730	800	980	1200	1460	1600	2000	2400	2800	3200
A	75	0.16	0.27	0.42	0.45	0.52	0.60	0.68	0.73	0.84	0.92	1.00	1.04
	90	0.22	0.39	0.63	0.68	0.79	0.93	1.07	1.15	1.34	1.50	1.64	1.75
	100	0.26	0.47	0.77	0.83	0.97	1.14	1.32	1.42	1.66	1.87	2.05	2.19
	112	0.31	0.56	0.93	1.00	1.18	1.39	1.62	1.74	2.04	2.30	2.51	2.68
	125	0.37	0.67	1.11	1.19	1.40	1.66	1.93	2.07	2.44	2.74	2.98	3.16
	140	0.43	0.78	1.31	1.41	1.66	1.96	2.29	2.45	2.87	3.22	3.48	3.65
B	125	0.48	0.84	1.34	1.44	1.67	1.93	2.20	2.33	2.64	2.85	2.96	2.94
	140	0.59	1.05	1.69	1.82	2.13	2.47	2.83	3.00	3.42	3.70	3.85	3.83
	160	0.74	1.32	2.16	2.32	2.72	3.17	3.64	3.86	4.40	4.75	4.89	4.80
	180	0.88	1.59	2.61	2.81	3.30	3.85	4.41	4.68	5.30	5.67	5.76	5.52
	200	1.02	1.85	3.06	3.30	3.86	4.50	5.15	5.46	6.13	6.47	6.43	5.95
	224	1.19	2.17	3.59	3.86	4.50	5.26	5.99	6.33	7.02	7.25	6.95	6.05
C	200	1.92	2.41	3.80	4.07	4.66	5.29	5.86	6.07	6.34	6.02	5.01	—
	224	2.37	2.99	4.78	5.12	5.89	6.71	7.47	7.75	8.05	7.57	6.08	—
	250	2.85	3.62	5.82	6.23	7.18	8.21	9.06	9.38	9.62	8.75	6.56	—
	280	3.40	4.32	6.99	7.52	8.65	9.81	10.74	11.06	11.04	9.50	6.13	—
	315	4.04	5.14	8.34	8.92	10.23	11.53	12.48	12.72	12.14	9.43	4.16	—

当传动比 $i \neq 1$ 时,从动轮的直径大于主动轮的直径,从动轮上的弯曲应力小于主动轮上的弯曲应力。因此,传动能力得到提高,在工作寿命相同的情况下,可以在一定程度上增大传递功率。用功率增量 ΔP_0 来考虑这种影响,其值见表 10.5。

表 10.5　单根普通 V 带额定功率的增量 ΔP_0　　　　kW

型号	传动比 i	小带轮转速 n_1/(r/min)											
		200	400	730	800	980	1200	1460	1600	2000	2400	2800	3200
A	1.00~1.01	0.00	0.00	0.00	0.00	0.00	0.00	0.00	0.00	0.00	0.00	0.00	0.00
	1.02~1.04	0.00	0.01	0.01	0.01	0.01	0.02	0.02	0.02	0.03	0.03	0.04	0.04
	1.05~1.08	0.01	0.01	0.02	0.02	0.03	0.03	0.04	0.04	0.06	0.07	0.08	0.09
	1.09~1.12	0.01	0.02	0.03	0.03	0.04	0.05	0.06	0.06	0.08	0.10	0.11	0.13
	1.13~1.18	0.01	0.02	0.04	0.04	0.05	0.07	0.08	0.09	0.11	0.13	0.15	0.17
	1.19~1.24	0.01	0.03	0.05	0.05	0.06	0.08	0.09	0.11	0.13	0.16	0.19	0.22
	1.25~1.34	0.02	0.03	0.06	0.06	0.07	0.10	0.11	0.13	0.16	0.19	0.23	0.26
	1.35~1.51	0.02	0.04	0.07	0.08	0.08	0.11	0.13	0.15	0.19	0.23	0.26	0.30
	1.52~1.99	0.02	0.04	0.08	0.09	0.10	0.13	0.15	0.17	0.22	0.26	0.30	0.34
	≥2.0	0.03	0.05	0.09	0.10	0.11	0.15	0.17	0.19	0.24	0.29	0.34	0.39
B	1.00~1.01	0.00	0.00	0.00	0.00	0.00	0.00	0.00	0.00	0.00	0.00	0.00	0.00
	1.02~1.04	0.01	0.01	0.02	0.03	0.03	0.04	0.05	0.06	0.07	0.08	0.10	0.11
	1.05~1.08	0.01	0.03	0.05	0.06	0.07	0.08	0.10	0.11	0.14	0.17	0.20	0.23
	1.09~1.12	0.02	0.04	0.07	0.08	0.10	0.13	0.15	0.17	0.21	0.25	0.29	0.34
	1.13~1.18	0.03	0.06	0.10	0.11	0.13	0.17	0.20	0.23	0.28	0.34	0.39	0.45
	1.19~1.24	0.04	0.07	0.12	0.14	0.17	0.21	0.25	0.28	0.35	0.42	0.49	0.56
	1.25~1.34	0.04	0.08	0.15	0.17	0.20	0.25	0.31	0.34	0.42	0.51	0.59	0.68
	1.35~1.51	0.05	0.10	0.17	0.20	0.23	0.30	0.36	0.39	0.49	0.59	0.69	0.79
	1.52~1.99	0.06	0.11	0.20	0.23	0.26	0.34	0.40	0.45	0.56	0.68	0.79	0.90
	≥2.0	0.06	0.13	0.22	0.25	0.30	0.38	0.46	0.51	0.63	0.76	0.89	1.01
C	1.00~1.01	0.00	0.00	0.00	0.00	0.00	0.00	0.00	0.00	0.00	0.00	0.00	0.00
	1.02~1.04	0.02	0.04	0.07	0.08	0.09	0.12	0.14	0.16	0.20	0.23	0.27	0.31
	1.05~1.08	0.04	0.08	0.14	0.16	0.19	0.24	0.28	0.31	0.39	0.47	0.55	0.63
	1.09~1.12	0.06	0.12	0.21	0.23	0.27	0.35	0.42	0.47	0.59	0.70	0.82	0.94
	1.13~1.18	0.08	0.16	0.27	0.31	0.37	0.47	0.58	0.63	0.78	0.94	1.10	1.26
	1.19~1.24	0.10	0.20	0.34	0.39	0.47	0.59	0.71	0.78	0.98	1.18	1.37	1.57
	1.25~1.34	0.12	0.23	0.41	0.47	0.56	0.70	0.85	0.94	1.17	1.41	1.64	1.88
	1.35~1.51	0.14	0.27	0.48	0.55	0.65	0.82	0.99	1.10	1.37	1.65	1.92	2.20
	1.52~1.99	0.16	0.31	0.55	0.63	0.74	0.94	1.14	1.25	1.57	1.88	2.19	2.51
	≥2.0	0.18	0.35	0.62	0.71	0.83	1.06	1.27	1.41	1.76	2.12	2.47	2.83

10.5.2　V 带传动的设计步骤和参数选择

1. 确定计算功率

$$P_c = K_A P \tag{10.14}$$

式中,P 为名义功率,kW;K_A 为工作情况系数,见表 10.6。

表 10.6　工作情况系数 K_A

载荷性质	动力机(每天工作小时数)					
	Ⅰ 类			Ⅱ 类		
	≤10	10～16	>16	≤10	10～16	>16
工作平稳	1	1.1	1.2	1.1	1.2	1.3
载荷变动小	1.1	1.2	1.3	1.2	1.3	1.4
载荷变动较大	1.2	1.3	1.4	1.4	1.5	1.6
冲击载荷	1.3	1.4	1.5	1.5	1.6	1.8

注：Ⅰ类——直流电动机、Y系列三相异步电动机、汽轮机、水轮机；
　　Ⅱ类——交流同步电动机、交流异步滑环电动机、内燃机、蒸汽机。

2. 选择带的型号

根据计算功率 P_c 和主动轮转速 n_1 从图 10.13 中选择 V 带型号。图 10.13 中以粗实线划定型号区域,若工作情况坐标点临近两种型号的交界处,可对两种型号分别计算,最后择优选定。带的截面较小则带轮直径小,但根数较多。

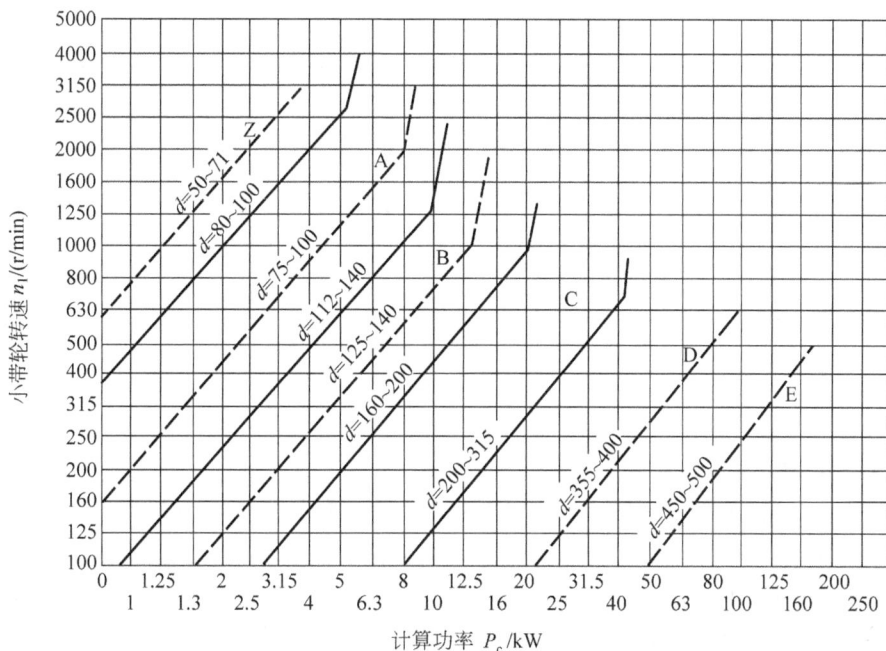

图 10.13　普通 V 带选型图

3. 确定基准直径

小的带轮直径可使传动结构紧凑。但是如果带轮的直径过小,将造成带的弯曲应力过大并减小工作寿命,反之则相反,但传动尺寸将增大,因此,带轮的直径应适当。小带轮直径 d_1 应不小于带轮的最小基准直径 d_{min}(表 10.7)。大带轮直径可由公式 $d_2 = d_1 n_1 / n_2$ 计算得出,并根据表 10.7 选取标准值。

表 10.7　V 带轮的最小基准直径 d_{min} 和基准直径系列　　　　　　mm

d	Z	A	B	d	Z	A	B	C	D	E
				200	*	*	*	**		
				212				*		
				224	*	*	*	*		
				236				*		
				250	*	*	*	*		
50	**			265				*		
56	*			280	*	*	*	*		
63	*			300						
71	*			315	*	*	*	*		
75	*	**		335				*		
80	*	*		355					**	
85		*		375					*	
90	*	*		400	*	*	*	*	*	
95		*		425					*	
100	*	*		450		*	*		*	
106		*		475						
112	*	*		500	*	*	*	*	*	**
118		*		530					*	*
125	*	*	**	560		*	*	*	*	*
132	*	*	*	600			*	*	*	*
140	*	*	*	630	*	*	*	*	*	*
150	*	*	*	670						*
160	*	*	*	710		*	*	*	*	*
170			*	750			*	*	*	*
180	*	*	*	800				*	*	*

注：* 为采用值；空格为不采用值；** 为最小基准直径 d_{min}。

4. 验算带速

给定传递功率，随着带速的增加，带的有效拉力将降低，同时带的根数可以减少。因此，V 带传动经常置于多级传动中的高速级。但是如果带速过高，离心力将增大，带与带轮间的法向力将减小，带的传动能力和工作寿命会降低。所以，带速一般为 5～25 m/s。

5. 确定中心距和带的基准长度

中心距可由下式初选：

$$0.7(d_1+d_2) \leqslant a_0 \leqslant 2(d_1+d_2) \tag{10.15}$$

初定中心距 a_0 确定后，可根据下式计算带长 L_{d0}，然后选择最接近 L_{d0} 的基准长度 L_d：

$$L_{d0} \approx 2a_0 + \frac{\pi}{2}(d_1+d_2) + \frac{(d_2-d_1)^2}{4a_0} \tag{10.16}$$

根据选出的 L_d，实际中心距 a 可由下式近似计算得出：

$$a \approx a_0 + \frac{L_d - L_{d0}}{2} \tag{10.17}$$

考虑安装调整和补偿张紧力的需要,中心距变动范围为$(a - 0.015L_d) \sim (a + 0.03L_d)$。

6. 验算包角

带轮直径和中心距确定后,可根据下式来验算小带轮包角:

$$\alpha_1 = 180° - \frac{d_2 - d_1}{a} \times 57.3° \tag{10.18}$$

包角的大小直接关系到带传动的工作能力。若包角减小,传动能力将降低,并且带与带轮间容易发生打滑。因为小带轮上的包角小,打滑总是发生在小带轮上。尽管 V 带传动在特殊情况有充分可靠的前提下,能够以 90°包角工作,但带传动不宜采用包角 $\alpha_1 < 120°$。

7. 确定 V 带的根数

V 带根数可由下式计算:

$$Z = \frac{P_c}{(P_0 + \Delta P_0) K_\alpha K_L} \tag{10.19}$$

式中,K_α 为包角系数,考虑 $\alpha \neq 180°$ 时对传递能力的影响,见表 10.8;K_L 为长度系数,当带长不等于特定带长时考虑带长对工作寿命的影响,见表 10.2。

确定 V 带根数时,为使每根带上的载荷均等,需保证带的根数不能太多。一般来说,取带的根数 Z 为 3~6,并且 $Z_{max} \leqslant 10$。如果计算出的带的根数超过要求,必须重新选择新的带型号或小带轮直径,并重新计算。

表 10.8 包角系数 K_α

$\alpha_1 / (°)$	180	175	170	165	160	155	150	145	140	135	130	125	120	110	100	90
K_α	1	0.99	0.98	0.96	0.95	0.93	0.92	0.91	0.89	0.88	0.86	0.84	0.82	0.78	0.74	0.69

8. 计算初拉力

带的初拉力 F_0 是带保证足够张紧,且不出现过量伸长,并满足工作寿命要求下的拉力。如果初拉力 F_0 太小,带与带轮之间的摩擦力会减小,而且带与带轮之间容易发生打滑。如果初拉力 F_0 太大,轴和轴承的压力将增大,还会降低带的工作寿命。

单根 V 带的初拉力 F_0 为

$$F_0 = \frac{500P_c}{Zv}\left(\frac{2.5}{K_\alpha} - 1\right) + qv^2 \tag{10.20}$$

9. 计算压轴力

为了设计轴和轴承,有必要确定带传动中带作用在轴上的压轴力:

$$F_Q = 2ZF_0 \sin\frac{\alpha_1}{2} \tag{10.21}$$

10.5.3 V 带传动的张紧装置

由于传动带的材料不是完全的弹性体,因此带在工作一段时间后会发生伸长而松弛,张紧力降低。因此,带传动应设置张紧装置,以保持正常工作。常用的张紧装置有三种。

1. 定期张紧装置

调节中心距可使带重新张紧。图 10.14(a)所示为一移动式定期张紧装置。将装有带轮的电动机安装在滑轨 1 上,需调节带的拉力时,松开螺母 2,旋转调节螺钉 3 改变电动机位置,然后固定。这种装置适合两轴处于水平或倾斜不大的传动。

图 10.14(b)为摆动式定期张紧装置。将装有带轮的电动机固定在摆动架上,通过调节螺杆使摆动架绕一定轴旋转,从而达到张紧的目的。这种装置适合垂直的或接近垂直的传动。

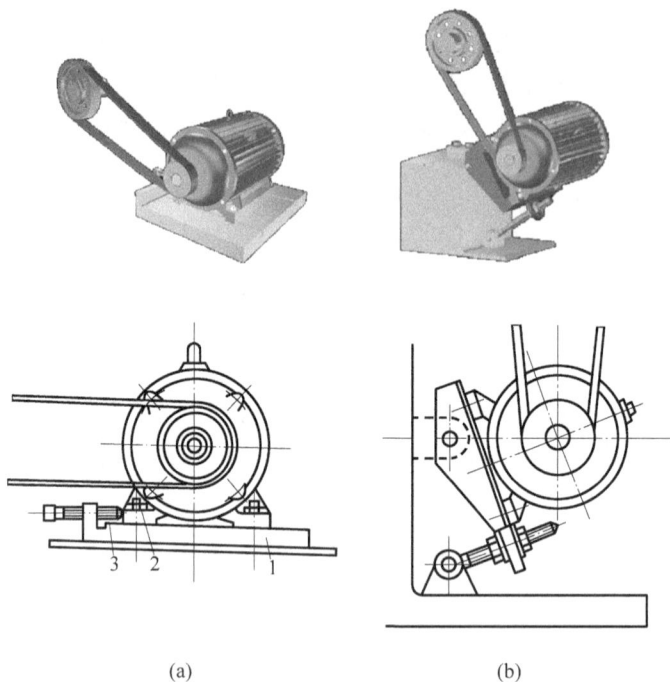

(a)　　　　　　　　　　　　　(b)

1—滑轨;2—螺母;3—调节螺钉。
图 10.14　带传动的定期张紧装置
(a)移动式;(b)摆动式

2. 自动张紧装置

自动张紧装置常用于中小功率的传动。图 10.15 所示是将装有带轮的电动机安装在浮动的摆架上,该摆架可利用电动机和摆架的重量使带自动保持一定的张紧力。

3. 使用张紧轮的张紧装置

当中心距不能调节时,可使用张紧轮把带张紧,如图 10.16 所示。

例 10.1　设计一个带式输送机中的 V 带传动。输送机由功率为 $P=5.5\ \text{kW}$ 的 Y 系列三相异步电动机驱动,转速 $n_1=1440\ \text{r/min}$。从动轴转速 $n_2=550\ \text{r/min}$。输送机每天工作 8 小时。

解:

(1)确定计算功率 P_c

带式输送机载荷变动较小,由表 10.6,工况系数 K_A 取 1.1。所以

$$P_c=K_A P=1.1\times 5.5\ \text{kW}=6.05\ \text{kW}$$

(2)选择 V 带型号

根据 $P_c=6.05\ \text{kW}$,$n_1=1440\ \text{r/min}$,由图 10.13,选 A 型普通 V 带。

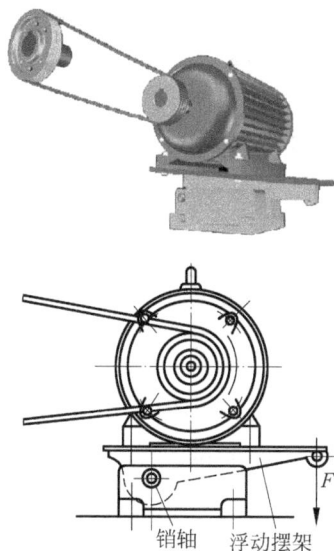

图 10.15 浮动摆架式自动张紧装置

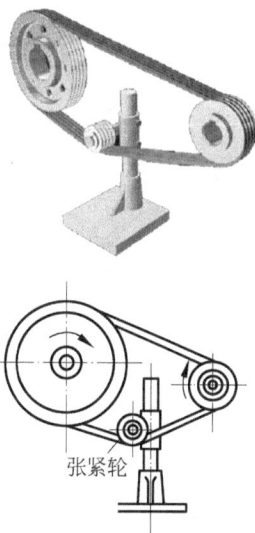

图 10.16 使用张紧轮的张紧装置

（3）确定带轮的基准直径 d_1 和 d_2

① 确定小带轮基准直径 d_1

由图 10.13 及表 10.7,选 $d_1=112$ mm。

② 确定大带轮基准直径 d_2

$$d_2=\frac{n_1}{n_2}d_1=\frac{1440}{550}\times 112 \text{ mm}=293.24 \text{ mm}$$

根据表 10.7,取 $d_2=280$ mm。

③ 计算实际传动比 i',验算传动比误差 Δi

忽略滑动率,则

大带轮转速： $$n_2'=\frac{n_1 d_1}{d_2}=\frac{1440\times 112}{280} \text{ r/min}=576 \text{ r/min}$$

理论传动比： $$i=\frac{n_1}{n_2}=\frac{1440}{550}=2.62$$

实际传动比： $$i'=\frac{n_1}{n_2'}=\frac{1440}{576}=2.5$$

传动比误差： $$\Delta i=\left|\frac{i'-i}{i}\right|=\left|\frac{2.5-2.62}{2.62}\right|=4.6\%$$

误差不超过 $\pm 5\%$,满足要求。

（4）验算带速 v

$$v=\frac{\pi d_1 n_1}{60\times 1000}=\frac{3.14\times 112\times 1440}{60\times 1000} \text{ m/s}=8.44 \text{ m/s}$$

带速在 5～25 m/s 范围之内,满足要求。

（5）确定带长和中心距 a

由式（10.15），得

$$0.7 \times (112 + 280) \text{ mm} \leqslant a_0 \leqslant 2 \times (112 + 280) \text{ mm}$$

故 $274.4 \text{ mm} \leqslant a_0 \leqslant 784 \text{ mm}$，初选中心距 $a_0 = 500 \text{ mm}$，则

$$
\begin{aligned}
L_{d0} &= 2a_0 + \frac{\pi}{2}(d_2 + d_1) + \frac{(d_2 - d_1)^2}{4a_0} \\
&= \left[2 \times 500 + \frac{3.14}{2} \times (280 + 112) + \frac{(280 - 112)^2}{4 \times 500} \right] \text{ mm} \\
&= 1630 \text{ mm}
\end{aligned}
$$

由表 10.2，取 $L_d = 1600 \text{ mm}$。实际中心距为

$$a \approx a_0 + \frac{L_d - L_{d0}}{2} = \left(500 + \frac{1600 - 1630}{2} \right) \text{ mm} = 485 \text{ mm}$$

（6）验算小带轮上的包角 α_1

$$\alpha_1 = 180° - \frac{d_2 - d_1}{a} \times 57.3° = 180° - \frac{280 - 112}{485} \times 57.3° = 160° > 120°$$

满足要求。

（7）确定 V 带根数 Z

由表 10.4，$P_0 = 1.60 \text{ kW}$；由表 10.5，$\Delta P_0 = 0.17 \text{ kW}$；由表 10.8，$K_\alpha = 0.95$；由表 10.2，$K_L = 0.99$。则

$$Z = \frac{P_c}{(P_0 + \Delta P_0) K_\alpha K_L} = \frac{6.05}{(1.6 + 0.17) \times 0.95 \times 0.99} = 3.63$$

取 $Z = 4$。

（8）计算初拉力 F_0

由表 10.1，$q = 0.105 \text{ kg/m}$。则

$$F_0 = \frac{500 P_c}{Zv}\left(\frac{2.5}{K_\alpha} - 1 \right) + qv^2 = \left[\frac{500 \times 6.05}{4 \times 8.44} \times \left(\frac{2.5}{0.95} - 1 \right) + 0.105 \times 8.44^2 \right] \text{ N} = 153 \text{ N}$$

（9）计算作用在带轮上的压轴力 F_Q

$$F_Q = 2Z F_0 \sin \frac{\alpha_1}{2} = 2 \times 4 \times 153 \times \sin \frac{160°}{2} \text{ N} = 1205 \text{ N}$$

习　　题

10.1　为什么在设计带传动时，要限制小带轮基准直径 d_1 使其不宜过小？

10.2　带传动的失效形式与设计准则是什么？应满足的强度条件是什么？

10.3　带传动中，带上所受的应力有哪几种？带的最大应力发生在何处？为什么？

10.4　带传动的弹性滑动是如何产生的？它与打滑有什么区别？对传动产生什么影响？

10.5　普通 V 带截面的楔角是 40°，为何带轮轮槽角分别是 32°、34°、36°、38°？

10.6　打滑现象是怎样产生的？能不能避免？打滑有何利弊？

10.7　带传动为什么必须安装张紧装置？常用的张紧装置有哪些？

10.8　V 带传动所传递的功率 $P = 7.5$ kW，带速 $v = 10$ m/s，现测得张紧力 $F_0 = 1125$ N。试求紧边拉力 F_1 和松边拉力 F_2。

10.9　已知 V 带传动的功率 $P = 5.5$ kW，小带轮直径 $d_1 = 140$ mm，转速 $n_1 = 1440$ r/min。求传动时带的有效拉力 F。

10.10　带传动中，小带轮基准直径 $d_1 = 160$ mm，大带轮基准直径 $d_2 = 360$ mm，小带轮转速 $n_1 = 960$ r/min，V 带传动滑动系数 $\varepsilon = 2\%$。试问：计入滑动系数和不计入滑动系数相比，大带轮的转速相差多少？

10.11　试设计题 10.11 图所示带式运输机中的 V 带传动。已知：电动机的转速 $n_1 = 970$ r/min，额定功率 $P = 7.5$ kW，减速器输入轴的转速 $n_2 = 300$ r/min，两班制连续工作。画出大带轮零件图。

10.12　设计一个带式输送机中的普通 V 带传动，装在电动机与减速器之间。电动机为 Y 系列三相异步电动机，功率为 $P = 6$ kW，满载转速为 1450 r/min，从动轴转速 $n_2 = 500$ r/min，单班制工作，传动水平布置，并画出小带轮零件图。

10.13　V 带带轮轮槽与带的三种安装情况如题 10.13 图所示，其中哪种情况是正确的？为什么？

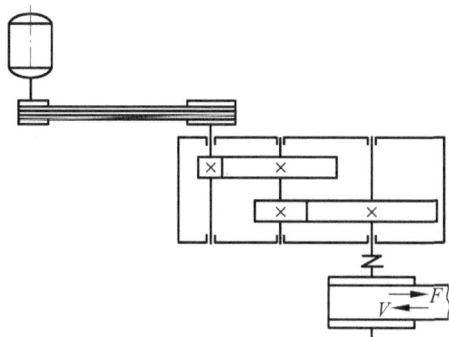

题 10.11 图

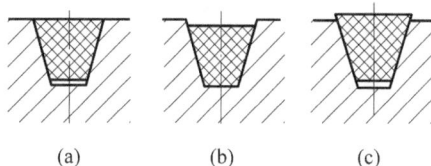

(a)　　　　(b)　　　　(c)

题 10.13 图

＊ 实践拓展练习

10.14　找出几个生活中带传动的应用实例，判断其为何种类型的带传动，分析其工作原理和特点。

10.15　应用带传动设计一产品。说明其功能和设计目的，确定主要性能参数，绘制产品仿真模型图和零件工作图。

第11章　链　传　动

11.1　概　　述

链传动是通过具有特殊齿形的主动链轮、从动链轮和链条组成的(图11.1),链条是一条闭合的挠性件,链条绕在链轮上并与轮齿啮合,也可采用有几个从动链轮的链传动。

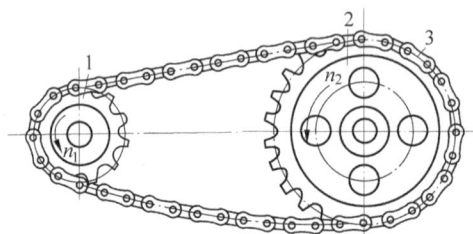

1—主动链轮；2—从动链轮；3—链条。

图 11.1　链传动简图

11.1.1　链传动的特点和应用

1. 链传动的特点

1) 链传动的优点

(1) 链传动由于没有打滑和弹性滑动而具有恒定的传动比。

(2) 外形尺寸小于带传动。

(3) 传动效率高。

(4) 由于不需要初拉力,所以作用在轴上的力很小。

(5) 链不会造成火灾危险,且不受较高温度以及油和脂的影响。

(6) 链可用于两轴距离过大而不适于安装齿轮的场合。

2) 链传动的缺点

(1) 链传动只能用于平行轴传动。

(2) 链的瞬时速度和链传动的瞬时传动比不恒定。

(3) 链传动比带传动噪声大。

(4) 不适于载荷变化大和急促反向的条件。

(5) 链传动中轴的安装精度要求比带传动中的高。

(6) 制造费用比带传动高。

2. 链传动的应用

链传动常用于工作条件恶劣的场合,广泛应用于农业、矿山、冶金、建筑、运输、起重和石油等各种机械中。链传动的适用范围如下：

（1）传动比。通常 $i \leqslant 6$，推荐 $i = 2 \sim 3.5$。

（2）链速。通常 $v \leqslant 15$ m/s，最高可达 40 m/s。

（3）传递功率。通常 $P \leqslant 100$ kW，最高可达 4000 kW。

（4）最大中心距。$a_{max} = 8$ m。

（5）传动效率。开式传动 $\eta = 0.90 \sim 0.93$，闭式传动 $\eta = 0.97 \sim 0.98$。

图 11.2 和图 11.3 所示分别为农用机械和自行车上的链传动。

图 11.2　农用机械上的链传动　　　　　图 11.3　自行车上的链传动

11.1.2　传动链的主要类型

按用途不同，链传动可分为传动链、起重链和曳引链 3 种。传动链在各种机械传动装置中用于传递运动和动力，通常在中等速度（$v \leqslant 20$ m/s）以下工作；起重链主要用在起重机械中提升和降下重物，其工作速度不大于 0.25 m/s；曳引链在运输机械中用于移动重物，其工作速度不大于 $2 \sim 4$ m/s。

传动链的主要类型有滚子链（图 11.4(a)）、套筒链（图 11.4(b)）和齿形链（图 11.4(c)）。

套筒链的构造与滚子链相同，但没有滚子，它比节距相同的滚子链价廉而且重量轻，但易磨损。这种链适用于低速传动。

与滚子链相比，齿形链的优点是许用速度较高，噪声较小，以及由于链板分成薄钢片而可靠性较高，但它比较重，制造较困难，价格较贵。因此，它的应用受到限制。

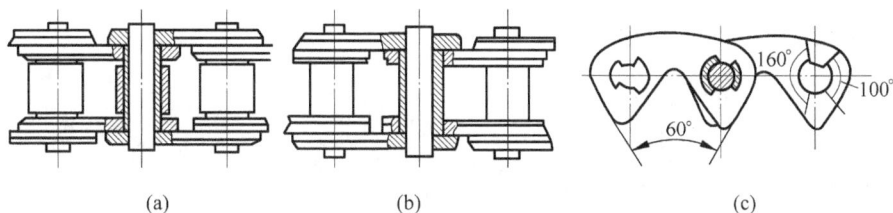

(a)　　　　　　　　(b)　　　　　　　　(c)

图 11.4　传动链的类型

(a) 滚子链；(b) 套筒链；(c) 齿形链

11.2　滚　子　链

如图 11.5 所示，滚子链由内链板、外链板、销轴、套筒、滚子构成。

滚子链的销轴与外链板、套筒与内链板分别用过盈配合连接；滚子与套筒、套筒与销轴由间隙配合构成。销轴穿过相邻链节的套筒而形成转动的铰链,使链条成为挠性件。当内、外链板相对挠曲时,套筒可绕销轴自由转动。滚子活套在套筒上以减轻链条与链轮齿廓的磨损。

套筒上带有滚子,滚子进入链轮齿间的槽中并与轮齿相啮合,滚子以滚动摩擦取代链条和链轮之间的滑动摩擦,从而减少了链轮齿的磨损。链板做成"8"形外廓,使其接近等强度体。

链的节距 p 为两个滚子中心线间的直线距离,它是链的基本特性参数。节距越大,链的各部分尺寸越大,承载能力也越大,但质量也随之增加。链的宽度 b_1 是两个内链板间的距离(图 11.5(a))。链可制成单排、双排或多排(图 11.6)。

滚子链尺寸已标准化,分为 A、B 两种系列,常用的是 A 系列。表 11.1 中列出了几种 A 系列滚子链的主要参数。

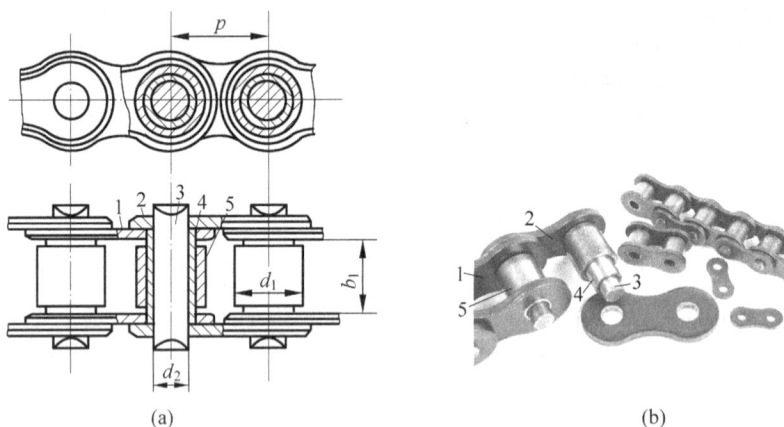

1—内链板;2—外链板;3—销轴;4—套筒;5—滚子。

图 11.5　滚子链的构成

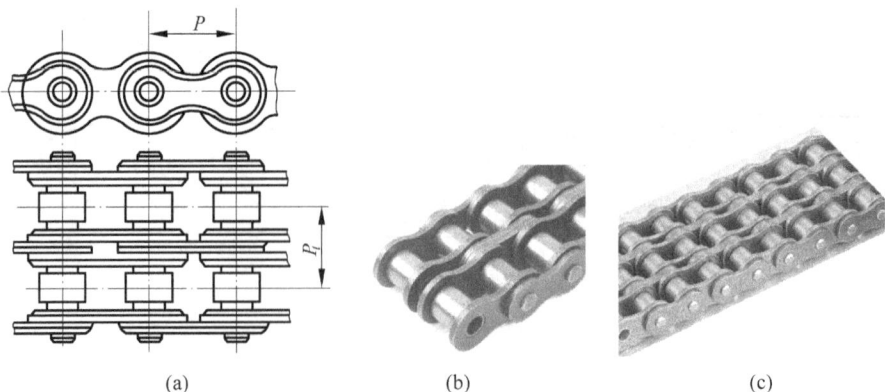

图 11.6　双排链与多排链

链节数为偶数的链,链条两端以带开口销(图 11.7(a))或弹簧卡片(图 11.7(b))的连接链节来连接;链节数为奇数的链,应采用过渡链节来连接(图 11.7(c)),但这种链节的强度比基本链节低,因此设计者应力求采用偶数链节的链。

表 11.1 A 系列滚子链的主要参数(GB/T 1243—2006)

链号	节距 p/mm	排距 p_t/mm	滚子外径 d_1/mm	销轴直径 d_2/mm	内链节内宽 b_1/mm	极限拉伸载荷(单排)F_{Qlim}/N	质量(单排)$q/(kg/m)$
08A	12.70	14.38	7.95	3.96	7.85	13800	0.60
10A	15.875	18.11	10.16	5.08	9.40	21800	1.00
12A	19.05	22.78	11.91	5.94	12.57	31100	1.50
16A	25.40	29.29	15.88	7.92	15.75	55600	2.60
20A	31.75	35.76	19.05	9.53	18.90	86700	3.80
24A	38.10	45.44	22.23	11.10	25.22	124600	5.60
28A	44.45	48.87	25.40	12.70	25.22	169000	7.50
32A	50.80	58.55	28.58	14.27	31.55	222400	10.10
40A	63.50	71.55	39.68	19.84	37.85	347000	16.10

注:①链号中的数乘以(25.4/16)即为链节距值(mm),其中的 A 表示 A 系列;②使用过渡链节时,其极限拉伸载荷按表列数值的 80% 计算。

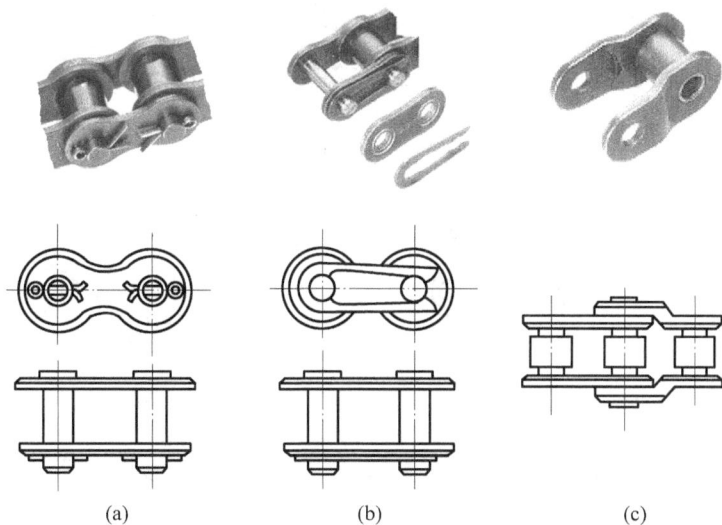

图 11.7 滚子链的接头形式

11.3 链传动的运动特性

1. 链的平均速度与平均传动比

链条进入链轮后形成折线,因此链传动相当于一对多边形链轮之间的传动(图 11.8)。设 z_1、z_2 分别为小链轮、大链轮的齿数,n_1、n_2 分别为小链轮、大链轮的转速(r/min),p 为链节距(mm),则链条的平均速度为

$$v = \frac{z_1 n_1 p}{60 \times 1000} = \frac{z_2 n_2 p}{60 \times 1000}, \text{m/s} \tag{11.1}$$

连接链节

链传动的平均传动比为

$$i = \frac{n_1}{n_2} = \frac{z_2}{z_1} \tag{11.2}$$

以上两式求得的链速和传动比都是平均值。实际上,由于多边形效应,瞬时链速和瞬时传动比都是变化的。

2. 链的瞬时速度与瞬时传动比

为便于说明,假设链的主动边在传动中总是处于水平位置,如图 11.8(a)所示,主动轮以等角速度 ω_1 转动,则绕进链轮上的链条的铰链销轴中心的圆周速度 $v_1 = R_1 \omega_1$。可得链条瞬时的水平速度为

$$v = v_1 \cos\beta = R_1 \omega_1 \cos\beta \tag{11.3}$$

铰链中心的垂直速度为

$$v' = v_1 \sin\beta = R_1 \omega_1 \sin\beta \tag{11.4}$$

式中,R_1 为主动链轮的节圆半径;ω_1 为主动链轮的角速度;β 为主动轮上的相位角,即链条铰链中心速度 v_1 与水平线的夹角,链轮每转一链节,其值在 $\pm \phi_1/2$ 间变化($\phi_1 = 360°/z_1$)。

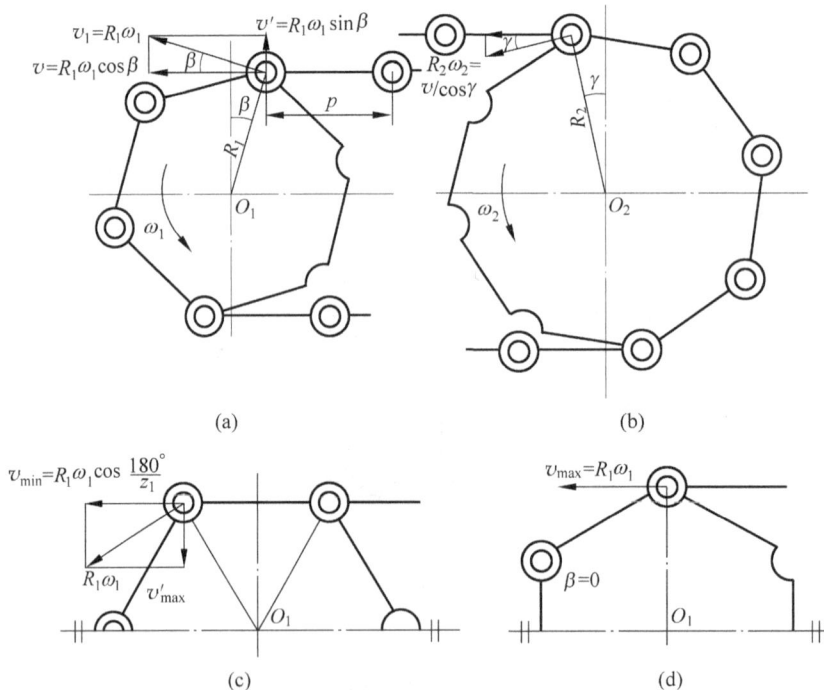

图 11.8　链传动的运动分析

同样可由从动链轮求出链条瞬时的水平速度。由 $v = R_1 \omega_1 \cos\beta = R_2 \omega_2 \cos\gamma$,可得从动链轮的角速度为

$$\omega_2 = \frac{R_1 \omega_1 \cos\beta}{R_2 \cos\gamma} \tag{11.5}$$

链传动的瞬时传动比为

$$i = \frac{\omega_1}{\omega_2} = \frac{R_2 \cos\gamma}{R_1 \cos\beta} \tag{11.6}$$

式中，R_2 为从动链轮的节圆半径；ω_2 为从动链轮的角速度；γ 为从动轮上的相位角，即链条铰链中心速度 $R_2\omega_2$ 与水平线的夹角，链轮每转一链节，其值在 $\pm 180°/z_2$ 间变化。

由此可见，在链传动中链条的水平速度 v 和垂直速度 v' 都随着 β 的变化而变化，从而引起从动轮瞬时角速度 ω_2 和瞬时传动比 i 的变化，链条的运动是忽快忽慢忽上忽下的，造成链速的不均匀性及附加动载荷。这种在链传动中，由于链呈多边形运动，链条瞬时速度和传动比发生周期性波动，链条上下振动造成的传动不平稳现象，是链传动固有的特性，是无法消除的，称为链传动的多边形效应。

3. 链传动的动载荷

链传动的动载荷是由以下因素引起的：

（1）链速的变化使链传动产生加速度。

（2）链垂直速度的变化使链产生横向振动。

（3）链节进入啮合时对链轮齿有冲击。

11.4　滚子链传动的设计计算

11.4.1　链传动的失效形式与额定功率

1. 失效形式与极限功率

1）链板疲劳破坏

链在工作时受到变应力作用，经一定循环次数后，链板将会出现疲劳断裂，或者套筒、滚子表面将会出现疲劳点蚀，这是链传动在润滑良好、中等速度以下工作时首先出现的失效形式，也是决定链传动传动能力的主要因素。对于 A 系列滚子链，由链板疲劳强度限定的极限功率如图 11.9 中曲线 1 所示。

2）链的冲击疲劳破坏

链在工作时，由于反复起动、制动、反转，尤其在高速时，由于多边形效应，滚子、套筒和销轴会产生冲击疲劳破坏。对于 A 系列滚子链，由滚子、套筒和销轴的冲击疲劳强度限定的极限功率如图 11.9 中曲线 2 所示。

3）套筒与销轴胶合

当链轮转速达到一定数值时，链节啮入时受到的冲击能量增大或摩擦产生的温度过高，造成销轴与套筒工作表面润滑油膜破裂，从而导致胶合破坏。胶合在一定程度上限制了链传动的极限转速。对于 A 系列滚子链，胶合限定的工作能力如图 11.9 中曲线 3 所示。

图 11.9　滚子链极限功率曲线

4）链条铰链的磨损

当链条在润滑条件恶劣的情况下工作时，铰链的销轴和套筒既承受压力又要产生相对转动，必然引起磨损，使节距 p 增大，铰链磨损使链条增长而不能正确与链轮啮合，从而引起跳齿、脱链及其他破坏。

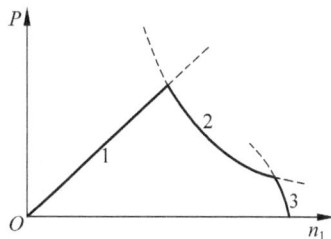

5）静强度破坏

在低速（$v < 0.6$ m/s）重载或瞬间尖峰载荷过大时，链条所受拉力会超过链条的静强度，导致链条被拉断。

2. 链传动的额定功率

鉴于上述链传动损坏的原因，考虑工作的可靠性，设计时采用额定功率 P_0。图 11.10 为 A 系列单排滚子链的额定功率曲线。它们是在以下特定条件下制定的：①两轮共面；②小链轮齿数 $z = 25$；③链节数 $L_p = 120$ 节；④载荷平稳；⑤按推荐的方式润滑；⑥工作寿命为 15000 h；⑦链条因磨损而引起的相对伸长量不超过 3%。

当实际工作条件与实验条件不符时，可用下式修正：

$$P_0 \geqslant \frac{K_A P}{K_z K_m} \tag{11.7}$$

式中，P 为名义功率；K_A 为工作情况系数（表 11.2）；K_z 为小链轮齿数系数（表 11.3）；K_m 为多排链系数（表 11.4）。

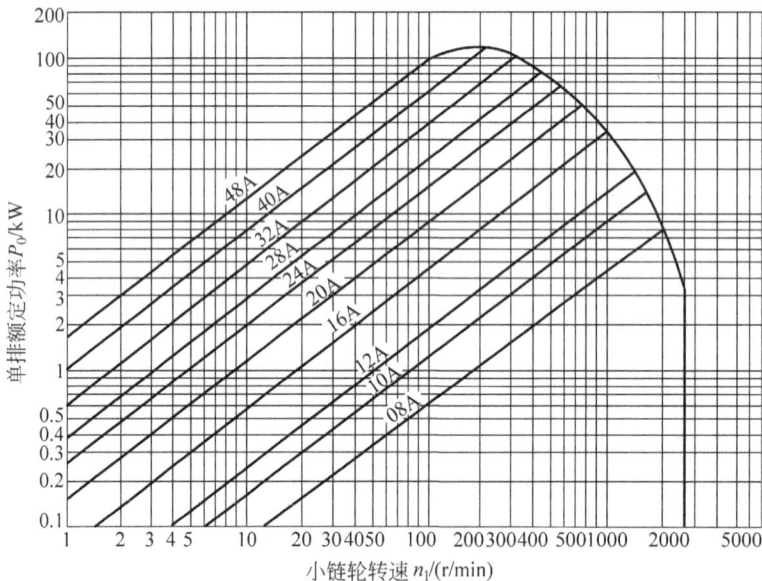

图 11.10　滚子链传动额定功率曲线（单排 A 系列）

表 11.2　工作情况系数 K_A

载荷类型	原动机	
	电动机或汽轮机	内燃机
平稳载荷	1.0	1.1
中等冲击	1.4	1.5
较大冲击	1.8	1.9

表 11.3　小链轮齿数系数 K_z (K_z') *

z_1	9	10	11	12	13	14	15	16
K_z	0.446	0.500	0.554	0.609	0.664	0.719	0.775	0.831
K_z'	0.326	0.382	0.441	0.502	0.566	0.633	0.701	0.773

z_1	17	18	19	20	21	22	23	24	25
K_z	0.887	0.943	1.00	1.06	1.11	1.17	1.23	1.29	1.34
K_z'	0.846	0.922	1.00	1.08	1.16	1.25	1.33	1.42	1.51

注：* ——当工作点在图 11.10 高峰值左侧时取 K_z；当工作点在图 11.10 高峰值右侧时取 K_z'。

表 11.4　多排链系数 K_m

排数 m	1	2	3	4	5	6
K_m	1	1.7	2.5	3.3	4.0	4.6

11.4.2　链传动的设计计算

1. 链传动主要参数的选择

1）链轮齿数

小链轮推荐齿数选取如下：

$$v = 0.6 \sim 3 \text{ m/s}, \quad z_1 \geqslant 17$$

$$v = 3 \sim 8 \text{ m/s}, \quad z_1 \geqslant 21$$

$$v = 8 \sim 25 \text{ m/s}, \quad z_1 \geqslant 25$$

$$v > 25 \text{ m/s}, \quad z_1 \geqslant 35$$

大链轮齿数 $z_2 = iz_1$，$z_{max} = 120$。

2）传动比

传动比受到传动允许的外形尺寸、包角和齿数的限制。通常 $i \leqslant 7$，建议 $i = 2 \sim 3.5$。

如果传动比过大，则链条包在小链轮上的包角过小，啮合的齿数太少，这将加速轮齿的磨损，容易跳齿，破坏正常啮合，通常包角不小于 $120°$，传动比在 3 左右。

3）链节距

链节距是链传动的主要参数。节距较大的链具有较大的承载能力，但运行中会产生较大的动载荷和噪声，所以只允许较低的转速。因此，应当选取对于给定的载荷所允许的最小链节距的链。链节距 p 按图 11.11 选取。

4）中心距和链节数

最适宜的中心距为 $a = (30 \sim 50)p$，$a_{max} = 80p$。

所需链节数 L_p' 由初步确定的中心距 a_0、节距 p 以及链轮齿数 z_1 和 z_2 来确定：

$$L_p' = \frac{2a_0}{p} + \frac{z_1 + z_2}{2} + \left(\frac{z_2 - z_1}{2\pi}\right)^2 \frac{p}{a_0} \tag{11.8}$$

链节数最好取偶数。

在选择链节数 L_p 之后，链传动的中心距最后由下式确定：

$$a = \frac{p}{4}\left[\left(L_p - \frac{z_2 + z_1}{2}\right) + \sqrt{\left(L_p - \frac{z_1 + z_2}{2}\right)^2 - 8\left(\frac{z_2 - z_1}{2\pi}\right)^2}\right] \tag{11.9}$$

2. 链传动中作用于轴上的力

$$F_Q \approx 1.2 K_A F_e \tag{11.10}$$

式中,F_e 为有效圆周力。

$$F_e = 1000 P / v \tag{11.11}$$

11.5 链传动的润滑和布置

1. 链传动的润滑

链传动的润滑方式可根据图 11.11 选取。图 11.11 中:Ⅰ 为人工定期润滑;Ⅱ 为滴油润滑;Ⅲ 为油浴或飞溅润滑;Ⅳ 为喷油润滑。

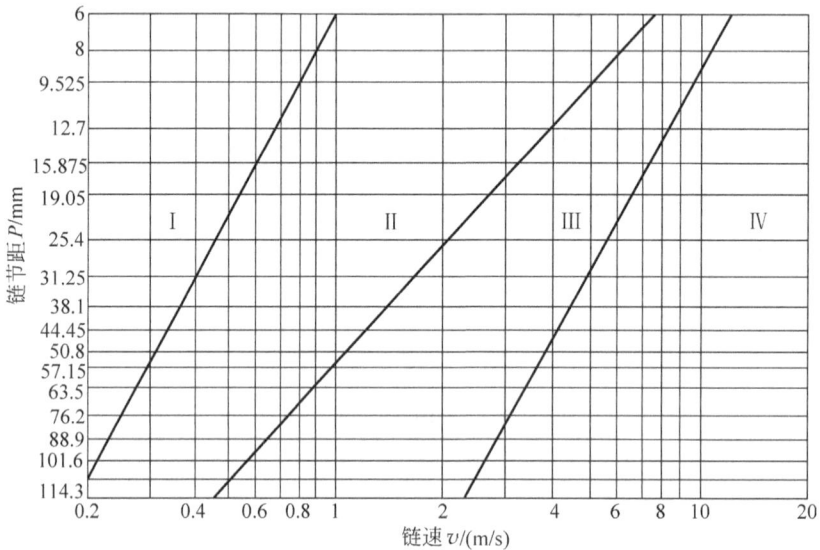

图 11.11 链传动的润滑方式

链传动的润滑十分重要,尤其对高速、重载的链传动更是如此。良好的润滑可以减小摩擦、减轻磨损、缓和冲击、延长链条使用寿命。常用的几种润滑方式(图 11.12)为:用油刷或油壶的人工定期润滑(图 11.12(a));用油杯通过油管将油滴入链条松边的滴油润滑(图 11.12(b));将松边链条浸入油池,或通过甩油轮将油甩起的油浴式飞溅润滑(图 11.12(c));通过油泵经油管将润滑油喷在链条上的压力喷油润滑(图 11.12(d))。

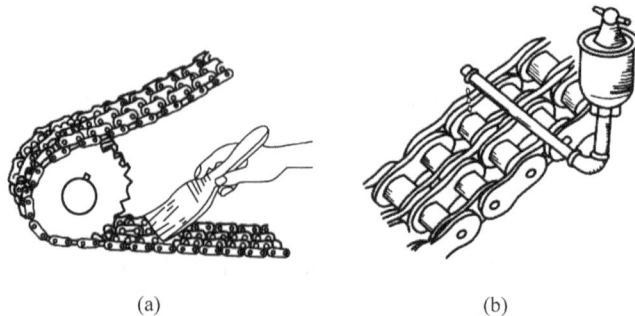

| (a) | (b) |

图 11.12 链传动的润滑方式示意图

(a) 人工定期润滑;(b) 滴油润滑;(c) 油浴式飞溅润滑;(d) 压力喷油润滑

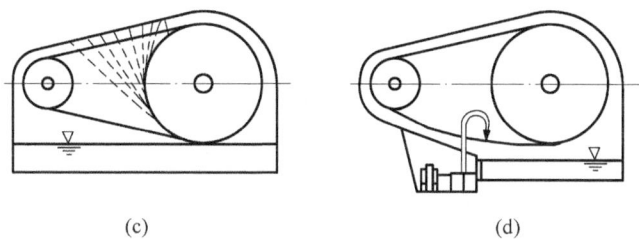

(c)　　　　　　　　　　　　　　　(d)

图 11.12 （续）

2. 链传动的布置

链传动的两轴应平行，两链轮应位于同一平面内；一般宜采用水平或接近水平的布置，并使松边在下面，可参见表 11.5。

表 11.5　链传动的布置

传动参数	正确布置	不正确布置	说　　明
$i=2\sim3$ $a=(30\sim50)p$			两轮轴线在同一水平面，紧边在上、在下均不影响工作
$i>2$ $a<30p$			两轮轴线不在同一水平面，松边应在下面，否则松边下垂量增大后，链条易与链轮卡死
$i<1.5$ $a>60p$			两轮轴线在同一水平面，松边应在下面，否则下垂量增大后，松边会与紧边相碰，需经常调整中心距
i,a 为任意值			两轮轴线在同一铅垂面内，下垂量增大会减少下链轮有效啮合齿数，降低传动能力，为此应：①使中心距可调；②设张紧装置；③上、下两轮错开，使两轮轴线不在同一铅垂面内

例 11.1　功率为 11 kW，转速为 730 r/min 的电动机驱动一台转速为 290 r/min 的运输机，载荷平稳。试选择一合适的滚子链传动。

解：

(1) 选择链轮齿数

设链速 $v=3\sim10$ m/s，取 $z_1=25$；传动比 $i=730/290=2.52$。则

$$z_2=iz_1=2.52\times25=63(奇数)$$

(2) 确定链节数

初定中心距 $a_0=40p$，则

$$L_{p'} = \frac{2a_0}{p} + \frac{z_1 + z_2}{2} + \left(\frac{z_2 - z_1}{2\pi}\right)^2 \frac{p}{a_0}$$

$$= \frac{2 \times 40p}{p} + \frac{25 + 63}{2} + \left(\frac{63 - 25}{2\pi}\right)^2 \frac{p}{40p} \approx 124.9$$

取 $L_p = 124$(偶数)。

(3) 计算额定功率

由表 11.2，$K_A = 1$；由表 11.4，采用单排链，$K_m = 1$；由表 11.3，估计工作点在图 11.10 高峰值左侧，取 $K_z = 1.34$。所以

$$P_0 = \frac{K_A P}{K_z K_m} = \frac{1 \times 11}{1.34 \times 1} \text{ kW} = 8.21 \text{ kW}$$

(4) 确定链的型号及选取链节距

根据 $n_1 = 730$ r/min、$P_0 = 8.21$ kW，由图 11.10 选单排 12A 滚子链。由表 11.1，链节距 $p = 19.05$ mm。

工作点 (n_1, P_0) 在图 11.10 高峰值左侧，所以合适。

(5) 验算链速

$$v = \frac{z_1 n_1 p}{60 \times 1000} = \frac{25 \times 730 \times 19.05}{60 \times 1000} \text{ m/s} = 5.794 \text{ m/s}$$

v 在 3～10 m/s 之间，与前设相符，所以合适。

(6) 确定中心距

$$a = \frac{p}{4}\left[\left(L_p - \frac{z_2 + z_1}{2}\right) + \sqrt{\left(L_p - \frac{z_1 + z_2}{2}\right)^2 - 8\left(\frac{z_2 - z_1}{2\pi}\right)^2}\right]$$

$$= \frac{19.05}{4} \times \left[\left(124 - \frac{63 + 25}{2}\right) + \sqrt{\left(124 - \frac{25 + 63}{2}\right)^2 - 8 \times \left(\frac{63 - 25}{2\pi}\right)^2}\right] \text{ mm}$$

$$= 753.19 \text{ mm}$$

(7) 确定链长

$$L = \frac{L_p p}{1000} = \frac{124 \times 19.05}{1000} \text{ m} = 2.36 \text{ m}$$

(8) 计算作用于轴上的力

$$F_Q \approx 1.2 K_A F_e = 1.2 \times 1 \times \frac{1000P}{v} = \frac{1.2 \times 1000 \times 11}{5.794} \text{ N} = 2278.2 \text{ N}$$

(9) 选择润滑方式

根据链速 $v = 5.794$ m/s 和链节距 $p = 19.05$ mm，由图 11.11 选择油浴或飞溅润滑。

习　　题

11.1　与带传动相比，链传动有哪些优缺点？

11.2　在链传动中，选取小链轮齿数 z_1 及从动链轮齿数 z_2 各受什么条件的限制？链传动的传动比又受哪些条件的限制？

11.3　试设计一带式运输机的套筒滚子链传动。已知传递功率 $P = 5.5$ kW，主动链轮

转速 $n_1 = 720$ r/min，采用 Y160M$_2$—8 型电动机，传动比 $i = 3$，工作平稳，一班制工作。

11.4　题 11.4 图所示为两级减速传动装置方案简图。试分析该方案是否合理，为什么？如不合理，应如何改进？

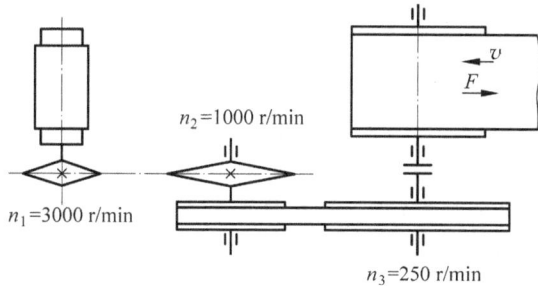

题 11.4 图

11.5　一链式运输机驱动装置采用套筒滚子链传动，链节距 $p = 25.4$ mm，主动链轮齿数 $z_1 = 17$，从动轮齿数 $z_2 = 69$，主动链轮转速 $n_1 = 960$ r/min。试求链条的平均速度 v。

11.6　题 11.6 图所示的三种链传动布置方案，哪种方案合理？为什么？

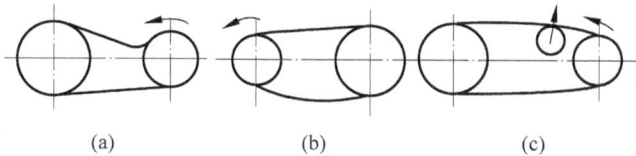

题 11.6 图

＊ 实践拓展练习

11.7　观察自行车或摩托车的链、链轮和链接头的结构形式，分析其各属于何种类型。

11.8　列举出你所见过的各种链传动及其应用场合，简要说明其功能。

第12章 齿轮传动

12.1 概　述

齿轮传动是应用最广和最重要的一种机械传动,其应用已有很长的历史。大多数齿轮传动不仅用来传递运动,还用来传递动力。因此,齿轮传动除须运转平稳外,还必须具有足够的承载能力。有关齿轮机构的啮合原理、几何参数计算以及切齿方法等已在第4章阐述,本章在其基础上着重论述齿轮传动的强度计算。

1. 齿轮传动的特点

与其他机械传动相比,齿轮传动的主要优点是:①外廓尺寸小;②效率高;③寿命长和可靠性高;④传动比恒定;⑤转矩、速度和传动比的适用范围广。

齿轮传动有如下缺点:①制造齿轮需要专用机床;②齿轮精度要求高;③成本高;④在齿轮精度低时有振动和噪声;⑤不适用于中心距较大的场合。

2. 齿轮传动的类型

齿轮传动就其装置而言有开式、半开式及闭式之分;就齿轮材料及热处理工艺的不同,齿面有较硬或较软之别;就其使用情况而言,有低速、中速、高速及轻载、中载、重载之别。

1) 按装置是否封闭分类

(1) 闭式传动:齿轮密封在刚性的箱体内。这种传动的润滑及防护条件最好,多用于重要场合的传动,如汽车、机床、航空发动机等。

(2) 开式传动:传动没有防尘罩或机壳,齿轮完全暴露在外。这种传动不仅外界杂物极易侵入,而且润滑不良,工作条件不好,齿轮易磨损,只宜用于低速传动,如农用机械、建筑机械以及简易的机械设备中。

(3) 半开式传动:介于以上两者之间,齿轮传动装有简单的防护罩,有时还把大齿轮部分地浸入油池中。这种传动虽然比开式传动工作条件有所改善,但仍不能严密防止外界杂物侵入。

2) 按齿轮齿面硬度分类

(1) 软齿面传动:硬度≤350 HBW 的传动。

(2) 硬齿面传动:硬度>350 HBW 的传动。

3) 按使用情况分

(1) 按节圆上线速度分:①低速传动为 $v < 3$ m/s 的传动;②中速传动为 3 m/s$\leqslant v \leqslant 15$ m/s 的传动;③高速传动为 $v > 15$ m/s 的传动。

(2) 按传递功率分:①轻载传动为 $P < 20$ kW 的传动;②中载传动为 20 kW$\leqslant P \leqslant 50$ kW 的传动;③重载传动为 $P > 50$ kW 的传动。

就齿轮轴线间的相互位置而言,有平行轴、相交轴、交错轴之分;就轮齿相对齿轮轴线的位置而言,有直齿、斜齿、曲齿等。本章只介绍应用最广泛的比较重要的齿轮传动,主要包括直齿圆柱齿轮传动、斜齿圆柱齿轮传动和直齿圆锥齿轮传动。

12.2　齿轮传动的失效形式及设计准则

12.2.1　齿轮传动的失效形式

一般来说,齿轮传动的失效主要是轮齿的失效。轮齿的失效形式主要有以下几种。

1. 轮齿折断

(1) 过载折断:轮齿因短时严重过载而引起的突然折断,主要发生于脆性材料。

(2) 疲劳折断:轮齿像一个悬臂梁,在载荷的多次重复作用下,弯曲应力超过弯曲疲劳极限时,齿根部分将产生疲劳裂纹,然后逐渐扩展,最终将引起轮齿折断。

对直齿轮,当作用于轮齿上的载荷沿齿宽均匀分布时,断齿常发生于整个轮齿(图 12.1(a)、(b));当载荷沿齿宽分布不均时,断齿常发生在齿的局部,即局部断齿(图 12.1(c)、(d))。对斜齿轮,由于相互啮合两齿的接触线倾斜,载荷斜向作用,一般发生局部断齿(图 12.1(e))。

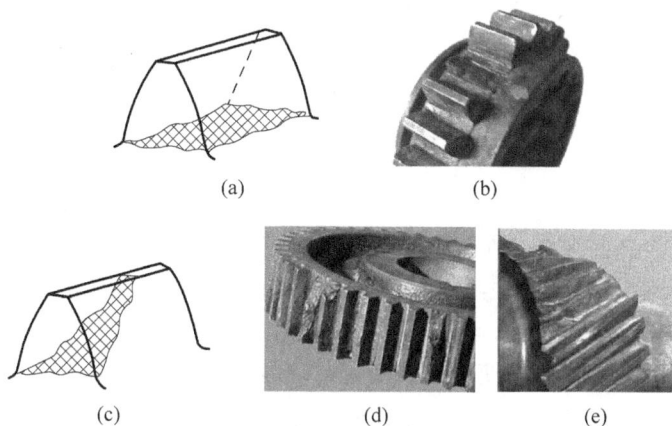

图 12.1　轮齿折断

2. 齿面疲劳点蚀

齿面疲劳点蚀(图 12.2)是润滑和防尘良好的闭式传动齿轮上所发生的最严重、最普遍的一种轮齿损坏。

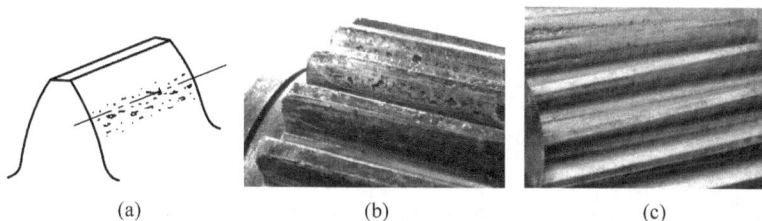

图 12.2　齿面疲劳点蚀

齿面点蚀是由于应力超过表面材料持久极限而引起的一种疲劳现象。经过足够的载荷循环重复次数后,表面上一块块金属会疲劳并剥落。点蚀开始是在齿的工作面上发生麻点似的小坑陷,然后扩大成为凹坑。根据点蚀的发展阶段、轮齿材料和其他一些条件的不同,点蚀可小到肉眼几乎看不出来,或大到几毫米。点蚀开始发生于齿根面上靠近节线的地方,然后扩展到整个齿面。齿顶面上发生点蚀只是少有情况。

在开式齿轮传动中,由于齿面磨损较快,点蚀还来不及出现或扩展即被磨掉,所以看不到点蚀现象。

3. 齿面胶合

在高速重载传动中,常因高压挤掉油膜,或轮齿之间较高的相对滑动速度所产生的热量使润滑剂的黏度和防护性能降低,啮合区温度升高而引起润滑失效,致使两齿面金属直接接触并发生黏着,当两齿面相对运动时,较软的齿面沿滑动方向被撕下而形成沟纹,这种现象称为齿面胶合(图 12.3)。在低速重载传动中,由于齿面间的润滑油膜不易形成,也可能产生胶合破坏。

| (a) | (b) | (c) |

图 12.3　齿面胶合

4. 齿面磨损

齿轮传动时,齿廓间存在相对滑动,在载荷作用下,齿面会产生磨损(图 12.4)。磨粒磨损是开式齿轮传动和运转于磨粒污染的介质中的闭式齿轮传动失效的主要原因。这类磨损常发生在采矿、筑路、建筑、农业、运输以及一些其他的机器上。

磨损使动载荷和噪声增大,使轮齿强度变弱,最后导致轮齿折断。

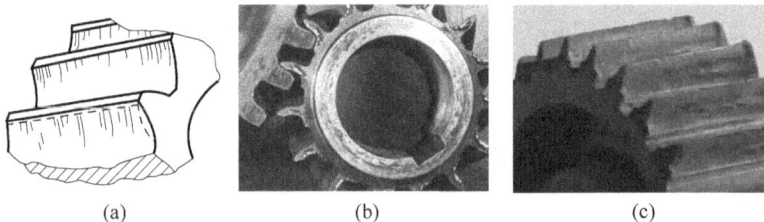

| (a) | (b) | (c) |

图 12.4　齿面磨损

5. 齿面塑性流动

在重载、低速的齿轮传动中,如果齿轮材料的硬度低,则在较大的摩擦力下,齿面上节线附近要出现齿面材料的塑性流动(图 12.5(a))。根据摩擦力的方向,在主动齿轮齿面上的塑性流动方向是离开节点的,因而形成沟槽(图 12.5(b));从动齿轮齿面上的塑性流动是朝向节点的,导致在齿面的节线上形成隆起的棱脊(图 12.5(c))。

12.2.2　齿轮传动的设计准则

齿轮传动的设计准则是按照轮齿的失效形式确定的。

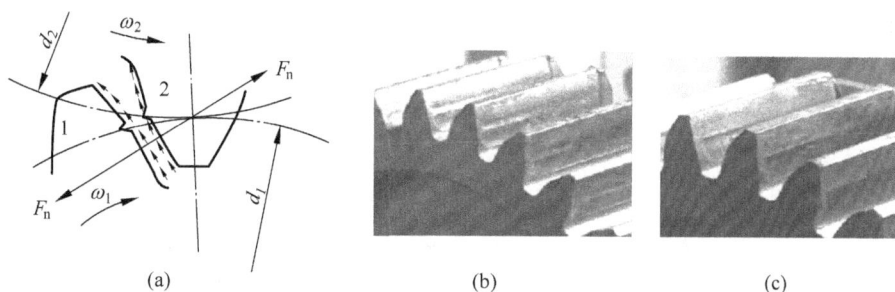

图 12.5 齿面塑性流动

(1) 在闭式软齿面(齿轮传动中至少有一个齿轮的硬度≤350 HBW)的齿轮传动中,其主要失效形式是疲劳点蚀,一般按齿面接触疲劳强度设计,然后校核轮齿的弯曲疲劳强度。

(2) 在闭式硬齿面(齿轮传动中两个齿轮都热处理到硬度>350 HBW)的齿轮传动中,其主要失效形式是轮齿疲劳折断,一般可按轮齿弯曲疲劳强度设计,然后校核接触疲劳强度。

(3) 在开式和半开式齿轮传动中,轮齿失效主要是磨损和断齿。由于目前尚无完善的关于磨损的计算方法,所以一般只进行弯曲疲劳强度计算,考虑磨损对弯曲强度的影响,将计算出来的模数值加大 10%~15%,以补偿预期的磨损量。

(4) 对于高速、大功率的齿轮传动(如航空发动机组传动、汽轮发电机组传动等),除保证接触疲劳强度和弯曲疲劳强度外,还应进行抗胶合计算(参阅有关标准)。

对于齿面塑性流动,目前尚未建立起广为工程实际使用且行之有效的计算方法,一般不进行计算,但应采取相应的措施,以增强轮齿抵抗这种失效的能力。

对有短时过载的齿轮传动,还应进行静强度计算。

对齿轮的齿圈、轮毂、轮辐等部位,由于其尺寸对强度及刚度来说都较富裕,实践中极少失效,通常仅进行结构设计,不进行强度计算。

12.3 齿轮常用材料

由齿轮的失效形式可知,设计齿轮传动时,应使齿面具有较高的抗磨损、抗点蚀、抗胶合及塑性变形的能力,而齿根要求有较高的抗折断的能力。因此,对齿轮材料性能的基本要求是:①齿面要硬,齿芯要韧;②具有良好的机械加工性能和热处理性能。

常用的齿轮材料是各种牌号的优质碳素钢、合金结构钢、铸钢和铸铁等。表 12.1 列出了常用的齿轮材料及其热处理后的硬度。

表 12.1 常用的齿轮材料

类 别	材料牌号	热 处 理	硬度(HBW 或 HRC)
优质碳素钢	45	正火	156~217 HBW
		调质	197~286 HBW
		表面淬火	40~50 HRC

类　别	材料牌号	热　处　理	硬度(HBW 或 HRC)
合金结构钢	40Cr	调质	217～286 HBW
		表面淬火	48～55 HRC
	35SiMn	调质	207～286 HBW
		表面淬火	45～50 HRC
	40MnB	调质	241～286 HBW
		表面淬火	45～55 HRC
	20Cr	渗碳淬火＋回火	56～62 HRC
	20CrMnTi	渗碳淬火＋回火	56～62 HRC
铸钢	ZG310-570	正火	163～197 HBW
	ZG340-640	正火	179～207 HBW
	ZG35SiMn	调质	241～269 HBW
		表面淬火	45～53 HRC
灰铸铁	HT300	时效	187～255 HBW
球墨铸铁	QT500-7	正火	170～230 HBW
	QT600-3	正火	190～270 HBW

齿轮材料的种类很多,在选择时应考虑的因素也很多,下述几点可供选材时参考。

1) 闭式软齿面齿轮传动常用材料

闭式软齿面齿轮传动常用的材料有 35、45、40Cr 和 35SiMn 经调质或正火处理。此类材料的特点是制造方便,多用于对强度、速度和精度要求不高的一般机械传动中。

由于小齿轮轮齿工作次数较多,应使其齿面硬度比大齿轮的高出 25～50 HBW。

2) 闭式硬齿面齿轮传动常用的材料

闭式硬齿面齿轮传动常用的材料有 20、20Cr、20CrMnTi 表面渗碳淬火和 45、40Cr 表面淬火或整体淬火,一般齿面硬度为 45～65 HRC。通常两齿轮轮齿采用相同的齿面硬度。此类材料的特点是制造较复杂,精度要求高,多用于高速、重载及精密机械中。

3) 大尺寸齿轮及开式低速齿轮传动常用材料

当齿轮尺寸较大(如直径大于 400～600 mm)而轮坯不易锻造时,可采用铸钢;开式低速传动时,可采用灰口铸铁。球墨铸铁有时可代替铸钢。

12.4　齿轮传动的受力分析

12.4.1　直齿圆柱齿轮传动受力分析

如图 12.6 所示,作用在一对轮齿上的力沿着 N_1N_2 线,这条线就是切于两个基圆的线,称为压力线。设主动轮转矩为 T_1,作用在法平面内的总作用力为法向力 F_n(略去摩擦力,因其影响很小),此法向力可以分解成两个分力:圆周力 F_t 和径向力 F_r。

$$\begin{cases} F_t = \dfrac{2T_1}{d_1} \\ F_r = F_t \tan\alpha \\ F_n = \dfrac{F_t}{\cos\alpha} = \dfrac{2T_1}{d_1\cos\alpha} \end{cases} \qquad (12.1)$$

式中，T_1 为主动轮名义转矩，$T_1 = 9.55 \times 10^6 \dfrac{P_1}{n_1}$，N·mm；$P_1$ 为主动轮传递的功率，kW；n_1 为主动轮转速，r/min；d_1 为主动轮分度圆直径，mm；α 为压力角，对标准齿轮，$\alpha = 20°$。

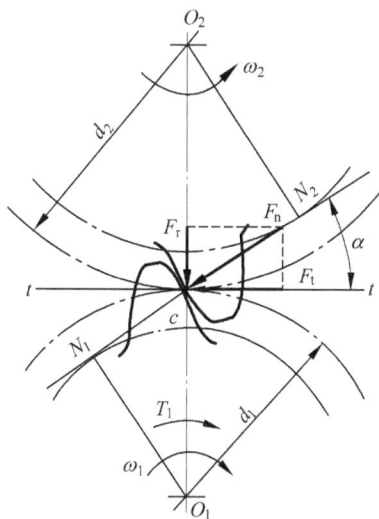

图 12.6　直齿圆柱齿轮传动受力分析

　　圆周力 F_t 的方向在主动轮上与圆周速度方向相反，在从动轮上与圆周速度方向相同，且互为作用力和反作用力，即 $F_{t1} = -F_{t2}$。

　　径向力 F_r 的方向与齿轮的回转方向无关，对两轮都是从啮合点指向各自的轮心，且互为作用力和反作用力，即 $F_{r1} = -F_{r2}$。

12.4.2　斜齿圆柱齿轮传动受力分析

　　图 12.7(a) 所示为作用在斜齿圆柱齿轮轮齿上力的三维视图，力的作用点在节面上并位于齿宽的中点。由图 12.7(b) 所示的几何关系，可得轮齿的法向力 F_n（略去摩擦力，因其影响很小）的三个分量为圆周力 F_t、径向力 F_r 和轴向力 F_a。

$$\begin{cases} F_t = \dfrac{2T_1}{d_1} \\[2mm] F_r = F_t \tan\alpha_t = \dfrac{F_t \tan\alpha_n}{\cos\beta} \\[2mm] F_a = F_t \tan\beta \\[2mm] F_n = \dfrac{F_t}{\cos\alpha_n \cos\beta} \end{cases} \tag{12.2}$$

式中，β 为螺旋角；α_n 为法面压力角，对标准齿轮 $\alpha_n = 20°$；α_t 为端面压力角。

　　圆周力 F_t 的方向在主动轮上与圆周速度方向相反，在从动轮上与圆周速度方向相同，且互为作用力和反作用力，即 $F_{t1} = -F_{t2}$。

　　径向力 F_r 的方向对两轮都是从啮合点指向两轮各自的轮心，且互为作用力和反作用力，即 $F_{r1} = -F_{r2}$。

直齿轮和
斜齿轮

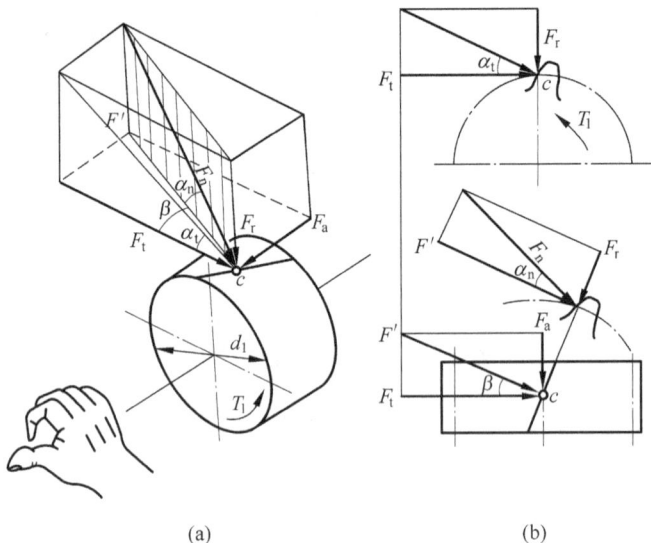

图 12.7　斜齿圆柱齿轮传动受力分析

　　轴向力 F_a 的方向取决于齿轮的回转方向和轮齿螺旋线方向。对于主动轮,可用左、右手法则判断:左螺旋用左手,右螺旋用右手,拇指伸直与轴线平行,其余四指沿回转方向握住轴线,则拇指的指向即为主动轮的轴向力方向,从动轮所受轴向力方向则与主动轮相反。例如,图 12.7(a)所示为主动轮轮齿右旋且逆时针旋转时轴向力 F_{a1} 的方向(拇指方向)。相啮合的两轮的轴向力互为作用力和反作用力,即 $F_{a1} = -F_{a2}$。

　　螺旋角 β 取得大,则重合度增大,从而使传动平稳,但轴向力也增加,因而增加轴承的负载。一般取 $\beta = 8° \sim 20°$。

12.4.3　圆锥齿轮传动受力分析

　　作用在圆锥齿轮齿面中点的各力如图 12.8 所示。法向力 F_n 可分解为三个相互垂直的分量,即圆周力 F_t、径向力 F_r 和轴向力 F_a,由图 12.8 所示的三角关系,可得

$$\begin{cases} F_t = \dfrac{2T_1}{d_{m1}} \\[2mm] F_r = F_t \tan\alpha \cos\delta \\[2mm] F_a = F_t \tan\alpha \sin\delta \\[2mm] F_n = \dfrac{F_t}{\cos\alpha} \end{cases} \tag{12.3}$$

式中,δ 为小齿轮分锥角;d_{m1} 为小齿轮平均分度圆直径,$d_{m1} = d_1 - b\sin\delta_1$(其中 d_1 为小齿轮分度圆直径,b 为齿宽)。

　　F_{t1}、F_{r1}、F_{a1} 是从动轮作用于主动轮上的力,而主动轮作用于从动轮上的力和上述的力大小相等,方向相反。当然,与主动轮轴向力方向相反的是从动轮的径向力,即 $F_{a1} = -F_{r2}$;而与主动轮径向力方向相反的是从动轮的轴向力,即 $F_{r1} = -F_{a2}$。圆周力 F_t 的方向在主动轮上与圆周速度方向相反,在从动轮上与圆周速度方向相同,且 $F_{t1} = -F_{t2}$。

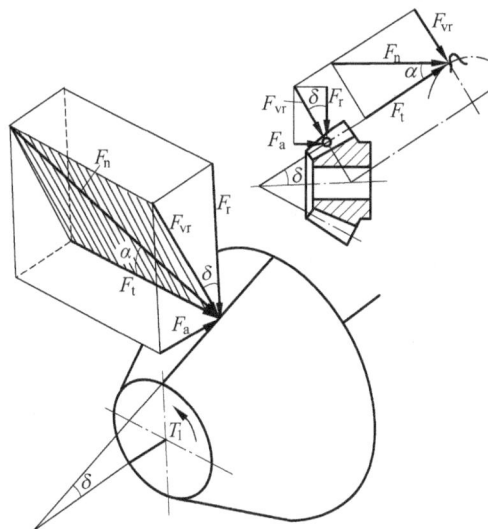

图 12.8　圆锥齿轮传动受力分析

12.4.4　计算载荷

上述的法向力 F_n 为名义载荷。理论上 F_n 应沿齿宽均匀分布,但由于轴和轴承及齿轮等的变形以及传动装置的制造、安装误差等原因,载荷沿齿宽方向并不是均匀分布的,造成齿面局部载荷增大,即载荷集中。此外,由于各种原动机和工作机的特性不同,工作状态平稳与否、是否有冲击振动,以及齿轮制造误差而引起的啮合误差等原因,在齿轮传动中都会产生附加动载荷。因此,计算齿轮强度时,通常用计算载荷 $F_c = KF_n$ 代替名义载荷 F_n,K 为载荷系数。选定载荷系数 K 时,可根据表 12.2,再综合考虑上述诸因素的影响,具体进行确定(详见表 12.2 注)。

表 12.2　载荷系数 K

原动机工作特性	工作机工作特性		
	平稳或比较平稳	中等冲击	较大冲击
平稳(电动机、汽轮机等)	1～1.2	1.2～1.6	1.6～1.8
轻度冲击(多缸内燃机)	1.2～1.6	1.6～1.8	1.9～2.1
中等冲击(单缸内燃机)	1.6～1.8	1.8～2.0	2.2～2.4

注:①斜齿、圆周速度低、精度高取小值;②直齿、圆周速度高、精度低取大值;③齿轮在两轴承间对称布置时取小值;④齿轮在两轴承间不对称布置及悬臂布置时取大值;⑤齿宽系数小时取小值,齿宽系数大时取大值。

12.5　直齿圆柱齿轮传动强度计算

12.5.1　直齿圆柱齿轮传动接触强度计算

1. 计算公式

齿面疲劳点蚀与齿面接触应力的大小有关,齿面最大接触应力 σ_H 可近似地用赫兹公式进行计算。赫兹公式表明了两个圆柱体之间的最大接触应力 σ_{H} 可按下式计算：

$$\sigma_{\mathrm{H}} = \sqrt{\frac{F}{\pi b} \cdot \frac{\dfrac{1}{\rho_1} \pm \dfrac{1}{\rho_2}}{\dfrac{1-\mu_1^2}{E_1} + \dfrac{1-\mu_2^2}{E_2}}} \tag{12.4}$$

式中，F 为两圆柱体的压紧力；E_1、E_2 为两圆柱体材料的弹性模量；μ_1、μ_2 为两圆柱体材料的泊松比；ρ_1、ρ_2 为两圆柱体接触点处的曲率半径；b 为两圆柱体接触长度；正号用于外接触，负号用于内接触。

因为接触的轮齿类似两个接触的圆柱，所以赫兹公式圆柱接触应力公式适用于轮齿表面接触应力。齿面接触应力的计算按节点 P 啮合处理(图 12.9)，这是因为实践表明齿廓在节点处首先开始出现点蚀。

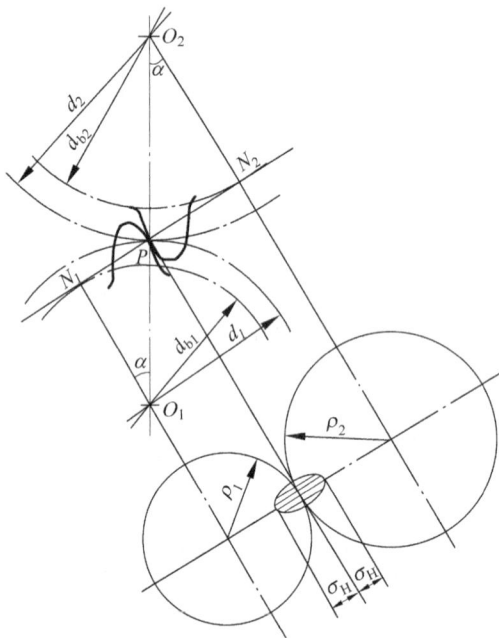

图 12.9　齿面接触应力

对于标准齿轮，当轮齿在节点接触时，由图 12.9 可知，齿廓的曲率半径 ρ_1 和 ρ_2 分别为

$$\rho_1 = N_1 P = \frac{d_1}{2} \sin\alpha, \quad \rho_2 = N_2 P = \frac{d_2}{2} \sin\alpha$$

则

$$\frac{1}{\rho_1} \pm \frac{1}{\rho_2} = \frac{2(d_2 \pm d_1)}{d_1 d_2 \sin\alpha} = \frac{u \pm 1}{u} \cdot \frac{2}{d_1 \sin\alpha} \tag{12.5}$$

式中，正号用于外啮合齿轮传动，负号用于内啮合齿轮传动；d_1、d_2 分别为两齿轮分度圆直径；齿数比 $u = d_2/d_1 = z_2/z_1$。

又

$$F = F_c = KF_n = \frac{KF_t}{\cos\alpha} = \frac{2KT_1}{d_1\cos\alpha} \qquad (12.6)$$

将式(12.5)、式(12.6)代入式(12.4),可得最大接触应力为

$$\sigma_H = \sqrt{\frac{1}{\pi\left(\frac{1-\mu_1^2}{E_1}+\frac{1-\mu_2^2}{E_2}\right)}} \sqrt{\frac{2}{\cos\alpha\sin\alpha}} \sqrt{\frac{2KT_1}{bd_1^2}\frac{u\pm1}{u}}$$

令 $Z_E = \sqrt{\dfrac{1}{\pi\left(\dfrac{1-\mu_1^2}{E_1}+\dfrac{1-\mu_2^2}{E_2}\right)}}$, Z_E 为弹性系数($\sqrt{\text{MPa}}$),其数值与材料有关,可由表 12.3 选

取。令 $Z_H = \sqrt{\dfrac{2}{\sin\alpha\cos\alpha}}$, Z_H 称为节点区域系数,对于标准齿轮, $Z_H = 2.5$,由此可得齿面接

触强度验算式为

$$\sigma_H = 2.5Z_E\sqrt{\frac{2KT_1}{bd_1^2}\frac{u\pm1}{u}} \leqslant [\sigma_H], \text{MPa} \qquad (12.7)$$

式中, $[\sigma_H]$ 为许用接触应力,MPa; b 为轮齿的宽度; T_1 的单位为 N・mm, b 、 d_1 的单位为 mm。令 $\psi_d = b/d_1$, ψ_d 称为齿宽系数,其值可按表 12.4 选取。将 $b = \psi_d d_1$ 代入式(12.7), 即可求得小齿轮分度圆直径 d_1 。则齿面接触强度设计式为

$$d_1 \geqslant 2.32\sqrt[3]{\frac{KT_1}{\psi_d}\frac{u\pm1}{u}\left(\frac{Z_E}{[\sigma_H]}\right)^2}, \text{mm} \qquad (12.8)$$

表 12.3　弹性系数 Z_E $\qquad\qquad\sqrt{\text{MPa}}$

小齿轮材料		大齿轮材料			
		锻钢	铸钢	球墨铸铁	灰铸铁
	E/MPa	206000	202000	173000	126000
锻钢	206000	189.8	188.9	181.4	165.4
铸钢	202000	—	188.0	180.5	161.4
球墨铸铁	173000	—	—	173.9	156.6
灰铸铁	126000	—	—	—	146.0

表 12.4　齿宽系数 ψ_d

齿轮相对轴承的位置	齿面硬度	
	软齿面	硬齿面
对称布置	0.8~1.4	0.4~0.9
非对称布置	0.6~1.2	0.3~0.6
悬臂布置	0.3~0.4	0.2~0.25

注:轴及其支座刚性较大时取大值,反之取小值。

2. 许用接触应力

$$[\sigma_H] = \frac{\sigma_{Hlim}}{S_H} \text{ MPa} \tag{12.9}$$

式中，σ_{Hlim} 为试验齿轮失效概率为 1% 时的接触疲劳强度极限，由图 12.10 选取。图 12.10 中，ML、MQ 和 ME 线分别表示对材料和热处理要求低、中等和高，一般可由 MQ 线查得持久极限值，如果齿的表面硬度超过了图线范围，可将图线延长。S_H 为接触强度安全系数，由表 12.5 选取。

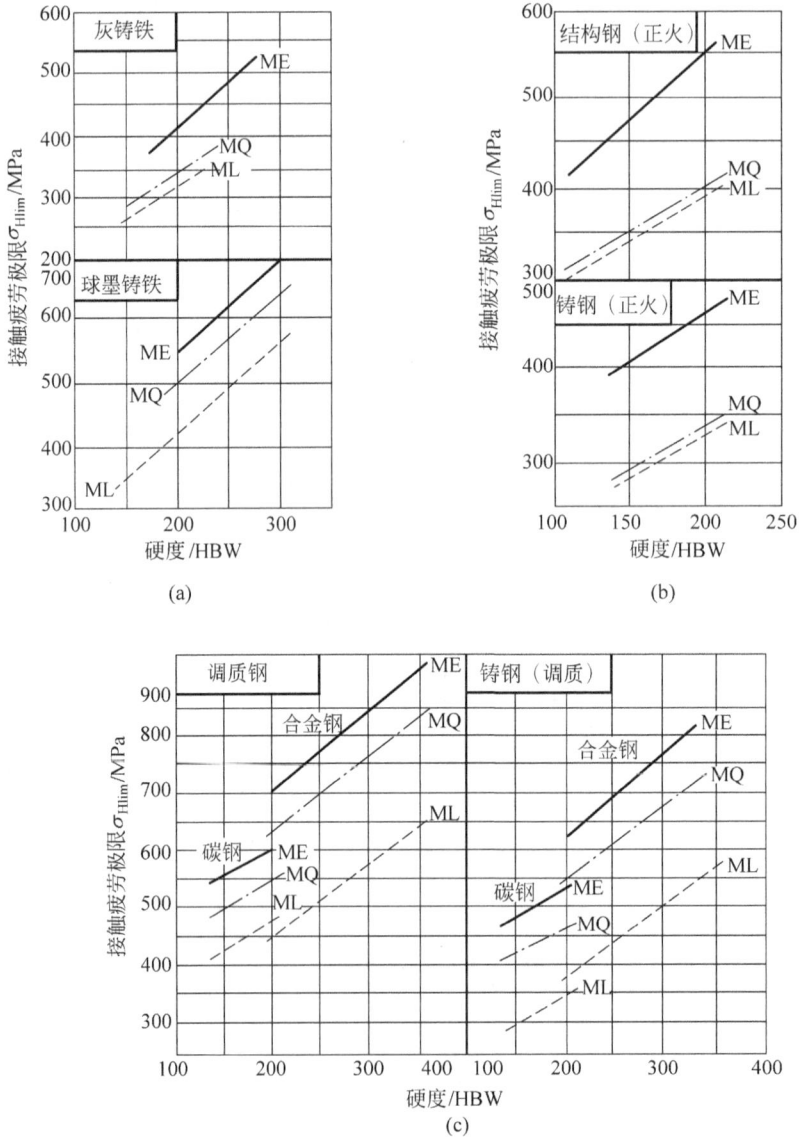

图 12.10　试验齿轮的接触疲劳强度极限 σ_{Hlim}

(a) 铸铁；(b) 正火处理的结构钢和铸钢；(c) 调质处理的碳钢、合金钢及铸钢；

(d) 渗碳淬火钢和表面硬化(火焰或感应淬火)钢；(e) 氮化钢和碳氮共渗钢

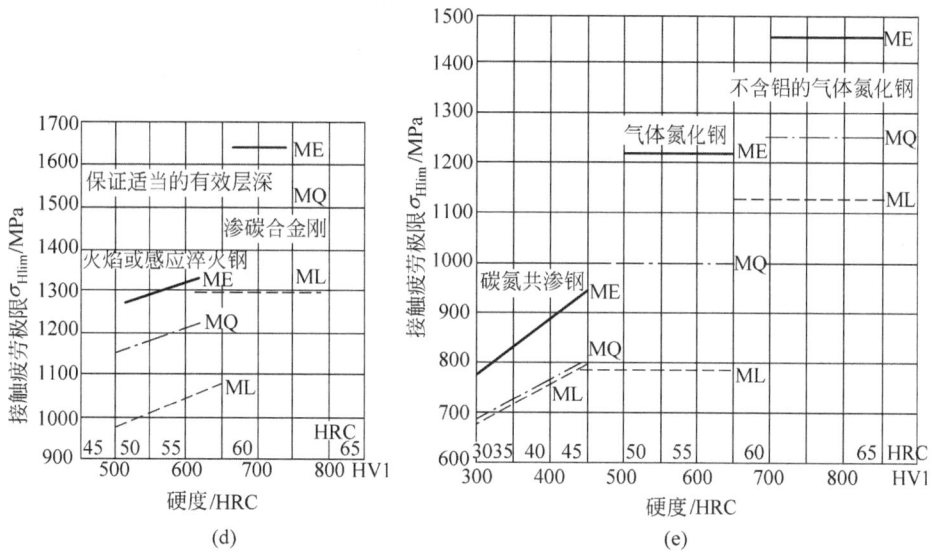

图 12.10　（续）

表 12.5　安全系数 S_H 和 S_F

可靠性要求	S_H	S_F
高可靠度(99.99%)	1.50～1.60	2.00
较高可靠度(99.9%)	1.25～1.30	1.60
一般可靠度(99%)	1.00～1.10	1.25
低可靠度(90%)	0.85	1.00

注：对于一般工业用齿轮传动,可用一般可靠度。

12.5.2　直齿圆柱齿轮传动弯曲强度计算

1. 计算公式

由于齿轮轮缘的刚度很大,因此,在齿轮弯曲疲劳强度计算时,可将轮齿看成宽度为 b 的悬臂梁,齿根处的应力较大,应为危险截面,如图 12.11 所示。危险截面的确定以 30°切线法最为简单实用,即作与轮齿对称中心线成 30°夹角并与齿根过渡圆角相切的斜线,两切点连线即为危险截面位置。

为了安全可靠与简化计算,按一对轮齿啮合承担全部载荷,且法向力 F_n 全部作用在一个轮齿的齿顶,将作用力沿啮合线移到齿的对称轴线上(图 12.11),并将其分解成两个分量：①$F_n\cos\alpha_F$,使轮齿受弯；②$F_n\sin\alpha_F$,使轮齿受压。后者一般较小,可略去不计。式中,α_F 为齿顶压力角。危险截面在齿根部分应力集中最大的区域,因此疲劳裂纹与失效是在轮齿受拉应力的一侧开始的。考虑载荷系数 K,危险截面内的弯曲应力为

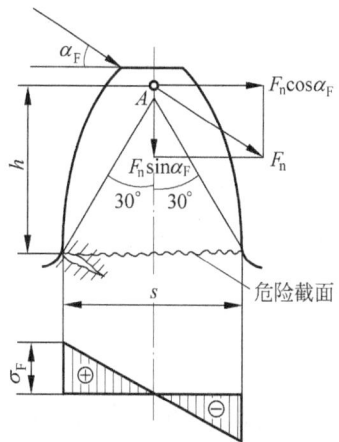

图 12.11　齿根危险截面的应力

$$\sigma_F = \frac{M}{W} = \frac{KF_n\cos\alpha_F h}{\dfrac{bs^2}{6}} = \frac{2KT_1}{d_1\cos\alpha}\frac{\cos\alpha_F h}{\dfrac{bs^2}{6}}$$

将分子、分母同除以 m^2 得

$$\sigma_F = \frac{2KT_1}{bd_1 m}\frac{6\left(\dfrac{h}{m}\right)\cos\alpha_F}{\left(\dfrac{s}{m}\right)^2\cos\alpha}$$

令

$$Y_{Fa} = \frac{6\left(\dfrac{h}{m}\right)\cos\alpha_F}{\left(\dfrac{s}{m}\right)^2\cos\alpha}$$

则

$$\sigma_F = \frac{2KT_1}{bd_1 m}Y_{Fa},\text{MPa} \tag{12.10}$$

式中，M 为危险截面弯矩，$N\cdot mm$；W 为危险截面抗弯截面模量，mm^3；h 为计算力臂，mm；s 为危险截面处齿厚，mm；m 为模数，mm；Y_{Fa} 为齿形系数（表 12.6），齿形系数只与轮齿的齿形有关，即与齿数和变位系数有关，而与齿的大小（模数 m）无关。

考虑应力集中修正系数 Y_{sa}，并将齿宽系数 $\psi_d = b/d_1$ 和 $d_1 = mz_1$ 代入式(12.10)，可得轮齿弯曲强度验算式为

$$\sigma_F = \frac{2KT_1}{\psi_d m^3 z_1^2}Y_{Fa}Y_{sa} \leqslant [\sigma_F],\text{MPa} \tag{12.11}$$

轮齿弯曲强度设计式为

$$m \geqslant \sqrt[3]{\frac{2KT_1}{\psi_d z_1^2[\sigma_F]}Y_{Fa}Y_{sa}},\text{mm} \tag{12.12}$$

对标准齿轮，齿形系数 Y_{Fa} 和应力集中修正系数 Y_{sa} 的值由表 12.6 选取。

表 12.6　齿形系数 Y_{Fa} 及应力集中修正系数 Y_{sa}

$z(z_v)$	17	18	19	20	21	22	23	24	25	26	27	28	29
Y_{Fa}	2.97	2.91	2.85	2.80	2.76	2.72	2.69	2.65	2.62	2.60	2.57	2.55	2.53
Y_{sa}	1.52	1.53	1.54	1.55	1.56	1.57	1.575	1.58	1.59	1.595	1.60	1.61	1.62
$z(z_v)$	30	35	40	45	50	60	70	80	90	100	150	200	∞
Y_{Fa}	2.52	2.45	2.40	2.35	2.32	2.28	2.24	2.22	2.20	2.18	2.14	2.12	2.06
Y_{sa}	1.63	1.65	1.67	1.68	1.70	1.73	1.75	1.77	1.78	1.79	1.83	1.87	1.97

2. 许用弯曲应力

$$[\sigma_F] = \frac{\sigma_{Flim}}{S_F},\text{MPa} \tag{12.13}$$

式中，σ_{Flim} 为试验齿轮失效概率为 1% 时的齿根弯曲疲劳极限，由图 12.12 选取，如果轮齿受双向弯曲，取 $\sigma_{Flim}\times 0.7$；S_F 为弯曲强度安全系数，由表 12.5 选取。

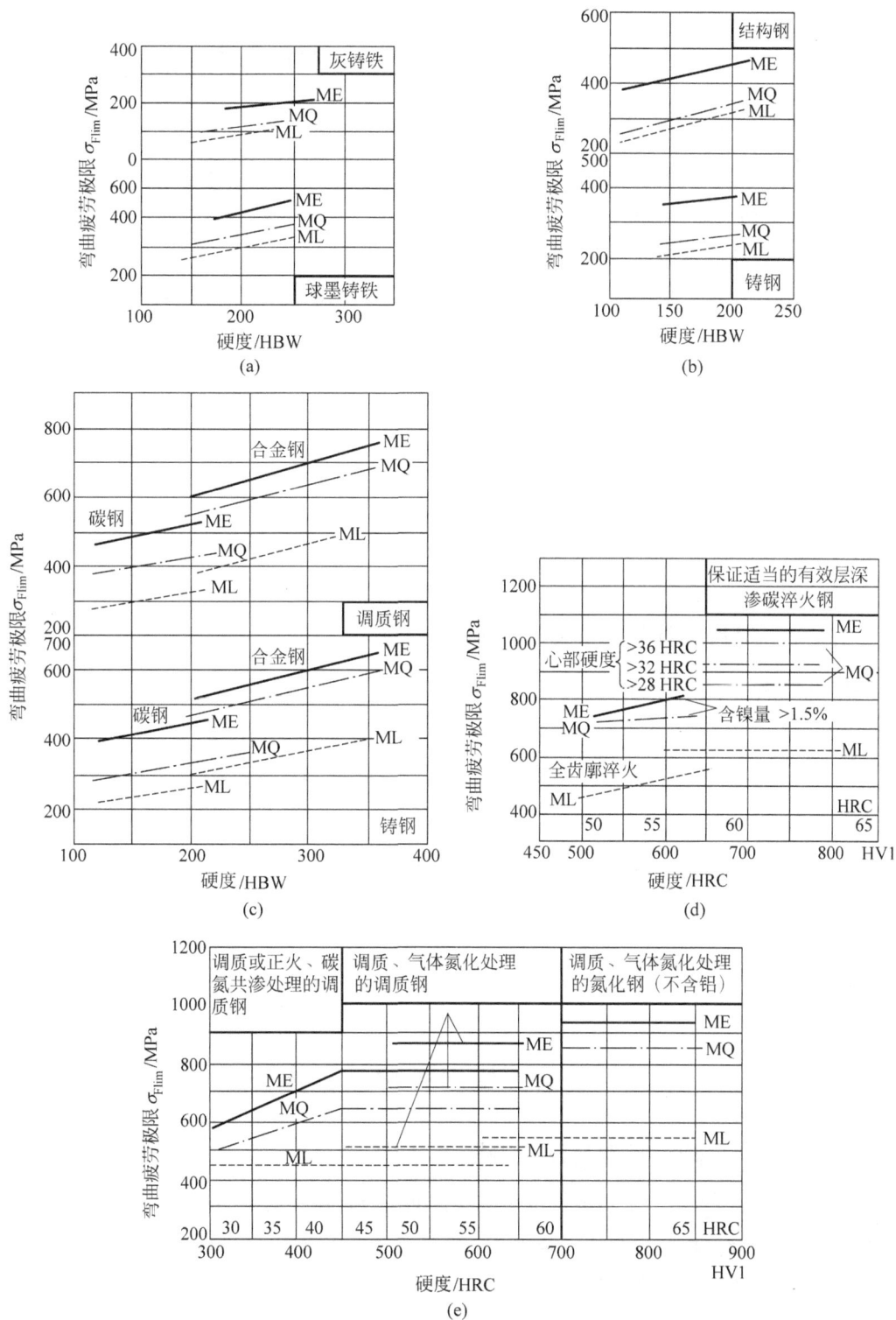

图 12.12　试验齿轮的弯曲疲劳极限 σ_{Flim}

（a）铸铁；（b）正火处理的结构钢和铸钢；（c）调质处理的碳钢、合金钢及铸钢；

（d）渗碳淬火钢和表面硬化（火焰或感应淬火）钢；（e）氮化钢和碳氮共渗钢

12.6　斜齿圆柱齿轮传动强度计算

12.6.1　斜齿圆柱齿轮传动接触强度计算

斜齿圆柱齿轮传动接触强度的计算方法类似于直齿轮。但斜齿轮传动接触线向齿根倾斜,接触长度增加。同时其当量齿轮的齿廓曲率半径也增大,这些特点使斜齿轮传动的承载能力比直齿轮传动的承载能力有所增加,可用螺旋角系数 Z_β 来修正。

按直齿圆柱齿轮传动类推,一对钢制标准斜齿圆柱齿轮传动的齿面接触强度校核式及设计式为

$$\sigma_H = 3.54 Z_E Z_\beta \sqrt{\frac{KT_1}{bd_1^2} \cdot \frac{u \pm 1}{u}} \leqslant [\sigma_H], \text{MPa} \tag{12.14}$$

$$d_1 \geqslant 2.32 \sqrt[3]{\frac{KT_1}{\psi_d} \cdot \frac{u \pm 1}{u} \left(\frac{Z_E Z_\beta}{[\sigma_H]}\right)^2}, \text{mm} \tag{12.15}$$

式中,螺旋角系数 $Z_\beta = \sqrt{\cos\beta}$;弹性系数 Z_E 查表 12.3;许用接触应力 $[\sigma_H]$ 按式(12.9)计算。

12.6.2　斜齿圆柱齿轮传动弯曲强度计算

同前面一样,与上述分析方法类似,可按与直齿轮传动同样的方法,推导出斜齿轮弯曲强度验算式为

$$\sigma_F = \frac{2KT_1}{bm_n d_1} Y_{Fa} Y_{sa} \leqslant [\sigma_F], \text{MPa} \tag{12.16}$$

斜齿轮弯曲强度设计式为

$$m_n \geqslant \sqrt[3]{\frac{2KT_1 \cos^2\beta}{\psi_d z_1^2 [\sigma_F]} Y_{Fa} Y_{sa}}, \text{mm} \tag{12.17}$$

式中,Y_{Fa}、Y_{sa} 按当量齿数 $z_v = z/\cos^3\beta$ 查表 12.6 选取;许用弯曲应力 $[\sigma_F]$ 按式(12.13)计算。

12.7　直齿圆锥齿轮传动强度计算

12.7.1　直齿圆锥齿轮传动接触强度计算

在强度计算中,直齿圆锥齿轮可由齿宽中点的当量齿轮代替,当量齿轮齿廓相应于一直齿圆柱齿轮的齿廓。把直齿圆柱齿轮传动的接触强度计算推广用于直齿圆锥齿轮传动,可得直齿圆锥齿轮传动接触强度校核式为

$$\sigma_H = 2.5 Z_E \sqrt{\frac{4.7KT_1}{\psi_R (1 - 0.5\psi_R)^2 d_1^3 u}} \leqslant [\sigma_H], \text{MPa} \tag{12.18}$$

直齿圆锥齿轮传动接触强度设计式为

$$d_1 \geqslant 1.84 \sqrt[3]{\frac{4.7KT_1}{\psi_R(1-0.5\psi_R)^2 u}\left(\frac{Z_E}{[\sigma_H]}\right)^2}, \mathrm{mm} \tag{12.19}$$

式中,载荷系数 K 由表 12.2 选取; Z_E 由表 12.3 选取;齿宽系数 $\psi_R = b/R$,式中 R 为锥距,一般 $\psi_R = 0.25 \sim 0.35$,常用值为 $\psi_R = 1/3$。

12.7.2　直齿圆锥齿轮传动弯曲强度计算

与上述分析方法相同,可得直齿圆锥齿轮弯曲强度校核式为

$$\sigma_F = \frac{4.7KT_1}{\psi_R(1-0.5\psi_R)^2 z_1^2 m^3 \sqrt{u^2+1}} Y_{Fa} Y_{sa} \leqslant [\sigma_F], \mathrm{MPa} \tag{12.20}$$

直齿圆锥齿轮弯曲强度设计式为

$$m \geqslant \sqrt[3]{\frac{4.7KT_1}{\psi_R(1-0.5\psi_R)^2 z_1^2 [\sigma_F] \sqrt{u^2+1}} Y_{Fa} Y_{sa}}, \mathrm{mm} \tag{12.21}$$

式中,齿形系数 Y_{Fa} 和应力修正系数 Y_{sa} 由当量齿数 z_v($z_v = z/\cos\delta$)按表 12.6 选取;许用弯曲应力 $[\sigma_F]$ 仍按式(12.13)计算。

12.8　齿轮传动的精度

制造和安装齿轮传动装置时,不可避免地会产生误差(如齿形误差、齿距误差、齿向误差、两轴线不平行等)。按照误差的特性及它们对传动性能的主要影响,将齿轮的各项公差分成三个组,分别反映传递运动的准确性、传动的平稳性和载荷分布的均匀性。此外,考虑到齿轮制造误差以及工作时轮齿变形和热膨胀,同时为了便于润滑,需要有一定的齿侧间隙,为此标准中还规定了 14 种齿厚偏差,可根据不同工作要求选用。各公差检验项目及其主要影响见表 12.7,具体值查附录 C.6。

表 12.7　齿轮的公差检验项目及其主要影响

公差检验项目	主要影响
F_p(齿距累积总偏差);F_r(齿圈径向跳动公差); F_i''(径向综合总偏差);F_i'(切向综合总偏差)	齿轮传递运动的准确性
F_a(齿廓总偏差);f_{pt}(单个齿距偏差); f_i''(一齿径向综合偏差);f_i'(一齿切向综合偏差)	齿轮传动的平稳性
F_β(齿轮螺旋线总偏差)	轮齿载荷分布的均匀性
E_{bn}(公法线长度偏差)、E_{sn}(齿厚极限偏差)	侧隙

实际工作中应从齿轮传动的质量控制出发,考虑测量工具和仪器状况,经济地选择齿轮偏差的检验项目,并在齿轮工作图右上角的啮合特性表中标出。

国家标准 GB/T 10095.1—2008 对圆柱齿轮及齿轮副规定了 0～12 共 13 个精度等级,其中 0 级的精度最高,12 级的精度最低,常用的是 6～9 级精度。表 12.8 列出了常用精度等级的荐用范围及其应用举例,可供设计时参考。

表 12.8　齿轮传动常用精度等级及其应用

精度等级	圆周速度 v/(m/s)			应用举例
	直齿圆柱齿轮	斜齿圆柱齿轮	直齿圆锥齿轮	
6	≤15	≤30	≤12	要求运转精确或在高速重载下工作的齿轮传动；精密仪器和飞机、汽车、机床中的重要齿轮
7	≤10	≤15	≤8	高速中载或中速重载的齿轮传动，如标准系列减速器中的齿轮；飞机、汽车和机床中的齿轮
8	≤6	≤10	≤4	一般机械中的齿轮；飞机、汽车和机床中的不重要齿轮；纺织机械中的齿轮；农业机械中的重要齿轮
9	≤2	≤4	≤1.5	低速及对精度要求低的齿轮；农业机械中的齿轮

12.9　齿轮的结构

齿轮的结构取决于尺寸、材料、应用等。

小直径齿轮(d_a≤160 mm)可设计成实心齿轮(图 12.13)。

在小的钢制齿轮中，对于 $e<2m_t$ 的圆柱齿轮(图 12.13(a))和 $e<1.6m$ 的圆锥齿轮(图 12.13(b))，通常将齿轮与轴制成一体，称为齿轮轴(图 12.14)，即在轴上直接切齿，省去了键以及轴向固定装置。应制成齿轮轴却制成分体结构的齿轮，则可能由于键槽距离齿根太近而导致强度不足，出现断裂，如图 12.15 所示。

实心轮

齿轮轴

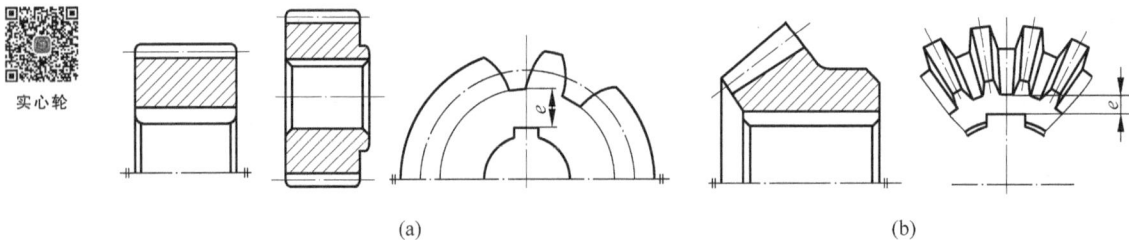

(a)　　　　　　　　　　　　　　　　　　　(b)

图 12.13　实心齿轮

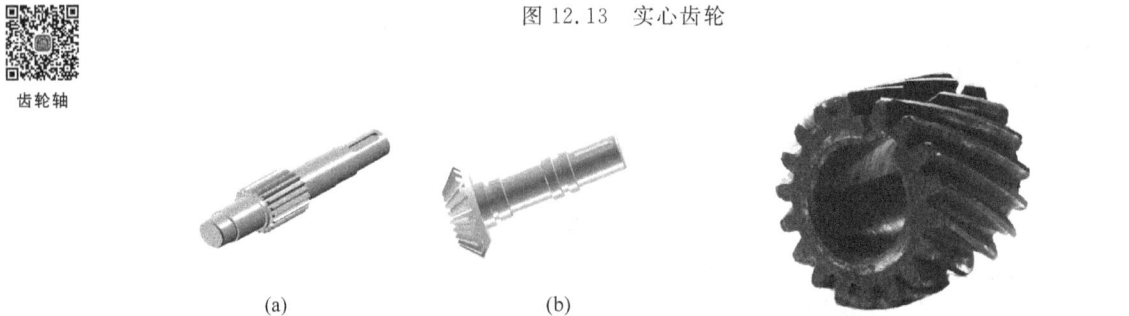

(a)　　　　　　(b)

图 12.14　齿轮轴

(a) 圆柱齿轮轴；(b) 圆锥齿轮轴

图 12.15　键槽与齿根之间断裂

$d_a \leqslant 500$ mm 的中等直径齿轮主要是锻造结构,可设计成腹板式齿轮(图 12.16)。为了便于装卸、减重和加工时夹紧,腹板上通常有孔。

400 mm $\leqslant d_a \leqslant 1000$ mm 的大型齿轮可做成轮辐式齿轮(图 12.17)。

各种结构类型的齿轮三维仿真图如图 12.18 所示。

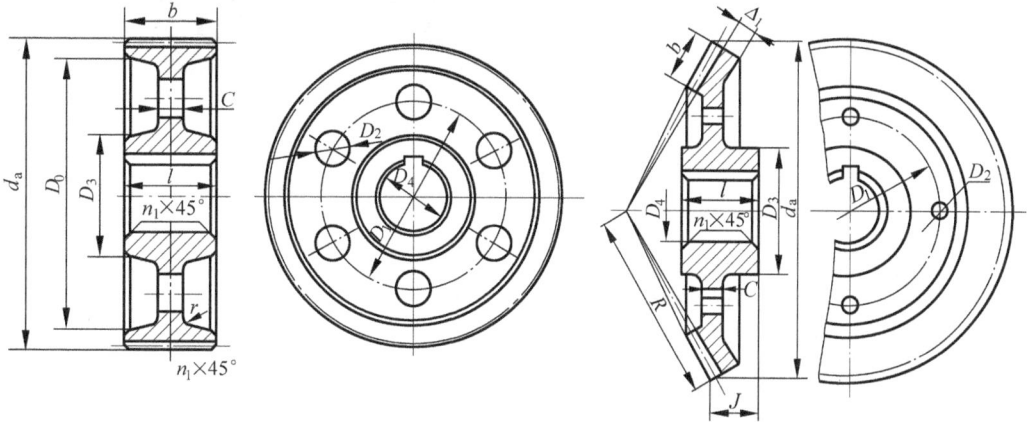

$D_1 \approx (D_0 + D_3)/2$;$D_2 \approx (0.25 \sim 0.35)(D_0 - D_3)$;钢材:$D_3 \approx 1.6D_4$;铸铁:$D_3 \approx 1.7D_4$;$n_1 \approx 0.5m_n$;$r \approx 5$ mm;

圆柱齿轮:$D_0 \approx d_a - (10 \sim 14)m_n$,$l = (1.2 \sim 1.5)D_4$,并使 $l \geqslant b$,$C \approx (0.2 \sim 0.3)b$;圆锥齿轮:$l \approx (1 \sim 1.2)D_4$,

$$C \approx (3 \sim 4)m, \quad \Delta_1 \approx (0.1 \sim 0.2)b$$

图 12.16 腹板式齿轮

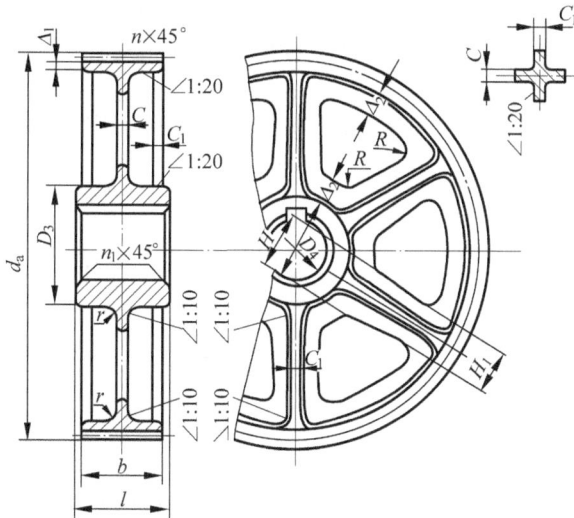

$b < 240$ mm;铸钢:$D_3 \approx 1.6D_4$,$H \approx 0.8D_4$;铸铁:$D_3 \approx 1.7D_4$,$H \approx 0.9D_4$;$H_1 \approx 0.8H$;$\Delta_1 \approx (3 \sim 4)m_n \geqslant 8$ mm;

$\Delta_2 \approx (1 \sim 1.2)\Delta_1$;$C \approx H/5$;$C_1 \approx H/6$;$R \approx 0.5H$;$1.5D_4 > l \geqslant b$;轮辐数常取为 6

图 12.17 轮辐式齿轮

例 12.1 图 12.19 所示为一齿轮减速器。试设计一对直齿圆柱齿轮传动,已知:传动比 $i = 3.2$,传动功率 $P = 5.5$ kW,小齿轮转速 $n_1 = 960$ r/min,电动机驱动,载荷比较平稳。

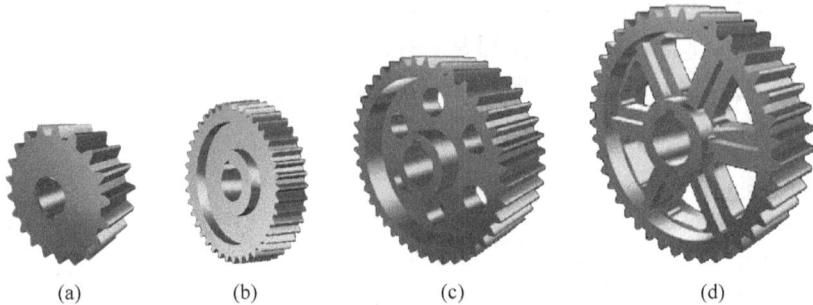

图 12.18 齿轮三维仿真图

(a) 实心齿轮；(b) 腹板式齿轮；(c) 带孔腹板式齿轮；(d) 轮辐式齿轮

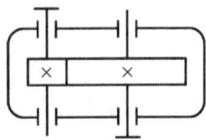

图 12.19 齿轮减速器

解:

1) 选择材料并确定许用应力

(1) 选择材料

由表 12.1,取小齿轮材料为 45 钢调质,齿面硬度为 280 HBW；大齿轮材料为 45 钢调质,齿面硬度为 240 HBW。

(2) 确定许用应力

由图 12.10(c)查得 $\sigma_{Hlim1}=650$ MPa,$\sigma_{Hlim2}=590$ MPa。由表 12.5,取 $S_H=1$,$S_F=1.25$。则许用接触应力为

$$[\sigma_{H1}]=\frac{\sigma_{Hlim1}}{S_H}=\frac{650}{1} \text{ MPa}=650 \text{ MPa}$$

$$[\sigma_{H2}]=\frac{\sigma_{Hlim2}}{S_H}=\frac{590}{1} \text{ MPa}=590 \text{ MPa}$$

由图 12.12(c)查得 $\sigma_{Flim1}=500$ MPa,$\sigma_{Flim2}=480$ MPa。则许用弯曲应力为

$$[\sigma_{F1}]=\frac{\sigma_{Flim1}}{S_F}=\frac{500}{1.25} \text{ MPa}=400 \text{ MPa}$$

$$[\sigma_{F2}]=\frac{\sigma_{Flim2}}{S_F}=\frac{480}{1.25} \text{ MPa}=384 \text{ MPa}$$

2) 接触强度设计

(1) 计算转矩

$T_1=9.55\times10^6 P/n_1=9.55\times10^6\times5.5/960 \text{ N}\cdot\text{mm}=5.47\times10^4 \text{ N}\cdot\text{mm}$

(2) 接触强度设计

取 $z_1=25$,$z_2=iz_1=3.2\times25=80$,由表 12.2,取载荷系数 $K=1.2$。由表 12.4,取 $\psi_d=1$。由表 12.3,查得 $Z_E=189.8\sqrt{\text{MPa}}$。则

$$d_{1t}\geqslant 2.32\sqrt[3]{\frac{KT_1}{\psi_d}\cdot\frac{u+1}{u}\left(\frac{Z_E}{[\sigma_H]}\right)^2}$$

$$=2.32\times\sqrt[3]{\frac{1.2\times5.47\times10^4}{1}\times\frac{3.2+1}{3.2}\times\left(\frac{189.8}{590}\right)^2} \text{ mm}=48.11 \text{ mm}$$

$$v = \frac{\pi d_{1t} n_1}{60 \times 1000} = \frac{\pi \times 48.11 \times 960}{60 \times 1000} \text{ m/s} = 2.42 \text{ m/s}$$

由表 12.8,选 8 级精度。

3) 计算中心距 a,确定 m、d_1、d_2

模数　$m = \dfrac{d_{1t}}{z_1} = \dfrac{48.11}{25}$ mm$= 1.9244$ mm,由表 4.1,取 $m = 2$ mm。

小齿轮分度圆直径　$d_1 = mz_1 = 2 \times 25$ mm$= 50$ mm

大齿轮分度圆直径　$d_2 = mz_2 = 2 \times 80$ mm$= 160$ mm

中心距　$a = \dfrac{1}{2}(d_1 + d_2) = \dfrac{1}{2} \times (50 + 160)$ mm$= 105$ mm

齿宽　$b = \psi_d d_1 = 1 \times 50$ mm$= 50$ mm,取 $b_2 = 50$ mm,$b_1 = 55$ mm

4) 弯曲强度校核

(1) 确定系数

由表 12.6,查得 $Y_{Fa1} = 2.62$,$Y_{sa1} = 1.59$,$Y_{Fa2} = 2.22$,$Y_{sa2} = 1.77$。

(2) 校核计算

$$\sigma_{F1} = \frac{2KT_1}{\psi_d m^3 z_1^2} Y_{Fa1} Y_{sa1}$$

$$= \frac{2 \times 1.2 \times 5.47 \times 10^4}{1 \times 2^3 \times 25^2} \times 2.62 \times 1.59 \text{ MPa}$$

$$= 109 \text{ MPa} < [\sigma_{F1}] = 400 \text{ MPa}$$

满足弯曲强度条件。

$$\sigma_{F2} = \sigma_{F1} \frac{Y_{Fa2} Y_{sa2}}{Y_{Fa1} Y_{sa1}}$$

$$= 109 \times \frac{2.2 \times 1.77}{2.62 \times 1.59} \text{ MPa} = 102 \text{ MPa} < [\sigma_{F2}] = 384 \text{ MPa}$$

满足弯曲强度条件。

5) 齿轮主要尺寸计算

$$d_1 = 50 \text{ mm}, \quad d_2 = 160 \text{ mm}$$

$$d_{a1} = d_1 + 2m = (50 + 2 \times 2) \text{ mm} = 54 \text{ mm}$$

$$d_{a2} = d_2 + 2m = (160 + 2 \times 2) \text{ mm} = 164 \text{ mm}$$

$$d_{f1} = d_1 - 2.5m = (50 - 2.5 \times 2) \text{ mm} = 45 \text{ mm}$$

$$d_{f2} = d_2 - 2.5m = (160 - 2.5 \times 2) \text{ mm} = 155 \text{ mm}$$

$$h = 2.25m = 2.25 \times 2 \text{ mm} = 4.5 \text{ mm}$$

例 12.2　将例 12.1 的设计改为设计标准斜齿圆柱齿轮传动,已知条件不变。

解:

1) 选择材料并确定许用应力

(1) 选择材料

同例 12.1:

小齿轮材料为 45 钢调质,齿面硬度为 280 HBW;

大齿轮材料为 45 钢调质,齿面硬度为 240 HBW。

(2)确定许用应力

同例 12.1:

许用接触应力$[\sigma_{H1}]=650$ MPa,$[\sigma_{H2}]=590$ MPa;

许用弯曲应力$[\sigma_{F1}]=400$ MPa,$[\sigma_{F2}]=384$ MPa。

2)接触强度设计

(1)计算转矩

$$T_1=9.55\times10^6 P/n_1=9.55\times10^6\times5.5/960 \text{ N}\cdot\text{mm}=5.47\times10^4 \text{ N}\cdot\text{mm}$$

(2)接触强度设计

取 $z_1=25$,$z_2=80$,由表 12.2,取载荷系数 $K=1.2$。由表 12.4,取 $\psi_d=1$。由表 12.3,查得 $Z_E=189.8\sqrt{\text{MPa}}$。初设 $\beta=13°$,$Z_\beta=\sqrt{\cos\beta}=\sqrt{\cos13°}=0.987$,则

$$d_{1t}\geqslant2.32\sqrt[3]{\frac{KT_1}{\psi_d}\cdot\frac{u+1}{u}\left(\frac{Z_E Z_\beta}{[\sigma_H]}\right)^2}$$

$$=2.32\times\sqrt[3]{\frac{1.2\times5.47\times10^4}{1}\times\frac{3.2+1}{3.2}\times\left(\frac{189.8\times0.987}{590}\right)^2}\text{ mm}=47.69\text{ mm}$$

$$v=\frac{\pi d_{1t}}{60\times1000}=\frac{3.14\times47.69}{60\times1000}\text{ m/s}=2.497\text{ m/s}$$

由表 12.8,选 8 级精度。

3)计算中心距 a,确定 m_n、β、d_1、d_2

模数

$$m_n=\frac{d_{1t}\cos\beta}{z_1}=\frac{47.69\cos13°}{25}\text{ mm}=1.86\text{ mm}$$

由表 4.1,取 $m_n=2$ mm。

中心距

$$a=\frac{m_n}{2\cos\beta}(z_1+z_2)=\frac{2}{2\cos13°}\times(25+80)\text{ mm}=107.76\text{ mm}$$

圆整取 $a=110$ mm。

螺旋角

$$\beta=\arccos\frac{m_n(z_1+z_2)}{2a}=\arccos\frac{2\times(25+80)}{2\times110}=17°20'29''$$

小齿轮分度圆直径

$$d_1=\frac{m_n z_1}{\cos\beta}=\frac{2\times25}{\cos17°20'29''}\text{ mm}=52.38\text{ mm}$$

大齿轮分度圆直径

$$d_2=\frac{m_n z_2}{\cos\beta}=\frac{2\times80}{\cos17°20'29''}\text{ mm}=167.62\text{ mm}$$

验算中心距

$$a = \frac{1}{2}(d_1 + d_2) = \frac{1}{2} \times (52.38 + 167.62) \text{ mm} = 110.00 \text{ mm}$$

齿宽

$$b = \psi_d d_1 = 1 \times 52.38 \text{ mm} = 52.38 \text{ mm}$$

取 $b_2 = 55$ mm，$b_1 = 60$ mm。

4）弯曲强度校核

（1）确定系数

$$z_{v1} = \frac{z_1}{\cos^3 \beta} = \frac{25}{\cos^3 17°20'29''} = 28.74$$

$$z_{v2} = \frac{z_2}{\cos^3 \beta} = \frac{80}{\cos^3 17°20'29''} = 91.98$$

由表 12.6，查得 $Y_{Fa1} = 2.53$，$Y_{Fa2} = 2.2$，$Y_{sa1} = 1.62$，$Y_{sa2} = 1.78$。

（2）校核计算

$$\sigma_{F1} = \frac{2KT_1}{bm_n d_1} Y_{Fa1} Y_{sa1}$$

$$= \frac{2 \times 1.2 \times 5.47 \times 10^4}{55 \times 2 \times 52.38} \times 2.53 \times 1.62 \text{ MPa}$$

$$= 93.38 \text{ MPa} < [\sigma_{F1}] = 400 \text{ MPa}$$

满足弯曲强度条件。

$$\sigma_{F2} = \sigma_{F1} \frac{Y_{Fa2} Y_{sa2}}{Y_{Fa1} Y_{sa1}}$$

$$= 93.38 \times \frac{2.2 \times 1.78}{2.53 \times 1.62} \text{ MPa} = 89.22 \text{ MPa} < [\sigma_{F2}] = 384 \text{ MPa}$$

满足弯曲强度条件。

5）齿轮主要尺寸计算

$$d_1 = 52.38 \text{ mm}, \quad d_2 = 167.62 \text{ mm}$$

$$d_{a1} = d_1 + 2m_n = (52.38 + 2 \times 2) \text{ mm} = 56.38 \text{ mm}$$

$$d_{a2} = d_2 + 2m_n = (167.62 + 2 \times 2) \text{ mm} = 171.62 \text{ mm}$$

$$d_{f1} = d_1 - 2.5m_n = (52.38 - 2.5 \times 2) \text{ mm} = 47.38 \text{ mm}$$

$$d_{f2} = d_2 - 2.5m_n = (167.62 - 2.5 \times 2) \text{ mm} = 162.62 \text{ mm}$$

$$h = 2.25m_n = 2.25 \times 2 \text{ mm} = 4.5 \text{ mm}$$

习　　题

12.1　分析题 12.1 图中齿轮 2 及 4 的分度圆圆周力的方向：①当 1 轮主动时；②当 2 轮主动时；③当 3 轮主动时；④当 4 轮主动时。

12.2　题 12.1 中当 1 轮主动时，2 轮轮齿的弯曲应力和接触应力是如何变化的？若 2 轮主动时，这些应力又如何变化？

12.3 题 12.3 图所示为两级斜齿圆柱齿轮减速器。已知齿轮 1 的旋向、转向如题 12.3 图所示。齿轮 2 的参数为 $m_n = 3$ mm，$z_2 = 54$，$\beta_2 = 15°$；齿轮 3 的参数为 $m_n = 6$ mm，$z_3 = 18$。求：

(1) 为使中间轴 Ⅱ 轴的轴承所受的轴向力最小，齿轮 3 的旋向应是左旋还是右旋？

(2) 画出中间轴 Ⅱ 轴上传动零件齿轮 2、3 所受的各分力的方向。

(3) 如果中间轴 Ⅱ 轴的轴承不受轴向力，则齿轮 3 的螺旋角 β_3 应取多大值？（不计摩擦）

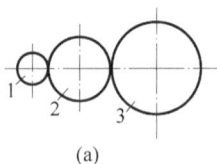

(a)

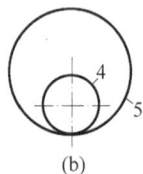

(b)

题 12.1 图

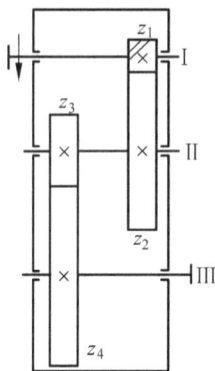

题 12.3 图

12.4 题 12.4 图所示的卷扬机传动系统中，已知被提升重物的重量 W，卷筒直径 D，高速级为直齿圆锥齿轮传动，低速级为斜齿圆柱齿轮传动。试求：

(1) 提升重物时，各轮的转向；

(2) 若要求 Ⅱ 轴的两轮轴向力相互抵消一部分，齿轮 3 和 4 的螺旋线方向应如何取？

(3) 若各轮齿数已知，电动机需多大驱动力矩才能将重物提升？（忽略效率）

12.5 题 12.5 图所示的轮系中，五个齿轮的材料、热处理、几何参数均相同，2 轮主动。试分析说明：

(1) 哪个齿轮可能首先出现疲劳点蚀？

(2) 哪个齿轮可能首先出现疲劳断齿？

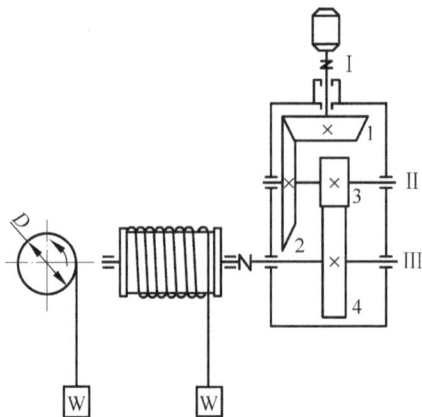

题 12.4 图

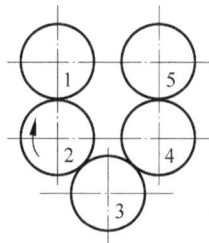

题 12.5 图

12.6　软齿面(硬度≤350 HBW)的闭式齿轮、硬齿面(硬度>350 HBW)的闭式齿轮和开式齿轮可能的失效形式有哪些? 其各自的主要失效形式是什么? 在设计上有何不同的特点?

12.7　一对相啮合的圆柱齿轮,大、小轮材料及热处理情况均相同,热处理后的硬度也相同,两齿轮在啮合处的接触应力是否相等? 两齿轮所受的弯曲应力是否相等?

12.8　有一对直齿圆柱齿轮,其参数为: $m=2$ mm, $z_1=50$, $z_2=200$, $b=75$ mm;另一对直齿圆柱齿轮的参数为: $m=4$ mm, $z_1=25$, $z_2=100$, $b=75$ mm。当载荷及其他条件相同时,试问:

(1) 两对齿轮的接触疲劳强度是否相同?

(2) 两对齿轮的弯曲疲劳强度是否相同?

12.9　齿形系数 Y_{Fa} 与哪些因素有关? 为什么? 同一齿数的直齿圆柱齿轮、斜齿圆柱齿轮和圆锥齿轮的 Y_{Fa} 值是否相同?

12.10　题 12.10 图(a)、(b)所示的小齿轮宽度均是按强度设计要求计算所得的,两种大齿轮宽度的设计方案是否合理? 为什么? 题 12.10 图(c)所示的大齿轮宽度是按强度设计要求计算所得的,小齿轮宽度的设计方案是否合理? 为什么?

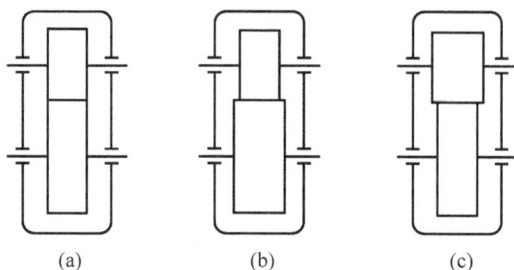

(a)　　　(b)　　　(c)

题 12.10 图

12.11　现有材料硬度、齿宽系数、齿数比完全相同的两对标准直齿圆柱齿轮,在相同的条件下工作。如果两个小齿轮的分度圆直径比为 1：2,那么两对齿轮所能传递的扭矩比应为多少?

12.12　设计题 12.12 图所示的由电动机驱动的带式运输机上单级直齿圆柱齿轮减速器中的齿轮传动。已知传递功率 $P_1=7.4$ kW, $n_1=960$ r/min,传动比 $i=4.2$,单向转动,有较大冲击。传动尺寸无严格限制。完成设计计算后,绘制大齿轮零件工作图。

12.13　已知一单级闭式斜齿圆柱齿轮传动,传递功率 $P_1=11$ kW, $n_1=1460$ r/min,传动比 $i=4.2$,电动机驱动,单向转动,载荷有中等冲击。试设计此单级闭式齿轮传动,并绘制大齿轮零件工作图。

12.14　设计题 12.14 图所示的卷扬机用闭式两级圆柱齿轮减速器中的高速级齿轮传动。已知:传递功率 $P_1=7.5$ kW,转速 $n_1=960$ r/min,高速级传动比 $i=3.5$,载荷有不大的冲击,折合一班制工作,设备可靠度要求较高。画出大齿轮零件工作图。

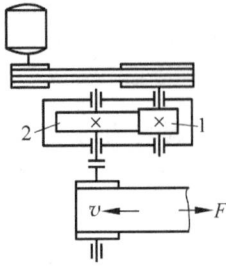

题 12.12 图

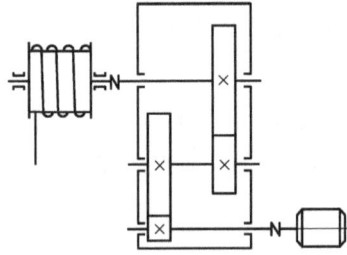

题 12.14 图

* 实践拓展练习

12.15 利用齿轮传动设计一产品,计算其主要性能参数和几何参数,绘制产品的三维仿真模型和齿轮传动的三维仿真图。

12.16 选几种生活中常见的齿轮传动应用实例,按不同分类原则分析其属于何种类型。

第13章　蜗杆传动

13.1　概　　述

13.1.1　蜗杆传动的特点与应用

蜗杆传动由蜗杆和蜗轮组成,如图 13.1 所示,蜗轮与蜗杆具有螺旋齿和垂直交错的两轴。蜗杆可用单线、双线或更多线的螺纹牙做成。蜗轮的齿包围着蜗杆的螺纹牙,啮合件之间形成线接触。蜗轮系滚铣而成,而蜗杆则由磨削或盘形铣刀铣成。必须仔细地加工蜗轮、蜗杆的齿形以获得共轭表面。

蜗杆传动的优点是:①可以得到很大的传动比 i,在动力传动中,通常 $i=8\sim80$,在分度机构中其传动比 i 可达 1000;②工作平稳无噪声;③结构紧凑;④能自锁。

蜗杆传动的缺点是:①传动效率低;②为了减摩耐磨,蜗轮齿圈常需用贵重的减摩材料青铜制造,成本较高。

蜗杆传动用于减低转速并在交错轴(通常成直角)之间传递运动。使用蜗杆传动可以得到大的减速或使转矩大大增加。

蜗杆传动广泛用于各种机器,如起重运输机械、机床、汽车等,以及各种仪器中。

图 13.1　蜗杆传动

13.1.2　蜗杆传动的类型

根据蜗杆的不同形状,蜗杆传动可分为圆柱蜗杆传动(图 13.2(a))、环面蜗杆传动(图 13.2(b))和锥蜗杆传动(图 13.2(c))三种类型。由于刀具加工位置的不同,圆柱蜗杆又分为阿基米德蜗杆、渐开线蜗杆、法向直廓蜗杆等多种类型,见图 13.3。

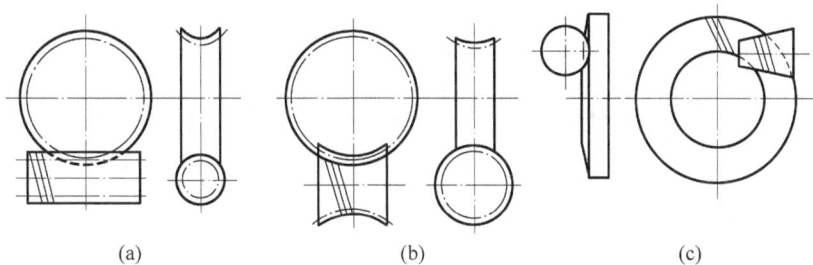

(a)　　　　　　　　　　(b)　　　　　　　　　　(c)

图 13.2　蜗杆传动的类型

(a) 圆柱蜗杆传动;(b) 环面蜗杆传动;(c) 锥蜗杆传动

阿基米德蜗杆是齿面为阿基米德螺旋面的圆柱蜗杆,通常在车床上车制而成。车削时刀具切削刃的平面通过蜗杆轴线,与加工螺纹类似。这种蜗杆车制简便,但难以用砂轮磨削

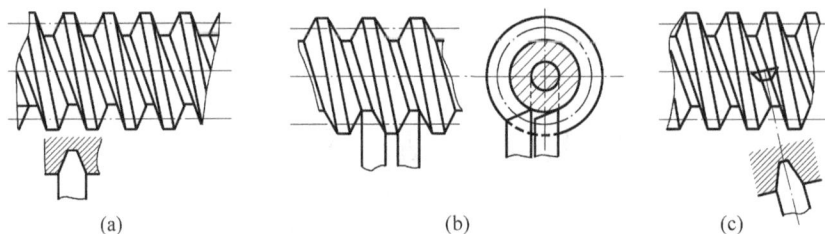

图 13.3　圆柱蜗杆的主要类型

（a）阿基米德蜗杆；（b）渐开线蜗杆；（c）法向直廓蜗杆

出精确齿形,精度不高,蜗杆头数多时车削较困难,常用于头数较少、轻载、低速或不太重要的场合。

渐开线蜗杆是齿面为渐开线螺旋面的圆柱蜗杆。用车刀加工时,切削刃平面与基圆柱面相切,端面齿廓为渐开线。这种蜗杆可以像圆柱齿轮那样用滚刀滚切,制造精度较高,因此常用于大功率、高速、精密传动。

如蜗杆螺旋线导程角较大,加工时最好使切削刃平面在垂直于齿槽中点螺旋线的法平面内,这样切制出的蜗杆叫法向直廓蜗杆。这种蜗杆通常可用指状铣刀加工,方法简便,有利于加工多头蜗杆。

一般动力传动,常按 7 级(蜗杆圆周速度 $v_1 < 7.5$ m/s)、8 级($v_1 < 3$ m/s)和 9 级($v_1 < 1.5$ m/s)制造。

本章只讨论阿基米德圆柱蜗杆传动(也称普通蜗杆传动)。

13.2　圆柱蜗杆传动的基本参数和几何计算

13.2.1　圆柱蜗杆传动的基本参数

1. 模数 m 和压力角 α

如图 13.4 所示,通过蜗杆轴线并垂直于蜗轮轴线的平面,称为中间平面。在中间平面

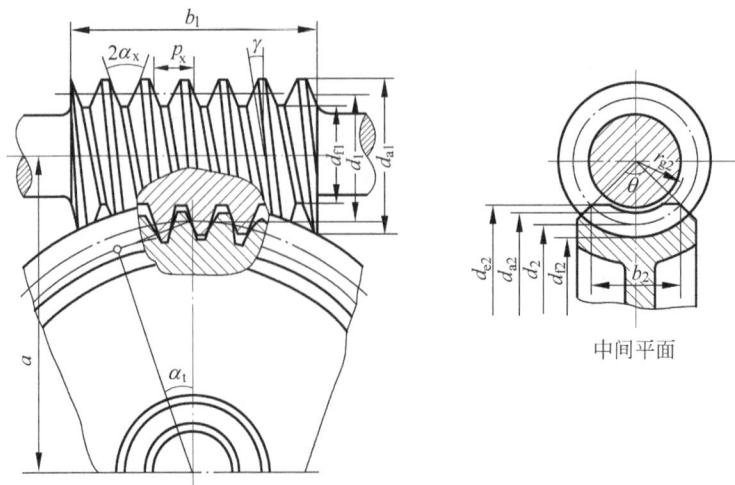

蜗轮蜗杆
旋向判断

图 13.4　圆柱蜗杆传动的主要参数

内蜗轮与蜗杆的啮合相当于渐开线齿轮与齿条的啮合。所以蜗杆传动的正确啮合条件是在中间平面内蜗杆和蜗轮的模数和压力角相等,即蜗轮的端面模数 m_{t2} 和端面压力角 α_{t2} 应等于蜗杆的轴面模数 m_{x1} 和轴面压力角 α_{x1},且为标准值。即 $m_{x1}=m_{t2}=m$,$\alpha_{x1}=\alpha_{t2}=\alpha$,同时应使蜗杆的导程角 γ 等于蜗轮的螺旋角 $\beta(\gamma=\beta)$,且旋向相同。

蜗杆的轴向模数和轴向压力角已标准化,其标准模数值见表 13.1。标准压力角为 $20°$。

表 13.1　普通圆柱蜗杆基本参数及其与蜗轮参数的匹配(摘自 GB/T 10085—2018)

中心距 a /mm	模数 m/mm	分度圆直径 d_1/mm	$m^2 d_1$ /mm³	蜗杆头数 z_1	直径系数 q	分度圆导程角 γ	蜗轮齿数 z_2	变位系数 x_2
50 (63) (80)	2.5	28	175	1	11.20	5°06′08″	29 (39) (53)	−0.100 (+0.100) (−0.100)
				2		10°07′29″		
				4		19°39′14″		
				6		28°10′43″		
100		45	281.25	1	18.00	3°10′47″	62	0
63 (80) (100)	3.15	35.5	352.25	1	11.27	5°04′15″	29 (39) (53)	−0.1349 (+0.2619) (−0.3889)
				2		10°03′48″		
				4		19°32′29″		
				6		28°01′50″		
125		56	555.66	1	17.778	3°13′10″	62	+0.2063
80 (100) (125)	4	40	640	1	10.00	5°42′38″	31 (41) (51)	−0.500 (−0.500) (+0.750)
				2		11°18′36″		
				4		21°48′05″		
				6		30°57′50″		
160		71	1136	1	17.75	3°13′28″	62	+0.125
100 (125) (160) (180)	5	50	1250	1	10.00	5°42′38″	31 (41) (53) (61)	−0.500 (−0.500) (+0.500) (+0.500)
				2		11°18′36″		
				4		21°48′05″		
				6		30°57′50″		
200		90	2250	1	18.00	3°10′47″	62	0
125 (160) (180) (200)	6.3	63	2500.47	1	10.00	5°42′38″	31 (41) (48) (53)	−0.6587 (−0.1032) (−0.4286) (+0.2460)
				2		11°18′36″		
				4		21°48′05″		
				6		30°57′50″		
250		112	4445.28	1	17.778	3°13′10″	61	+0.2937
160 (200) (225) (250)	8	80	5120	1	10.00	5°42′38″	31 (41) (47) (52)	−0.500 (−0.500) (−0.375) (+0.250)
				2		11°18′36″		
				4		21°48′05″		
				6		30°57′50″		

注:①表中导程角 γ 小于 $3°30'$ 的圆柱蜗杆均为自锁蜗杆;②括号中的参数不适用于蜗杆头数 $z_1=6$ 时。

2. 蜗杆分度圆直径 d_1 和蜗杆直径系数 q

加工蜗轮的滚刀,其参数(m,α,z_1)和分度圆直径 d_1 必须与相应的蜗杆相同,故 d_1 不同的蜗杆必须采用不同的滚刀。为了限制蜗轮滚刀的数目,国家标准中将蜗杆分度圆直径标准化,且与模数相匹配,d_1 与 m 的标准系列值及其匹配示于表 13.1 中。令 $d_1/m=q$,称

q 为蜗杆直径系数。

3. 蜗杆头数 z_1 和蜗轮齿数 z_2

一般可取 $z_1=1\sim10$，推荐取 $z_1=1、2、4、6$。当要求传动比大或反行程需自锁时，z_1 应取小值；反之，当要求传动效率较高或传动速度较高时，导程角应较大，则 z_1 应取大值。蜗轮齿数 z_2 可根据传动比及选定的 z_1 确定。对于动力传动，推荐 $z_2=28\sim80$。z_1、z_2 的推荐值见表 13.2。

表 13.2 蜗杆头数 z_1 与蜗轮齿数 z_2 的推荐值

传动比 i	≈5	$7\sim15$	$14\sim30$	$29\sim82$
蜗杆头数 z_1	6	4	2	1
蜗轮齿数 z_2	$29\sim31$	$29\sim61$	$29\sim61$	$29\sim82$

4. 导程角 γ

蜗杆分度圆上的导程角 γ 可由下式确定：

$$\tan\gamma=\frac{l}{\pi d_1}=\frac{z_1 p_{x1}}{\pi d_1}=\frac{mz_1}{d_1}=\frac{z_1}{q} \tag{13.1}$$

式中，l 为蜗杆导程，p_{x1} 为蜗杆轴向齿距。导程角越大，效率越高。

5. 中心距 a

当蜗杆节圆与分度圆重合时称为标准传动，其中心距计算式为

$$a=\frac{1}{2}(d_1+d_2)=\frac{1}{2}m(q+z_2) \tag{13.2}$$

13.2.2 圆柱蜗杆传动的几何计算

圆柱蜗杆传动的几何计算见图 13.4 和表 13.3。

表 13.3 圆柱蜗杆传动的几何计算

名　　称	符号	公　　式
模数	m	由强度条件确定，查表 13.1
中心距	a	$a=(d_1+d_2+2x_2m)/2$
蜗杆分度圆直径	d_1	$d_1=mq$
蜗杆齿顶直径	d_{a1}	$d_{a1}=d_1+2h_{a1}=d_1+2h_a^* m,h_a^*=1,h_a^*$ 为齿顶高系数
蜗杆齿根圆直径	d_{f1}	$d_{f1}=d_1-2h_{f1}=d_1-2(h_a^*+c^*)m,c^*=0.2,c^*$ 为径向间隙系数
蜗轮分度圆直径	d_2	$d_2=mz_2$
蜗轮齿顶圆直径	d_{a2}	$d_{a2}=d_2+2(h_a^*+x_2)m$
蜗轮齿根圆直径	d_{f2}	$d_{f2}=d_2-2(h_a^*+c^*-x_2)m$

13.3 普通圆柱蜗杆传动的失效形式、设计准则及材料

13.3.1 蜗杆传动的失效形式及设计准则

1. 蜗杆传动的失效形式

蜗杆传动的失效形式与齿轮传动相同，有点蚀、胶合、磨损、轮齿折断等。与平行轴圆柱

齿轮相比,蜗杆和蜗轮齿面间还有沿蜗轮齿方向的滑动,而且相对滑动速度大,发热量大,效率低。因而,蜗杆传动更容易发生胶合和磨损失效。由于蜗杆的齿是连续的螺旋齿,且其材料的强度比蜗轮高,所以失效一般发生在蜗轮齿上。

在闭式传动中,蜗杆传动多因胶合或点蚀失效;在开式传动中,蜗轮多发生齿面磨损和轮齿折断。

2. 蜗杆传动的设计准则

闭式蜗杆传动的失效形式大多是齿面胶合和点蚀,因此通常是按齿面接触疲劳强度进行设计,而按齿根弯曲疲劳强度校核。

开式蜗杆传动的失效形式大多为蜗轮的齿面磨损和轮齿折断,因此应以保证轮齿弯曲疲劳强度为设计准则。

另外,闭式蜗杆传动的散热不良会导致蜗杆传动的承载能力降低,加速失效,故应作热平衡计算。当蜗杆轴细长且支承跨距大时,还应进行蜗杆轴的刚度计算。

13.3.2 蜗杆传动的材料

根据蜗杆传动的失效形式,要求蜗杆和蜗轮的材料应具有较高的强度,良好的减摩性、耐磨性和抗胶合性能。

蜗杆一般采用碳钢或合金钢制造。对于高速重载蜗杆,常采用 20Cr、20CrMnTi 等渗碳淬火至 58~63 HRC,或者采用 45 钢、40Cr 等表面淬火至 40~55 HRC;一般不太重要的蜗杆,可采用 40 或 45 钢调质处理至 220~250 HBW。

蜗轮一般采用青铜或铸铁制造。对于滑动速度 $v_s \geqslant 3$ m/s 的重要传动,可采用耐磨性好的铸造锡青铜(ZCuSn10P1、ZCuSn5Pb5Zn5 等),但价格较高;对于滑动速度 $v_s \leqslant 3$ m/s 的传动,可采用耐磨性稍差、价格便宜的铸铝铁青铜(ZCuAl10Fe3);对于滑动速度 $v_s <$ 2 m/s、效率要求也不高的传动,可采用灰铸铁(HT150、HT200)。

13.4 蜗杆传动的强度计算

13.4.1 蜗杆传动的受力分析

如图 13.5 所示,若忽略摩擦不计,则由蜗轮施加于蜗杆上的唯一的力将为法向力 F_n,由图 13.5 所示的几何关系,可得 F_n 的三个分量为圆周力 F_{t1}、径向力 F_{r1} 和轴向力 F_{a1}。现用角标 1 和 2 分别表示作用在蜗杆和蜗轮上的作用力,由于蜗轮上的作用力与蜗杆上的作用力大小相等,方向相反,故各力的大小可按下列各式计算(单位均为 N):

$$\begin{cases} F_{t1} = F_{a2} = \dfrac{2T_1}{d_1} \\[2mm] F_{t2} = F_{a1} = \dfrac{2T_2}{d_2} \\[2mm] F_{r1} = F_{r2} = F_{t2}\tan\alpha \\[2mm] F_n = \dfrac{F_{t2}}{\cos\alpha_n \cos\gamma} = \dfrac{2T_2}{d_2 \cos\alpha_n \cos\gamma} \end{cases} \tag{13.3}$$

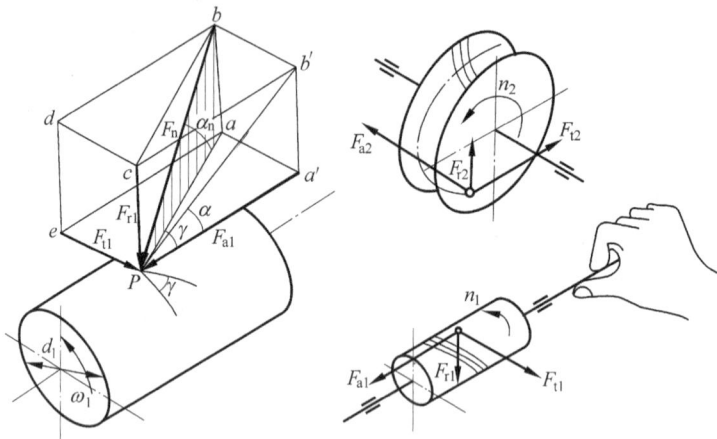

图 13.5　蜗杆传动受力分析

式中，T_1、T_2 分别为蜗杆、蜗轮的转矩，N·mm，$T_2 = T_1 i\eta$；i 为传动比；η 为蜗杆传动效率。

圆周力 F_{t1} 的方向在主动轮上与圆周速度方向相反，F_{t2} 的方向在从动轮上与圆周速度方向相同。

径向力 F_r 从啮合点分别指向各自的轮心。

轴向力 F_{a1} 的方向取决于蜗杆转向及其轮齿旋向。图 13.5 表示的是主动轮逆时针转动、轮齿旋向为右旋时轴向力 F_{a1} 的方向（拇指方向）。若齿的旋向或转动方向改变，轴向力方向相反。

13.4.2　蜗杆传动的强度计算

1. 接触强度计算

同普通齿轮传动的计算一样，蜗杆传动的接触应力利用赫兹公式来计算。

阿基米德蜗杆的螺纹具有直边齿条的齿廓，因此蜗杆齿廓的曲率半径 $\rho_1 = \infty$，而蜗轮齿则是渐开线齿廓，所以计算用的综合曲率半径等于蜗轮齿的曲率半径 ρ_2，即

$$\rho_\Sigma = \rho_1 \rho_2 / (\rho_1 + \rho_2) \approx \rho_2 = d_2 \sin\alpha / (2\cos\gamma)$$

将 ρ_Σ 和其他有关参数代入赫兹公式，整理可得蜗轮齿面接触疲劳强度验算式为

$$\sigma_H = Z_E Z_\rho \sqrt{K_A T_2 / a^3} \leqslant [\sigma_H], \text{MPa} \tag{13.4}$$

由此，可推导出蜗轮齿面接触疲劳强度设计式为

$$a \geqslant \sqrt[3]{K_A T_2 \left(\frac{Z_E Z_\rho}{[\sigma_H]} \right)^2}, \text{mm} \tag{13.5}$$

式中，Z_E 为材料的综合弹性系数，$\sqrt{\text{MPa}}$（查表 13.4）；Z_ρ 为接触系数，即蜗杆传动的接触线长度和曲率半径对接触强度的影响系数，可查图 13.6（一般 $d_1/a = 0.3 \sim 0.5$）；K_A 为使用系数，$K_A = 1.1 \sim 1.4$，有冲击载荷、环境温度高（$t > 35℃$）、速度较高时，K_A 取大值；$[\sigma_H]$ 为蜗轮许用接触应力，MPa。若蜗轮为锡青铜，$[\sigma_H]$ 由表 13.5 查取；对于较硬的铝青铜或铸铁的蜗轮，其主要失效形式是胶合而不是接触强度，而胶合与相对滑动速度 v_s 有关，

$[\sigma_H]$的值应查表 13.6。

表 13.4 材料的综合弹性系数 Z_E $\sqrt{MPa}$

蜗杆材料	蜗轮材料			
	铸锡青铜	铸铝青铜	灰铸铁	球墨铸铁
钢	155.0	156.0	162.0	181.4
球墨铸铁	—	—	156.6	173.9

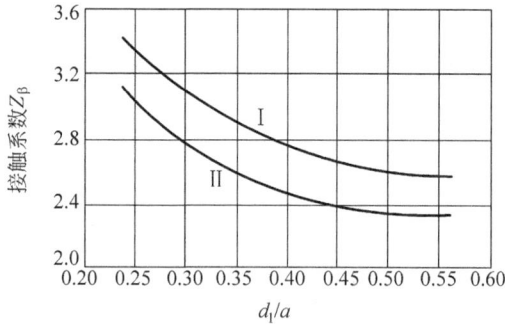

Ⅰ 用于渐开线蜗杆、阿基米德蜗杆、法向直廓蜗杆；Ⅱ用于圆弧圆柱蜗杆

图 13.6 圆柱蜗杆传动的接触系数

表 13.5 锡青铜蜗轮的许用接触应力$[\sigma_H]$ MPa

蜗轮材料	铸造方法	蜗杆齿面硬度	
		≤45 HRC	>45 HRC
铸锡磷青铜	砂模铸造	150	180
ZCuSn10P1	金属模铸造	220	268
铸锡铅锌青铜	砂模铸造	113	135
ZCuSn5Pb5Zn5	金属模铸造	128	140

表 13.6 铝青铜及铸铁蜗轮的许用接触应力$[\sigma_H]$ MPa

材料		滑动速度 $v_s/(m/s)$						
蜗杆	蜗轮	<0.25	0.25	0.5	1	2	3	4
45 钢淬火、20 或 20Cr 渗碳、淬火（HRC>45）	灰铸铁 HT150	206	166	150	127	95	—	—
	灰铸铁 HT200	250	202	182	154	115	—	—
	铸铝铁青铜 ZCuAl10Fe3	—	—	250	230	210	180	160
45 钢或 Q375	灰铸铁 HT150	172	139	125	106	79	—	—
	灰铸铁 HT200	208	168	152	128	96	—	—

2. 弯曲强度计算

由于蜗杆齿比蜗轮轮齿的强度高得多,所以只对蜗轮进行计算。蜗轮的齿形比较复杂,且齿根是曲面,要精确计算蜗轮齿根弯曲应力很困难,一般参照斜齿圆柱齿轮进行近似计算,其验算公式为

$$\sigma_F = \frac{1.53 K_A T_2}{d_1 d_2 m \cos\gamma} Y_{Fa2} \leqslant [\sigma_F] \qquad (13.6)$$

将 $d_2 = m z_2$ 代入式(13.6),得设计式为

$$m^2 d_1 \geqslant \frac{1.53 K_A T_2}{z_2 \cos\gamma [\sigma_F]} Y_{Fa2} \qquad (13.7)$$

式中,$[\sigma_F]$ 为蜗轮的许用弯曲应力,查表 13.7;Y_{Fa2} 为蜗轮齿形系数,按当量齿数 $z_{v2} = z_2/\cos^3\gamma$ 选取,查表 13.8。

表 13.7　蜗轮的许用弯曲应力 $[\sigma_F]$　　　　　　　　　　　MPa

蜗轮材料	铸造方法	单侧啮合	双侧啮合
铸锡磷青铜	砂模铸造	40	29
ZCuSn10P1	金属模铸造	56	40
铸锡铅锌青铜	砂模铸造	26	22
ZCuSn5Pb5Zn5	金属模铸造	32	26
铸铝铁青铜	砂模铸造	80	57
ZCuAl10Fe3	金属模铸造	90	64
灰铸铁　HT150	砂模铸造	40	28
HT200	金属模铸造	48	34

表 13.8　蜗轮齿形系数 Y_{Fa2}

z_v	26	28	30	32	35	37	40
Y_{Fa2}	2.55	2.51	2.48	2.44	2.41	2.36	2.34
z_v	45	50	60	80	100	150	300
Y_{Fa2}	2.32	2.24	2.20	2.17	2.14	2.07	2.04

13.5　蜗杆传动的效率、润滑及热平衡计算

13.5.1　蜗杆传动的效率

蜗杆传动的总效率为

$$\eta = \eta_1 \eta_2 \eta_3 \qquad (13.8)$$

式中,η_1 为啮合效率;η_2 为轴承效率;η_3 为搅油效率。通常 $\eta_2 \eta_3$ 约为 0.95~0.97。

蜗杆传动的啮合效率 η_1 可近似地按螺旋传动的效率公式计算。当蜗杆主动时,

$$\eta_1 = \frac{\tan\gamma}{\tan(\gamma + \rho_v)} \qquad (13.9)$$

式中,γ 为蜗杆导程角;ρ_v 为当量摩擦角,$\rho_v = \arctan f_v$,其中 f_v 为当量摩擦系数。ρ_v 与

f_v 的值见表 13.9。

表 13.9　蜗杆传动的当量摩擦系数 f_v 和当量摩擦角 ρ_v

蜗轮材料	锡青铜				铝青铜		灰铸铁			
蜗杆齿面硬度	≥45 HRC		其他情况		≥45 HRC		≥45 HRC		其他情况	
v_s/(m/s)	f_v	ρ_v	f_v	ρ_v	f_v	ρ_v	f_v	ρ_v	f_v	ρ_v
0.05	0.090	5°09′	0.100	5°43′	0.140	7°58′	0.140	7°58′	0.160	9°05′
0.10	0.080	4°34′	0.090	5°09′	0.130	7°24′	0.130	7°24′	0.140	7°58′
0.25	0.065	3°93′	0.075	4°17′	0.100	5°43′	0.100	5°43′	0.120	6°51′
0.50	0.055	3°09′	0.065	3°43′	0.090	5°09′	0.090	5°09′	0.100	5°43′
1.0	0.045	2°35′	0.055	3°09′	0.070	4°00′	0.070	4°00′	0.090	5°09′
1.5	0.040	2°17′	0.050	2°52′	0.065	3°43′	0.065	3°43′	0.080	4°34′
2.0	0.035	2°00′	0.045	2°35′	0.055	3°09′	0.055	3°09′	0.070	4°00′
2.5	0.030	1°43′	0.040	2°17′	0.050	2°52′	—	—	—	—
3.0	0.028	1°36′	0.035	2°00′	0.045	2°35′	—	—	—	—
4	0.024	1°22′	0.031	1°47′	0.040	2°17′	—	—	—	—
5	0.022	1°16′	0.029	1°40′	0.035	2°00′	—	—	—	—
8	0.018	1°02′	0.026	1°29′	0.030	1°43′	—	—	—	—
10	0.016	0°55′	0.024	1°22′	—	—	—	—	—	—
15	0.014	0°48′	0.020	1°09′	—	—	—	—	—	—
24	0.013	0°45′	—	—	—	—	—	—	—	—

当量摩擦角 ρ_v 的值取决于蜗杆传动的滑动速度 v_s,如图 13.7 所示,v_s 计算如下:

$$v_s = \frac{v_1}{\cos\gamma} = \frac{\pi d_1 n_1}{60 \times 1000 \times \cos\gamma} \qquad (13.10)$$

式中,v_1 为蜗杆分度圆的圆周速度,m/s;d_1 为蜗杆分度圆直径,mm;n_1 为蜗杆转速,r/min。

估计蜗杆传动的总效率 η 时,可按表 13.10 所列的经验值选取。

表 13.10　蜗杆传动总效率 η 的经验值

z_1	1	2	4	6
η	0.7	0.8	0.9	0.95

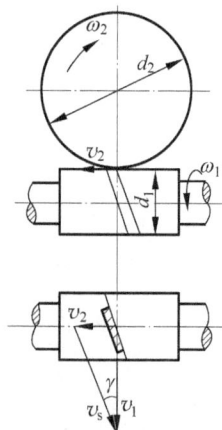

图 13.7　蜗杆传动的滑动速度

13.5.2　蜗杆传动的润滑

为了提高蜗杆传动的抗胶合性能,所用润滑油黏度应大于其他传动中所用的。对于连续运行的蜗杆传动,润滑油的荐用黏度和供油方式列于表 13.11 中。

表 13.11   蜗杆传动润滑油的荐用黏度及润滑方式

滑动速度 v_s/(m/s)	0~1	0~2.5	0~5	>5~10	>10~15	>15~25	>25
载荷	重载	重载	中载	—	—	—	—
油的运动黏度 $\gamma_{40℃}$/(mm²/s)	900	500	350	220	150	100	80
润滑方式	浸油			浸油或喷油	压力喷油,压力 P/MPa		
					0.07	0.2	0.3

在间歇运行情况下,传动温度较低时,应相应采用黏度较低的油。

对于蜗杆下置的传动,主要的润滑方式是油池,适宜的油面应通过蜗杆轴承最低滚动体的中心,而蜗杆浸油深度则应接近螺纹的高度。如果蜗杆不能浸入油中,则在蜗杆上装设溅油环,把油溅到蜗轮上。

对蜗杆上置的减速器,油面高度没有多大关系。当传动速度很大时,应采用循环的压力润滑,用油泵经过喷嘴直接向啮合区供油。

13.5.3   蜗杆传动的热平衡计算

蜗杆传动工作时大量发热,当油温上升到油的最高允许温度 $[t]\approx80℃$ 时,会失去防护能力而发生胶合的危险。

蜗杆传动的热平衡可用下式表示:

$$1000P(1-\eta)=K_sA(t_1-t_0) \tag{13.11}$$

式中,P 为蜗杆传递的功率,kW;K_s 为表面传热系数,$K_s=8.15\sim17.45$ W/(m²·℃);t_0 为周围空气温度,通常取 $t_0=20℃$;t_1 为热平衡时油的工作温度,℃;A 为箱体的散热面积,m²。

可根据下式确定油的工作温度条件:

$$t_1=\frac{1000P(1-\eta)}{K_sA}+t_0\leqslant[t] \tag{13.12}$$

式中,$[t]$ 为工作温度的许用值,℃。

一般应使油温 t_1 低于 90℃,温差 $\Delta t=t_1-t_0$ 低于 60~70℃。如果超过温差允许值,应设法散去多余的热,可采取下述冷却措施:

(1)增加散热面积。合理设计箱体结构,铸出或在箱体上焊上散热片(图 13.8)。

图 13.8   蜗杆减速器的散热片

(2)提高表面传热系数。在蜗杆轴上装置风扇,采用人工通风(图 13.9(a)),或在箱体油池中装设冷却液蛇形管(图 13.9(b)),或采用循环油冷却(图 13.9(c))。

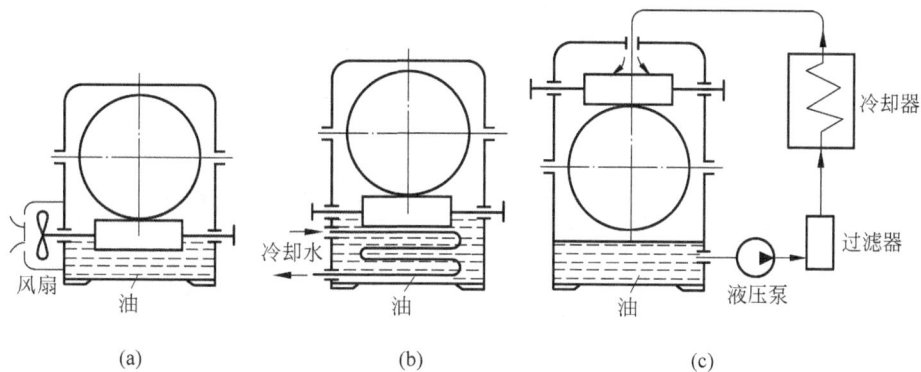

图 13.9　蜗杆传动的散热方法

13.6　蜗杆和蜗轮的结构

通常蜗杆与轴制成一体(图 13.10),称为蜗杆轴。图 13.10(a)为车制蜗杆轴,图 13.10(b)为铣制蜗杆轴。

蜗轮的结构分为整体式(图 13.11(a))和组合式(图 13.11(b)、(c)、(d))。

组合式结构中,为了节省有色金属,蜗轮用减摩材料制成轮缘,而用钢或铸铁制成轮毂或轮芯,常采用下述典型结构。

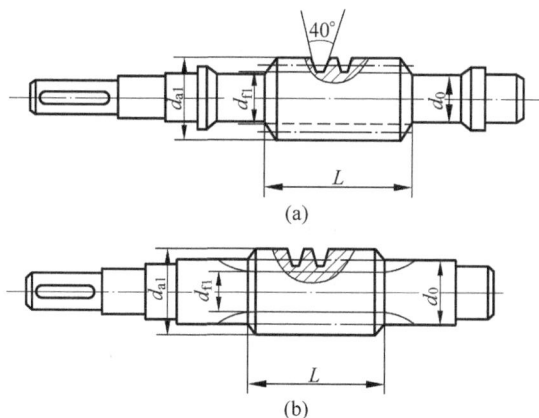

图 13.10　蜗杆的结构

有退刀槽蜗杆

无退刀槽蜗杆

1. 齿圈式

青铜轮缘以过盈配合压装在钢或铸铁轮芯上(图 13.11(b))。为了防止轮缘与轮芯互相移动,可以把螺钉拧入接缝处,然后切去头部;较小的蜗轮可采用紧定螺钉。

2. 螺栓连接式

这种结构用于直径大的和中等的蜗轮。在螺栓连接结构中,青铜轮缘上做有凸缘,并用螺栓连接到轮芯上(图 13.11(c))。

3. 浇铸式

在铸模中放入钢或铸铁轮芯后,再浇铸青铜轮缘(图 13.11(d))。这种结构用于批量生产的蜗轮。

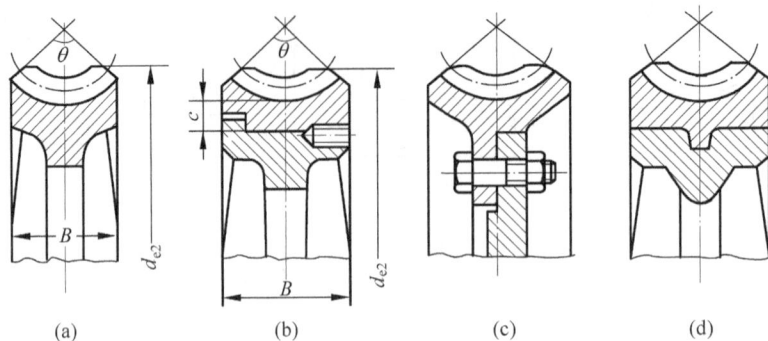

图 13.11　蜗轮的结构

例 13.1　设计一阿基米德蜗杆传动,用电动机驱动蜗杆,蜗杆传递功率 $P_1 = 9$ kW,蜗杆转速 $n_1 = 1440$ r/min,传动比 $i = 20$,载荷变动不大。

解:

1) 选择材料并确定许用应力

(1) 选择材料

蜗杆用 45 钢,表面淬火,HRC＝45～50;蜗轮轮缘用锡青铜 ZCuSn10P1,轮芯用灰铸铁 HT200,金属模铸造。

(2) 确定许用应力

由表 13.5,查得 $[\sigma_H] = 268$ MPa;由表 13.7,查得 $[\sigma_F] = 56$ MPa。

2) 接触强度设计计算

(1) 计算蜗轮转矩 T_2

由表 13.2,取 $z_1 = 2$。由表 13.10,查得 $\eta = 0.8$,则

$$T_2 = 9.55 \times 10^6 \frac{P_2}{n_2} = 9.55 \times 10^6 \frac{P_1 \eta}{n_1/i}$$

$$= 9.55 \times 10^6 \times \frac{9 \times 0.8}{1440/20} \text{ N·mm} = 9.55 \times 10^5 \text{ N·mm}$$

(2) 计算中心距 a

取使用系数 $K_A = 1.3$;设 $d_1/a = 0.35$,由图 13.6,查得 $Z_\rho = 2.9$,由表 13.4,查得 $Z_E = 155\sqrt{\text{MPa}}$。则

$$a \geqslant \sqrt[3]{K_A T_2 \left(\frac{Z_E Z_\rho}{[\sigma_H]}\right)^2} = \sqrt[3]{1.3 \times 9.55 \times 10^5 \times \left(\frac{155 \times 2.9}{268}\right)^2} \text{ mm} = 151.72 \text{ mm}$$

取 $a = 200$ mm。

(3) 确定模数 m、蜗杆分度圆直径 d_1、导程角 γ 等参数

由表 13.1,取 $m = 8$ mm,$d_1 = 80$ mm,$\gamma = 11°18'36''$,$x_2 = -0.5$,$z_1 = 2$,$z_2 = 41$。

（4）验算传动比

$$i' = \frac{z_2}{z_1} = \frac{41}{2} = 20.5$$

$$\Delta i = \left| \frac{i - i'}{i} \right| = \left| \frac{20 - 20.5}{20} \right| = 2.5\% < 5\%$$

所以以上参数合适。

（5）计算效率

滑动速度为

$$v_s = \frac{\pi d_1 n_1}{60 \times 1000 \times \cos\gamma} = \frac{\pi \times 80 \times 1440}{60 \times 1000 \times \cos 11°18'36''}\ \text{m/s} = 6.15\ \text{m/s}$$

由表 13.9，取 $\rho_v = 1°16'$（取大值）。啮合效率为

$$\eta_1 = \frac{\tan\gamma}{\tan(\gamma + \rho_v)} = \frac{\tan 11°18'36''}{\tan(11°18'36'' + 1°16')} = 0.90$$

取轴承效率 $\eta_2 = 0.99$，搅油效率 $\eta_3 = 0.98$。则总效率为

$$\eta' = \eta_1 \eta_2 \eta_3 = 0.9 \times 0.99 \times 0.98 = 0.87$$

（6）验算接触强度

$$T_2' = 9.55 \times 10^6 \frac{P_1 \eta}{n_1/i} = 9.55 \times 10^6 \times \frac{9 \times 0.87}{1440/20}\ \text{N} \cdot \text{mm} = 103.86 \times 10^4\ \text{N} \cdot \text{mm}$$

$d_1/a = 80/200 = 0.4$，由图 13.6 查得 $Z_\rho' = 2.74$。则

$$\sigma_H = Z_E Z_\rho' \sqrt{K_A T_2'/a^3} = 155 \times 2.74 \times \sqrt{1.3 \times 103.86 \times 10^4/200^3}\ \text{MPa}$$
$$= 174.47\ \text{MPa} < [\sigma_H] = 268\ \text{MPa}$$

所以满足接触强度条件。

3）弯曲强度校核

当量齿数为

$$z_{v2} = \frac{z_2}{\cos^3\gamma} = \frac{41}{\cos^3 11°18'36''} = 43.48$$

由表 13.8，取 $Y_{Fa2} = 2.33$。

弯曲应力为

$$\sigma_F = \frac{1.53 K_A T_2'}{d_1 d_2 m \cos\gamma} Y_{Fa2} = \frac{1.53 \times 1.3 \times 103.86 \times 10^4}{80 \times (8 \times 41) \times 8 \cos 11°18'36''} \times 2.33$$
$$= 23.38\ \text{MPa} < [\sigma_F] = 56\ \text{MPa}$$

所以满足弯曲强度条件。

习 题

13.1 一对蜗杆传动的正确啮合条件是什么？

13.2 蜗杆直径系数 q 的含义是什么？为什么规定 d_1 是标准值？

13.3 为什么闭式蜗杆传动要进行热平衡计算？可采取哪些措施改善散热条件？

13.4 试标明题 13.4 图中未注明的蜗杆或蜗轮的转向及螺旋线方向，并画出啮合点处

蜗杆和蜗轮所受作用力的方向。

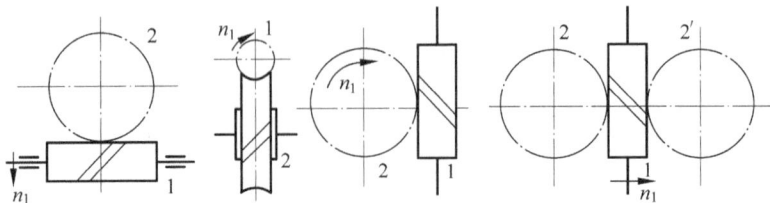

题 13.4 图

13.5　题 13.5 图所示为斜齿圆柱齿轮-蜗杆减速器,小斜齿轮由电动机驱动,转向如题 13.5 图所示。已知蜗轮是右旋。

(1) 试在题 13.5 图中标出蜗轮转向、蜗杆轮齿的旋向。

(2) 为使大齿轮 2 与蜗杆 3 的轴向力相互抵消一部分,齿轮 1、2 的螺旋线方向应如何?

(3) 画出蜗杆传动啮合处的受力方向。

13.6　题 13.6 图所示为蜗杆传动与圆锥齿轮传动的组合。已知输出轴上的锥齿轮 4 的转向 n_4。为了使中间轴的轴向力能抵消一部分,试确定蜗杆传动的螺旋角方向、蜗杆的转向及各轮的轴向力方向。

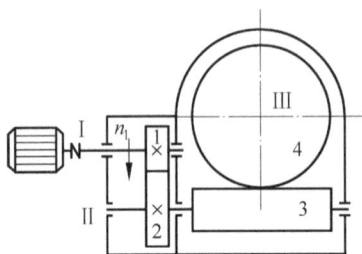

题 13.5 图

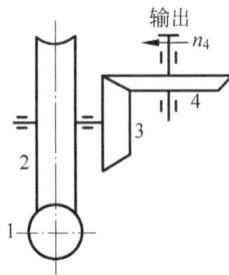

题 13.6 图

13.7　有一标准普通圆柱蜗杆传动,已知模数 $m=5$ mm,传动比 $i=25$,蜗杆直径系数 $q=10$,蜗杆头数 $z_1=3$。试计算该蜗杆传动的主要几何尺寸(d_1、d_{a1}、d_{f1}、γ、z_2、d_2、d_{a2}、d_{f2}、a)

13.8　题 13.8 图所示的手动绞车采用蜗杆传动,$m=8$ mm,$z_1=1$(右旋),$z_2=40$,$q=8$,卷筒直径 $D_2=200$ mm。试问:

(1) 欲使重物 Q 上升 1 m,手柄应转多少转? 在题 13.8 图上标出手柄的转向。

(2) 如蜗杆蜗轮副当量摩擦系数 $f_v=0.2$,能否自锁? 传动效率 η_1 为多少?

(3) 若起重量 $Q=10^4$ N,人手推力 $F=200$ N,手柄长度 L 是多少?

13.9　一运输机用单级蜗杆减速器,已知蜗杆输入功率 $P_1=5.5$ kW,转速 $n_1=1440$ r/min,传动比 $i=30$;蜗杆材料为 45 钢;表面淬火,硬度大于 45 HRC;蜗轮材料为 ZCuAl10Fe3,金属模铸造。载荷平稳,连续工作,通风条件良好。试设计该蜗杆传动。

13.10　设计一混料机上用的单级普通蜗杆传动。已知传递功率 $P_1=7$ kW,转速 $n_1=1440$ r/min,$n_2=80$ r/min,载荷平稳,单向转动,通风条件良好。

＊ **实践拓展练习**

13.11　题 13.11 图所示的某电梯传动装置中采用了蜗杆传动,电动机功率 $P=$ 10 kW,转速 $n_1=970$ r/min,蜗杆传动参数为 $z_1=1,z_2=30,m=12$ mm,$q=8,\gamma=$ $7°7'31''$,蜗杆蜗轮副效率 $\eta_1=0.75$,传动系统总效率 $\eta=0.70$,卷筒直径 $D_3=600$ mm。求电梯上升时的速度和最大载重量。如果电机突然失去动力,如何考虑安全问题?

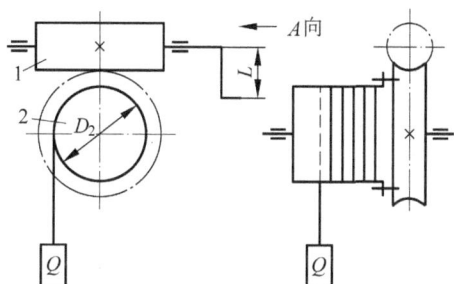 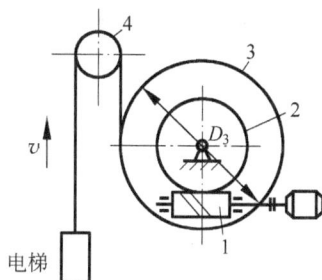

题 13.8 图　　　　　　　　题 13.11 图

第 14 章 轴

14.1 轴的功用和类型及设计要求

14.1.1 轴的功用和类型

轴是机械中普遍使用的重要零件。轴一般要由滑动轴承或滚动轴承支承,使其上零件(齿轮、带轮等)具有确定的工作位置,并传递运动和动力。

根据轴线形状的不同,轴可分为直轴(图 14.1)、曲轴(图 14.2)和钢丝软轴(图 14.3)。曲轴主要用于做往复运动的机械中。钢丝软轴由几层紧贴在一起的钢丝层构成,可以把转矩和旋转运动灵活地传到任何位置,也可用于连续振动的场合,如振捣器等设备中。直轴应用广泛,可分为光轴(各处直径相等)和阶梯轴(各处直径不等的阶梯状)。本章重点介绍阶梯轴的设计,例如,图 14.1 所示的齿轮减速器中的轴。

图 14.1 直轴

图 14.2 曲轴

图 14.3 钢丝软轴

光轴

阶梯轴

根据轴的承载情况不同,轴可分为转轴、传动轴和心轴三类。转轴既传递转矩又承受弯矩,如图 14.4 所示的齿轮减速器中的轴;传动轴只传递转矩而不承受弯矩或承受很小的弯矩,如汽车底盘下面由万向联轴节连接的传动轴(驱动轴),如图 14.5 所示;心轴则承受弯矩而不传递转矩,根据工作时轴是否转动,心轴又分为转动心轴和固定心轴,如铁路车辆的轴为转动心轴(图 14.6(a))、自行车的前轴为固定心轴(图 14.6(b))。这三种类型轴的承载情况及特点见表 14.1。

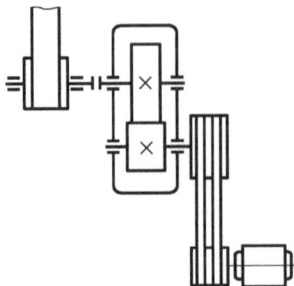

图 14.4 转轴

图 14.5 传动轴

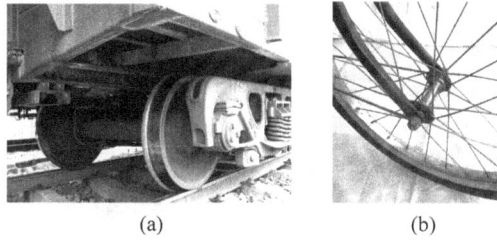

(a)　　　　　　　　　(b)

图 14.6　心轴

(a) 转动心轴；(b) 固定心轴

表 14.1　转轴、传动轴和心轴的承载情况及特点

种类		举　例	受力简图	特　点
转轴				既承受弯矩又承受转矩；是机器中最常用的一种轴；剖面上受弯曲应力和扭剪应力的复合作用
传动轴				主要承受转矩，不承受弯矩或承受很小弯矩；仅起传递动力的作用
心轴	转动心轴			只承受弯矩，不承受转矩；起支承作用。转动心轴的剖面上受变应力
	固定心轴			只承受弯矩，不承受转矩；起支承作用。固定心轴的剖面上受静应力

　　轴一般都制成实心的，但为减轻重量（如大型水轮机轴、航空发动机轴）或满足工作要求（如需在轴中心穿过其他零件或润滑油），则可用空心轴。

14.1.2　轴的设计要求和设计步骤

合理的结构和足够的强度是轴的设计必须满足的基本要求。如果轴的结构设计不合理,则会影响轴的加工和装配工艺,增加制造成本,甚至影响轴的强度和刚度。足够的强度是轴的承载能力的基本保证。如果轴的强度不足,则会发生塑性变形或断裂失效,使其不能正常工作。不同的机器对轴的设计要求不同。如机床主轴、电机轴要求有足够的刚度;对一些高速机械轴,如高速磨床主轴、汽轮机主轴等,要考虑振动稳定性问题。

轴的一般设计步骤是:

(1) 按工作要求选择轴的材料。

(2) 估算轴的基本直径。

(3) 进行轴的结构设计。

(4) 进行轴的强度校核计算。

(5) 必要时进行刚度或振动稳定性等的校核计算。

在轴的设计计算过程中,应注意的是,轴的设计计算与其他有关零件的设计计算往往相互联系、相互影响,因此必须结合其他有关零件进行轴的设计计算。

14.2　轴 的 材 料

轴的常用材料是碳素钢、合金钢及球墨铸铁。钢轴毛坯多是轧制圆钢或锻件。轴的常用材料及其主要机械性能见表 14.2。

表 14.2　轴的常用材料及其主要机械性能

材料及 热处理	毛坯直径 /mm	硬度 /HBW	强度极限 σ_b	屈服极限 σ_s	弯曲疲劳极限 σ_{-1}	应 用 说 明
			/MPa			
Q235	≤40		440	225	200	用于不重要的轴
35 正火	≤100	149～187	520	270	250	有好的塑性和适当的强度,做一般轴
45 正火	≤100	170～217	600	300	275	用于较重要的轴,应用最为广泛
45 调质	≤200	217～255	650	360	300	
40Cr 调质	≤100	241～286	750	550	350	用于载荷较大而无很大冲击的重要轴
	>100～300	241～266	700	550	340	
40MnB 调质	25		1000	800	485	性能接近于 40Cr,用于重要的轴
	≤200	241～286	750	500	335	
35CrMo 调质	≤100	207～269	750	550	390	用于重要的轴
20Cr 渗碳 淬火回火	15	表面 HRC 56～62	850	550	375	用于要求强度、韧性及耐磨性均较高的轴
	≤60		650	400	280	

1. 碳素钢

优质中碳钢 30～50 钢因具有较高的综合机械性能,常用于比较重要或承载较大的轴,其中 45 钢应用最广。对于这类材料,可通过调质或正火等热处理方法改善和提高其机械性能。普通碳素钢 Q235、Q275 等可用于不重要或承载较小的轴。

2. 合金钢

合金钢具有较高的综合机械性能和较好的热处理性能,常用于重要性很强、承载很大而重量、尺寸受限或有较高耐磨性、防腐性要求的轴。例如,采用滑动轴承的高速轴常采用 20Cr、20CrMnTi 等低碳合金钢,经渗碳淬火后可提高轴颈耐磨性;汽轮发电机转子轴在高温、高速和重载条件下工作,必须具有良好的高温机械性能,常采用 27Cr2Mo1V、38CrMoAlA 等合金结构钢。值得注意的是,钢材的种类和热处理对其弹性模量影响甚小,因此采用合金钢代替碳素钢或通过热处理来提高轴的刚度,收效甚微。此外,合金钢对应力集中敏感性较强,且价格较高。

3. 球墨铸铁

球墨铸铁适于制造成形轴(如曲轴、凸轮轴等),它具有价廉,强度较高,良好的耐磨性、吸振性和易切性,以及对应力集中的敏感性较低等优点。但铸铁件品质不易控制,可靠性差。

14.3　轴的结构设计

轴的结构设计就是要确定轴的合理外形和包括各轴段长度、直径及其他细小尺寸在内的全部结构尺寸。

轴的结构取决于下列因素:轴的毛坯种类、轴上作用力的大小和分布情况、轴上零件的布置及固定方式、轴承类型及位置、轴的加工和装配工艺性以及其他一些要求。由于有关的因素很多,所以轴的结构设计具有较大的灵活性和多样性。

轴主要由轴颈、轴头、轴身三部分组成(图 14.7)。轴上被支承的部分称为轴颈,安装轮毂的部分称为轴头,连接轴颈和轴头的部分称为轴身。轴颈和轴头的直径应该按规范取圆整尺寸,特别是装滚动轴承的轴颈必须按轴承的内径选取。

轴颈、轴头与其相连接零件的配合要根据工作条件合理地提出,同时还要规定这些部分的表面粗糙度,这些技术条件对轴的运转性能影响很大。为使运转平稳,必要时还应对轴颈和轴头提出平行度和同轴度等要求。对于滑动轴承的轴颈,有时还须提出表面热处理的条件等。

从节省材料、减轻重量的角度来看,轴的各横截面最好是等强度的。但是从制造工艺角度来看,轴的形状愈简单愈好。简单的轴制造时省工,热处理不易变形,并有可能减少应力集中。

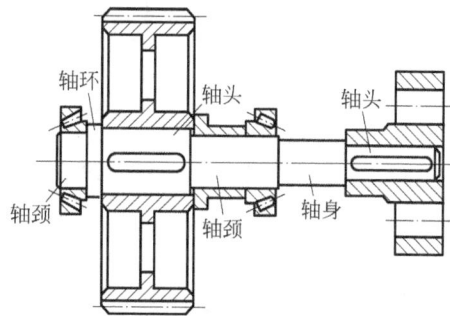

图 14.7　轴的结构

当决定轴的外形时,在能保证装配质量的前提下,既要考虑节约材料,又要考虑便于加工。因此,实际的轴多做成阶梯形(阶梯轴),只有一些简单的心轴和一些有特殊要求的轴,才做成等直径轴。

轴的结构受多方面因素影响,不存在一个固定形式,而是随着工作条件与要求的不同而不同。轴的结构设计一般应考虑以下三方面主要问题。

14.3.1　满足使用要求

为实现轴的功能,必须保证轴上零件有准确的工作位置,要求轴上零件沿周向和轴向固定。

1. 轴上零件的周向固定

轴上零件的周向固定可采用键、花键、成形、弹性环、销、过盈等连接,常见的固定方法见图14.8。

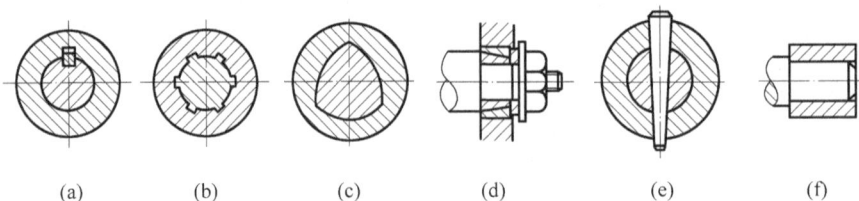

图 14.8　轴上零件的周向固定方法

(a) 键连接；(b) 花键连接；(c) 成形连接；(d) 弹性环连接；(e) 销连接；(f) 过盈连接

2. 轴上零件的轴向固定

轴上零件常见的轴向固定方法及特点与应用见表14.3。其中,轴肩、轴环、套筒、轴端挡圈及圆螺母应用更为广泛。为保证轴上零件沿轴向固定,可将表14.3中各种方法联合使用。

表 14.3　轴上零件常见的轴向固定方法及特点与应用

轴向固定方法及结构简图		特点与应用	设计注意要点
轴肩与轴环	 (a)轴肩　　　　(b)轴环	简单可靠,不需附加零件,能承受较大轴向力,广泛应用于各种轴上零件的固定。该方法会使轴径增大,阶梯处形成应力集中,且阶梯过多将不利于加工	为保证零件与定位面靠紧,轴上过渡圆角半径 r 应小于零件圆角半径 R 或倒角 C,即 $r<C<a$、$r<R<a$;一般取定位高度 $a=(0.07\sim0.1)d$,轴环宽度 $b=1.4a$
套筒		简单可靠,简化了轴的结构且不削弱轴的强度,常用于轴上两个近距离零件间的相对固定,但不宜用于高速轴	套筒内孔与轴的配合较松,套筒结构、尺寸可视需要灵活设计。为确保固定可靠,配合段长度 l 应比轮毂宽 B 短 $2\sim3$ mm

轴向固定方法及结构简图		特点与应用	设计注意要点
轴端挡圈	轴端挡圈(GB/T 892—1986)	工作可靠,结构简单,能承受较大轴向力,应用广泛	只用于轴端。应采用止动垫片等防松措施
锥面		装拆方便,可兼作周向固定,宜用于高速、冲击及对中性要求高的场合	只用于轴端。常与轴端挡圈联合使用,实现零件的双向固定
圆螺母	圆螺母(GB/T 812—1988)　止动垫圈(GB/T 858—1988)	固定可靠,可承受较大轴向力,能实现轴上零件的间隙调整,常用于轴上两零件间距较大处及轴端	为减小对轴端强度的削弱,常用细牙螺纹。为防松,必须加止动垫圈或使用双螺母
弹性挡圈	弹性挡圈(GB/T 894—2017)	结构紧凑、简单,装拆方便,但受力较小,且轴上切槽将引起应力集中,常用于轴承的固定	
紧定螺钉与锁紧挡圈	紧定螺钉(GB/T 71—2018)　锁紧挡圈(GB/T 884—1986)	结构简单,但受力较小,不适于高速场合	

14.3.2　轴的结构工艺性

在进行轴的结构设计时,应尽可能使轴的形状简单,并且具有良好的加工工艺性和装配工艺性。

1. 加工工艺性

轴的直径变化应尽可能少,应尽量限制轴的最大直径与各轴段的直径差,这样既能节省材料,又可减少切削量。

轴上有磨削与切螺纹处,要留砂轮越程槽和螺纹退刀槽(图 14.9),以保证加工的完整和方便。

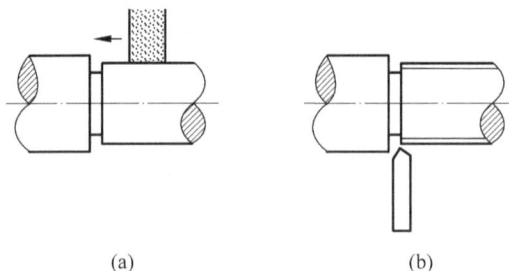

(a)　　　　　　　　　　　　(b)

图 14.9　砂轮越程槽与螺纹退刀槽

(a) 砂轮越程槽;(b) 螺纹退刀槽

轴上有多个键槽时,应将它们布置在同一直线上,以免加工键槽时多次装夹,从而提高生产效率。

如有可能,应使轴上各过渡圆角、倒角、键槽、越程槽、退刀槽及中心孔等尺寸分别相同,并符合标准和规定,以利于加工和检验。

轴上与标准件配合的轴段的直径应查所配合标准件的有关标准来选取。例如,与滚动轴承配合的轴颈应按滚动轴承内径尺寸选取;与联轴器配合的轴头直径应查联轴器标准。另外,轴上的螺纹部分直径应符合螺纹标准。

2. 装配工艺性

为了便于轴上零件的装配,常采用直径从两端向中间逐渐增大的阶梯轴。轴上的各阶梯中,除了轴上零件中轴向固定的可按表 14.3 确定轴肩高度外,其余仅为便于安装而设置的轴肩的高度可取 0.5～3 mm。

轴端应倒角,以去掉毛刺并便于装配。

固定滚动轴承的轴肩高度通常应不大于内圈高度的 3/4,轴肩高度过高不便于轴承的拆卸。

14.3.3　提高轴的疲劳强度

轴通常在变应力下工作,多数因疲劳而失效,因此设计轴时,应设法提高其疲劳强度。常采取以下措施。

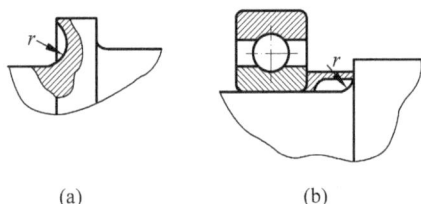

(a)　　　　　　(b)

图 14.10　减小圆角应力集中的结构

1. 改进轴的结构形状

尽量使轴径变化处过渡平缓,宜采用较大的过渡圆角。如相配合零件内孔倒角或圆角很小时,可采用凹切圆角(图 14.10(a))或过渡肩环(图 14.10(b))。

键槽端部与阶梯处距离不宜过小,以免损伤过渡圆角及减少多种应力集中源重合的机会。

键槽根部圆角半径越小,应力集中越严重。因此在重要轴的零件图上应注明其大小。

避免在轴上打印及留下一些不必要的痕迹,因为它们可能成为初始疲劳裂纹源。

2. 改善轴的表面状态

实践证明,采用滚压、喷丸或渗碳、氰化、氮化、高频淬火等表面强化处理方法,可以大大提高轴的承载能力。

14.4　轴的强度计算

轴的强度计算主要有三种方法:按许用切应力计算;按许用弯曲应力计算;安全系数校核计算。

按许用切应力计算只需已知转矩的大小,方法简便,常用于传动轴的强度计算和转轴基本直径的估算。按许用弯曲应力计算必须已知作用力的大小和作用点的位置、轴承跨距、各段轴径等参数,主要用于计算一般重要的、弯扭复合作用的轴。安全系数校核计算要在结构设计后进行,不仅要已知轴的各段轴径,而且要已知过渡圆角、过盈配合、表面粗糙度等细节,主要用于重要的轴的强度计算。本书只介绍前两种方法。

14.4.1　按许用切应力计算

传动轴只受转矩的作用,可直接按许用切应力设计其轴径。转轴受弯扭复合作用,在设计开始时,因为各轴段长度未定,轴的跨距和轴上弯矩大小是未知的,所以不能按轴所受弯矩来计算轴颈,通常是按轴所传递的转矩估算出轴上受扭转轴段的最小直径,并以其作为基本参考尺寸进行轴的结构设计。

由材料力学可知,实心圆轴的扭转强度条件为

$$\tau_T = \frac{T}{W_T} \approx \frac{9.55 \times 10^6 \frac{P}{n}}{0.2 d^3} \leqslant [\tau]_T \tag{14.1}$$

由此得到轴的基本直径

$$d \geqslant \sqrt[3]{\frac{9.55 \times 10^6 P}{0.2 [\tau]_T n}} = C \sqrt[3]{\frac{P}{n}} \tag{14.2}$$

式中,d 为轴的直径,mm;τ_T 为轴的扭转切应力,MPa;T 为轴传递的转矩,N·mm;P 为轴传递的功率,kW;n 为轴的转速,r/min;W_T 为轴的抗扭截面系数,mm³,对圆截面轴,$W_T = \pi d^3/16 \approx 0.2 d^3$;$[\tau]_T$ 为许用扭转切应力(已考虑弯矩对轴的影响),MPa;C 为计算常数,取决于轴的材料及受载情况,见表 14.4。

表 14.4　轴常用材料的 $[\tau]_T$ 值和 C 值

轴的材料	Q235,20		Q255,Q275,35		45			40Cr,35SiMn	
$[\tau]_T$	12	15	20	25	30	35	40	45	52
C	160	148	135	125	118	112	106	102	98

注:当轴所受弯矩较小或只受转矩时,C 取小值;否则取较大值。

另外,当按式(14.2)求得直径的轴段上开有键槽时,应适当增大轴径。单键槽增大

3%～5%；双键槽增大 7%～10%。然后,将轴径圆整。

14.4.2　按许用弯曲应力计算

在设计转轴时,首先由式(14.2)估算轴的基本直径,并依此完成轴的结构设计。当轴上零件的位置确定后,轴上的载荷大小、位置以及支点跨距等则均能确定,此时就可按许用弯曲应力校核轴的强度。为简化计算,将齿轮、带轮、链轮、联轴器等传动零件对轴的载荷视为作用于轮毂宽度中点的集中载荷;轴承处的支反力作用点取轴承的载荷作用中心(图14.11),根据轴承的不同类型确定;不计零件自重。

现以图 14.12 所示的单级平行轴斜齿圆柱齿轮减速器的低速轴Ⅱ为例,介绍按许用弯曲应力校核轴强度的方法。如果该轴的结构(图14.13(a))已初步确定,则校核的一般顺序如下:

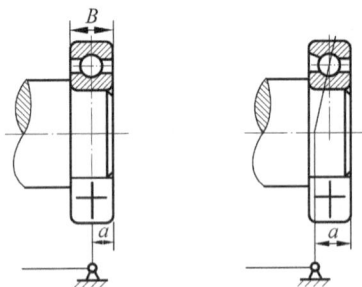

图 14.11　轴承处的支反力作用点位置的简化

(1) 画出轴的空间受力简图(图14.13(b))。将齿轮等轴上零件对轴的载荷分解到水平面和垂直面内。

(2) 作水平面受力图及弯矩 M_H 图(图14.13(c))。

(3) 作垂直面受力图及弯矩 M_V 图(图14.13(d))。

(4) 作合成弯矩 $M=\sqrt{M_H^2+M_V^2}$ 图(图14.13(e))。

(5) 作转矩 T 图(图14.13(f))。

(6) 作当量弯矩 M_e 图(图14.13(g))。

(7) 进行强度计算。

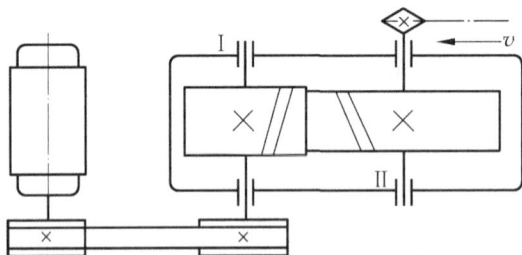

图 14.12　单级平行轴斜齿圆柱齿轮减速器

① 确定危险剖面。根据弯矩、转矩最大或弯矩、转矩较大而相对尺寸较小的原则选一个或几个危险截面。

② 求危险截面上的当量弯矩 $M_e=\sqrt{M^2+(\alpha T^2)}$ (由第三强度理论推出),其中 α 是考虑转矩与弯矩性质不同而设的应力校正系数。对于不变的转矩,取 $\alpha=0.3$;对于脉动循环的转矩,取 $\alpha=0.6$;对于对称循环的转矩,取 $\alpha=1$。如转矩变化规律不清楚,一般按脉动循环处理。

③ 强度校核。实心圆轴上危险截面应满足以下强度条件:

$$\sigma_e=\frac{M_e}{W}=\frac{M_e}{0.1d^3}\leqslant[\sigma_{-1}]_W \tag{14.3}$$

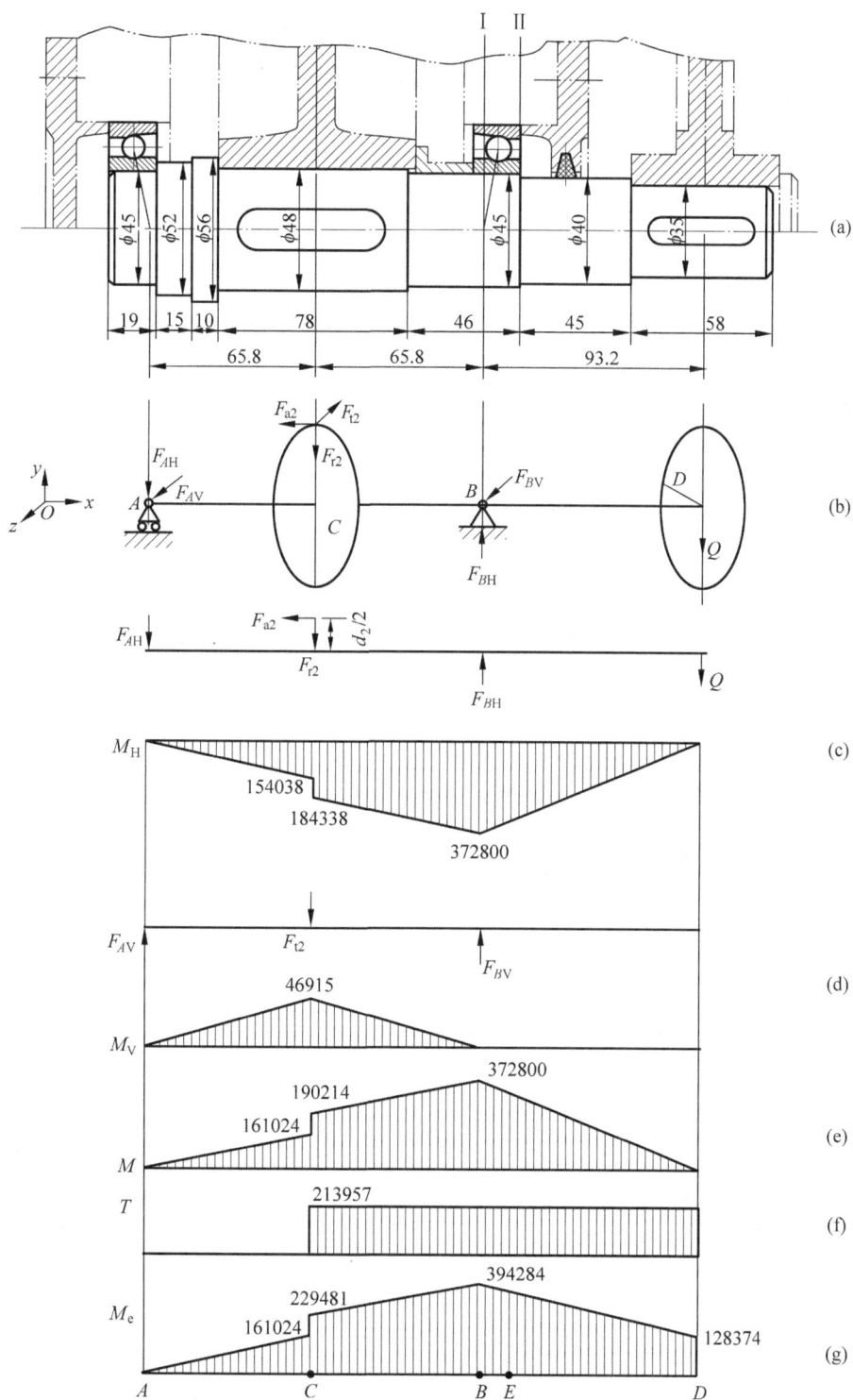

图 14.13　例 14.1 图

式中，W 为危险截面的抗弯截面系数，mm^3；$W = \pi d^3/32 \approx 0.1d^3$；$d$ 为危险截面直径，mm；$[\sigma_{-1}]_W$ 为材料在对称循环状态下的许用弯曲应力，MPa，见表 14.5。

表 14.5　轴的许用弯曲应力　　　　　　　　　　MPa

材料	σ_b	$[\sigma_{+1}]_W$	$[\sigma_0]_W$	$[\sigma_{-1}]_W$	材料	σ_b	$[\sigma_{+1}]_W$	$[\sigma_0]_W$	$[\sigma_{-1}]_W$
碳素钢	400	130	70	40	合金钢	800	270	130	75
	500	170	75	45		1000	330	150	90
	600	200	95	55	铸钢	400	100	50	30
	700	230	110	65		500	120	70	40

例 14.1　试设计图 14.12 所示的单级平行轴斜齿圆柱齿轮减速器的低速轴 Ⅱ。已知该轴传递功率 $P = 2.33$ kW，转速 $n = 104$ r/min；大齿轮分度圆直径 $d_2 = 300$ mm，齿宽 $b_2 = 80$ mm，螺旋角 $\beta = 8°03'20''$，左旋；链轮轮毂宽度 $b_3 = 60$ mm，链轮对轴的压轴力 $Q = 4000$ N，水平方向；减速器长期工作，载荷平稳。

解：

1）估算轴的基本直径

选用 45 钢，正火处理，估计直径 $d < 100$ mm，由表 14.2 查得 $\sigma_b = 600$ MPa。查表 14.4，取 $C = 118$，由式(14.2)得

$$d \geq C\sqrt[3]{\frac{P}{n}} = 118 \times \sqrt[3]{\frac{2.33}{104}} \text{ mm} = 33.27 \text{ mm}$$

所求 d 应为受扭部分的最细处，即装链轮处的轴径。但因该处有一个键槽，故轴径应增大 3%，即 $d_1 = 1.03 \times 33.27$ mm $= 34.27$ mm，取 $d_1 = 35$ mm。

2）轴的结构设计

（1）初定各轴段直径

从右端最细处轴段直径 d_1 向左推算各轴段直径 $d_2 \sim d_7$。步骤及说明见表 14.6。

表 14.6　例 14.1 用表（一）

位　置	轴径/mm	说　　明
链轮处 d_1	35	按传递转矩估算的基本直径
油封处 d_2	40	为满足链轮的轴向固定要求而设一轴肩，由表 14.3，轴肩高度 $a = (0.07\sim0.1)d = (0.07\sim0.1)\times35$ mm $= 2.45\sim3.5$ mm，取 $a = 2.5$ mm。该段轴径应满足油封标准
右端轴承处 d_3	45	因轴承承受径向力和轴向力，故选用角接触球轴承。为便于轴承从右端装拆，轴承内径应稍大于油封处轴径，并符合滚动轴承标准内径，故取轴径为 45 mm，初定轴承型号为 7209C，两端相同
齿轮处 d_4	48	考虑齿轮从右端装入，故齿轮孔径应大于轴承处轴径，并为标准直径
轴环处 d_5	56	齿轮左端用轴环定位，按齿轮处轴径 $d = 48$ mm，由表 14.3，轴环高度 $a = (0.07\sim0.1)d = (0.07\sim1)\times48$ mm $= 3.36\sim4.8$ mm，取 $a = 4$ mm
左端轴承轴肩处 d_6	52	为便于轴承拆卸，轴肩高度不能过高，按 7209C 轴承安装尺寸确定，查附录表 C.5.3 中 7209C 轴承的 d_a 值，$d_a = 52$ mm
左端轴承处 d_7	45	该处轴承与右端轴承相同的型号 7209C，则该处轴径为 45 mm。这样有利于提高镗孔精度，箱体上两端轴承座孔一次完成镗孔

（2）确定各轴段长度

从右端最细处轴段长度 l_1 向左推算各轴段长度 $l_2 \sim l_7$。步骤及说明见表 14.7。

表 14.7　例 14.1 用表（二）

位　　置	轴段长度/mm	说　　明
链轮处 l_1	58	已知链轮轮毂宽度为 60 mm，为保证轴端挡圈能压紧链轮，此轴段长度应略小于链轮轮毂宽度，故取 58 mm
油封处 l_2	45	此轴段长度包括两部分：为便于轴承端盖的拆装及对轴承加润滑脂，本例取轴承盖外端面与链轮左端面的间距为 25 mm；由减速器及轴承盖的结构设计，取轴承右端面与轴承盖外端面的间距（即轴承盖的总宽度）为 20 mm。故该轴段长度为：25 mm＋20 mm＝45 mm
右端轴承处（含套筒）l_3	46	此轴段包括四部分：轴承内圈宽度为 19 mm；考虑到箱体的铸造误差，装配时留有余地，轴承左端面与箱体内壁的间距取 5 mm；箱体内壁与齿轮右端面的间距取 20 mm，齿轮对称布置，齿轮左右两侧的上述第 2、3 项的值取同值；齿轮轮毂宽度与齿轮轴段长度之差为 2 mm。故该轴段长度为：（19＋5＋20＋2）mm＝46 mm
齿轮处 l_4	78	已知齿轮轮毂宽度为 80 mm，为保证套筒能压紧齿轮，此轴段长度应略小于齿轮轮毂宽度，故取 78 mm
轴环处 l_5	10	轴环宽度 $b=1.4a=1.4\times4$ mm＝5.6 mm，取 $b=10$ mm
左端轴承轴肩处 l_6	15	轴承右端面至齿轮左端面的距离与轴环宽度之差，即 [（20＋5）－10] mm＝15 mm
左端轴承处 l_7	19	等于 7209C 型轴承内圈宽度 19 mm
全轴长 L	271	（58＋45＋46＋78＋10＋15＋19）mm＝271 mm

（3）传动零件的周向固定

齿轮及链轮处均采用 A 型普通平键，其中齿轮处为：键 14×70 GB/T 1096—2003；链轮处为：键 10×50 GB/T 1096—2003。

3）轴的受力分析

（1）求轴传递的转矩

$$T = 9.55 \times 10^6 \frac{P}{n} = 9.55 \times 10^6 \times \frac{2.33}{104} \text{ N} \cdot \text{mm} = 213957 \text{ N} \cdot \text{mm}$$

（2）求轴上作用力

齿轮上的圆周力

$$F_{t2} = \frac{2T}{d_2} = \frac{2 \times 213957}{300} \text{ N} = 1426 \text{ N}$$

齿轮上的径向力

$$F_{r2} = \frac{F_{t2} \tan\alpha_n}{\cos\beta} = \frac{1426 \times \tan 20°}{\cos 8°3'20''} \text{ N} = 524 \text{ N}$$

齿轮上的轴向力

$$F_{a2} = F_{t2} \tan\beta = 1426 \times \tan 8°3'20'' \text{ N} = 202 \text{ N}$$

（3）确定轴的跨距

由附录表 C.5.3 查得 7209C 型轴承的 a 值为 18.2 mm，故左、右轴承的支反力作用点至

齿轮力作用点的间距(图 14.13(a))皆为

$$(0.5 \times 80 + 10 + 15 + 19 - 18.2) \text{ mm} = 65.8 \text{ mm}$$

链轮力作用点与右端轴承支反力作用点的间距(图 14.13(a))为

$$(18.2 + 45 + 0.5 \times 60) \text{ mm} = 93.2 \text{ mm}$$

4) 按当量弯矩校核轴的强度

(1) 作轴的空间受力简图(图 14.13(b))

(2) 作水平面(xOy)受力图及弯矩 M_H 图(图 14.13(c))

$$F_{AH} = \frac{Q \times 93.2 - F_{r2} \times 65.8 - F_{a2} \times \dfrac{d_2}{2}}{65.8 + 65.8} = \frac{4000 \times 93.2 - 524 \times 65.8 - 202 \times \dfrac{300}{2}}{131.6} \text{ N}$$

$$= 2341 \text{ N}$$

$$F_{BH} = \frac{Q \times 224.8 + F_{r2} \times 65.8 - F_{a2} \times \dfrac{d_2}{2}}{131.6} = \frac{4000 \times 224.8 + 524 \times 65.8 - 202 \times \dfrac{300}{2}}{131.6} \text{ N}$$

$$= 6865 \text{ N}$$

$$M_{CHL} = F_{AH} \times 65.8 = 2341 \times 65.8 \text{ N} \cdot \text{mm} = 154038 \text{ N} \cdot \text{mm}$$

$$M_{CHR} = M_{CHL} + F_a \times \frac{d_2}{2} = \left(154038 + 202 \times \frac{300}{2}\right) \text{ N} \cdot \text{mm} = 184338 \text{ N} \cdot \text{mm}$$

$$M_{BH} = Q \times 93.2 = 4000 \times 93.2 \text{ N} \cdot \text{mm} = 372800 \text{ N} \cdot \text{mm}$$

(3) 作垂直面(xOz)受力图及弯矩 M_V 图(图 14.13(d))

$$F_{AV} = F_{BV} = \frac{F_{t2}}{2} = \frac{1426}{2} \text{ N} = 713 \text{ N}$$

$$M_{CV} = F_{AV} \times 65.8 = 713 \times 65.8 \text{ N} \cdot \text{mm} = 46915 \text{ N} \cdot \text{mm}$$

(4) 作合成弯矩 M 图(图 14.13(e))

$$M_{CL} = \sqrt{M_{CHL}^2 + M_{CV}^2} = \sqrt{154038^2 + 46915^2} \text{ N} \cdot \text{mm} = 161024 \text{ N} \cdot \text{mm}$$

$$M_{CR} = \sqrt{M_{CHR}^2 + M_{CV}^2} = \sqrt{184338^2 + 46915^2} \text{ N} \cdot \text{mm} = 190214 \text{ N} \cdot \text{mm}$$

$$M_B = \sqrt{M_{BH}^2 + M_{BV}^2} = \sqrt{372800^2 + 0^2} \text{ N} \cdot \text{mm} = 372800 \text{ N} \cdot \text{mm}$$

(5) 作转矩 T 图(图 14.13(f))

$$T = 213957 \text{ N} \cdot \text{mm}$$

(6) 作当量弯矩图 M_e(图 14.13(g))

(7) 按当量弯矩校核轴的强度

① 由图 14.13(a)、(g)可见,截面 I 处当量弯矩最大,故应对此处进行校核。截面 I 处的当量弯矩为

$$M_I = M_{Be} = \sqrt{M_B^2 + (\alpha T)^2} = \sqrt{372800^2 + (0.6 \times 213957)^2} \text{ N} \cdot \text{mm} = 394284 \text{ N} \cdot \text{mm}$$

由表 14.2,对于 45 钢,$\sigma_b = 600$ MPa,由表 14.5,查得 $[\sigma_{-1}]_W = 55$ MPa,故按式(14.3)得

$$\sigma_{Be} = \frac{M_{Be}}{0.1 d_3^3} = \frac{394284}{0.1 \times 45^3} \text{ MPa} = 43.3 \text{ MPa} < [\sigma_{-1}]_W = 55 \text{ MPa}$$

所以，截面 I 处安全。

② 考虑截面 II 相对尺寸较截面 I 小，且当量弯矩也较大，故也应进行校核。

可在当量弯矩图上用比例法求截面 II 的当量弯矩 M_{II}，如图 14.14 所示。

$$M_{De} = \sqrt{M_D^2 + (\alpha T)^2} = \alpha T = 0.6 \times 213957 \text{ N} \cdot \text{mm} = 128374 \text{ N} \cdot \text{mm}$$

截面 II 距截面 I 18.2 mm，B、D 间距为 93.2 mm，设截面 II 的当量弯矩比截面 I 的当量弯矩小 x，则

$$\frac{x}{18.2} = \frac{394284 - 128374}{93.2}$$

$$x = 51927 \text{ N} \cdot \text{mm}$$

截面 II 的当量弯矩为

$$M_{II} = M_I - x = (394284 - 51927) \text{ N} \cdot \text{mm}$$
$$= 342357 \text{ N} \cdot \text{mm}$$

则截面 II 即 E 点处的当量应力为

$$\sigma_{Ee} = \frac{M_{II}}{0.1 d_2^3} = \frac{342357}{0.1 \times 40^3} \text{ MPa} = 53.5 \text{ MPa} < [\sigma_{-1}]_W = 55 \text{ MPa}$$

所以，截面 II 处安全。

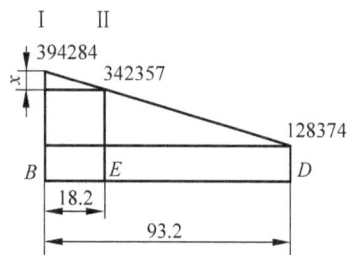

14.5 轴的刚度计算

轴在载荷作用下抵抗弹性变形的能力称为轴的刚度。如果轴的刚度小，在较大的力或力矩作用下，轴产生的弯曲变形或扭转变形过大，将影响轴和轴上零件的正常工作。为避免轴因刚度不足失效，设计时，应根据轴的工作条件，限制轴的弹性变形量，即

$$\begin{cases} \text{挠度 } y \leqslant [y] \\ \text{转角 } \theta \leqslant [\theta] \\ \text{扭转角 } \varphi \leqslant [\varphi] \end{cases} \tag{14.4}$$

式(14.4)中的挠度 y、转角 θ 是反映轴弯曲变形的相关参数(图 14.15(a))；扭转角 φ 则是反映轴扭转变形的参数(图 14.15(b))。轴受到力和弯矩作用产生弹性变形时的挠度 y 和转角 θ，以及在扭矩作用下产生弹性变形时的扭转角 φ，可以根据材料力学中的相关公式和计算方法求解。而挠度 y、转角 θ 和扭转角 φ 的许用值 $[y]$、$[\theta]$ 和 $[\varphi]$ 可根据轴的应用场合从机械设计手册中查取。

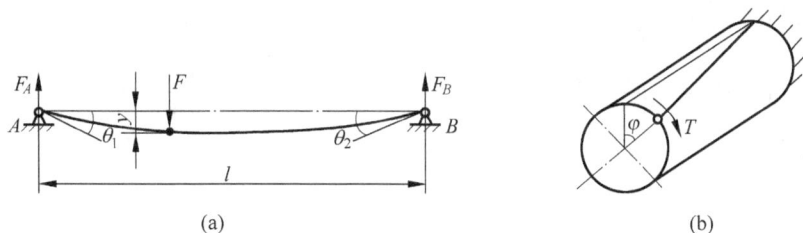

图 14.14 弯矩计算分析图

图 14.15 轴的弹性变形
(a) 弯曲变形；(b) 扭转变形

习　题

14.1　轴的功用是什么？按不同的分类原则,轴分为哪几类？各举一例。

14.2　题 14.2 图所示为由电动机驱动的提升重物装置,判断Ⅰ、Ⅱ、Ⅲ、Ⅳ轴是心轴、转轴还是传动轴？如果是心轴,是固定心轴还是转动心轴？为什么？

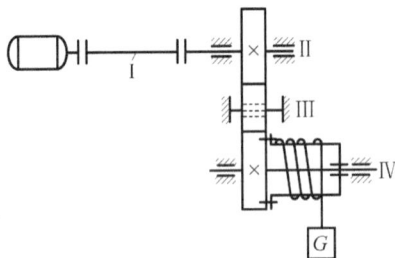

题 14.2 图

14.3　轴上零件的轴向固定有哪些方法？各有何特点？轴上零件的周向固定有哪些方法？各有何特点？

14.4　轴的常用材料有哪些？同一工作条件下,若不改变轴的结构尺寸,仅将轴的材料由碳钢改为合金钢,为什么只提高了轴的强度而不能提高轴的刚度？

14.5　齿轮减速器中,为什么低速轴的直径要比高速轴的直径大？

14.6　轴的强度计算公式 $M_e = \sqrt{M^2 + (\alpha T)^2}$ 中,α 的含义是什么？其大小如何确定？

14.7　有一台离心风机,由电动机直接驱动,电动机功率 $P = 7.5$ kW,轴的转速 $n = 1440$ r/min,轴的材料为 45 钢。试估算轴的基本直径。

14.8　已知一单级直齿圆柱齿轮减速器,由电动机直接驱动,电动机功率 $P = 22$ kW,转速 $n_1 = 1470$ r/min,齿轮模数 $m = 4$ mm,齿数 $z_1 = 18, z_2 = 82$,若支承间跨距 $l = 180$ mm,齿轮位于跨距中央,轴的材料用 45 钢调质。试计算输出轴危险截面处的直径 d。

14.9　题 14.9 图所示的传动装置,带传动水平布置,工作机转向如题 14.9 图(a)所示,小齿轮左旋,其分度圆直径 $D = 80$ mm,作用在小齿轮上的圆周力 $F_t = 2736$ N,径向力 $F_r = 1009$ N,轴向力 $F_a = 442$ N,带轮压轴力 $Q = 450$ N,Ⅰ轴上的轴承为深沟球轴承 6407,轴结构如题 14.9 图(b)所示,从左到右各轴段直径为：$d_1 = 25$ mm,$d_2 = 30$ mm,$d_3 = 35$ mm,$d_4 = 40$ mm,$d_5 = 52$ mm,$d_6 = 44$ mm,$d_7 = 35$ mm;从左到右各轴段长度为：$l_1 = 50$ mm,$l_2 = 45$ mm,$l_3 = 46$ mm,$l_4 = 70$ mm,$l_5 = 8$ mm,$l_6 = 12$ mm,$l_7 = 25$ mm。试用当量弯矩法对此轴进行强度校核。

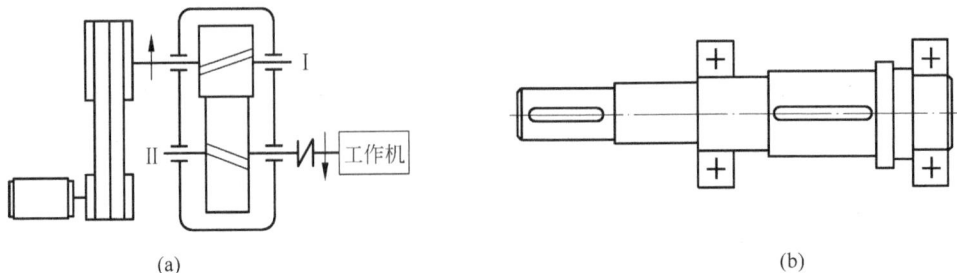

(a)　　　　　　　　　　　　　　　　　(b)

题 14.9 图

14.10　指出题 14.10 图所示的轴结构中的错误,并画出正确的结构图。

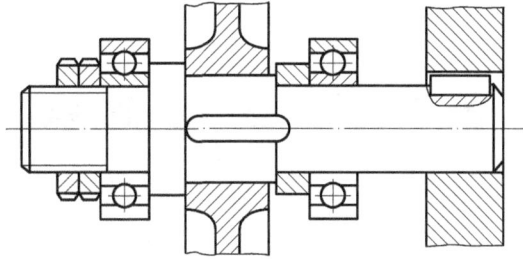

题 14.10 图

＊ 实践拓展练习

14.11　说出几种生活中你见到的轴,其作用是什么? 相关零件是什么? 采用了哪些轴向或周向固定方法? 画出结构图。

14.12　观察、了解自行车的前、后轴的结构,按所受载荷分,各为何种类型的轴?

第15章 滚动轴承

15.1 概　述

滚动轴承是现代机械中广泛应用的标准件。它是用滚动元件(球或滚子),并以滚动摩擦为基础来工作的轴承,主要载荷通过滚动接触的元件传递,而不是通过滑动接触。

由于滚动轴承已经标准化,并由轴承厂大量制造,故使用者的任务主要是熟悉国家标准、正确选择轴承类型和尺寸、进行轴承的组合结构设计、确定润滑及密封方式等。

15.1.1 滚动轴承的基本构造

滚动轴承的构造如图 15.1 所示,它是由内圈 1、外圈 2、滚动体 3 和保持架 4 组成的。一般内圈与轴颈装配,外圈与轴承座装配。使用时通常是内圈随轴颈转动,外圈固定,但也有外圈转动,内圈固定,或内、外圈同时转动的情况。如图 15.2 所示,内、外圈上有滚道,当内、外圈相对旋转时,滚动体沿着滚道滚动,滚道限制滚动体轴向移动并降低接触应力。保持架的作用是把滚动体均匀地隔开,减少滚动体间的摩擦和磨损。有些轴承可以少用一个套圈,或者内外两个套圈都不用,在这些轴承中滚动体直接沿着轴或轴承座上的滚道滚动。

常用的滚动体主要形状如图 15.3 所示,有球、圆柱滚子、圆锥滚子、球面滚子、滚针等。采用这些形状滚动体的常用轴承如图 15.4 所示。

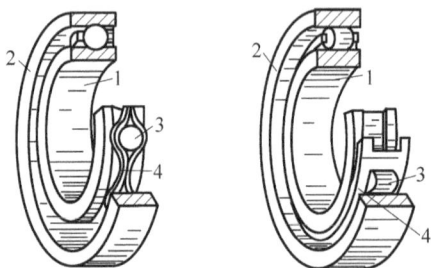

图 15.1　滚动轴承的构造

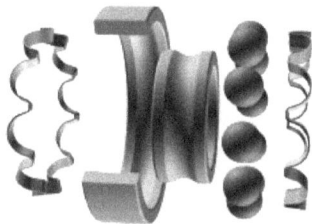

图 15.2　滚动轴承结构仿真图

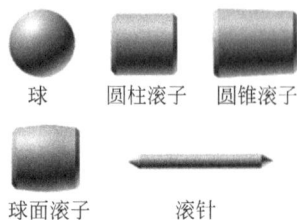

球　圆柱滚子　圆锥滚子

球面滚子　　滚针

图 15.3　常用滚动体
形状

(a)　　　　(b)　　　　(c)

图 15.4　常用滚动轴承

(a) 深沟球轴承;(b) 推力球轴承;(c) 圆柱滚子轴承;
(d) 圆锥滚子轴承;(e) 调心滚子轴承;(f) 滚针轴承

(d)　　　　　　　　(e)　　　　　　　　(f)

图 15.4　（续）

图 15.4(d)

调心球轴承

15.1.2　滚动轴承的材料和特点

1. 滚动轴承的材料

通常，滚动轴承的内、外圈和滚动体用强度高、耐磨性好的铬锰高碳钢制造，常用牌号如 GCr15、GCr15SiMn 等（G 表示滚动轴承钢），淬火后硬度应不低于 61～65 HRC，工作表面要求磨削抛光。保持架一般用较软材料制造，常用低碳钢板冲压后铆接或焊接而成。实体保持架则选用铜合金、铝合金、酚醛层压布板或工程塑料等材料。

2. 滚动轴承的特点

同滑动轴承相比，滚动轴承的主要优点为：

（1）摩擦阻力和发热较小、效率高、容易起动；

（2）润滑简单、维护比较方便、易于互换；

（3）大大地减少有色金属的消耗，对轴的材料和热处理要求较低。

滚动轴承的主要缺点是：

（1）径向外廓尺寸较大；

（2）接触应力高、抗冲击能力差、高速时有噪声；

（3）工作寿命不及滑动轴承。

15.2　滚动轴承的类型

1. 按滚动体的形状分

按滚动体的形状分，滚动轴承可分为球轴承和滚子轴承。

球轴承能在较高速度下工作。这种轴承因为有带槽的滚道，除承受基本的径向载荷外，还能保证轴的轴向定位，并承受单向的或双向的轴向力。

滚子轴承比球轴承具有更高（平均高 70%～90%）的承载能力。圆柱滚子轴承在高速性方面与球轴承相近，但它不能承受轴向载荷。圆锥滚子轴承能同时承受较大的径向载荷和轴向载荷，但不适于较高转速。滚子轴承对套圈偏斜角的允许值比球轴承小很多。

2. 按所能承受载荷的作用方向分

按所能承受载荷的作用方向分（用公称接触角 α 描述），如表 15.1 所示，滚动轴承可分为向心轴承和推力轴承。

向心轴承只能承受径向载荷，或主要用于承受径向载荷，但也能承受一些轴向载荷（$0° \leqslant \alpha \leqslant 45°$）。

推力轴承主要用于承受轴向载荷或附带不大的径向载荷（$45° < \alpha \leqslant 90°$）。

表 15.1　滚动轴承的公称接触角 α

向心轴承		推力轴承	
径向接触	向心角接触	推力角接触	轴向接触
$\alpha = 0°$	$0° < \alpha \leqslant 45°$	$45° < \alpha < 90°$	$\alpha = 90°$
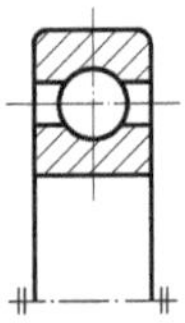	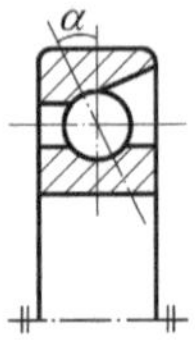	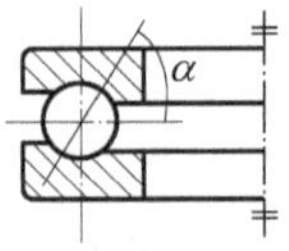	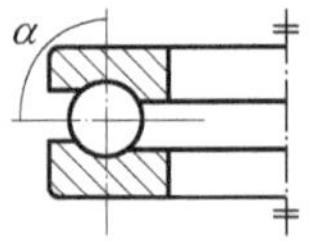

公称接触角 α 是滚动轴承的一个主要参数，它是滚动体与套圈接触点的法线与轴承径向平面(与轴线垂直)之间所夹的锐角。轴承的轴向承载能力随 α 的增大而增大。

3. 按自动调心性能分

按自动调心性能，轴承可分为自动调心的球面轴承和非自动调心轴承，后者是指除球面轴承以外的全部球轴承和滚子轴承。

标准滚动轴承用数字和字母描述轴承类型和尺寸。表 15.2 中列出了常用滚动轴承的类型及其特性。

表 15.2　常用滚动轴承的类型及特性

轴承类型	结构承载方向	类型代号	极限转速	允许角偏差	特　　性
调心球轴承	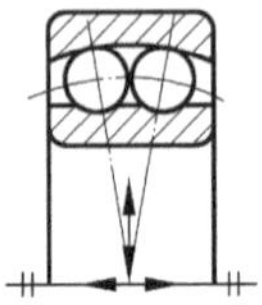	1	中	3°	有双列球，外圈滚道是以轴承中心为中心的球面，故能自动调心，适用于多支点和弯曲刚度不足的轴
调心滚子轴承	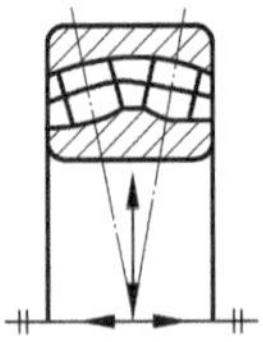	2	低	1°~2.5°	与 1 型轴承特点类似，比同尺寸的 1 型轴承的承载能力高
圆锥滚子轴承	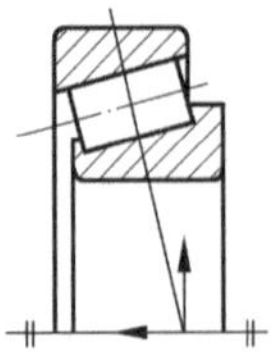	3	中	2′	能同时承受径向和单向轴向载荷，承载能力大，通常成对使用
推力球轴承	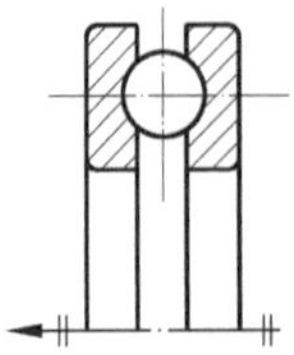	5	低	≈0°	只能承受单向的轴向载荷，高速时离心力大，钢球与保持架磨损、发热，故极限转速低，不允许轴与套圈轴线有倾斜

角接触球轴承

续表

轴承类型	结构承载方向	类型代号	极限转速	允许角偏差	特　性
深沟球轴承		6	高	$8'\sim16'$	主要承受径向载荷，也可承受一定的双向轴向载荷，结构简单，价廉，应用范围最广
角接触球轴承		7	高	$2'\sim10'$	能同时承受径向和单向轴向载荷，通常成对使用。接触角 α 有 $15°$、$25°$、$40°$ 三种，其值越大能承受的轴向力越大
推力圆柱滚子轴承		8	低	$\approx0°$	能承受较大的单向轴向载荷，不能承受径向力，极限转速低，不允许轴与套圈轴线有倾斜
圆柱滚子轴承（外圈无挡边）		N	高	$2'\sim4'$	能承受较大的径向载荷，外圈可以分离，不能承受轴向力，工作时允许内、外圈有少量的轴向错动
圆柱滚子轴承（内圈无挡边）		NU	高	$2'\sim4'$	能承受较大的径向载荷，内圈可以分离，不能承受轴向力，工作时允许内、外圈有少量的轴向错动
滚针轴承		NA	低	不允许	只能承受径向载荷，承载能力大，径向尺寸小。一般无保持架，因而滚针间有摩擦，极限转速低。不允许有角偏差

15.3　滚动轴承的代号

　　常用的滚动轴承都已标准化，依照标准 GB/T 272—2017 规定用一些代号表示。轴承的代号分为三部分，即前置代号、基本代号和后置代号，每一部分都由数字和字母构成。前置代号用字母表示成套轴承的分部件,由于较少出现,这里不赘述。出厂时,轴承代号一般刻在轴承套圈的侧面,常出现的是基本代号和后置代号。

1. 基本代号

基本代号是核心,前置和后置代号是补充。当结构、公差和技术要求改变时,可分别在基本代号的前面和后面添加前置和后置代号。有关部分可参考相关国家标准。

基本代号通常由 5 位代号组成,分别为轴承类型代号(1 位)、尺寸系列代号(1 或 2 位)和内径代号(2 位)。

基本代号的最右边头两位数字表示轴承的内径,对于内径 20～495 mm 的轴承,这两位数字表示内径除以 5(对应代号为 04～99)。特别说明:如果内径代号小于"04",则代号 00、01、02、03 分别表示内径为 10 mm、12 mm、15 mm、17 mm。

基本代号右起第三和第四位数字,表示尺寸系列。尺寸系列代号由宽度系列(第四位数字)和直径系列(第三位数字)组成,见表 15.3。直径系列代号 7、8、9、0、1、2、3、4 对应于相同内径、外径依次递增的轴承,部分直径系列之间的尺寸对比如图 15.5 所示。宽度系列代号 0～6 对应于相同直径系列、宽度依次递增的轴承。通常,当宽度系列代号为"0"时,可省略,但 2、3 类轴承除外。

表 15.3　滚动轴承的尺寸系列代号

直径系列代号	向心轴承							推力轴承			
	宽度系列代号							高度系列代号			
	窄 0	正常 1	宽 2	特宽 3	特宽 4	特宽 5	特宽 6	特低 7	低 9	正常 1	正常 2
	尺寸系列代号										
超特轻 7	—	17	—	37	—	—	—				
超轻 8	08	18	28	38	48	58	68	—	—	—	—
超轻 9	09	19	29	39	49	59	69	—	—	—	—
特轻 0	00	10	20	30	40	50	60	70	90	10	
特轻 1	01	11	21	31	41	51	61	72	91	11	
轻 2	02	12	22	32	42	52	62	72	92	12	22
中 3	03	13	23	33	—	—	63	73	93	13	23
重 4	04	—	24	—	—	—	—	74	94	14	24

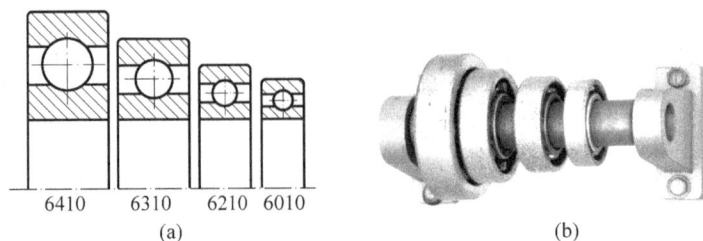

图 15.5　直径系列的对比

基本代号右起第五位数字或字母表示轴承类型,如表 15.2 所示。

2. 后置代号

后置代号用字母(或加数字)表示,包括内部结构代号、密封与防尘结构代号、保持架及其材料代号、公差等级代号、游隙代号等。常出现的后置代号说明如下。

滚动轴承的内部结构代号如表 15.4 所示。

表 15.4　滚动轴承的内部结构代号

轴承类型	代号	含　义	示例
角接触球轴承	C	角接触球轴承公称接触角 $\alpha = 15°$	7005C
	AC	角接触球轴承公称接触角 $\alpha = 25°$	7210AC
	B	角接触球轴承公称接触角 $\alpha = 40°$	7210B
圆锥滚子轴承	B	接触角 α 加大	32310B
圆柱滚子轴承	E	加强型	NU207E

滚动轴承有下列 6 个精度等级:2、4、5、6、6x 和 N 级(精度依次降低)。表示方法为 /P2、/P4、/P5、/P6、/P6x 和 /PN。N 级为普通级,在滚动轴承代号中省略不标出。6x 级仅适用于圆锥滚子轴承。

常用的轴承径向游隙系列分为 1 组、2 组、0 组、3 组、4 组、5 组共 6 个级别,游隙量依次由小到大。0 组为基本组游隙,优先采用,在轴承代号中可不标出。其余的游隙组在轴承代号中分别用 /C1、/C2、/C3、/C4、/C5 表示。当游隙与公差同时表示时,符号 C 可以省略。

例 15.1　说明轴承 6206、7312AC/P62、51210/P6 的含义。

解:

(1) 6206:内径代号"06",表示内径为 30 mm(内径＝内径代号×5);尺寸系列代号"02",表示宽度系列代号是 0,直径系列代号是 2,0 被省略;类型代号"6",表示深沟球轴承;精度等级为 0 级。

(2) 7312AC/P62:内径代号"12",表示内径为 60 mm;尺寸系列代号"03",表示宽度系列代号是 0,直径系列代号是 3,0 被省略;类型代号"7",表示角接触球轴承,内部结构代号"AC",表示接触角 $\alpha = 25°$;精度等级为 6 级,游隙为 2 组。

(3) 51210/P6:内径代号"10",表示内径为 50 mm;尺寸系列代号"12",表示宽度系列代号是 1,直径系列代号是 2;类型代号"5",表示推力球轴承;精度等级为 6 级。

15.4　滚动轴承的受力分析、失效形式和计算准则

1. 向心轴承的载荷分布

滚动轴承在通过轴心线的轴向载荷(中心轴向载荷) F_a 作用下,可认为各滚动体所承受的载荷是相等的。当轴承承受纯径向载荷 F_r 时,各滚动体上的力分布是不均匀的(如图 15.6 所示)。只有分布在不大于 $180°$ 的圆弧(承载区)上的那些滚动体承受载荷。位于轴承载荷 F_r 作用方向上的球或滚子,受到最大力 F_{max} 的作用。F_{max} 可通过平衡条件用下式计算:

$$\begin{cases} F_{max} = \dfrac{4.37}{z} F_r \approx \dfrac{5}{z} F_r & \text{(点接触轴承)} \\[2mm] F_{max} = \dfrac{4.08}{z} F_r \approx \dfrac{4.6}{z} F_r & \text{(线接触轴承)} \end{cases} \qquad (15.1)$$

式中,z 为轴承滚动体的数目。

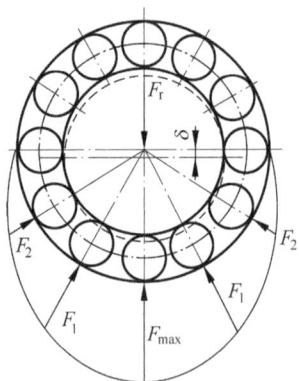

图 15.6　滚动轴承径向载荷的分布

2. 滚动轴承的失效形式

滚动轴承的常见失效形式有疲劳点蚀、塑性变形、磨粒磨损和胶合。

(1) 疲劳点蚀　滚动轴承工作过程中,滚动体相对内圈(或外圈)不断地转动,因此滚动体与滚道接触表面受脉动循环变应力作用。如图 15.6 所示,在变应力大量反复作用下,首先在滚动体或滚道的表面下一定深度处产生疲劳裂纹,疲劳裂纹继而扩展到接触表面,形成疲劳点蚀,使得噪声、振动和热量逐渐加剧,轴承不能正常工作。通常,疲劳点蚀是滚动轴承的主要失效形式(图 15.7)。

(2) 塑性变形　当轴承转数很低或间歇摆动时,一般不会产生疲劳破坏,但在载荷较大或冲击载荷作用下,轴承滚动体和滚道接触处的工作表面上会产生永久的塑性变形,形成凹坑(压痕),从而使轴承在运转过程中产生剧烈的振动和噪声,不能正常工作(图 15.8)。

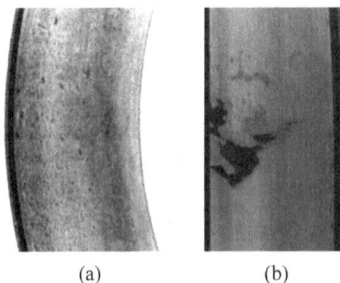

(a)	(b)

图 15.7　滚道的疲劳点蚀
(a) 轻微点蚀;(b) 严重点蚀

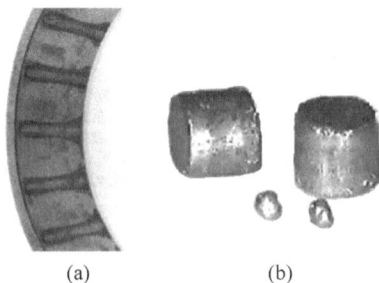

(a)	(b)

图 15.8　塑性变形
(a) 外圈塑性变形;(b) 滚动体塑性变形

此外,使用维护不当或密封润滑不良等,还可能引起轴承的过度磨损、胶合、内外圈和保持架破损等失效。实践表明,对于正常使用的轴承,点蚀和塑性变形通常为主要失效形式。

3. 滚动轴承的计算准则

确定轴承尺寸时,要针对主要失效形式进行必要的计算。其计算准则是:对于一般工作条件的回转滚动轴承,点蚀经常发生,主要进行寿命计算并作静强度校核;对于不转动、摆动或转速低的轴承,要求控制塑性变形,主要进行静强度计算并作寿命校核。对于高速轴承,由于发热而造成的黏着磨损、烧伤常是突出的矛盾,除寿命计算外还应校验极限转速。

15.5　滚动轴承的寿命计算

作为标准件,滚动轴承不需要画零件图。在装配图中可根据国家标准所规定的简化画法表示。滚动轴承的类型和代号可根据表 15.2 或设计人员的经验来确定,下一步则是分析所选轴承是否有足够的疲劳寿命和强度来满足工作要求。

15.5.1　基本额定寿命、基本额定动载荷和基本额定静载荷

1. 基本额定寿命

轴承中任一元件出现疲劳点蚀前运转的总转数或一定转数下的工作小时数称为滚动轴承的寿命。

实践表明，一批相同型号的轴承，即使在相同工作条件下，各个轴承的寿命也是相当离散的，相差可达几十倍。因此，轴承寿命计算中常用一定概率下的寿命作为选用轴承的依据。

图 15.9 所示的曲线近似地表示轴承失效分布的情况，R 为可靠度，L 为寿命。如图 15.9 所示，当寿命 L 为 1×10^6 r 时，可靠度 R 为 90%；L 为 5×10^6 r 时，可靠度 R 为 50%。

基本额定寿命是指一组同一型号的轴承，在相同工作条件下运转，其中 90% 的轴承不发生疲劳点蚀前的总转数 L（单位为 10^6 r）或一定转速下的工作小时数 L_h（单位为 h）。对单个轴承来讲，能够使用到或超过基本额定寿命的可靠度为 90%，失效概率为 10%。

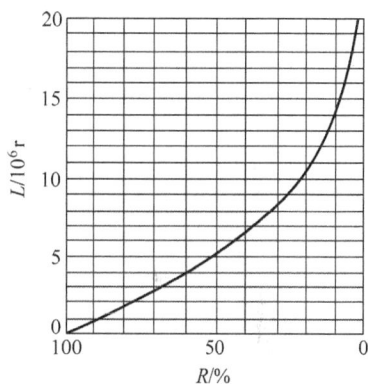

图 15.9　轴承的寿命曲线

2. 基本额定动载荷

滚动轴承的基本额定动载荷，是指轴承的基本额定寿命恰好为 10^6 r 时轴承所能承受的载荷值，用 C 表示，单位为 N。对向心轴承，基本额定动载荷指的是纯径向载荷，并称为径向基本额定动载荷，用 C_r 表示；对推力轴承，基本额定动载荷指的是纯轴向载荷，并称为轴向基本额定动载荷，用 C_a 表示。额定动载荷 C 值越大，轴承承载能力越强。几种常用类型轴承的基本额定动载荷值见附录 A 的表 A.3 和附录 C.5。

3. 基本额定静载荷

使受载最大的滚动体与滚道接触处中心的接触应力达到某一定值时的载荷称为基本额定静载荷（对于向心类球轴承为 4200 MPa），用 C_0（C_{0r} 或 C_{0a}）表示，其值可查附录表 A.3 和附录 C.5。

15.5.2　当量动载荷和当量静载荷

滚动轴承常常受到径向和轴向载荷的共同作用，而基本额定动载荷为纯径向力或纯轴向力，所以计算时需将实际载荷换算为与基本额定动载荷条件相当的载荷，即当量动载荷 P：

$$P = XF_r + YF_a \tag{15.2}$$

式中，F_r 为径向载荷；F_a 为轴向载荷；X、Y 为径向和轴向动载荷系数，可查表 15.5。表中参数 e 反映了轴向载荷对轴承承载能力的影响。

表 15.5　当量动载荷的径向和轴向动载荷系数 X 和 Y

类型	接触角 α	F_a/C_{0r}	e	$F_a/F_r > e$		$F_a/F_r \leqslant e$	
				X	Y	X	Y
深沟球轴承	$0°$	0.014	0.19	0.56	2.30	1	0
		0.028	0.22		1.99		
		0.056	0.26		1.71		
		0.084	0.28		1.55		
		0.11	0.30		1.45		
		0.17	0.34		1.31		
		0.28	0.38		1.15		
		0.42	0.42		1.04		
		0.56	0.44		1.00		
角接触球轴承	$15°$	0.015	0.38	0.44	1.47	1	0
		0.029	0.40		1.40		
		0.056	0.43		1.30		
		0.087	0.46		1.23		
		0.12	0.47		1.19		
		0.17	0.50		1.12		
		0.29	0.55		1.02		
		0.44	0.56		1.00		
		0.58	0.56		1.00		
	$25°$	—	0.68	0.41	0.87	1	0
	$40°$	—	1.14	0.35	0.57	1	0
圆锥滚子轴承	—		$1.5\tan\alpha$ [*]	0.40	$0.4\cot\alpha$ [*]	1	0

注：①表中诸值由制定轴承标准的部门根据试验确定；② [*] 根据轴承型号由轴承手册查取；③ C_{0r} 为轴承的径向基本额定静载荷,由手册查取,本书可查附录表 A.3 和附录 C.5。

同理,对于不旋转或旋转缓慢的轴承,当量静载荷 P_0 可用下式计算：

$$P_0 = X_0 F_r + Y_0 F_a \tag{15.3}$$

式中,X_0 和 Y_0 为径向和轴向静载荷系数,若需要,可查阅相关设计手册。当 $P_0 < F_r$ 时,取 $P_0 = F_r$。

在滚动轴承静强度校核中,可用下式进行计算：

$$\frac{C_0}{P_0} \geqslant S_0 \tag{15.4}$$

式中,S_0 为轴承的静强度安全系数,可查表 15.6。

表 15.6　静强度安全系数 S_0

使用要求或载荷性质	S_0	
	球轴承	滚子轴承
高旋转精度或轻微冲击	1.5～2	2.5～4
正常	0.5～2	1～3.5
低旋转精度或无冲击	0.5～2	1～3

15.5.3　滚动轴承寿命计算

大量试验表明,相同型号的轴承所能承受的载荷与寿命之间的关系曲线如图 15.10 所示,称为 $P\text{-}L$ 曲线。$P\text{-}L$ 曲线方程可表示为

$$LP^{\varepsilon}=1\times C^{\varepsilon}=常数 \tag{15.5}$$

或

$$L=\left(\frac{C}{P}\right)^{\varepsilon}\cdot 10^{6}\ \text{r} \tag{15.6}$$

式中,ε 为寿命指数,对于球轴承 $\varepsilon=3$,对于滚子轴承 $\varepsilon=10/3$;L 以转数 10^6 r 为单位,若以小时数为单位,则

$$L_{h}=\frac{10^{6}}{60n}\left(\frac{C}{P}\right)^{\varepsilon}\cdot \text{h} \tag{15.7}$$

式中,n 为轴承转速,r/min。

考虑到轴承工作温度高于 100℃ 时,轴承的额定动载荷有所降低,故引进温度系数 f_t 对 C 值予以修正,f_t 可查表 15.7。考虑到实际工作情况,如冲击力、不平衡作用力、惯性力以及轴挠曲或轴承座变形产生的附加力等的影响,引入载荷系数 f_P 进行修正,其值见表 15.8。故实际计算时,式(15.7)可修正为

$$L_{h}=\frac{10^{6}}{60n}\left(\frac{f_{t}C}{f_{p}P}\right)^{\varepsilon}\cdot \text{h} \tag{15.8}$$

如果载荷 P 和转速 n 已知,预期轴承寿命 L'_h 已取定,则所选轴承应能承受的额定动载荷 C' 可按式(15.9)计算。

$$C'=\frac{f_{p}P}{f_{t}}\left(\frac{60n}{10^{6}}L'_{h}\right)^{1/\varepsilon}\cdot \text{N} \tag{15.9}$$

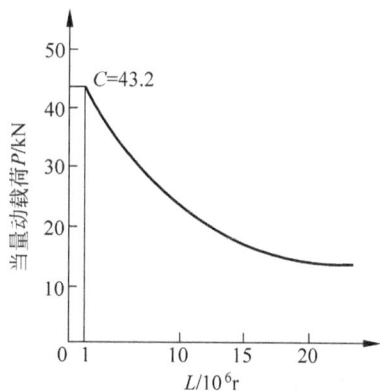

图 15.10　滚动轴承的 $P\text{-}L$ 曲线

式(15.8)和式(15.9)是设计计算时常用到的计算公式,由此可确定轴承的寿命或型号。

表 15.7　温度系数 f_t

轴承工作温度/℃	100	125	150	200	250	300
温度系数 f_t	1	0.95	0.90	0.80	0.70	0.60

表 15.8　载荷系数 f_p

载荷性质	f_p	举　　　例
平稳运转或轻微冲击	1.0~1.2	电机、运输机、通风机
中等冲击	1.2~1.8	车辆、机床、起重机、内燃机
强大冲击	1.8~3.0	碎石机、打桩机、锻压机

15.5.4　角接触轴承轴向载荷的计算

1. 角接触轴承的内部轴向力

角接触轴承的结构特点是在滚动体与滚道接触处存在着接触角 α。当承受径向载荷 F_r 时，作用在承载区内第 i 个滚动体上的法向力 F_i 可分解为径向分力 F_{ri} 和轴向分力 F_{si}（图 15.11）。各滚动体上所受的轴向分力之和即为轴承的内部轴向力 F_s。F_s 的指向总是沿内圈相对于外圈有分离趋势的方向。经分析，内部轴向力为 $F_s \approx 1.25 F_r \tan\alpha$。为便于计算，各类型角接触轴承内部轴向力的近似值可按表 15.9 中公式计算求得。

为了使角接触轴承的内部轴向力得到平衡，以免产生轴向窜动，通常都要成对使用这种轴承。轴承安装时有两种方式，图 15.12(a)为两轴承外圈的窄边相对，称为正安装，这种安装方式可使支点中心靠近，从而缩短轴的跨距；图 15.12(b)为两轴承外圈的宽边相对，称为反安装，情况与上述相反。

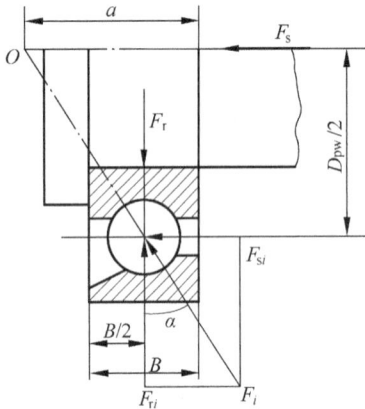

图 15.11　径向载荷产生的轴向分力

表 15.9　角接触球轴承和圆锥滚子轴承的内部轴向力 F_s

轴承类型	角接触球轴承			圆锥滚子轴承
	$\alpha = 15°$	$\alpha = 25°$	$\alpha = 40°$	$\dfrac{F_r}{2Y}$
内部轴向力 F_s	eF_r	$0.68F_r$	$1.14F_r$	

2. 角接触轴承轴向载荷的计算

分析角接触轴承所受的轴向载荷时，要同时考虑由径向力引起的内部轴向力和作用于轴上的其他工作轴向力，根据具体情况由力的平衡关系进行计算。如何确定轴上每一个轴承的轴向力 F_a 是计算当量动载荷 P 的关键。

在图 15.12(a)中，F_R 和 F_A 分别为作用于轴上的径向和轴向载荷，两轴承的径向反力为 F_{r1} 及 F_{r2}，相应产生的内部轴向力则为 F_{s1} 和 F_{s2}。若把轴和内圈视为一体，并以它为脱离体考虑轴系的轴向平衡，就可确定各轴承受的轴向载荷。图 15.13 为图 15.12(a)的简化受力图。根据轴的平衡关系有以下两种受力情况。

(1) 如果 $F_{s1} + F_A > F_{s2}$（图 15.13），则轴有向右运动的趋势，这意味着轴承 2 被"压紧"，而轴承 1 被"放松"。由于轴必须保持位置不变，因此需要一个力来保持平衡，而这个力 F'_{s2} 将被施加在右侧轴承(轴承 2)上。所以，平衡方程可写为 $F_{s1} + F_A = F_{s2} + F'_{s2}$，该方程经变换可得 $F'_{s2} = F_{s1} + F_A - F_{s2}$，由此可求得轴承 2(右侧轴承)的轴向力为

$$F_{a2} = F_{s2} + F'_{s2} = F_{s1} + F_A \tag{15.10a}$$

轴承 1(左侧轴承)的轴向力为

$$F_{a1} = F_{s1} \tag{15.10b}$$

(2) 如果 $F_{s1} + F_A < F_{s2}$（图 15.14），轴有向左移动的趋势，使轴承 1 被"压紧"，轴承 2 被"放松"，由于轴必须保持位置不变，因此需要一个力来保持平衡，而这个力 F'_{s1} 将被施加

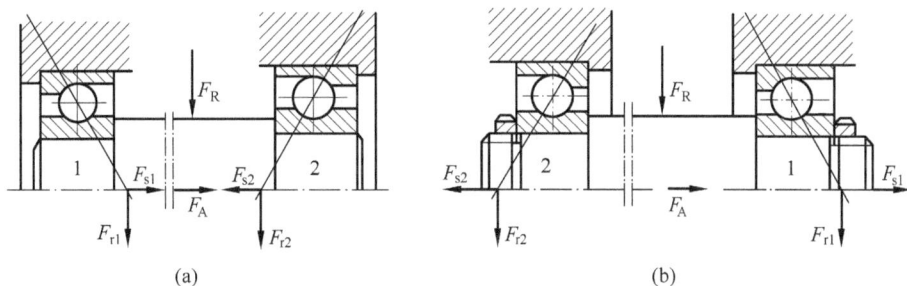

图 15.12 角接触球轴承的安装及受力分析

(a) 外圈窄边相对安装(正安装,面对面排列); (b) 外圈宽边相对安装(反安装,背对背排列)

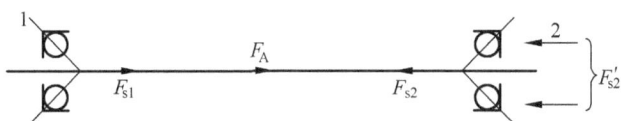

图 15.13 情形一: $F_{s1} + F_A > F_{s2}$

在左侧轴承(轴承 1)上。所以,平衡方程可写为 $F_{s1} + F_A + F'_{s1} = F_{s2}$,该方程经变换可得 $F'_{s1} = F_{s2} - F_{s1} - F_A$,由此可求得轴承 1(左侧轴承)的轴向力为

$$F_{a1} = F_{s1} + F'_{s1} = F_{s2} - F_A \qquad (15.11a)$$

轴承 2(右侧轴承)的轴向力为

$$F_{a2} = F_{s2} \qquad (15.11b)$$

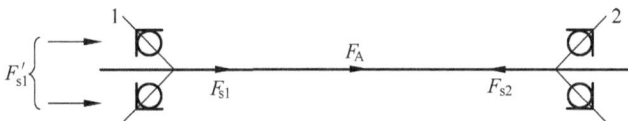

图 15.14 情形二: $F_{s1} + F_A < F_{s2}$

综上所述,计算角接触轴承轴向载荷的方法可归纳如下:

(1) 判明轴上全部轴向力(包括外载荷和轴承内部轴向力)合力指向,确定"压紧"端与"放松"端。

(2) "压紧"端轴承的轴向力等于除了其本身的内部轴向力外其他所有轴向力的代数和。

(3) "放松"端轴承的轴向力等于其本身的内部轴向力。

例 15.2 图 15.15 所示的一轴系,采用两个圆锥滚子轴承 30208 支承,传动功率 $P = 4 \text{ kW}$,转速 $n = 960 \text{ r/min}$,轴向力 $F_A = 230 \text{ N}$,力作用方向如图 15.15 所示。已知两轴承的径向反力为 $F_{r1} = 2800 \text{ N}$,$F_{r2} = 1080 \text{ N}$。要求轴承使用寿命不低于 10^5 h,载荷有中等冲击。试验算轴承是否合适。

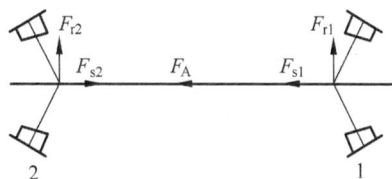

图 15.15 例 15.2 图

解:由附录 C.5,查得 30208 轴承主要特性参数:$C_r = 59800 \text{ N}$,$C_{0r} = 42800 \text{ N}$,$e =$

0.37，$Y=1.6$。计算步骤如下：

　　（1）计算内部轴向力

　　由表 15.9，得

$$F_{s1}=\frac{F_{r1}}{2Y}=\frac{2800}{2\times1.6}\text{ N}=875\text{ N}$$

$$F_{s2}=\frac{F_{r2}}{2Y}=\frac{1080}{2\times1.6}\text{ N}=338\text{ N}$$

　　（2）计算轴承轴向力

　　因 $F_A+F_{s1}=(230+875)\text{ N}=1105\text{ N}>F_{s2}$，所以轴承 2 被"压紧"，轴承 1 被"放松"。则有

$$F_{a1}=F_{s1}=875\text{ N}$$

$$F_{a2}=F_{s1}+F_A=(875+230)\text{ N}=1105\text{ N}$$

　　（3）计算当量动载荷

　　因为 $\dfrac{F_{a1}}{F_{r1}}=\dfrac{875}{2800}=0.31<e$，由表 15.5，查得 $X_1=1$，$Y_1=0$；$\dfrac{F_{a2}}{F_{r2}}=\dfrac{1105}{1080}=1.02>e$，由表 15.5，查得 $X_2=0.4$，$Y_2=1.6$。则有

$$P_1=X_1F_{r1}+Y_1F_{a1}=(1\times2800+0\times875)\text{ N}=2800\text{ N}$$

$$P_2=X_2F_{r2}+Y_2F_{a2}=(0.4\times1080+1.6\times1105)\text{ N}=2200\text{ N}$$

　　（4）计算轴承寿命

　　因为 $P_1>P_2$，轴承 1 是危险的，所以只计算轴承 1 的寿命。由表 15.8，取 $f_p=1.5$；由表 15.7，取 $f_t=1$。可得轴承 1 的寿命为

$$L_h=\frac{10^6}{60n}\left(\frac{f_tC_r}{f_PP_1}\right)^\varepsilon=\frac{10^6}{60\times960}\left(\frac{1\times59800}{1.5\times2800}\right)^{10/3}\text{ h}=121454\text{ h}>10^5\text{ h}$$

所以，轴承 30208 满足工作要求。

15.6　滚动轴承的组合设计、润滑和密封

　　为保证轴承的正常工作，设计时除按轴承的工作条件正确选择其类型和尺寸外，还应正确设计轴承组合的结构。轴承组合的设计主要是解决轴承的轴向位置固定、间隙调整、装拆、润滑及轴承与其他零件的配合等一系列问题。

15.6.1　滚动轴承的固定

　　为保证滚动轴承轴系能正常传递轴向力且不发生轴向窜动，需要合理地设计轴向固定结构，轴向固定结构常用的型式有两类。

1. 两端固定

　　普通工作温度下的短轴（跨距 $l\leqslant400$ mm）常采用较简单的两端固定形式，如图 15.16（a）所示。一个轴承阻止轴向一端轴向移动，而另一个轴承则阻止轴向相反方向移动，每个轴承分别传递一个方向的轴向力，轴向力不大时可采用一对深沟球轴承，轴向力较大时则可选用一对角接触球轴承或一对圆锥滚子轴承。为允许轴工作时有少量热膨胀，轴承安装时

应留有热补偿间隙 c,一般 $c \approx 0.2 \sim 0.3$ mm(图 15.16(b)),间隙很小时,图中一般不画出。

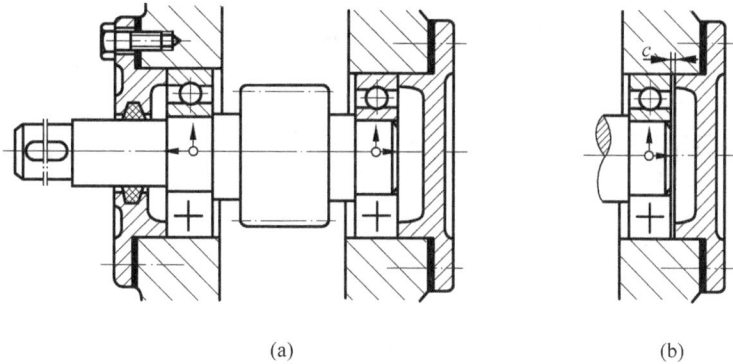

(a)　　　　　　　　　　　　　　　　(b)

图 15.16　两端固定支承

2. 一端固定、一端游动

当轴较长(跨距 $l > 400$ mm)或工作温度较高时,轴的伸缩量大,宜采用一端固定、一端游动的形式,如图 15.17 所示。由双向固定端的轴承或轴承组承受轴向力,由游动端保证轴伸缩时能自由游动。为避免松脱,游动支点的轴承内圈应与轴固定。用深沟球轴承作游动端时,其与轴承盖之间应留适当间隙(图 15.17(a));用圆柱滚子轴承作游动端时(图 15.17(b)),其外圈沿轴线方向应双向固定。

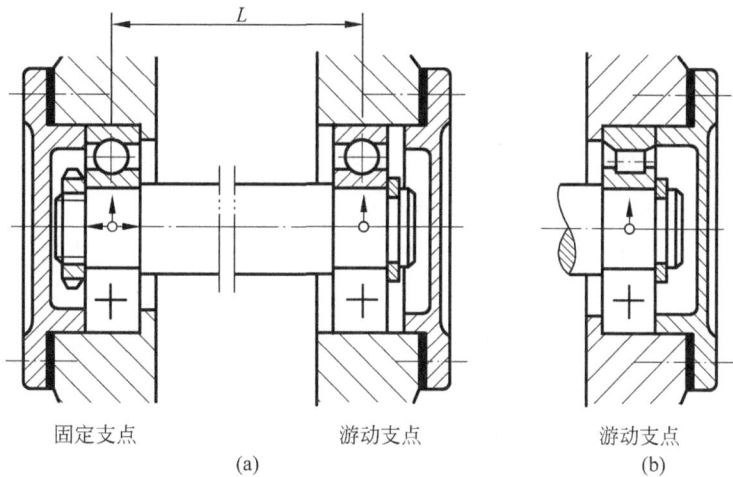

固定支点　　　　　　　　　游动支点　　　　　　　　游动支点

(a)　　　　　　　　　　　　　　　　(b)

图 15.17　一端固定、一端游动支承

15.6.2　滚动轴承组合的调整

1. 滚动轴承间隙的调整

对于为补偿轴的热膨胀预留的间隙及内部间隙可调轴承的轴承间隙,可用调整垫片加以调整(图 15.18(a))。调整垫片由一组软钢(如 08F)片组成,通过加减轴承盖与机座垫片间的厚度来实现对轴承间隙的调整。另一种较常见的轴承间隙的调整方法是用调整螺钉和压盖(图 15.18(b)),利用螺钉通过压盖的移动来调整轴承间隙,螺母用来锁紧螺钉以防松动。

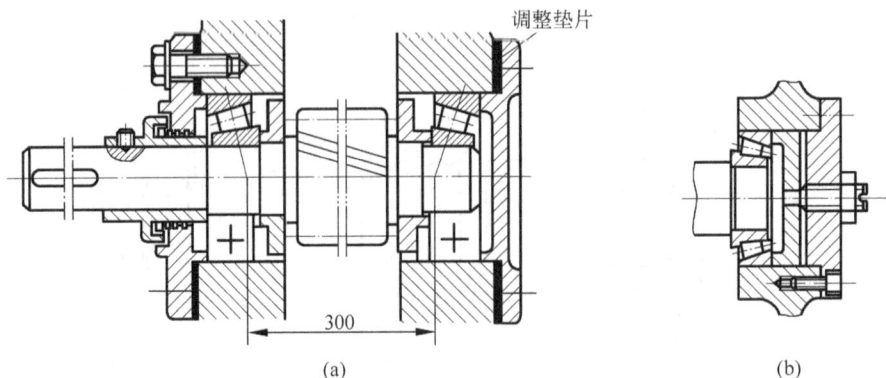

图 15.18　轴承间隙的调整

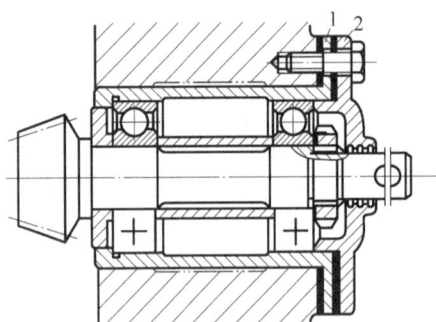

图 15.19　锥齿轮轴承组合位置的调整

2. 滚动轴承组合位置的调整

轴承组合位置调整的目的是使轴上零件具有准确的工作位置。例如锥齿轮传动,要求两个齿轮的锥顶相重合,方能保证正确啮合,图 15.19 所示为圆锥齿轮轴承组合位置的调整,垫片 1 用来调整锥齿轮轴的轴向位置,而垫片 2 则用来调整轴承间隙。

3. 滚动轴承的预紧

为提高轴承的旋转精度,增加轴承组合的刚性,减小机器工作时轴的振动,常将滚动轴承预紧。所谓预紧,就是在安装时使轴承产生并保持一定的轴向压紧力(预紧力),消除轴承中的游隙,并使滚动体及内外圈处产生预变形。预紧后的轴承承受工作载荷时,其内外圈的径向及轴向相对移动量要比未预紧的轴承有所减小。

图 5.20(a)所示是通过外圈压紧预紧,利用夹紧一对圆锥滚子轴承的外圈而将轴承预紧。

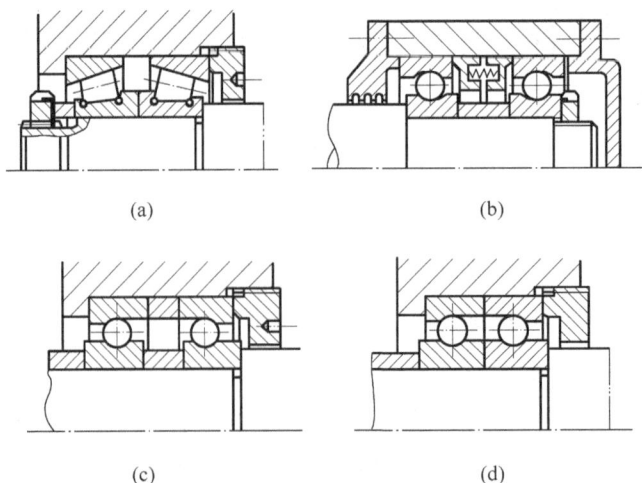

图 5.20　滚动轴承的预紧措施

(a) 通过外圈压紧预紧;(b) 通过弹簧预紧;(c) 用不同长度的套筒预紧;(d) 利用磨窄套圈预紧

图 5.20(b)所示是通过弹簧预紧,在一对轴承间加入弹簧,可以得到稳定的预紧力。

图 5.20(c)所示是用不同长度的套筒预紧,两轴承之间加入不同长度的套筒实现预紧。预紧力可以由两个套筒的长度差加以控制。

图 5.20(d)所示是利用磨窄套圈预紧,夹紧一对磨窄了外圈的轴承实现预紧。反装时可磨窄轴承的内圈。

15.6.3　滚动轴承的配合

由于滚动轴承是标准件,故选择配合时应以滚动轴承为基准,即轴承内圈与轴的配合采用基孔制,轴承外圈与座孔的配合采用基轴制。与相关零件配合时,轴承内孔与外径分别是基准孔和基准轴,在配合中不必标注。滚动轴承的内孔与外径都具有较小的负偏差,与圆柱体的基准孔及基准轴的偏差方向与数值都不尽相同,一般能得到较紧和较精确的配合。与轴承配合的回转轴和机座孔常分别采用 k6、m6、n6、js6 和 H7、J7、JS7 等公差。滚动轴承的回转套圈常受旋转负荷,应选紧一些的配合;不回转套圈常受局部负荷,选松一些的配合可使负荷部位在工作中略有改变,对提高轴承寿命比较有利。一般来说,转速越高、负荷越大、振动越大或温度越高处应采用紧一些的配合,而经常拆卸的轴承或游动套圈则采用较松配合。

15.6.4　滚动轴承的装拆

设计轴承组合时,应考虑有利于轴承装拆,以便在装拆过程中不致损坏轴承和其他零件。

如图 15.21 所示,若轴肩高度大于轴承内圈外径(双点画线所示),就难以放置拆卸工具的钩头。对外圈拆卸要求也是如此,应留出一定拆卸高度 h_1(图 15.22(a)、(b))或在壳体上做出能放置拆卸螺钉的螺纹孔(图 15.22(c))。

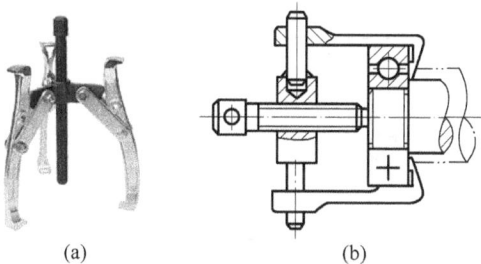

图 15.21　轴承用钩爪器拆卸器　　　　　图 15.22　拆卸高度和拆卸螺纹孔

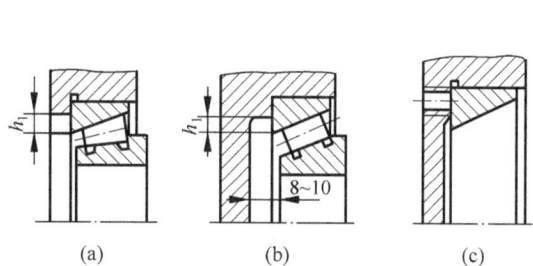

15.6.5　滚动轴承的润滑和密封

1. 滚动轴承的润滑

滚动轴承润滑的主要作用是降低轴承的摩擦阻力和减轻磨损,还可以起到散热、吸振、减少接触应力、防锈和密封的作用。合理的润滑对提高轴承性能、延长轴承使用寿命具有重要意义。轴承常用的润滑方式有油润滑及脂润滑两类。选用哪种润滑方式,与轴承的转速有关。一般高速时采用油润滑,低速时采用脂润滑。可根据速度因数 dn 值(d 为轴颈直径,mm;n 为工作转速,r/min),由表 15.10 选择。

因润滑脂承载能力高,不易流失,所以以脂润滑便于密封和维护,且一次充填润滑脂可运转较长时间。润滑脂的装填量一般不超过轴承空间的 $1/3\sim1/2$,装脂过多,易引起摩擦发热,影响轴承的正常工作。

油润滑的优点是比脂润滑摩擦阻力小,并能散热,主要用于高速或工作温度较高的轴承。润滑油的黏度可按轴承的速度因数 dn 和工作温度 t 来确定,可查相关技术手册。油量不宜过多,如果采用浸油润滑,则油面高度不超过最低滚动体的中心,以免产生过大的搅油损耗和热量。高速轴承通常采用滴油或喷雾方法润滑。

表 15.10　滚动轴承润滑方式的选择

轴承类型	$dn/(\mathrm{mm \cdot r/min})$				
	浸油润滑 飞溅润滑	滴油润滑	喷油润滑	油雾润滑	脂润滑
深沟球轴承 角接触球轴承 圆柱滚子轴承	$\leqslant2.5\times10^5$	$\leqslant4\times10^5$	$\leqslant6\times10^5$	$>6\times10^5$	$\leqslant(2\sim3)\times10^5$
圆锥滚子轴承	$\leqslant1.6\times10^5$	$\leqslant2.3\times10^5$	$\leqslant3\times10^5$		
推力球轴承	$\leqslant0.6\times10^5$	$\leqslant1.2\times10^5$	$\leqslant1.5\times10^5$		

2. 滚动轴承的密封

滚动轴承密封方法的选择与润滑的种类、工作环境、温度、密封表面的圆周速度有关。密封方法分为两大类:接触式密封和非接触式密封。这两种密封方法的密封形式、适用范围和性能见表 15.11。

表 15.11　常用的滚动轴承密封形式

接触式密封

毡圈密封($v<5$ m/s)　　　　　　密封圈密封($v<4\sim12$ m/s)

结构简单,压紧力不能调整,用于脂润滑　　　使用方便,密封可靠。耐油橡胶和塑料密封有 O、J、U 等形式,有弹簧箍的密封性能更好

续表

非接触式密封

迷宫式密封($v<30$ m/s)　　　　　　　　　　　　立轴综合密封

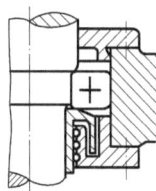

轴向曲路　　　　　　　径向曲路
（只用于部分结构）

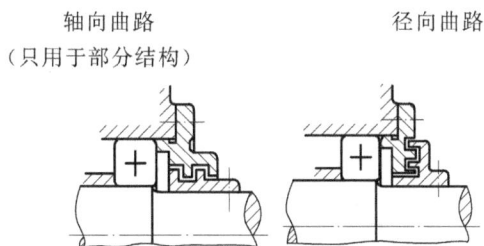

油润滑、脂润滑都有效,缝隙中填脂

为防止立轴漏油,一般需要采取两种以上的综合密封形式

油沟密封($v<5\sim6$ m/s)　　　　　挡圈密封　　　　　　　甩油密封

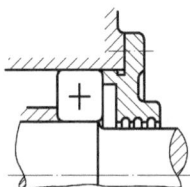

结构简单、沟内填脂,用于脂润滑或低速油润滑。盖与轴的间隙约为 $0.1\sim0.3$ mm,沟槽宽 $3\sim4$ mm,深 $4\sim5$ mm

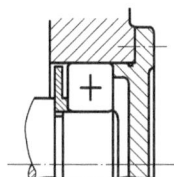

挡圈随轴旋转,可利用离心力甩去油和杂物,最好与其他密封联合使用

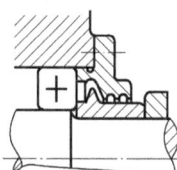

甩油环靠离心力将油甩掉,再通过导油槽将油导回油箱

习　　题

15.1　说明下列轴承代号的意义：6108,6316/P5,7207C,30418/P4,N209/P6。

15.2　滚动轴承有哪些失效形式? 在选择轴承型号时进行的寿命计算、静载荷计算,核验极限转速是针对哪些失效形式的?

15.3　什么是滚动轴承的额定动载荷 C、额定静载荷 C_0、基本额定寿命 L、当量动载荷 P、当量静载荷 P_0?

15.4　一深沟球轴承 6304,承受径向力 $F_r=4$ kN,载荷平稳,转速 $n=960$ r/min,室温下工作。试求该轴承的基本额定寿命,并说明能达到或超过此寿命的概率是多少。

15.5　一矿山机械的转轴,两端用 6313 深沟球轴承支承,每个轴承承受的径向载荷为 $F_r=5400$ N,轴上承受轴向载荷 $F_A=2650$ N,有轻微冲击,轴的转速为 $n=1250$ r/min,预期寿命 $L=5000$ h。试验算轴承是否合适?

15.6　一机械传动装置两支点采用相同的深沟球轴承,已知轴颈均为 $d=40$ mm,转速 $n=1750$ r/min,各轴承承受的径向载荷分别为 $F_{r1}=2000$ N 及 $F_{r2}=1500$ N,载荷平稳。常温下工作,要求使用寿命 $L=1000$ h。试选出轴承型号。

15.7　题 15.7 图所示的一传动装置的轴,两端轴承均为 7000AC 型,轴转速 $n=700$ r/min,已知 $C_r=8041$ N,取 $f_p=1,f_t=1$。轴承 1 承受径向力 $F_{r1}=400$ N,轴承 2 承受径向力 $F_{r2}=1000$ N,轴上承受轴向力 $F_A=200$ N。试求：哪个轴承寿命短? 预期寿命为多少小时？

15.8 如题 15.8 图所示,某轴用一对 6209 轴承支承,轴上作用力 $F_R = 9000$ N,$F_A = 1720$ N,轴承的基本额定动载荷 $C_r = 31500$ N,基本额定静载荷 $C_{0r} = 20500$ N,轴的转速 $n = 320$ r/min,取载荷系数 $f_p = 1.2$,室温使用。试求:哪个轴承寿命短? 其寿命为多少小时?

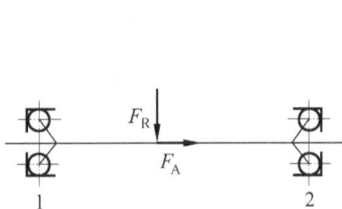

题 15.7 图

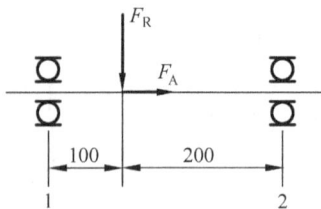

题 15.8 图

15.9 题 15.9 图所示为一轴系,采用一对 7207AC 型轴承支承,已知斜齿轮的圆周力 $F_t = 350$ N,径向力 $F_r = 1200$ N,轴向力 $F_a = 900$ N,轴的转速 $n = 1450$ r/min,轴承的载荷系数 $f_p = 1.2$,基本额定动载荷 $C_r = 25400$ N。试计算该对轴承的基本额定寿命为多少小时。

15.10 指出题 15.10 图所示轴系中的错误结构,说明原因,并画出正确的结构图(齿轮为油润滑,轴承为脂润滑)。

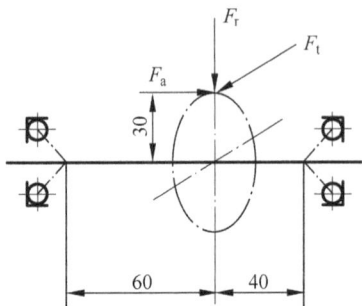

题 15.9 图

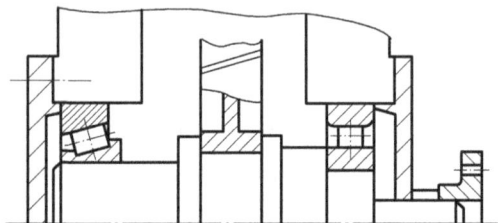

题 15.10 图

15.11 指出题 15.11 图所示轴系中的错误结构,并改正。

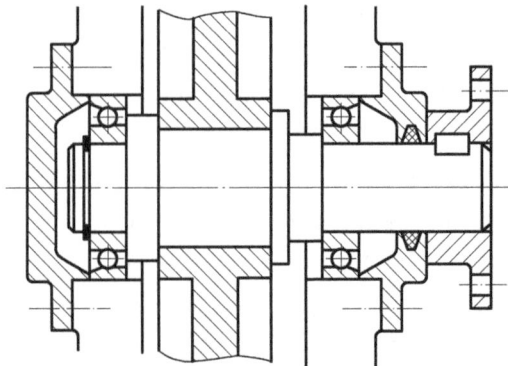

题 15.11 图

＊ 实践拓展练习

15.12　列举出几种你在生活、学习及工作场所见到的应用了滚动轴承的产品，说明其采用的是什么类型的滚动轴承，根据工作条件(受力、速度等)定性分析其合理性。

15.13　上网了解国内、外主要有哪些比较知名的滚动轴承生产企业。

第16章　滑　动　轴　承

16.1　概　　述

1. 滑动轴承的类型

（1）按承受载荷的方向分

滑动轴承按承受载荷的方向可分为两种主要类型：①径向轴承，用来承受与轴的轴线相垂直的载荷；②推力轴承，用来承受轴向载荷。当径向载荷和轴向载荷同时作用时，通常采用径向轴承和推力轴承的组合形式。

（2）按润滑形式分

滑动轴承按润滑形式可分为动压轴承和静压轴承。

滑动轴承常见的润滑形式有边界润滑、流体润滑和混合润滑。三种润滑形式如图 16.1 所示，图 16.1 中表明摩擦系数 μ 与轴承特性 $\eta v/p$ 之间变化关系的曲线称为摩擦特性曲线，其中，η 为黏度，v 为两摩擦表面间相对滑动速度，p 为压强。试验表明，由于这些参数的变化，润滑形式是可以相互转化的。

为使轴颈表面同轴瓦表面不致经常发生磨损，以便轴承能够正确工作，应该在两表面间用足够厚的润滑油膜使它们彼此隔开。为使摩擦表面间能长时间地保持油膜，在油膜中必须有足够压力，此压力可以是由轴颈旋转所产生的流体动压力（动压轴承），或者是来自油泵的流体静压力（静压轴承）。实际工作中所用的轴承，大多数是在流体动压力下工作的。

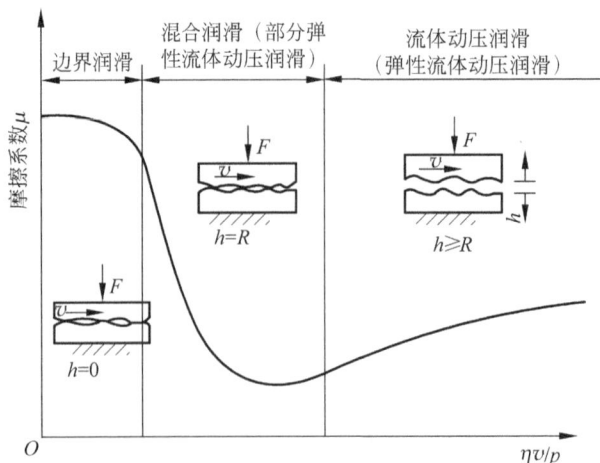

图 16.1　摩擦特性曲线

2. 滑动轴承的应用

在现代机器制造中，滑动轴承的应用比滚动轴承要少得多。但是在某些重要的应用场

合,与滚动轴承相比,滑动轴承仍占绝对优势或者至少两者相等。这些场合包括:

(1) 由于装配上的要求而必须是剖分结构的轴承,例如曲轴的轴承。

(2) 特别高速轴的轴承。承受很大局部应力的滚动轴承在轴的这种工作速度下寿命太短。

(3) 特别重型轴的轴承。这种轴若采用滚动轴承,就必须单件生产,成本太高。

(4) 经受大的陡振、冲击和振动载荷的轴承,油膜有显著的吸振作用。

(5) 要求径向外廓尺寸很小的轴承,例如布置很紧凑的轴的轴承。

此外,滑动轴承还用于低速的、不大重要的辅助性机构中。

16.2　滑动轴承的结构

1. 径向滑动轴承

(1) 整体式径向滑动轴承。整体式径向滑动轴承如图 16.2 所示。它由轴承座、减摩材料制成的整体轴套等组成。轴承座上方设有安装润滑油杯的螺纹孔。其缺点是整体轴套磨损后,轴承间隙过大时无法调整。另外,装拆时轴颈只能从端部装入,不方便,有时甚至无法装拆。这种轴承常用在低速、轻载、间歇工作等不重要的场合,如农用机械、手动机械等。

(2) 剖分式径向滑动轴承。剖分式径向滑动轴承如图 16.3 所示。它由轴承座、轴承盖、剖分式轴瓦、双头螺柱等组成。轴承盖上开设有安装油杯的螺纹孔。轴承座和轴承盖的结合处设计成阶梯形以便定位对中,并防止错位。剖分式轴瓦由上下两部分组成,轴瓦的内部通常加一层具有减摩性和耐磨性、由比较贵重的有色金属合金构成的轴承衬,下部分轴瓦承受载荷。剖分式径向滑动轴承的剖分面有水平(图 16.3)、倾斜两种,在实际设计中根据具体情况而定。但是剖分面不能开在承载区内,防止影响承载能力。

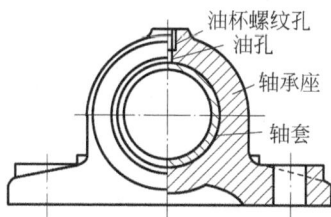

图 16.2　整体式径向滑动轴承

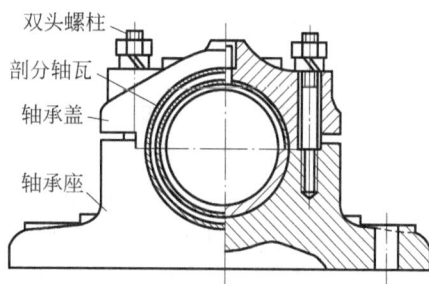

图 16.3　剖分式径向滑动轴承

整体式向心
滑动轴承

对开式向心
滑动轴承

滑动轴承
模型

(3) 自动调心式径向滑动轴承。自动调心式径向滑动轴承如图 16.4 所示,适用于轴刚性较差的轴系。其特点是:轴瓦外表面做成球面形状,与轴承盖及轴承座的球状内表面相配合,轴瓦可以自动调位以适应轴颈在轴弯曲时所产生的偏斜。当轴承宽度 B 和轴承孔直径 d 之比(宽径比)大于 1.5 时,应采用这种轴承。

2. 推力轴承

推力轴承如图 16.5 所示,由轴承座和推力轴颈组成,用来承受轴向载荷。常用的推力轴承的类型有空心式、单环式、多环式。由于实心式推力轴承的压力分布非常不均匀,靠近

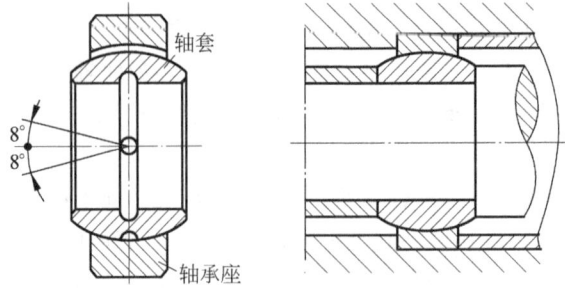

图 16.4　自动调心式径向滑动轴承

中心部位压力极高,不利于润滑,因此通常不用实心式的。空心式推力轴承的压力分布相对均匀些;多环式推力轴承可以承受较大的载荷,还能承受双向载荷。

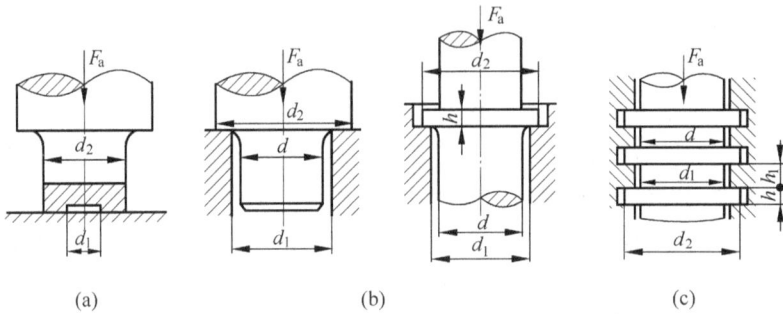

图 16.5　推力轴承的类型

(a) 空心式;(b) 环状式;(c) 多环式

3. 轴瓦的结构

轴瓦是滑动轴承中的重要零件,如图 16.6 所示,向心滑动轴承的轴瓦内孔为圆柱形。若载荷 F 方向向下,则下轴瓦为承载区,上轴瓦为非承载区。润滑油应由非承载区引入,不应当把进油孔开在承载区(图 16.6(a)),因为承载区的压力很大,显然压力很低的润滑油是不可能进入轴承间隙中的,反而会从轴承中被挤出。当载荷方向不变时,进油孔应开在最大间隙处。若轴在工作中的位置不能预先确定,习惯上可把进油孔开在与载荷作用线成 45°之处(图 16.6(b))。对剖分轴瓦,进油孔也可开在接合面处(图 16.6(c))。

在轴瓦内表面,以进油口为中心沿纵向、斜向或横向开有油沟,以利于润滑油均匀分布在整个轴径上。油沟的形式很多,如图 16.7 所示。一般油沟与轴瓦端面保持一定距离,以防止漏油。

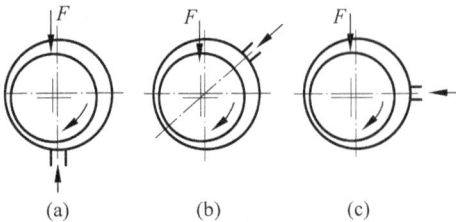

图 16.6　轴瓦的进油口

(a) 不宜;(b) 推荐;(c) 推荐

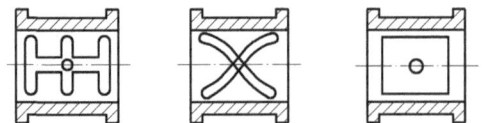

图 16.7　油沟的形式

16.3　滑动轴承的材料

根据轴承的工作情况,制作滑动轴承的材料应该具有一定的承载能力、嵌入性、导热性和低摩擦系数,且表面光滑、抗磨、抗疲劳和抗腐蚀。常用的轴承材料有以下几种。

1. 轴承合金

轴承合金又称白合金或巴氏合金,有锡锑轴承合金和铅锑轴承合金两大类。

锡锑轴承合金的摩擦系数小,抗胶合性能好,对油的吸附性强,耐蚀性好,易跑合,是优良的轴承材料,常用于高速、重载的轴承。但其价格较贵、机械强度较差,因此只作轴承衬材料浇铸在钢、铸铁或青铜轴瓦上。

铅锑轴承合金的各方面性能与锡锑轴承合金相近,但这种材料较脆,不宜承受较大的冲击载荷,一般用于中速、中载轴承。

2. 青铜

青铜的强度高,承载能力大,耐磨性与导热性都优于轴承合金,可在较高温度(250℃)下工作。但可塑性差,不易跑合,与之相配的轴颈必须淬硬。

青铜可单独做成轴瓦。为节省有色金属,也可将青铜浇铸在铜或铸铁轴瓦的内壁上。用作轴瓦的青铜主要有锡青铜、铅青铜和铝青铜。在一般情况下,它们分别用于中速重载、中速中载和低速重载的轴承上。

3. 具有特殊性能的轴承材料

用粉末冶金法(制粉、成形、烧结等工艺)做成的轴承,具有多孔性组织,孔隙内可贮存润滑油,称为含油轴承。运转时,轴瓦温度升高,由于油的膨胀系数比金属大,因而油会自动进入滑动表面以润滑轴承。含油轴承加一次油可使用较长时间,常用于加油不方便的场合。

在不重要的或低速、轻载的轴承中,也常采用铸铁或耐磨铸铁作为轴瓦材料。

橡胶轴承具有较大的弹性,能减轻振动,使运转平稳,可以用水润滑,常用于潜水泵、砂石清洗机、钻机等有泥沙的场合。

塑料轴承具有摩擦系数低,可塑性、跑合性良好,耐磨、耐蚀,可以用水、油及化学溶液润滑等优点。但其导热性差,膨胀系数较大,容易变形。为改善此缺陷,可将薄层塑料作为轴承衬材料黏附在金属轴瓦上使用。

常用轴承材料的性能及应用见表 16.1。

表 16.1　常用轴承材料的性能及应用

轴瓦材料		最大许用值			最高工作温度 $t/℃$	最小轴径硬度/HBW	应　用
		$[p]$ /MPa	$[v]$ /(m/s)	$[pv]$ /(MPa·m/s)			
铸锡锑轴承合金	ZChSnSb 11Cu6	平稳载荷			150	150	用于高速、重载的重要轴承,变载荷下易疲劳、价高
		25	80	20			
		冲击载荷					
		20	60	16			

续表

轴瓦材料		最大许用值			最高工作温度 t/℃	最小轴径硬度/HBW	应　用
		$[p]$/MPa	$[v]$/(m/s)	$[pv]$/(MPa·m/s)			
铸铅锑轴承合金	ZChPbSb16Sn16Cu2	15	12	10	150	150	用于中速、中等载荷的轴承,不宜承受显著的冲击载荷
铸锡青铜	ZCuSn10P1	15	10	15	280	300～400	用于中速、重载、变载荷轴承
	ZCuSn5Pb5Zn5	5	3	10			用于中速、中等载荷的轴承
铸铅青铜	ZCuPb30	21～28	12	30	250～280	300	用于高速、重载轴承,能承受变载荷及冲击载荷
铸铝青铜	ZCuAl10Fe3	15	4	12		280	用于低速、重载轴承,润滑充分
铸黄铜	ZCuZn38Mn2Pb2	10	1	10	200	200	用于中速、中等载荷的轴承
灰铸铁	HT150,HT200,HT250	0.1～6	3～0.75	0.3～4.5	150	200～250	用于低速、轻载不重要的轴承,价廉
非金属	酚醛塑料	40	12	0.5	110		抗胶合性好,强度好,导热性差,可用水润滑,易膨胀,间隙应大些
	橡胶	0.35	20	—	80	—	用于与水、泥浆接触的轴承,能隔振、降低噪声、减小动载、补偿误差,导热性差
	木材	14	10	0.4	90	—	有自润滑性,耐油、酸等化学药品

16.4　润　滑　剂

润滑剂按其状态的不同可分为液体润滑剂(润滑油)、半液体或塑性润滑剂(润滑脂)和固体润滑剂。

1. 液体润滑剂

液体润滑剂(润滑油)是主要的润滑材料。润滑油可使必然带有强烈磨损的固体外摩擦被液体内摩擦所代替。此时摩擦系数可减小为原来的 1‰,甚至更小。如果在摩擦区放出大量的热,而这些热量又必须散去,则液体润滑剂是难以用润滑脂或固体润滑剂来代换的。

通常,机器中的液体润滑剂采用矿物油。植物油(亚麻子油、蓖麻子油等)和动物油(骨油、鲸油等)虽然润滑能力很强,但价格较贵,在机器中的应用很有限。有时用这两种油作为添加剂。

黏度 η 是润滑油在液体摩擦条件下确定其润滑能力的重要性能指标,表征液体流动的内摩擦性能,是选择润滑油的主要依据。

油的性能指标还有闪点、凝固点、酸度、杂质含量、反乳化(即同水分离)的速度以及其他特性。矿物油在通常情况下可在 $-40\sim-30℃$ 到 $100\sim150℃$ 的温度范围内工作。

油的某些性能指标,可借加入油中的 $1\%\sim5\%$ 的微量添加剂来大大提高,添加剂的加入量根据其类型和用途而定。

2. 润滑脂

润滑脂是用专门的稠化剂将液体油稠化制成,通常利用矿物油来制造,油占制成的润滑剂总容积的 $75\%\sim90\%$。用作稠化剂的有钙皂、钠皂、锂皂以及碳氢化合物(石蜡、地蜡)。

润滑脂的性能指标有黏度、滴点、耐湿性和应用的温度范围。

润滑脂具有一系列优点。它在填满间隙后能很好地把摩擦部件密封住;能在竖直表面上保持足够厚的油层;由于上油和清洗都很容易,因而可当作抗腐蚀润滑脂使用,以便长期保护机器以防止腐蚀。

润滑脂可用于低速、发热量不大的滑动轴承。

3. 固体润滑剂

固体润滑剂中获得主要实际应用的有胶体(高度弥散的)石墨和二硫化钼。固体润滑剂用于润滑油及润滑脂不起作用的场合,以及不经常运动而需要防止接触性腐蚀和润滑油或润滑脂难以留存的场合。

16.5 非液体摩擦滑动轴承的计算

非液体摩擦滑动轴承以维持边界油膜不破裂为计算准则。鉴于尚无边界润滑下的计算理论,通常采用条件性计算,即限制轴承工作面的平均压强 p、平均压强与轴颈相对滑动速度的乘积 pv 以及 v 值,从而保证轴承的摩擦状态。对于液体润滑轴承,这种计算用作初步计算。

对于径向滑动轴承条件如下:

(1) 限制轴承的平均压强 p:

$$p = \frac{F}{dB} \leqslant [p] \tag{16.1}$$

式中,F 为轴承径向载荷,N;B 为轴瓦宽度,mm;d 为轴颈直径,mm;$[p]$ 为轴瓦材料的许用压强,MPa(见表 16.1)。

(2) 限制轴承的 pv 值:

$$pv = \frac{F}{dB} \cdot \frac{\pi dn}{60 \times 1000} = \frac{Fn}{19100B} \leqslant [pv] \tag{16.2}$$

式中,v 为轴颈相对轴承表面的滑动速度,m/s;n 为轴颈的转速,r/min;$[pv]$ 为轴承材料许用 pv 值,MPa·m/s(见表 16.1)。

(3) 限制轴颈相对轴承表面的滑动速度 v:

$$v = \frac{\pi dn}{60 \times 1000} \leqslant [v] \tag{16.3}$$

式中,$[v]$ 为轴瓦材料的许用线速度,m/s(见表 16.1)。

16.6　液体动压滑动轴承简介

液体动压滑动轴承是靠轴颈以一定的速度相对轴承转动,在轴颈与轴承之间形成有承载能力的润滑油膜把摩擦表面分开,使轴承工作时处于完全液体摩擦状态。

1. 动压润滑的形成原理和条件

现以两个平板做相对运动为例进行分析。如图 16.8 所示,假设板 B 静止不动,板 A 以速度 v 向左运动,两个平板间充满润滑油。首先分析两板平行的情况(图 16.8(a)),由于液体与金属表面的黏附作用,板 B 表层的液体与板 B 一致而静止不动,即速度为零;板 A 表层的液体以同样的速度 v 随板 A 一起运动。由于液体各液层间存在摩擦力,使得两平板之间液体的速度图形呈三角形分布。根据液体不可压缩原理,板 A、板 B 间带进液体的量必等于带出液体的量,即两板之间的液体量不变。由于平行板间垂直于速度方向各截面的面积相等,因此同一液面上液体的流速相等,故而液体之间不会形成压力,液体对板 A 无承载能力。当板 A 作用有载荷 F 时(图 16.8(b)),液体将从侧面挤出,板 A 逐渐下沉,直到与板 B 接触,这说明两平行板之间不可能形成压力油膜来建立液体摩擦状态。

如果板 A 与板 B 不平行,两板间的间隙沿板 A 的运动方向由大到小呈收敛的楔形,如图 16.8(c)所示,当板 A 以速度 v 运动时,如果油层中的速度仍按图 16.8(c)中虚线所示的三角形分布,由于入口截面 aa 处的间隙 h_1 大于出口截面 cc 处的间隙 h_2,则进入间隙的油量必然大于流出间隙的油量,但润滑油是不可压缩的,必将在间隙内"拥挤"而形成压力。迫使进口端润滑油的速度图形向内凹,出口端润滑油的速度图形向外凸,所以油层速度不再是三角形分布,而呈图 16.8(c)中实线所示的曲线分布,于是有可能使带进的油量等于带出的油量,同时,间隙内形成的液体压力将与外载荷 F 平衡,板 A 不会下沉,这就说明在间隙内形成了压力油膜。这种借助于相对运动而在轴承间隙中形成的压力油膜称为动压油膜。

动压轴承是靠轴颈以一定的速度相对轴承转动,在轴颈与轴承之间形成有承载能力的润滑油膜,从而把摩擦表面分开,使轴承工作时处于完全液体摩擦状态。

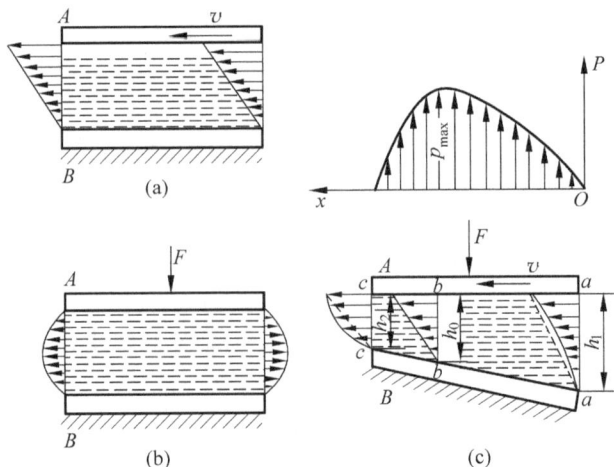

图 16.8　动压油膜承载机理

根据上述分析可知,形成动压油膜的必要条件是:

(1) 相对滑动表面间必须形成楔形间隙。

(2) 两相对运动表面间必须具有足够的相对滑动速度,且速度方向必须使润滑油从楔形的大口流进、小口流出。

(3) 润滑油必须具有一定的黏度,且供油充分。

2. 向心滑动轴承动压油膜形成过程

图 16.9(a)表示停车状态,轴颈沉在下部,轴颈表面与轴承孔表面形成了楔形间隙,这就满足了形成动压油膜的首要条件。开始起动时轴颈沿轴承孔内壁向上爬(图 16.9(b))。当转速继续增加时,随着带进油量增多,在楔形间隙内形成油膜压力,该油膜压力将轴颈推开,使轴颈与轴承脱离接触,如图 16.9(c)所示。但此情况不能持久,因为油膜内各点压力的合力中有向左推动轴颈的分力存在,因而轴颈在此分力作用下向左移动。最后,当达到机器的工作转速时,轴颈处于图 16.9(d)所示的位置。此时油膜内各点压力在垂直方向的合力与外载荷 F 平衡,其水平方向的压力左右自行抵消,于是轴颈就稳定在此平衡位置上旋转。从图 16.9(d)中可以明显看出轴颈中心 O_1 与轴承孔中心 O 不重合,$OO_1 = e$,称为偏心距 。其他条件相同时,工作转速越高,e 值越小,即轴颈中心越接近轴承孔中心。

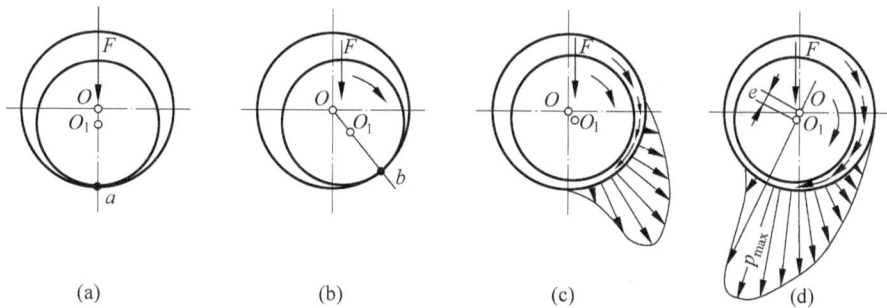

图 16.9　向心滑动轴承动压油膜形成过程

例 16.1　一脂润滑向心滑动轴承,承受径向力 $F = 2000$ N,轴颈直径 $d = 60$ mm,转速 $n = 600$ r/min。试设计该混合摩擦的滑动轴承。

解:

(1) 确定轴承结构及润滑方式。采用剖分式径向滑动轴承;旋盖式黄油杯注油润滑。

(2) 选轴承材料。该轴承为中速、中载,材料选用 ZCuSn5Pb5Zn5,由表 16.1 查得

$$[p] = 5 \text{ MPa}, \quad [v] = 3 \text{ m/s}, \quad [pv] = 10 \text{ MPa} \cdot \text{m/s}$$

(3) 确定轴承宽度 B。轴承承载中等,取 $B/d = 1.0$,则 $B = 60$ mm。

(4) 校核轴承平均压强 p、相对滑动速度 v 及 pv 值:

$$p = \frac{F}{Bd} = \frac{2000}{60 \times 60} \text{ MPa} = 0.56 \text{ MPa} < [p]$$

$$v = \frac{\pi dn}{60 \times 1000} = \frac{3.14 \times 60 \times 600}{60 \times 1000} \text{ m/s} = 1.88 \text{ m/s} < [v]$$

$$pv = 0.56 \times 1.88 \text{ MPa} \cdot \text{m/s} = 1.05 \text{ MPa} \cdot \text{m/s} < [pv]$$

由计算可知,所选轴承的材料、几何尺寸均符合要求。

习　　题

16.1　滑动轴承的摩擦状态有几种？各有什么特点？

16.2　滑动轴承有哪些主要类型？其结构特点是什么？

16.3　形成动压油膜的必要条件有哪些？

16.4　题 16.4 图所示的几种情况是否都有可能建立流体动压润滑？为什么？

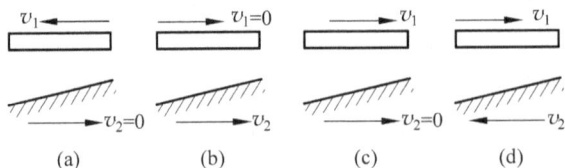

题 16.4 图

16.5　一混合摩擦径向滑动轴承，已知轴颈直径 100 mm，轴承宽度 120 mm，轴的转速 560 r/min，轴承载荷 10000 N，轴瓦材料为 ZCuSn5Pb5Zn5，轴的材料为 45 钢。试验算此轴承。

16.6　已知一起重机卷筒的径向滑动轴承，其轴颈直径 90 mm，轴的转速 9 r/min，轴承材料采用 ZCuAl10Fe3。试问：此轴承能承受的最大径向载荷是多少？

＊ 实践拓展练习

16.7　应用滑动轴承设计一种简单的机械装置或产品，说明与采用滚动轴承相比，采用滑动轴承有哪些优点和缺点。

第 17 章　联轴器与离合器

17.1　概　　述

联轴器和离合器是机械传动中广泛应用的重要部件。它们主要用来连接两轴,使两轴一起转动,并传递运动和动力。用联轴器连接的两根轴,只有在机器停车后,经过拆卸才能使它们分离。用离合器连接的两根轴,在机器工作中可随时分离或接合(图 17.1)。

联轴器与离合器大都已标准化,设计时的主要问题是如何合理地选择类型和型号,一般选择步骤为:

(1) 根据机器的工作条件与使用要求选择合适的类型。

(2) 按轴径计算转矩及轴的转速,从标准中选取具体的型号。

(3) 必要时对易损件进行校核计算。

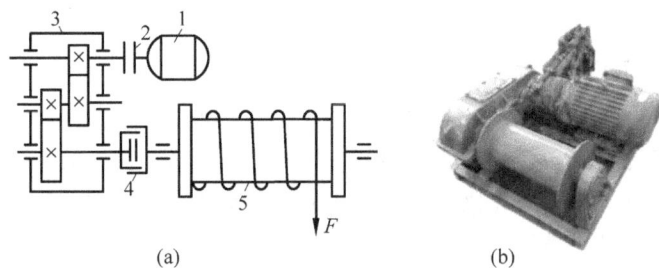

(a)　　　　　　　　　　(b)

1—电动机;2—联轴器;3—减速器;4—离合器;5—滚筒。

图 17.1　联轴器与离合器的应用

联轴器和离合器的计算转矩 T_c 应考虑机器起动时的惯性力及过载等因素的影响,可按下式计算:

$$T_c = KT \leqslant T_n \tag{17.1}$$

式中,T 为名义转矩,N·m;K 为工作情况系数,见表 17.1;T_n 为公称转矩,N·m,由联轴器标准附录 C.4 查出。

表 17.1　工作情况系数 K

工 作 机		动 力 机			
工 作 情 况	实　　例	电动机 汽轮机	四缸以上 内燃机	双　缸 内燃机	单　缸 内燃机
转矩变化很小	发电机、小型通风机、小型离心泵	1.3	1.5	1.8	2.2
转矩变化小	透平压缩机、木工机床、运输机	1.5	1.7	2.0	2.4
转矩变化中等	搅拌机、增压泵、往复式压缩机、冲床	1.7	1.9	2.2	2.6

工 作 机		动 力 机			
工 作 情 况	实 例	电动机 汽轮机	四缸以上 内燃机	双 缸 内燃机	单 缸 内燃机
转矩变化中等,有冲击	拖拉机、织布机、水泥搅拌机	1.9	2.1	2.4	2.8
转矩变化较大,有较大冲击	造纸机、挖掘机、起重机、碎石机	2.3	2.5	2.8	3.2
转矩变化大,有强烈冲击	压延机、轧钢机	3.1	3.3	3.6	4.0

17.2 联 轴 器

根据联轴器对相对偏移有无补偿能力,联轴器可分为刚性联轴器和挠性联轴器。

17.2.1 刚性联轴器

刚性联轴器不具有补偿被连接两轴轴线相对位移的能力,也不具有缓冲减振能力,但结构简单,价格便宜,适用于载荷平稳、转速稳定、被连接两轴轴线相对位移极小的情况。应用较多的有以下几种。

1. 凸缘联轴器

凸缘联轴器是刚性联轴器中应用最多的一种,如图 17.2 所示。图 17.2(a)所示的凸缘联轴器是由具有凸肩的半联轴器和具有凹槽的半联轴器相嵌合而对中的;图 17.2(b)所示的凸缘联轴器是用铰制孔和受剪螺栓对中的。当要求两轴分离时,第二种凸缘联轴器只要卸下螺栓即可,不用移动轴,因此比第一种凸缘联轴器装卸简便。图 17.2(c)为凸缘联轴器实物图。

图 17.2

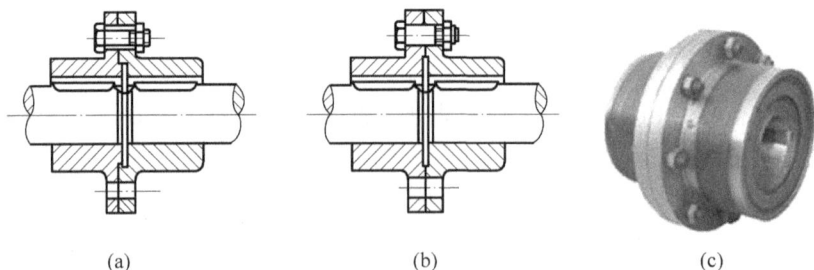

| (a) | (b) | (c) |

图 17.2 凸缘联轴器

2. 套筒联轴器

图 17.3 所示为套筒联轴器。它是一个用钢或铸铁制造的套筒,用键(图 17.3(a))或销(图 17.3(b))与两轴相连。图 17.3(a)中的紧定螺钉起轴向固定作用。图 17.3(b)中的销既起传递扭矩的作用,又起轴向固定的作用,选择适当的直径后,可起过载保护作用。这种联轴器结构简单,制造容易,径向尺寸小,适用于两轴同心度好、工作平稳、无冲击的场合。

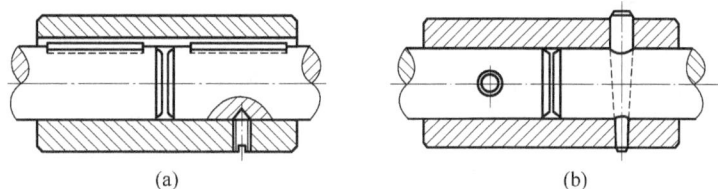

图 17.3　套筒联轴器

17.2.2　挠性联轴器

挠性联轴器具有一定的补偿被连接两轴轴线相对位移的能力,最大补偿量随型号不同而不同。凡被连接两轴同轴度不易保证的场合,可选用挠性联轴器。

无弹性元件挠性联轴器承载能力大,但不具备缓冲减振性能,在高速或转速不稳定或正、反转时,有冲击和噪声,适用于低速、重载、转速平稳的场合。

非金属弹性元件挠性联轴器有很好的缓冲减振性能,但由于非金属(橡胶、尼龙等)弹性元件强度低、寿命短、承载能力小,故适用于高速、轻载和常温的场合。

金属弹性元件挠性联轴器不仅具有较好的缓冲减振性能,而且承载能力大,适用于速度和载荷变化较大及高温或低温的场合。

1. 齿轮联轴器

齿轮联轴器如图 17.4 (a)所示,是一种无弹性元件的挠性联轴器,在允许综合位移的联轴器中,齿轮联轴器是最有代表性的一种。它是由两个具有外齿环的半联轴器和两个具有内齿环的外壳及连接螺栓组成的。两个带外齿环的半联轴器分别与两轴相连,内、外齿环上的轮齿相互啮合,齿廓为渐开线,其啮合角通常为 20°,在外壳内贮有润滑油,以便润滑啮合轮齿。齿轮联轴器之所以具有良好的补偿两轴做任何方向位移的能力,是由于啮合齿间留有较大的齿侧间隙,以及将齿顶做成球面(球面中心位于轴线上)。鼓形齿更有利于增大联轴器补偿综合位移,如图 17.4(b)所示。

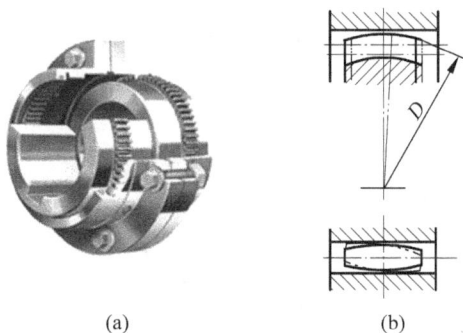

图 17.4　齿轮联轴器

(a) 结构图;(b) 球形齿顶(上)和鼓形齿(下)

齿轮联轴器与尺寸相近的其他联轴器相比,承载能力较大,但不具备缓冲减振能力;齿轮啮合处需要润滑,结构较复杂,造价高,适用于重载、低速的场合。

2. 十字滑块联轴器

图 17.5 所示为十字滑块联轴器,它是由两个端面开有凹槽的半联轴器 1、3 和一个两面都有榫的圆盘 2 组成的。凹槽的中心线分别通过两轴的中心,两榫的中线相互垂直并通过圆盘中心。圆盘上的两榫分别嵌在固装于主动轴和从动轴上的两个半联轴器凹槽中,从而构成一动连接。当两轴有径向位移时,榫可在凹槽中来回滑行来进行补偿。

十字滑块联轴器结构简单、径向尺寸小,主要用于两轴径向位移较大、无冲击及低速的场合。

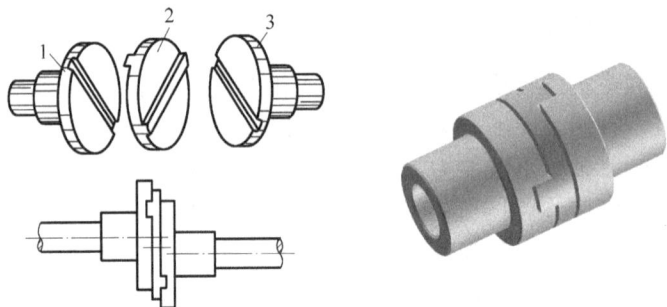

图 17.5

图 17.5　十字滑块联轴器

3. 万向联轴器

万向联轴器的结构如图 17.6 所示,图中十字形零件的四端用铰链分别与轴 1、轴 2 上的叉形接头相连。因此,当一轴的位置固定后,另一轴可以在任意方向偏斜 α 角,角位移 α 可达 $40° \sim 45°$。为了增加其灵活性,可在铰链处配置滚针轴承(图中未画出)。

但是,单个万向联轴器两轴的瞬时角速度并不是时时相等的,即当轴 1 以等角速度回转时,轴 2 做变角速转动,从而引起动载荷,对使用不利。

轴 2 做变角速度转动时,其变化情况可以用下述两个极端位置进行分析。

如图 17.7(a)所示,轴 1 的叉面放置到图纸平面上,而轴 2 的叉面垂直于图纸平面。设轴 1 的角速度为 ω_1,而轴 2 在此位置时的角速度为 ω_2'。取十字形零件上的 A 点进行分析,若将十字形零件看作与轴 1 一起转动,则 A 点的速度为

$$v_{A1} = \omega_1 r$$

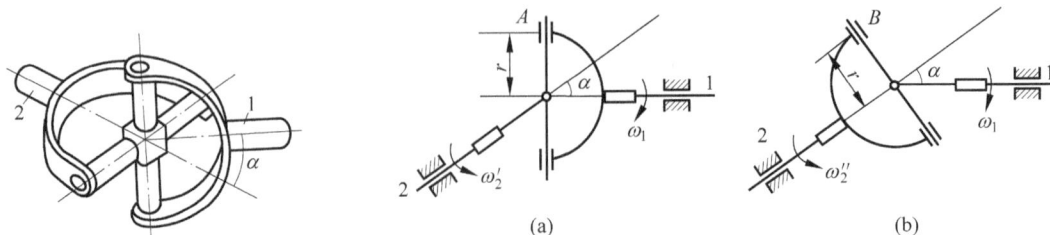

图 17.6　万向联轴器示意图

(a)　　　　　　　　　　(b)

图 17.7　万向联轴器的速度分析

若将十字形零件看作与轴 2 一起转动,则 A 点的速度应为

$$v_{A2} = \omega_2' r \cos\alpha$$

显然,同一点的速度应该相等,即 $v_{A1} = v_{A2}$,所以

$$\omega_1 r = \omega'_2 r \cos\alpha$$

即

$$\omega'_2 = \frac{\omega_1}{\cos\alpha} \tag{17.2}$$

将两轴转过 90°，如图 17.7(b) 所示，此时轴 1 的叉面垂直于图纸平面，而轴 2 的叉面转到图纸平面上。设轴 2 在此位置时的角速度为 ω''_2，取十字形零件上的 B 点进行分析，同理可得

$$\omega''_2 = \omega_1 \cos\alpha \tag{17.3}$$

如果再继续转过 90°，则两轴的叉面又将与图 17.7(a) 所示的图形一致。不难想象，每转过 90°，将交替出现图 17.7(a) 及 (b) 中的叉面图形。因此，当轴 1 以等角速度 ω_1 回转时，轴 2 的角速度 ω_2 将在下列范围内做周期性的变化，即

$$\omega_1 \cos\alpha \leqslant \omega_2 \leqslant \frac{\omega_1}{\cos\alpha} \tag{17.4}$$

可见，角速度 ω_2 变化的幅度与两轴的夹角 α 有关，α 越大，则 ω_2 变动越剧烈。

由于单个的万向联轴器存在上述缺点，所以在机器中很少单个使用万向联轴器。实际中，常采用十字轴式万向联轴器，即由两个单万向联轴器串接而成，如图 17.8 所示。当主动轴 1 等角速度旋转时，带动十字轴式的中间件 C 做变角速度旋转，利用对应关系，再由中间件 C 带动从动轴 2 以与轴 1 相等的角速度旋转。因此安装十字轴式万向联轴器时，如要使主、从动轴的角速度相等，必须满足两个条件：

(1) 主动轴、从动轴与中间件的夹角必须相等，即 $\alpha_1 = \alpha_2$；

(2) 中间件两端的叉面必须位于同一平面内。

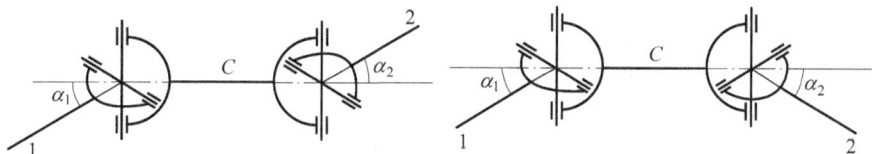

图 17.8　十字轴式万向联轴器的示意图

显然，中间件本身的转速是不均匀的。但因它的惯性小，由它产生的动载荷、振动等一般不至于引起显著危害。

小型十字轴式万向联轴器的实际结构如图 17.9 所示，通常用合金钢制造。

4. 弹性套柱销联轴器

弹性套柱销联轴器的结构与凸缘联轴器相似，只是用带有非金属（如橡胶等）弹性套的柱销代替连接螺栓，如图 17.10 所示，它是靠弹性套的弹性变形来缓冲吸振和补偿被连接两轴相对位移的。安装这种联轴器时，应在两个半联轴器之间留出一定间隙，以便给两个半联轴器留出足够的相对位移量。这种联轴器按标准选用，必要时要校核柱销的弯曲强度和弹性套的挤压强度。

弹性套柱销联轴器是弹性可移式联轴器中应用最广泛的

图 17.9

图 17.9　十字轴式万向联轴器

一种,常用来连接频繁起动及换向的传递中、小转矩的高、中速轴。

5. 弹性柱销联轴器

弹性柱销联轴器是用若干非金属柱销置于两个半联轴器凸缘孔中,以实现两个半联轴器的连接,如图 17.11 所示。它具有结构简单、制造容易、维修方便、允许轴向位移大等特点。柱销材料为 MC 尼龙(聚酰胺 6)。尼龙有一定弹性,弹性模量比金属低得多,可缓和冲击。尼龙耐磨性好,摩擦系数小,有自润滑作用,但对温度比较敏感,不宜用于温度较高的场合,一般工作温度在 $-20\sim+70℃$ 范围内。这种联轴器适用于连接起动及换向频繁、传递转矩较大的中、低速轴。

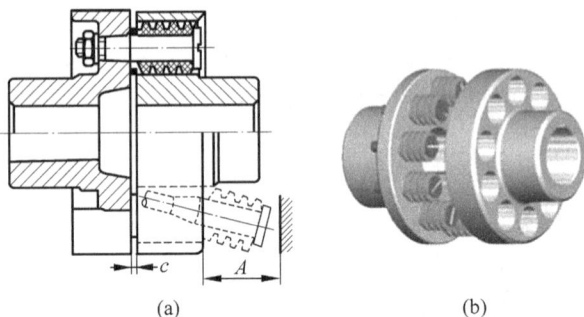

(a)　　　　　　　　　　　(b)

图 17.10　弹性套柱销联轴器

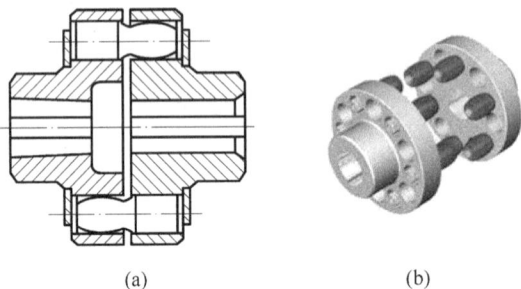

(a)　　　　　　　　　　　(b)

图 17.11　弹性柱销联轴器

6. 梅花形弹性联轴器

图 17.12 所示为梅花形弹性联轴器,1、2 为两个半联轴器,它们的端面上各有凸齿,各凸齿的两侧面呈内凹形,并在齿侧间隙放置非金属弹性元件(橡胶或尼龙),通过其弹性变形补偿两轴相对偏移,实现缓冲减振。

7. 轮胎式联轴器

轮胎式联轴器如图 17.13 所示,它利用环形轮胎状弹性元件连接两个半联轴器,以实现两轴的连接。轮胎环材料为橡胶或增强织物橡胶。前者弹性好,后者强度高、寿命长。这种联轴器的工作温度为 $-20\sim+80℃$。

轮胎式联轴器具有良好的补偿综合位移的能力,工作可靠,可用于潮湿多尘、频繁起动及换向的、冲击较大而外缘线速度不超过 30 m/s 的场合。尤其在起重机械中应用较广。

8. 蛇形弹簧联轴器

蛇形弹簧联轴器是由两个带外齿的半联轴器,及在齿间安装的 6～8 组蛇形弹簧组成的,如图 17.14 所示。为防止蛇形弹簧在联轴器运转时因惯性离心力而脱出,在半联轴器上

(a)　　　　　　　　　　　(b)

(c)　　　　　　　(d)

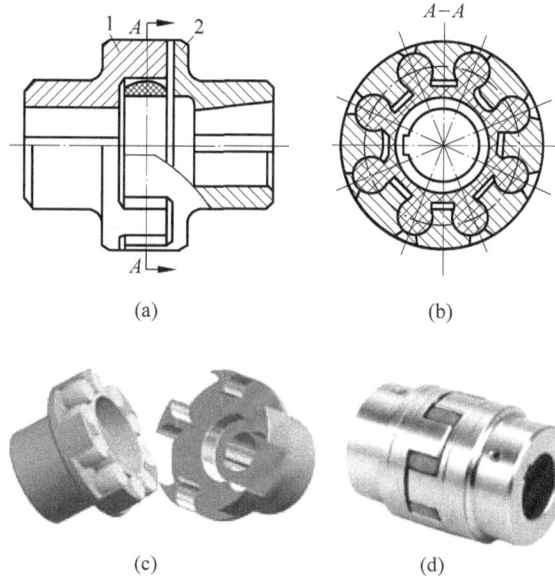

图 17.12　梅花形弹性联轴器

装有外壳,外壳用螺栓连接。外壳内贮有润滑脂,以减轻齿与弹簧的摩擦。转矩是通过半联轴器上的齿和蛇形弹簧传递的。这种联轴器对被连接两轴相对位移的补偿量较大,适用于重载和工作状况较恶劣的场合,在冶金、矿山机械中应用较多。缺点是结构和制造工艺较复杂,成本高。

图 17.13

图 17.13　轮胎式联轴器　　　　图 17.14　蛇形弹簧联轴器

17.3　离　合　器

离合器按离合方式分类大致如下:

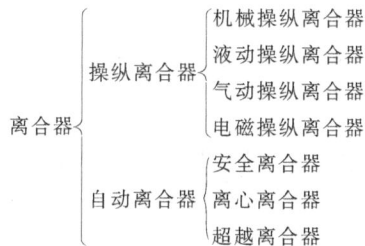

$$
\text{离合器}\begin{cases}
\text{操纵离合器}\begin{cases}
\text{机械操纵离合器}\\
\text{液动操纵离合器}\\
\text{气动操纵离合器}\\
\text{电磁操纵离合器}
\end{cases}\\
\text{自动离合器}\begin{cases}
\text{安全离合器}\\
\text{离心离合器}\\
\text{超越离合器}
\end{cases}
\end{cases}
$$

离合器的种类很多,部分已经标准化,可以从有关样本或机械设计手册中选取。

17.3.1 机械操纵离合器

1. 牙嵌式离合器

牙嵌式离合器(图 17.15)由两个在端面上带有牙块(凸块)的半离合器 1、2 构成,一方的牙块嵌入另一方的牙间。将一方沿轴上导键 3 做轴向移动,可使两个半离合器接合或分离。通常,为了减少接合过程中的磨损,把可动的半离合器安装在从动轴上。这样,拨叉或滑块 4 在可动的半离合器环槽中滑动,只发生在离合器接合以后。牙嵌式离合器要求两轴能准确对中,为此,可用对中环 5 来实现。

牙嵌式离合器的牙形有三角形、梯形、矩形、锯齿形等,如图 17.16 所示。

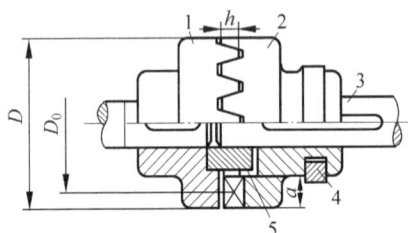

图 17.15　牙嵌式离合器　　　　　图 17.16　牙嵌式离合器的牙形

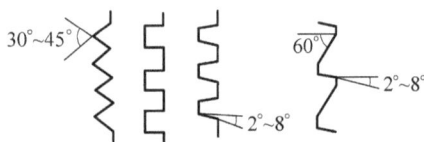

三角形牙的侧边与离合器轴线的夹角为 30°～45°,牙数为 15～60,用于转矩小、速度低的场合。其主要优点是容易接合。

梯形牙的侧边与离合器轴线的夹角为 2°～8°,牙数为 3～15,用于高速下传递大的转矩。

矩形牙的特点与梯形牙相近,但一定要使牙侧面间有间隙才能接合,比上两种牙形较难接合,但不需要持续的轴向压力来维持其接合。

锯齿形牙用于单方向传动的离合器中。

牙嵌式离合器的工作能力准则是牙的接触强度和弯曲强度。假设所有的牙受载均匀,则条件性压应力为

$$p = \frac{2KT}{nD_0 ah} \leqslant [p] \tag{17.5}$$

式中,D_0 为牙的平均直径;n 为牙数;a 为牙的径向宽度;h 为牙的接触高度;$[p]$ 为许用压应力。

弯曲应力为

$$\sigma_b = \frac{hKT}{nWD_0} \leqslant [\sigma_b] \tag{17.6}$$

式中,$[\sigma_b]$ 为许用弯曲应力;W 为牙根的弯曲截面系数。

2. 摩擦离合器

摩擦离合器是靠两个半离合器接合面间的摩擦力传递转矩的。常用的是圆盘式摩擦离合器,按摩擦盘数多少可分为单圆盘式和多圆盘式。

图 17.17 所示为单圆盘式摩擦离合器。它由两个摩擦盘组成,摩擦盘 1 固装在主动轴

上,摩擦盘 2 用导向平键与从动轴连接。工作时利用操纵杆使滑环左移,则两摩擦盘压紧,实现接合;若使滑环右移,则两摩擦盘松开,离合器分离。

单圆盘式摩擦离合器当传递转矩很大时,需要很大的轴向力,或很大的摩擦盘直径,所以多用于传递转矩不大($T<2000$ N·m)的轻型机械,如包装机械、纺织机械等。

当传递转矩较大时,可采用多圆盘式摩擦离合器,如图 17.18 所示。它有两组摩擦片,一组为外摩擦片 3,以其外缘齿插入主动轴上鼓轮 2 内缘的纵向槽内,随鼓轮 2 一起转动,并可在轴向力 Q 作用下沿轴向移动。另一组为内摩擦片 4,用花键与从动轴上的另一半离合器 1 相连并与从动轴一起转动,也可在轴向力 Q 作用下沿轴向移动。移动滑环 8 使压块 5 压紧或松开摩擦片,实现接合或分离。

外摩擦片结构如图 17.19(a)所示。内摩擦片结构有平板形和碟形两种,如图 17.19(b)所示。碟形摩擦片接合时被压平,分离时借其弹力作用可以更快加速。尽管摩擦片的数目越多,传的转矩越大,但片数过多会降低分离动作的灵活性。所以一般限制内、外摩擦片总数不超过 25～30。

根据内、外摩擦片是否浸油工作,离合器又有干式离合器和湿式离合器两种。前者反应灵敏,后者磨损小,散热快。

摩擦面材料应满足如下要求:有大而稳定的摩擦系数;耐磨性与抗胶合性良好;耐高温、高压且价格低廉等。常用材料为淬火钢、铸铁、粉末冶金及压制石棉等。

多圆盘式摩擦离合器常用于传递转矩较大、经常在运转中离合或频繁起动、重载的场合。广泛应用于汽车、拖拉机和各种机床中。

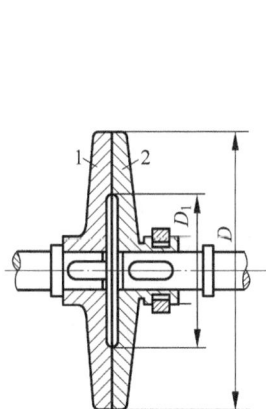

图 17.17　单圆盘式摩擦离合器　　　　图 17.18　多圆盘式摩擦离合器

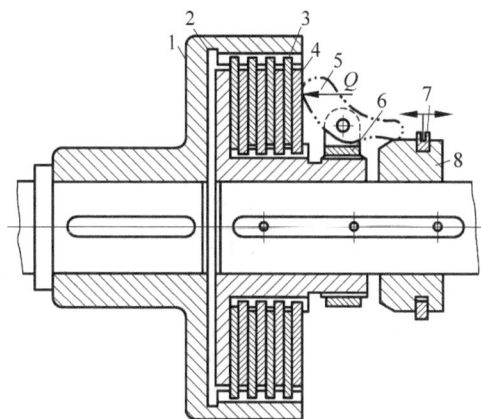

摩擦离合器与牙嵌式离合器相比,主要具有如下特点:
(1) 对任何不同转速的两轴都可以在运转时接合或分离;
(2) 接合时冲击和振动较小;
(3) 过载时摩擦面间自动打滑,可防止其他零件损坏;
(4) 调节摩擦面间压力,可改变从动轴加速时间和传递的转矩;
(5) 接合与分离时,摩擦面间会产生相对滑动,消耗一定能量,造成磨损和发热;
(6) 结构较复杂,体积较大。

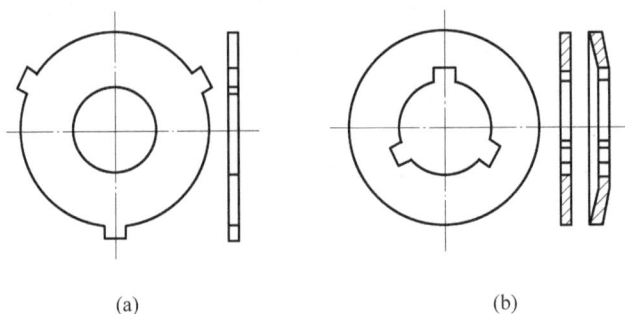

(a)　　　　　　　　　　　　　(b)

图 17.19　摩擦片的结构

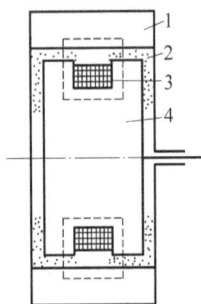

图 17.20　磁粉离合器的
工作原理图

3. 磁粉离合器

磁粉离合器的工作原理如图 17.20 所示。金属外筒 1 为从动件,嵌有环形励磁线圈 3 的电磁铁 4 与主动轴相连接,1 与 4 之间留有 1.5～2 mm 的间隙,内装适量的导磁铁粉混合物 2(磁粉),磁粉有湿式(铁粉与油混合)和干式(铁粉和石墨)两种。当励磁线圈中无电流时,散沙状的粉末不阻碍主、从动件之间的相对运动,离合器处于分离状态;当通入电流后,产生磁场,磁粉在磁场作用下被吸引而集聚,将主、从动件连接起来,离合器即接合。当切断电流后,磁粉又恢复自由状态,离合器即分离。

这种离合器的优点是接合平稳,动作迅速,运行可靠,使用寿命较长,可远距离操纵,结构简单;缺点是质量大,工作一定时间后需更换磁粉。

17.3.2　自动离合器

在工作时能自动完成接合和分离的离合器称为自动离合器。当传递的转矩达到某一限定值能自动分离的离合器,由于有防止系统过载的安全作用,称为安全离合器;当轴的转速达到某一转速时靠离心力能自动接合或超过某一转速时靠离心力能自动分离的离合器,称为离心离合器;根据主、从动轴间的相对速度差的不同以实现接合或分离的离合器,称为超越离合器。

图 17.21 所示为弹簧-滚珠安全离合器。套筒 1 与主动轴相连,套筒 3 通过键 2 与从动轴(或从动件)相连。利用弹簧 5 和滚珠 4 将件 6 连接,而件 6 是用导键与件 1 相连的,用螺母 7 来调节弹簧的压力,即调节滚珠与件 3 之间的摩擦力。当传递的转矩超过滚珠与件 3 之间形成的摩擦力矩时,离合器即分离。由于分离后滚珠与件 3 均会磨损,故这种离合器只用于传递转矩较小的场合。

离合器的形式还有很多种,可查阅有关机械设计手册。

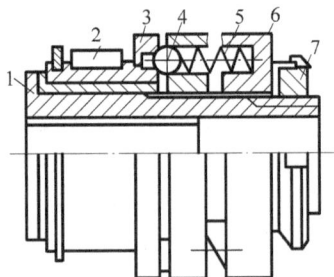

图 17.21　弹簧-滚珠安全离合器

例 17.1　选择混砂机中电动机与减速器之间的联轴器。已知电动机额定功率 $P =$

15 kW,满载转速 $n=1460$ r/min,电动机轴直径 $D=42$ mm,轴伸长 $E=110$ mm;减速器输入轴的直径 $d=40$ mm。

解:

(1) 选择联轴器类型。考虑到轴的转速较高,转矩不太大,起动频繁,电动机与减速器两轴间一般都有一定的相对位移,故选用弹性套柱销联轴器。

(2) 确定计算转矩 T_c。混砂机转矩变化中等,由表 17.1,取 $K=1.7$,由式(17.1)得

$$T_c=KT=1.7\times9.55\times10^6\frac{P}{n}=1.7\times9.55\times10^6 \text{ N}\cdot\text{m}=\frac{15}{1460}\text{ N}\cdot\text{m}=166.8 \text{ N}\cdot\text{m}$$

(3) 选择型号。按 GB/T 4323—2017(见附录 C),选弹性套柱销联轴器,型号为 LT6,该联轴器的公称转矩 $T_n=250$ N·m$>T_c=166.8$ N·m,许用转速 $[n]=3800$ r/min$>n=1460$ r/min,故选择的联轴器合适。

电动机轴端半联轴器用 Y 型轴孔,轴孔直径 $d_1=42$ mm,轴孔长 $L_1=112$ mm;减速器轴端半联轴器用 J_1 型轴孔,轴孔直径 $d_2=40$ mm,轴孔长 $L_2=84$ mm。联轴器标记为

$$\text{LT6 联轴器}\frac{Y42\times112}{J_1 40\times84}\text{GB/T 4323—2017}$$

联轴器的标记方法及意义详见有关机械设计手册。

习　题

17.1　联轴器和离合器的作用是什么? 它们的功用有何异同?

17.2　在选择联轴器时,应考虑哪些因素?

17.3　刚性凸缘联轴器有几种对中方法? 各种对中方法的特点是什么? 常用凸缘联轴器的适用场合是什么?

17.4　对于载荷与速度变化都比较大的机器,选用哪种类型的联轴器比较合适?

17.5　什么是万向联轴器? 保证两轴角速度不变的条件是什么?

17.6　齿轮联轴器的优缺点有哪些? 使用场合是什么?

17.7　摩擦离合器与牙嵌式离合器相比较有哪些优缺点?

17.8　某发电机采用满载转速为 730 r/min、额定功率为 11 kW 的四缸柴油机带动,连接轴径为 45 mm。试选择联轴器的类型和型号。

17.9　刚性可移式联轴器和弹性联轴器补偿位移的方式有何不同?

＊ 实践拓展练习

17.10　上网查联轴器和离合器的产品,以表格形式总结其类型、结构及工作特点。

第18章 课程设计综合实践

18.1 概 述

18.1.1 课程设计的目的和要求

1. 目的

"机械设计基础课程设计"是"机械设计基础"课程一次重要的、较全面的综合性、实践性教学环节,其目的有以下几个方面:

(1) 巩固、深化、融会贯通及扩展有关本课程及先修课程的理论知识,学会综合运用已学过的理论知识和实践知识,培养学生分析、解决机械设计中实际问题的能力。

(2) 通过课程设计的综合实践,使学生熟悉从传动形式、结构方案的分析拟定到完成设计计算和图纸绘制等全部过程,结合生产实际,加深对机械设计基本原则的认识,掌握机械设计的一般方法和步骤,培养学生独立分析问题和解决问题的能力。

(3) 掌握并熟悉设计资料的运用,如有关国家标准、设计规范等。

2. 要求

在课程设计中,要求学生注意培养认真负责、踏实细致的工作作风和保质、保量、按时完成任务的习惯。在设计过程中必须做到以下几点:

(1) 随时复习所学过的相关知识、听课笔记及有关例题、习题及平时作业等。

(2) 多了解有关设计资料,树立正确的设计思想,充分发挥个人的主观能动性和创造性,但要注意正确处理好独立思考与借鉴前人已有设计经验的关系,既要有独立创新意识,又不可一味"闭门造车"。借鉴现有的成功经验固然重要,但不可盲目地照搬、照抄,要努力培养个人的独立工作能力,同时也要注意培养与同学及老师的沟通、交流和讨论的能力。

(3) 认真进行绘图和计算,保证图纸质量和计算正确。

(4) 按计划循序进行,按时完成全部设计。

18.1.2 课程设计的内容和注意事项

1. 课程设计的内容

为了达到上述目的和要求,结合前面各章理论内容,"机械设计基础课程设计"通常选用典型机械的传动装置进行设计。课程设计内容包括:①传动装置的总体设计;②传动零件、轴、轴承、联轴器等零部件的设计;③装配图和零件图的设计;④编写设计计算说明书;⑤答辩等。答辩前要求完成装配图1张,零件工作图2~3张,设计计算说明书1份。

2. 课程设计的注意事项

设计前要认真研究设计任务书,准备好设计资料。同类型设计题目的同学要互相讨论、研究,确定最佳方案。将每个设计阶段的计算过程和结果记录完整。设计过程中贯彻"三边"方法,即边算、边画、边修改三者交叉进行。设计草图完成后应先由指导教师审阅后再仔细修改,最后描深。设计计算说明书应按规定格式书写整齐。最后认真做好答辩准备工作,将答辩所需材料准备齐全,回顾设计过程和有关问题,准备答辩。

18.2　设计任务书

设计题目:设计某厂皮带运输机上的传动装置,传动方案如图 18.1 所示。已知:输送带的拉力 $F=$ ＿＿＿＿＿ N,输送带的运行速度 $v=$ ＿＿＿＿＿ m/s,滚筒直径 $D=$ ＿＿＿＿＿ mm,使用年限 10 年,两班制工作,载荷平稳。(将表 18.1 中某一序号对应的数据填入横线上)

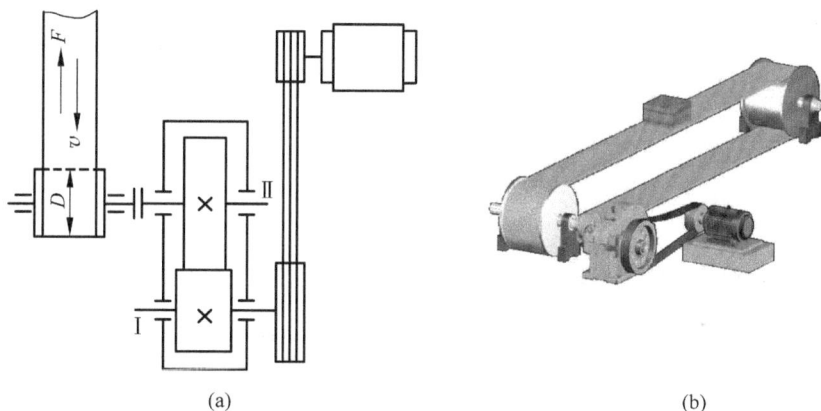

(a)　　　　　　　　　　　　　　　　　　　　　(b)

图 18.1　皮带运输机上的传动装置

表 18.1　皮带运输机传动装置的原始数据

A 组:

序号	F/N	$v/(m/s)$	D/mm	序号	F/N	$v/(m/s)$	D/mm	序号	F/N	$v/(m/s)$	D/mm
1	1100	1.3	370	15	1900	1.0	310	29	2200	0.8	290
2	1100	1.4	380	16	2000	0.9	300	30	900	2.4	380
3	1200	1.4	320	17	2100	1.0	310	31	900	2.0	370
4	1200	1.3	330	18	2100	0.9	300	32	1000	1.8	350
5	1300	1.4	350	19	2200	1.0	310	33	1000	1.6	360
6	1300	1.2	340	20	2300	0.7	300	34	1600	1.0	310
7	1400	1.2	340	21	2300	0.9	290	35	880	1.1	400
8	1400	1.1	340	22	2400	0.9	300	36	820	1.2	400
9	1500	0.9	320	23	2400	0.8	280	37	750	1.3	400
10	1500	1.0	330	24	1700	1.0	300	38	690	1.4	400
11	1600	1.1	310	25	1800	1.1	320	39	650	1.5	400
12	1700	1.0	320	26	1900	1.1	300	40	630	1.6	500
13	1800	1.1	310	27	2200	1.0	320	41	600	1.7	450
14	1900	1.2	320	28	2000	0.8	290	42	570	1.8	400

B组：

序号	F/N	$v/(m/s)$	D/mm	序号	F/N	$v/(m/s)$	D/mm	序号	F/N	$v/(m/s)$	D/mm
1	1000	1.4	360	15	2300	0.8	280	29	2100	0.8	300
2	1000	1.5	380	16	2400	0.8	270	30	2200	0.7	280
3	1200	1.5	350	17	1400	1.2	340	31	900	2.3	400
4	1200	1.4	360	18	1400	1.0	330	32	900	2.5	400
5	1300	1.3	340	19	1500	1.1	330	33	1100	2.2	320
6	1300	1.1	330	20	1600	0.9	320	34	1100	2.0	320
7	1400	1.2	330	21	1600	1.0	320	35	890	1.1	400
8	1500	1.0	320	22	1700	0.9	310	36	830	1.2	400
9	1500	1.1	320	23	1800	0.8	300	37	770	1.3	400
10	1600	1.0	310	24	1900	1.1	320	38	700	1.4	400
11	1700	0.9	300	25	2000	0.8	300	39	670	1.5	400
12	1800	1.2	320	26	2200	0.9	310	40	640	1.6	500
13	2000	0.8	310	27	2300	0.8	290	41	620	1.7	450
14	2200	0.9	300	28	2000	0.7	310	42	580	1.8	450

C组：

序号	F/N	$v/(m/s)$	D/mm	序号	F/N	$v/(m/s)$	D/mm	序号	F/N	$v/(m/s)$	D/mm
1	7000	1.1	400	15	5700	1.4	400	29	4500	1.8	400
2	7100	1.1	400	16	5800	1.4	400	30	4600	1.8	400
3	7200	1.1	400	17	5200	1.5	400	31	4700	1.8	400
4	7300	1.1	400	18	5300	1.5	400	32	4800	1.8	400
5	6500	1.2	400	19	5400	1.5	400	33	4200	1.9	450
6	6600	1.2	400	20	5900	1.4	400	34	4300	1.9	450
7	6700	1.2	400	21	5000	1.6	500	35	4400	1.9	450
8	6800	1.2	400	22	5100	1.6	500	36	4500	1.9	400
9	6000	1.3	400	23	5200	1.5	500	37	4000	2.0	450
10	6100	1.3	400	24	5300	1.4	400	38	4100	2.0	450
11	6200	1.3	400	25	4800	1.7	450	39	4200	2.0	450
12	6300	1.3	400	26	4900	1.7	450	40	4300	2.0	430
13	5500	1.4	400	27	5000	1.7	430	41	4500	1.5	380
14	5600	1.4	400	28	5100	1.7	420	42	4600	1.7	390

D组：

序号	F/N	$v/(m/s)$	D/mm	序号	F/N	$v/(m/s)$	D/mm	序号	F/N	$v/(m/s)$	D/mm
1	5000	1.6	500	9	4000	2.0	450	17	6700	1.2	440
2	5100	1.6	500	10	4100	2.0	450	18	6800	1.2	450
3	5200	1.5	500	11	4200	2.0	450	19	6000	1.3	430
4	5300	1.4	400	12	4300	2.0	430	20	6100	1.3	430
5	4800	1.7	450	13	4500	1.5	380	21	6200	1.3	410
6	4900	1.7	450	14	4600	1.7	390	22	6300	1.3	400
7	5000	1.7	430	15	6500	1.2	420	23	5500	1.4	420
8	5100	1.7	420	16	6600	1.2	430	24	5600	1.4	400

D组：

序号	F/N	$v/(m/s)$	D/mm	序号	F/N	$v/(m/s)$	D/mm	序号	F/N	$v/(m/s)$	D/mm
25	4200	1.9	450	31	5200	1.5	400	37	4700	1.8	400
26	4300	1.9	450	32	5300	1.5	400	38	4800	1.8	400
27	4400	1.9	450	33	5400	1.5	400	39	7000	1.1	400
28	4500	1.9	400	34	5900	1.4	400	40	7100	1.1	400
29	5700	1.4	400	35	4500	1.8	400	41	7200	1.1	400
30	5800	1.4	400	36	4600	1.8	400	42	7300	1.1	400

18.3　课程设计的步骤

18.3.1　选择电动机、传动比分配及传动零件设计

传动装置总体设计的任务包括拟定传动方案、选择电动机、确定总传动比、合理分配各级传动比及计算传动装置的运动和动力参数,为后续工作做准备。限于篇幅并力求简明,传动方案的拟定按设计题目给定的方案确定,以下结合具体算例对如何选择电动机、确定总传动比、合理分配各级传动比及计算传动装置的运动和动力参数加以说明。

1. 选择电动机及传动比分配

例 18.1　令设计题目数据为：$F=6700$ N,$v=1.2$ m/s,$D=400$ mm。则工作机转速为

$$n=\frac{60\times1000v}{\pi D}=\frac{60\times1000\times1.2}{\pi\times400}\ \text{r/min}=57.30\ \text{r/min}$$

工作机需输入功率为

$$P_w=\frac{Fv}{1000}=\frac{6700\times1.2}{1000}\ \text{kW}=8.04\ \text{kW}$$

由表 18.2 查得：V 带传动效率 $\eta_{带}=0.95$,一对球轴承效率 $\eta_{承}=0.99$,一对齿轮传动效率 $\eta_{齿}=0.97$,联轴器效率 $\eta_{联}=0.99$,滚筒效率 $\eta_{筒}=0.96$。则总效率为

表 18.2　机械传动效率值和传动比范围

类　　别	传动形式	效　　率	单级传动比范围	
			最大	常用
圆柱齿轮传动	7 级精度(稀油润滑)	0.98	10	3～5
	8 级精度(稀油润滑)	0.97		
	9 级精度(稀油润滑)	0.96		
	开式传动(脂润滑)	0.94～0.96	15	4～6
锥齿轮传动	7 级精度(稀油润滑)	0.97	6	2～3
	8 级精度(稀油润滑)	0.94～0.97	6	2～3
	开式传动(脂润滑)	0.92～0.95	6	4
带传动	V 带传动	0.95	7	2～4
链传动	滚子链(开式)	0.9～0.93	7	2～4
	滚子链(闭式)	0.95～0.97		

类　　别	传动形式	效　　率	单级传动比范围	
			最大	常用
蜗杆传动	自锁	0.4～0.45	闭式 100 开式 80	15～16 10～40
	单头	0.70～0.75		
	双头	0.75～0.82		
一对滚动轴承	球轴承	0.99		
	滚子轴承	0.98		
联轴器	齿式联轴器	0.99		
	弹性联轴器	0.99～0.995		
运输滚筒		0.96		

$$\eta_{总} = \eta_{带} \cdot \eta_{承}^2 \cdot \eta_{齿} \cdot \eta_{联} \cdot \eta_{滚} = 0.95 \times 0.99^2 \times 0.97 \times 0.99 \times 0.96 = 0.86$$

所需电动机功率为

$$P_d = \frac{P_w}{\eta_{总}} = \frac{8.04}{0.86} \text{ kW} = 9.35 \text{ kW}$$

应选大于 9.35 kW 的电动机。由附录 A 的表 A.1 查得三种 11 kW 的电动机,列于表 18.3 中进行分析和比较。

表 18.3　供选电动机参考值

额定功率/kW	11	11	11
满载转速/(r/min)	730	970	1460
滚筒转速/(r/min)	57.3	57.3	57.3
总传动比 i	12.74	16.93	25.48

由表 18.2 查得:V 带传动传动比的荐用值 $i_{带} = 2 \sim 4$;单级齿轮减速器传动比的荐用值 $i_{齿} = 3 \sim 5$;一般应使 $i_{带} < i_{齿}$,可取 $i_{带} = 3.2$,则 $i_{齿} = \dfrac{i}{i_{带}} = \dfrac{12.74}{3.2} = 3.98$,满足 $i_{齿} = 3 \sim 5$。

综上所述,由附录 A 的表 A.1,选择电动机型号为 Y180L—8,额定功率为 11 kW,满载转速 730 r/min。

传动比分配: $i_{带} = 3.2$; $i_{齿} = 3.98$。

2. 运动参数和动力参数的计算

小齿轮轴转速　　　　$n_{\text{I}} = \dfrac{n_{电}}{i_{带}} = \dfrac{730}{3.2} \text{ r/min} = 228.13 \text{ r/min}$

大齿轮轴转速　　　　$n_{\text{II}} = \dfrac{n_{\text{I}}}{i_{齿}} = \dfrac{228.13}{3.98} \text{ r/min} = 57.32 \text{ r/min}$

小齿轮轴传递功率　　$P_{\text{I}} = P_d \eta_{带} = 9.35 \times 0.95 \text{ kW} = 8.88 \text{ kW}$

大齿轮轴传递功率　　$P_{\text{II}} = P_{\text{I}} \eta_{承} \eta_{齿} = 8.88 \times 0.99 \times 0.97 \text{ kW} = 8.53 \text{ kW}$

小齿轮轴传递转矩　　$T_{\text{I}} = 9.55 \times 10^6 P_{\text{I}} / n_{\text{I}} = 9.55 \times 10^6 \times 8.88/228.13 \text{ N} \cdot \text{mm}$
$$= 371735 \text{ N} \cdot \text{mm}$$

大齿轮轴传递转矩　　$T_{II} = 9.55 \times 10^6 P_{II}/n_{II} = 9.55 \times 10^6 \times 8.53/57.32 \text{ N} \cdot \text{mm}$

$$= 1421171 \text{ N} \cdot \text{mm}$$

3. 传动零件的设计计算

1）带传动的设计计算

带传动的设计计算参见第 10 章例题及作业。带传动与接下来的减速器轴的设计的关联主要是轴端处的受力和尺寸。大带轮压轴力 F_Q 作用于减速器输入轴的轴端,用于计算减速器 I 轴的受力。大带轮轮毂的孔长 L 用于确定大带轮所在轴段的长度。F_Q 与 L 为轴等的设计提供已知数据。

2）齿轮传动的设计计算

齿轮传动的设计计算参见第 12 章例题及作业。齿轮传动的几何参数与接下来的装配草图绘制联系非常密切,绘图开始前必须计算完的几何参数举例如下:

齿轮模数 $m = 4$ mm;小齿轮齿数 $z_1 = 24$;大齿轮齿数 $z_2 = 96$;中心距 $a = 240$ mm。

小齿轮分度圆直径 $d_1 = 96$ mm;大齿轮分度圆直径 $d_2 = 384$ mm。

小齿轮齿顶圆直径 $d_{a1} = 104$ mm;大齿轮齿顶圆直径 $d_{a2} = 392$ mm。

小齿轮宽度 $b_1 = 85$ mm;大齿轮宽度 $b_2 = 80$ mm。

18.3.2　减速器装配草图的绘制

图 18.2(a)所示为一单级圆柱齿轮减速器,图 18.2(b)所示为拆去上箱盖后减速器的内部结构三维仿真图。减速器装配草图绘制步骤如下。

(a)　　　　　　　　　　　　　　　(b)

图 18.2　单级圆柱齿轮减速器

1. 选择比例、合理布置图面及绘中心线

装配工作图用 A0 或 A1 号图纸绘制,应尽量采用 1∶1 或 1∶2 的比例尺绘图,所有这些都应符合机械制图的国家标准(见附录 C)。

单级圆柱齿轮减速器如图 18.2(b)所示(上箱盖未表示)。在绘制开始时,可根据减速器内传动零件的特性尺寸(如中心距 a),估计减速器的轮廓尺寸,并考虑标题栏、零件明细表、零件序号、尺寸的标注及技术条件等所需空间,做好图面的合理布局,布置好图面后,将两齿轮的中心线画出(图 18.3)。

2. 绘传动零件位置及轮廓线

在俯视图上画出齿轮的轮廓尺寸,如齿顶圆(d_{a1}、d_{a2})和齿宽(b_1、b_2)等,为保证全齿宽啮合并降低安装要求,通常取小齿轮比大齿轮宽 5~10 mm(图 18.3)。

3. 画出箱体内壁线

如图 18.3 所示,在俯视图上先按 $\Delta_1 \geqslant 1.2\delta$ 的关系画出沿箱体长度方向低速级大齿轮一侧的内壁线,再按小齿轮端面与箱壁间的距离 $\Delta_2 \geqslant \delta$ 的关系画出沿箱体宽度方向的两条内壁线。式中,δ 为下箱座壁厚,对于单级传动取 $\delta = 0.025a + 1$ mm $\geqslant 8$ mm(δ 需圆整取为整数,若计算值小于 8 mm,则取 $\delta = 8$ mm)。图 18.3 中左侧小齿轮一侧的内壁线暂不画出,须留待后期完成主视图左侧箱体结构后才能确定。在主视图上画出两齿轮的分度圆(d_1、d_2)和齿顶圆(d_{a1}、d_{a2}),在右侧距离大齿轮齿顶圆 Δ_1 处画上箱体内壁线,上箱体壁厚为 δ_1,对于单级传动取 $\delta_1 = 0.02a + 1$ mm $\geqslant 8$ mm。

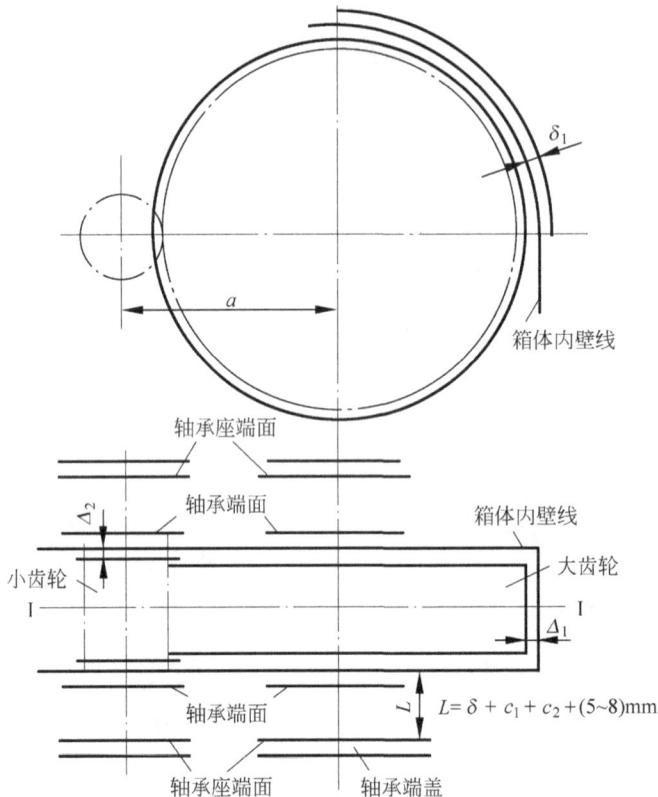

图 18.3 初始阶段减速器草图的绘制

4. 轴结构的设计

1) 初估轴的直径

(1) 初步确定高速轴外伸段直径。如果高速轴外伸段上安装带轮或联轴器等,其轴径可按下式求得:

$$d \geqslant C \sqrt[3]{\frac{P}{n}} \tag{18.1}$$

式中,P 为轴传递的功率,kW;n 为轴的转速,r/min;C 为与轴材料有关的系数,查表 14.4 选取。当轴上有键槽时,应适当增大轴径:单键增大 3%~5%,双键增大 7%~10%,并圆整成标准直径。

(2) 低速轴外伸段轴径也按式(18.1)确定,并按上述方法加以圆整取标准直径。若轴的外伸段上安装联轴器,应根据轴的计算转矩及初定的轴径选取合适的联轴器型号(查附录 A 的表 A.2 及附录 C.4)。

2) 轴外形尺寸的设计

轴的外形尺寸主要取决于轴上装配的零件、轴承布置和轴承密封种类等,一般做成阶梯轴。为便于轴上零件的装拆及轴向定位,一般根据具体情况两相邻轴段直径的变化差取 3~8 mm 即可。当轴上装有滚动轴承、密封毡圈等标准件时,轴径应取相应的标准值。

例 18.2 如图 18.1 所示,减速器输出轴传递的功率 $P = 10.35$ kW,输出轴上的转矩 $T = 953158$ N·mm,转速 $n = 103.7$ r/min,作用在大齿轮上的圆周力 $F_t = 4964$ N,径向力 $F_r = 1807$ N;小齿轮宽度 $b_1 = 85$ mm,大齿轮宽度 $b_2 = 80$ mm;齿轮传动中心距 $a = 240$ mm。试设计此轴结构。

(1) 轴的径向尺寸的确定

① 初估轴的直径。由式(18.1),查表 14.4,取 $C = 110$,则

$$d_1 \geqslant C\sqrt[3]{\frac{P}{n}} = 110\sqrt[3]{\frac{10.35}{103.7}} \text{ mm} = 51.02 \text{ mm}$$

考虑轴上键槽,轴径增大 5%,则 $d_1' = 51.02 \times 1.05$ mm $= 53.58$ mm,圆整取 $d_1 = 55$ mm 作为轴的最小直径,即轴外伸段处 d_1 的直径。

② 轴各段径向尺寸的确定。考虑该轴从外伸端开始依次要安装联轴器、轴承盖、轴承、齿轮以及上述零件的固定等,共设有 7 段轴径,轴的外形尺寸大致如图 18.4 所示。该轴各段径向尺寸的确定与分析如下:

$d_1 = 55$ mm——此段轴安装联轴器,查联轴器标准(附录 A 的表 A.2 或附录 C.4),按转矩 $T = 953158$ N·mm,$d_1 = 55$ mm,选取弹性柱销联轴器,型号为 LX4 联轴器 $J_1 55 \times 84$ GB/T 5014—2017,半联轴器的孔径 $d_{\text{联}} = 55$ mm,轴孔长为 84 mm。

$d_2 = 60$ mm——考虑联轴器右端用轴肩定位,应使 $d_2 > d_1$。两相邻轴段直径的变化差取 5 mm。此轴段上装有轴承盖及油封,查油封标准(附录 A 的表 A.5),取 $d_2 = 60$ mm。

$d_3 = 65$ mm——此轴段上装有轴承,考虑装拆轴承方便,应使 $d_3 > d_2$。常用轴承内径为 5 的倍数,由减速器工作条件与要求初选深沟球轴承 6313,查附录 A 的表 A.3,轴承内径 $d = 65$ mm,即 $d_3 = d_7 = 65$ mm,轴承外径 $D = 140$ mm,轴承宽 $B = 33$ mm。

$d_4 = 70$ mm——考虑装拆齿轮方便,应使 $d_4 > d_3$。取标准直径(一般取末位值为 0 或 5 即可),两相邻轴段直径的变化差取 5 mm。

$d_5 = 84$ mm——齿轮右端需用轴环定位,应使 $d_5 > d_4$。由表 14.3 一般取定位高度 $a = (0.07 \sim 0.1)d_4 = (0.07 \sim 0.1) \times 70$ mm $= (4.9 \sim 7)$ mm,此处取定位高度 6 mm,故 $d_5 = d_4 + 2 \times 6$ mm $= (70 + 12)$ mm $= 82$ mm。

$d_6 = 77$ mm——考虑右端轴承用轴肩定位,应使 $d_6 > d_7$。考虑便于轴承拆卸,查附录 A 的表 A.3,轴承轴肩处安装尺寸 $d_a = 77$ mm。因此,$d_6 = d_a = 77$ mm。

$d_7 = 65$ mm——此轴段上装有轴承,左右轴承型号相同,所以 $d_7 = d_3 = 65$ mm。

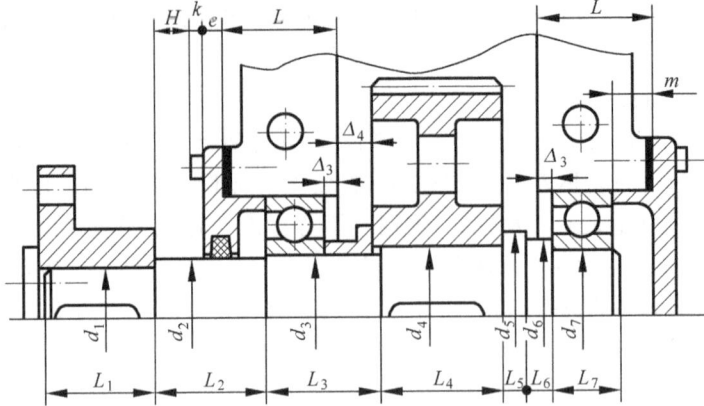

图 18.4　轴的结构设计

（2）轴的轴向尺寸的确定。轴上安装零件的各轴段长度，由该段轴上安装的零件宽度及其他结构要求来确定。当轴段上安装的零件（如齿轮、蜗轮、联轴器等）需要用套筒等零件轴向顶紧时，该段轴的长度应略小于轴上零件的轮毂宽度（2~4 mm），以保证不至于由于加工误差而造成轴上零件固定不可靠。

如图 18.4、图 18.5 所示，设计各轴段长度时需绘出有关轴系部件及箱缘结构，相关尺寸参数见图 18.6 并查表 18.4。各轴段长的确定与分析如下：

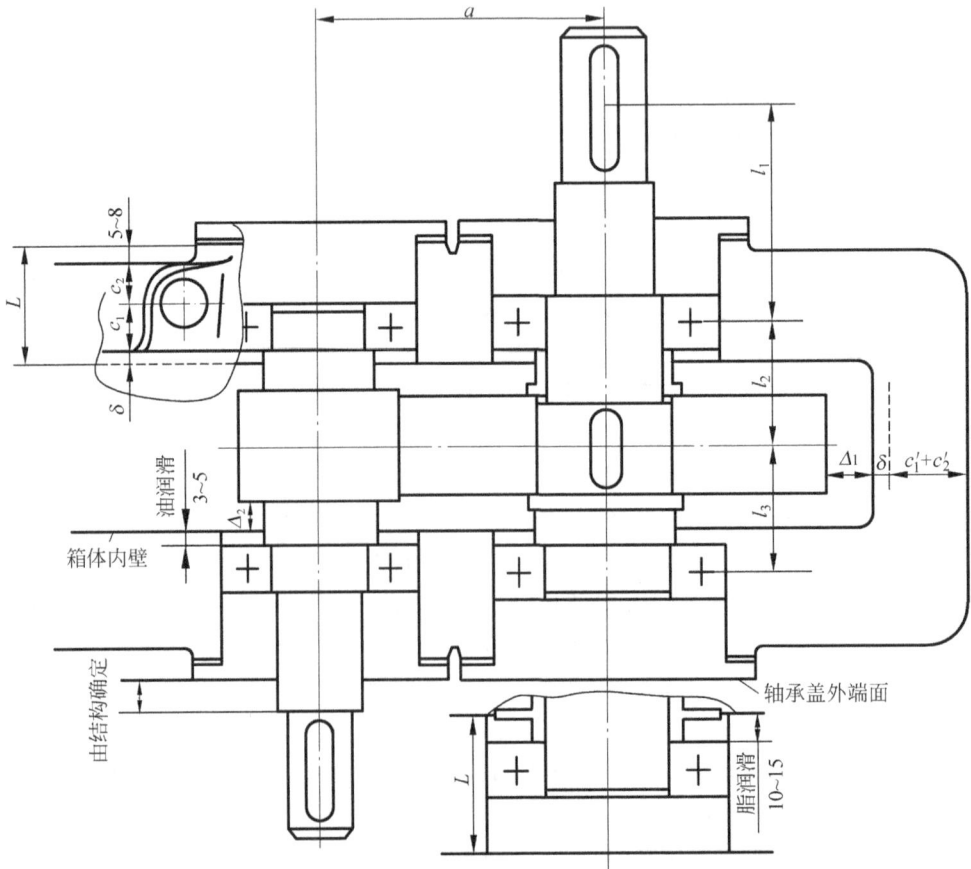

图 18.5　单级圆柱齿轮减速器装配草图

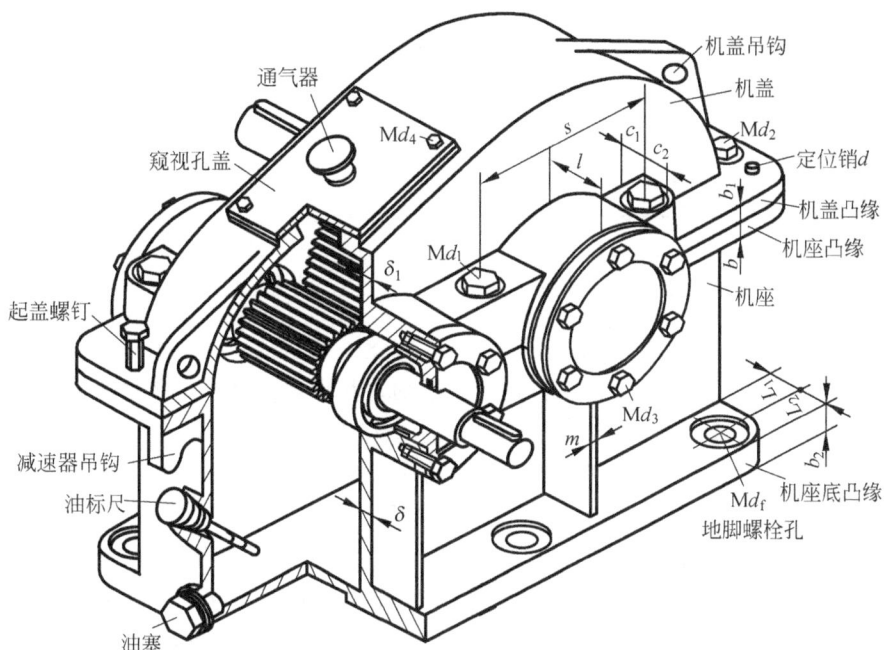

图 18.6　单级圆柱齿轮减速器结构图

表 18.4　圆柱齿轮减速器铸铁箱体的结构尺寸　　　　　　　　　　mm

名　称	符号	荐用尺寸关系			
下箱座壁厚	δ	$\delta=0.025a+1\geqslant8$（单级）　　$\delta=0.025a+3\geqslant8$（双级）			
上箱盖壁厚	δ_1	$\delta_1=0.02a+1\geqslant8$（单级）　　$\delta_1=0.02a+3\geqslant8$（双级）			
大齿轮齿顶圆与箱体内壁间的距离	Δ_1	$\Delta_1\geqslant1.2\delta$			
齿轮端面与箱体内壁间的距离	Δ_2	$\Delta_2\geqslant\delta$			
轴承座孔长度（即箱体内壁至轴承座端面的距离）	L	$L=c_1+c_2+(5\sim8)+\delta$			
单级圆柱齿轮减速器中心距	a	$\leqslant100$	$\leqslant200$	$\leqslant250$	$\leqslant350$
轴承旁连接螺栓直径	Md_1	M10	M12	M16	M20
轴承旁凸台的凸缘尺寸（扳手空间）	c_1	18	20	24	28
	c_2	14	16	20	24
上下箱连接螺栓直径	Md_2	M8	M10	M12	M16
上下箱连接螺栓处的凸缘尺寸（扳手空间）	c_1'	15	18	20	24
	c_2'	12	14	16	20
地脚螺栓直径	d_f	M12	M16	M20	M24
地脚凸缘尺寸（扳手空间）	L_1	22	25	30	35
	L_2	20	23	25	30
地脚螺栓数目	n_f	4	4	6	6
检查孔盖螺钉直径	d_4	M6			M8
圆锥定位销直径	d	8	10	12	16
轴承盖螺钉直径	d_3	见附录 A 的表 A.6			
轴承旁连接螺栓的距离	S	以 Md_1 螺栓和 Md_3 螺钉互不干涉为准，尽量靠近，一般取 $S\approx$ 轴承端盖（即轴承座）外径			

续表

名　　称	符号	荐用尺寸关系
下箱座上部凸缘厚度	b	$b = 1.5\delta$
上箱盖凸缘厚度	b_1	$b_1 = 1.5\delta_1$
箱体底座厚度	b_2	$b_2 = 2.5\delta$
箱座上的肋厚	m	$m > 0.85\delta$
箱盖上的肋厚	m_1	$m_1 > 0.85\delta_1$

$L_1 = 80$ mm——$L_1 =$ 联轴器孔长-4 mm，即$(84-4)$ mm$=80$ mm。此轴段长比联轴器轴孔短 4 mm，是为保证轴端联轴器与另一半联轴器连接可靠（如该处为轴端挡圈压紧带轮等，也存在类似的问题，同样需要有长度差）。

$L_2 = 48$ mm——$L_2 =$ 轴承座孔长度$L+$轴承盖厚$e+$轴承盖螺钉头厚$k+$间距$H-$轴承宽$B-\Delta_3$（图 18.4）。间距H一般取 $10\sim 20$ mm，H 为轴承盖螺钉头与联轴器或带轮等之间的距离（此段距离由外接零件与轴承端盖结构确定），本例取$H=10$ mm；Δ_3 为轴承端面与箱体内壁之间的距离，轴承为油润滑时 Δ_3 取 $3\sim 5$ mm，轴承为脂润滑时 Δ_3 取 $10\sim 15$ mm，本例取 $\Delta_3 = 5$ mm。由图 18.5，轴承座孔长度 $L = \delta + c_1 + c_2 + (5\sim 8)$ mm。c_1，c_2 是给轴承旁连接螺栓扳手操作留出的空间（查表 18.4）；由于轴承座孔外端面需要进行切削加工，故应使座孔凸台向外凸出$(5\sim 8)$ mm。查表 18.4，本例 $a=240$ mm，轴承旁连接螺栓直径 $Md_1 =$ M16，$c_1 = 24$ mm，$c_2 = 20$ mm，壁厚 $\delta = 0.025a+1$ mm$=(0.025\times 240+1)$ mm$=7$ mm，取 $\delta = 8$ mm，所以 $L = \delta + c_1 + c_2 + (5\sim 8)$ mm$=(8+24+20+5)$ mm$=57$ mm。又由附录 A 的表 A.6 查得 $e=12$ mm，由附录 C.3.2 查得螺钉头厚 $k=6.4$ mm，为计算方便，取 $k=7$ mm；由前述轴承宽 $B=33$ mm，则 $L_2 = L+e+k+H-B-\Delta_3 =(57+12+7+10-33-5)$ mm$=48$ mm。

$L_3 = 58$ mm——$L_3 =$ 轴承宽$B+$轴套长$L_套+4$ mm（图 18.4），式中，4 mm 是为使齿轮定位可靠。轴套长 $L_套 = \Delta_3 + \Delta_4$，其中 Δ_4 为箱体内壁与齿轮左端面的距离，在绘制图 18.3 中的齿轮和箱体内壁后该距离已画出，可量取其值，一般 $\Delta_4 = 12\sim 20$ mm，本例假设 $\Delta_4 = 16$ mm，则 $L_套 = \Delta_3 + \Delta_4 = (5+16)$ mm$=21$ mm。前面已查出轴承宽 $B=33$ mm，所以 $L_3 = B+L_套+4$ mm$=(33+21+4)$ mm$=58$ mm。

$L_4 = 76$ mm——$L_4 =$ 齿轮轮毂长-4 mm，即$(80-4)$ mm$=76$ mm。此轴段长比齿轮轴孔短 4 mm，是为保证轴套靠紧齿轮左端，使齿轮轴向固定，以保证不至于由于加工误差而造成轴上零件固定不可靠。

$L_5 = 10$ mm——L_5 为轴环宽度，一般取两段轴径高度差的 1.4 倍（见表 14.3）。此例轴径高度差为$(82-70)/2$ mm$=6$ mm，所以 $L_5 = 1.4\times 6$ mm$=8.4$ mm，圆整取 $L_5 = 10$ mm。

$L_6 = 11$ mm——L_6 的长度应能使齿轮在两轴承间居中(对称布置),这样有利于受力。由轴套长 $L_套 = 21$ mm 可见,齿轮左端面与左轴承之间的距离即为 21 mm,则齿轮右端面与右轴承之间的距离也应为 21 mm,而此段长即是 $L_5 + L_6$,所以 $L_5 + L_6 = 21$ mm,则 $L_6 = 21$ mm $- L_5 = (21 - 10)$ mm $= 11$ mm。

$L_7 = 35$ mm——$L_7 =$ 轴承宽度 $B + 2$ mm,式中,2 mm 为倒角尺寸。设计轴径 d_3 时已由轴承标准(附录 A 的表 A.3)查得深沟球轴承 6313 的宽度 $B = 33$ mm,所以 $L_7 = (33 + 2)$ mm $= 35$ mm。

5. 轴承座孔和轴承盖的绘制

根据上述轴承座孔长度 $L = 57$ mm 和轴承外径 $D = 140$ mm,可绘制轴承座孔(图 18.4、图 18.5)。

根据轴承尺寸画出相应的轴承盖的外廓及其连接螺栓,具体尺寸可参看附录 A 的表 A.6。轴承盖上的毡圈油封及槽的尺寸查附录 A 的表 A.5。

6. 轴承润滑方式的选择及油沟的绘制

齿轮浸浴在油池中,当齿轮圆周速度 $v > 2$ m/s 时,可采用齿轮转动时飞溅起来的润滑油润滑轴承,简称油润滑;当齿轮圆周速度 $v \leqslant 2$ m/s 时,可采用润滑脂润滑轴承,简称脂润滑。采用油润滑时,应在下箱座的箱缘上开设输油沟,使飞溅起来的油沿上箱盖内壁经斜面流入输油沟里(图 18.7(a)),再经轴承盖上的导油槽流入轴承。

输油沟有机械加工油沟(图 18.7(b))和铸造油沟(图 18.7(c))两种,机械加工的油沟容易制造、工艺性好,应用较多;铸造油沟由于工艺性不好,用得较少。

7. 油面位置及箱体高度的确定

对于大多数减速器,由于其传动件的圆周速度

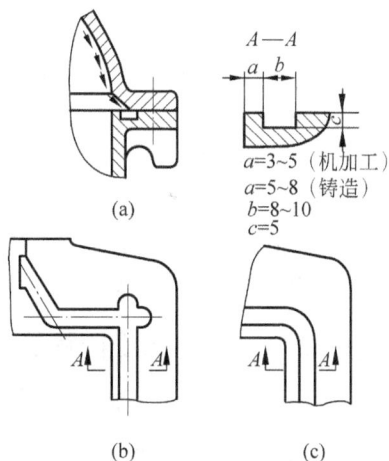

图 18.7　输油沟的结构

$v \leqslant 12$ m/s,故常采用浸油润滑(当圆周速度 $v > 12$ m/s 时应采用喷油润滑)。

为避免浸油润滑的搅油功率损失过大和保证传动件润滑充分,传动件浸入油中的深度不宜太深或太浅。如图 18.8 所示,浸油深度 h 约为 1 个齿高,但不小于 10 mm。为避免传动件回转时将油池底部沉积的污物搅起,大齿轮的齿顶圆到油池底部的距离应不小于 30 mm。箱体高度还应满足传递功率的需油量,对于单级减速器,每传递 1 kW 功率需油量约为 $350 \sim 700$ cm³(油黏度高时取大值)。如初步作图确定的装油量不够,应将箱体底面下移,增加箱座高度,以达到所需装油量。

8. 轴承旁螺栓凸台高度的确定

如图 18.9 所示,轴承座孔两侧连接螺栓的间距 s 可近似取为轴承盖外径 D_2,但要注意不能与轴承盖螺钉孔及油沟干涉,凸台高度应以保证足够的螺母扳手操作空间 C_1、C_2 为原则。先确定最大的轴承座孔的凸台高度 h,其余凸台高度与其保持平齐,以便于加工。

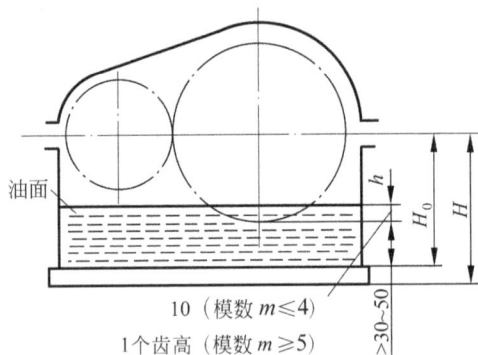

图 18.8　减速器油面高度及油池深度

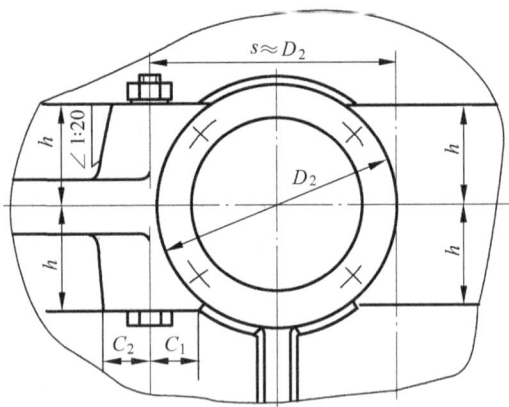

图 18.9　轴承旁螺栓凸台结构

9. 绘制主视图、侧视图并完成装配草图

在完成轴的强度校核、滚动轴承和键等的校核后，即可绘制主视图。主视图中小齿轮左侧的箱体内壁线可根据轴承旁连接螺栓凸台的结构位置画出。然后，按投影关系画出俯视图中小齿轮左侧的箱体内壁线，并进一步画出与之相关的其他结构，如上箱盖、箱体凸缘、启盖螺钉、上下箱定位销等。

参考附录 A 的表 A.7～表 A.12，画出减速器的附件：透气塞、检查孔及检查孔盖、放油塞、吊耳及吊钩、油标尺等。

按投影关系绘制侧视图，完成减速器装配草图。

18.3.3　轴的强度校核算例

例 18.3　已知条件同例 18.2。试按许用弯曲应力校核该轴的强度。

1. 选择轴的材料，确定许用应力

轴的材料选用 45 钢，调质处理，由表 14.2 查得 $\sigma_b = 650$ MPa，由表 14.5 查得 $[\sigma_{-1}]_w = 60$ MPa。

2. 轴的结构设计

轴外形尺寸的设计过程同例 18.2，各段直径和长度如下：

$d_1 = 55$ mm, $d_2 = 60$ mm, $d_3 = 65$ mm, $d_4 = 70$ mm, $d_5 = 82$ mm, $d_6 = 77$ mm, $d_7 = 65$ mm

$L_1 = 80$ mm, $L_2 = 48$ mm, $L_3 = 58$ mm, $L_4 = 76$ mm, $L_5 = 10$ mm, $L_6 = 11$ mm, $L_7 = 35$ mm

3. 绘轴的受力简图，计算支反力

（1）绘轴的受力简图

由图 18.10(a)所示的轴结构简图，联轴器对轴的力点 A 取 L_1 的中点，两轴承支点 B、D 分别取轴承宽的中点，齿轮对轴的力点 C 取齿轮轮毂宽的中点，则联轴器悬臂长 $L_{AB} = (80/2+48+33/2)$ mm $= 104.5$ mm；齿轮距离轴承支点的跨距 $L_{BC} = L_{CD} = 0.5 \times$ 轴承宽＋轴套长＋$0.5 \times$ 齿轮轮毂宽＝$(0.5 \times 33 + 21 + 0.5 \times 80)$ mm $= 77.5$ mm。

根据 $L_{AB} = 104.5$ mm, $L_{BC} = L_{CD} = 77.5$ mm，可画出轴的受力简图，如图 18.10(b)所示。

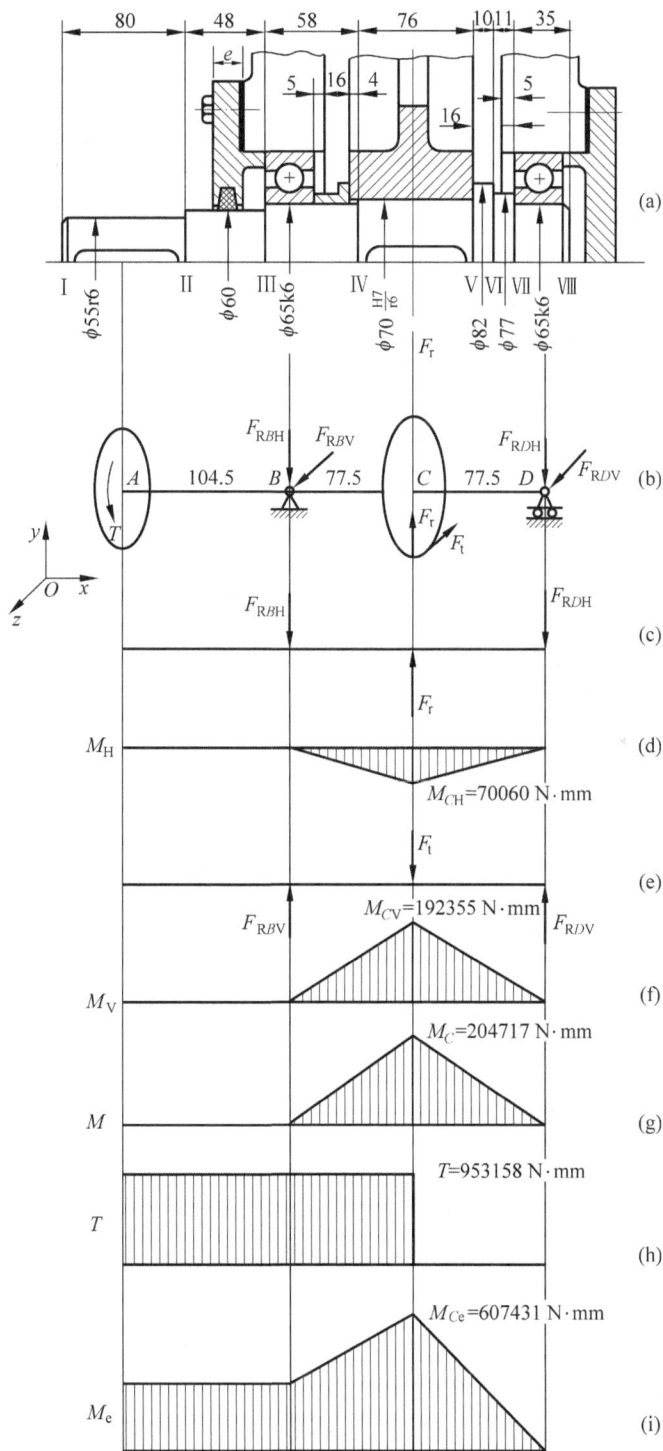

图 18.10 例 18.3 轴的结构简图和受力分析

（2）计算支反力

水平面（xOy）支反力（图 18.10(c)）　$F_{RBH} = F_{RDH} = \dfrac{F_r}{2} = \dfrac{1807}{2}$ N $= 904$ N

垂直面（xOz）支反力（图 18.10(e)）　$F_{RBV} = F_{RDV} = \dfrac{F_t}{2} = \dfrac{4964}{2}$ N $= 2482$ N

4. 绘弯矩图、转矩图

（1）绘水平面弯矩图 M_H（图 18.10(d)）

C 处截面：$M_{CH} = F_{RBH} \cdot L_2 = 904 \times 77.5$ N $\cdot$ mm $= 70060$ N $\cdot$ mm

（2）绘垂直面弯矩图 M_V（图 18.10(f)）

C 处截面：$M_{CV} = F_{RBV} \cdot L_2 = 2482 \times 77.5$ N $\cdot$ mm $= 192355$ N $\cdot$ mm

（3）绘合成弯矩图 M_C（图 18.10(g)）

$$M_C = \sqrt{M_{CV}^2 + M_{CH}^2} = \sqrt{192355^2 + 70060^2} \text{ N} \cdot \text{mm} = 204717 \text{ N} \cdot \text{mm}$$

（4）绘转矩图 T（图 18.10(h)）

$$T = 953158 \text{ N} \cdot \text{mm}$$

（5）绘当量弯矩图 M_{Ce}（图 18.10(i)）

C 处截面的当量弯矩：

$$M_{Ce} = \sqrt{M_C^2 + (\alpha T)^2} = \sqrt{204717^2 + (0.6 \times 953158)^2} \text{ N} \cdot \text{mm} = 607431 \text{ N} \cdot \text{mm}$$

5. 按许用弯曲应力校核轴的强度

C 处截面弯矩最大，应校核该截面的强度

$$d_C = \sqrt[3]{\frac{M_{Ce}}{W[\sigma_{-1}]_w}} \approx \sqrt[3]{\frac{M_{Ce}}{0.1[\sigma_{-1}]_w}} = \sqrt[3]{\frac{607431}{0.1 \times 60}} \text{ mm} = 46.61 \text{ mm}$$

考虑轴上键槽，轴径增大 5%，则 $d'_C = 46.61 \times 1.05$ mm $= 48.94$ mm < 70 mm，所以强度足够。

又考虑截面Ⅳ（d_3 与 d_4 交界面）相对 C 处截面尺寸较小，且当量弯矩也较大，故也应进行校核（读者可自行计算）。

18.3.4　滚动轴承和键的校核

滚动轴承可以选择深沟球轴承、角接触球轴承或圆锥滚子轴承。对轴结构设计时已选择的轴承型号进行受力分析和寿命计算，具体方法参考第 15 章。

键连接一般选择 A 型普通平键，轴端处也可选择 C 型普通平键，其强度计算参考第 9 章。键和键槽尺寸查附录 A 的表 A.4。

滚动轴承的寿命和键连接的强度经计算如果满足工作要求，则可以进行下一步绘图；如果计算后不满足工作要求，则需重新设计轴的结构，返回上一步重新校核轴的强度。经反复计算后必须达到轴、滚动轴承、键连接都满足强度和寿命要求，方可进行后续设计。

18.3.5　完成装配图、零件图和设计计算说明书

1. 装配图的要求

在装配草图的基础上完成减速器装配工作图，有关图例可参考附录 B 的图 B.1～图 B.3。

其他要求简述如下。

1) 尺寸标注

装配图上应标注的尺寸有：

(1) 外形尺寸，如减速器总长、总宽和总高等。外形尺寸提供装配工作所需空间、搬运所需工具等信息。

(2) 特性尺寸，如传动零件中心距及偏差。特性尺寸提供减速器性能、规格和特征的信息。

(3) 安装尺寸，如减速器中心高、地脚螺栓孔的直径和位置尺寸、机座底面尺寸、外伸轴与其他机械连接的轴段长度和直径尺寸。安装尺寸提供减速器与其他有关零部件之间连接所需的信息。

(4) 配合尺寸，如主要零件的配合尺寸、配合性质和精度等级。配合尺寸提供装配工作的要求、装配工具的选用和装配工艺方面的信息。

2) 减速器技术特性标注

应在装配图上适当位置写出减速器的技术特性，包括输入功率和转速、传动效率、总传动比及各级传动比、传动特性(如各级传动件的主要几何参数、精度等级)等。

3) 编写技术要求

装配工作图的技术要求是用文字说明在视图上无法表达的有关装配、调整、检验、润滑、维护等方面的内容。技术条件主要包括以下几方面：①对润滑剂的要求；②滚动轴承轴向游隙及其调整方法；③传动侧隙；④接触斑点；⑤减速器的密封；⑥对实验的要求；⑦外观、包装和运输的要求。

4) 零件编号

零部件序号及其编排方法按有关制图标准规定执行。

5) 编制零件明细栏和标题栏

明细栏和标题栏的格式见附录 C.1。

6) 检查装配工作图

完成工作图后，应对此阶段的设计再进行一次全面的检查，图纸经检查并修改后，待画完零件工作图后再描深。

2. 零件图的要求

零件工作图在总装配图完成后绘制，一般要求绘制齿轮和轴等主要零件，可参考附录 B 的图 B.4、图 B.5。零件图除须正确反映所设计零件的详细结构、尺寸和公差，有关国标等资料可通过附录 C 查阅。绘制过程中还要注意以下问题。

(1) 视图的选择。合理选用视图，应能将零件的结构形状和尺寸，完整、准确又清晰地表达出来。

(2) 尺寸及其偏差的标注。尺寸既要足够又不多余，并便于零件的加工和检验，尺寸公差参考附录 C。

(3) 零件表面粗糙度的标注。粗糙度的选择根据加工手段和工作要求确定。

(4) 形位公差的标注。形位公差的具体数值及标注方法可参看附录 C 或有关手册和图册。

(5) 技术条件。技术条件可根据实际要求提出，用文字简明扼要地书写在技术条件中。

　　（6）标题栏。零件工作图的标题栏位置应布置在图幅的右下角，用以说明该零件的名称、材料、数量、图号、比例以及责任者姓名等，标题栏尺寸应符合机械制图标准。

3. 设计计算说明书的编写要求

　　设计计算说明书应写出全部计算过程、所用各种参数选择依据及最后结论，并且还应该有必要的草图。设计计算说明书的内容视设计任务而定。对于以减速器为主的机械传动装置设计，其内容大致包括以下几方面：

　　（1）目录（标题及页次）；

　　（2）设计任务书；

　　（3）传动方案的分析和拟定，包括传动方案简图；

　　（4）计算电动机所需功率，选择电动机；

　　（5）传动装置的运动和动力参数计算（分配各级传动比，计算各轴的转速、功率和转矩）；

　　（6）传动零件的设计计算（包括必要的结构草图和计算简图）；

　　（7）轴的设计计算；

　　（8）滚动轴承的选择和计算；

　　（9）键连接的选择和验算；

　　（10）联轴器的选择；

　　（11）润滑方式、润滑油牌号及密封装置的选择；

　　（12）设计小结（对课程设计有何心得体会，该设计的优缺点及改进意见等）；

　　（13）参考资料（资料编号、作者、书名、版次、出版地、出版社及年份）。

　　设计计算说明书的书写格式示例如下：

计 算 项 目	计 算 及 说 明	计 算 结 果
1. 确定计算功率 P_c 2. 选择 V 带型号 3. 确定带轮基准直径 d_1、d_2	由表 10.6 查取工作情况系数 $K_\Lambda = 1.2$， 　　　　$P_c = K_\Lambda P = 1.2 \times 5.5 \text{ kW} = 6.6 \text{ kW}$ 根据 $P_c = 6.6 \text{ kW}$ 和 $n_1 = 1440 \text{ r/min}$ 查图 10.13，选用 A 型带。 （1）由表 10.7 选取 A 型 V 带轮基准直径 　　　　　　$d_1 = 125 \text{ mm}$ （2）验算带速 v 　　$v = \dfrac{\pi d_1 n_1}{60 \times 1000} = \dfrac{\pi \times 125 \times 1440}{60 \times 1000} \text{ m/s} = 9.43 \text{ m/s}$ 在 5～25 m/s 范围内，故合适。 （3）确定大带轮基准直径 d_2 $\cdots\cdots\cdots\cdots\cdots\cdots\cdots\cdots\cdots\cdots\cdots\cdots\cdots$ $\cdots\cdots\cdots\cdots\cdots\cdots\cdots\cdots\cdots\cdots\cdots\cdots\cdots$ $\cdots\cdots\cdots\cdots\cdots\cdots\cdots\cdots\cdots\cdots\cdots\cdots\cdots$	$P_c = 6.6 \text{ kW}$ A 型带 $d_1 = 125 \text{ mm}$ $v = 9.43 \text{ m/s}$ $d_2 = \cdots$

附录 A　课程设计常用参考资料

表 A.1　Y 系列三相异步电动机技术数据

Y80~Y132　　Y160~Y250

电动机型号	额定功率/kW	满载转速/(r/min)	堵转转矩额定转矩	最大转矩额定转矩	电动机型号	额定功率/kW	满载转速/(r/min)	堵转转矩额定转矩	最大转矩额定转矩
同步转速 3000 r/min，2 极					同步转速 1500 r/min，4 极				
Y801-2	0.75	2825	2.2	2.2	Y801-4	0.55	1390	2.2	2.2
Y802-2	1.1	2825	2.2	2.2	Y802-4	0.75	1390	2.2	2.2
Y90S-2	1.5	2840	2.2	2.2	Y90S-4	1.1	1400	2.2	2.2
Y90L-2	2.2	2840	2.2	2.2	Y90L-4	1.5	1400	2.2	2.2
Y100L-2	3	2880	2.2	2.2	Y100L$_1$-4	2.2	1420	2.2	2.2
Y112M-2	4	2890	2.2	2.2	Y100L$_2$-4	3	1420	2.2	2.2
Y132S$_1$-2	5.5	2900	2.0	2.2	Y112M-4	4	1440	2.2	2.2
Y132S$_2$-2	7.5	2900	2.0	2.2	Y132S-4	5.5	1440	2.2	2.2
Y160M$_1$-2	11	2930	2.0	2.2	Y132M-4	7.5	1440	2.2	2.2
Y160M$_2$-2	15	2930	2.0	2.2	Y160M-4	11	1460	2.2	2.2
Y160L-2	18.5	2930	2.0	2.2	Y160L-4	15	1460	2.2	2.2
Y180M-2	22	2940	2.0	2.2	Y180M-4	18.5	1470	2.0	2.2
Y200L$_1$-2	30	2950	2.0	2.2	Y180L-4	22	1470	2.0	2.2
Y200L-4	30	1470	2.0	2.0	Y200L$_2$6	22	970	1.8	2.0
同步转速 1000 r/min，6 级					Y225M-6	30	980	1.7	2.0
Y90S-6	0.75	910	2.0	2.0	同步转速 750 r/min，8 级				
Y90L-6	1.1	910	2.0	2.0	Y132S-8	2.2	710	2.0	2.0
Y100L-6	1.5	940	2.0	2.0	Y132M-8	3	710	2.0	2.0
Y112M-6	2.2	940	2.0	2.0	Y160M$_1$-8	4	720	2.0	2.0
Y132S-6	3	960	2.0	2.0	Y160M$_2$-8	5.5	720	2.0	2.0
Y132M$_1$-6	4	960	2.0	2.0	Y160L-8	7.5	720	2.0	2.0
Y132M$_2$-6	5.5	960	2.0	2.0	Y180L-8	11	730	1.7	2.0
Y160M-6	7.5	970	2.0	2.0	Y200L-8	15	730	1.8	2.0
Y160L-6	11	970	2.0	2.0	Y225S-8	18.5	730	1.7	2.0
Y180L-6	15	970	1.8	2.0	Y225M-8	32	730	1.8	2.0
Y200L$_1$-6	18.5	970	1.8	2.0	Y250M-8	30	730	1.8	2.0

续表

机座号	极数	A	B	C	D	E	F	G	H	K	AB	AC	AD	HD	BB	L
132S		216		89	38	80	10	33	132	12	280	270	210	315	200	475
132M			178												238	515
160M	2、4、	254	210	108	42 +0.018 +0.002		12	37	160		330	325	255	385	270	600
160L	6、8		254			110				15					314	645
180M		279	241	121	48		14	42.5	180		355	360	285	430	311	670
180L			279												349	710

表 A.2　弹性柱销联轴器(摘自 GB/T 5014—2017)　　　　　　　　mm

图中标注：A—A　b　S　b　J型轴孔　Y型轴孔　标记　D　D_1　d_z　d_1　d_2　1:10　J_1型轴孔　Z型轴孔　L　L_1　A

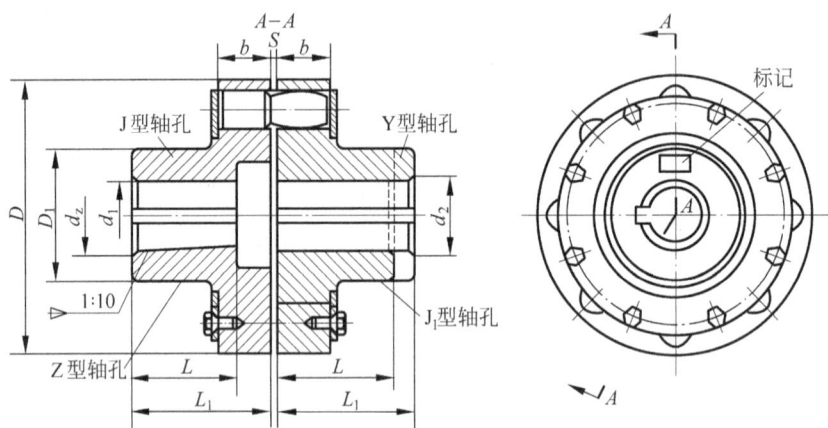

标记示例：LX7 联轴器 $\dfrac{ZC75\times107}{JB70\times107}$ GB/T 5014—2017

主动端：Z 型轴孔，C 型键槽，$d_z=75$ mm，$L=107$ mm

从动端：J 型轴孔，B 型键槽，$d_z=70$ mm，$L=107$ mm

型号	公称转矩 T_n/(N·m)	许用转速 $[n]$/(r/min)	轴孔直径 d_1、d_2、d_z	轴孔长度 Y型 L	J、J_1、Z型 L	Z型 L_1	D	D_1	b	S	转动惯量 I/(kg·m²)	质量 m/kg
LX1	250	8500	12、14	32	27	—	90	40	20	2.5	0.002	2
			16、18、19	42	30	42						
			20、22、24	52	38	52						
LX2	560	6300	20、22、24	52	38	52	120	55	28	2.5	0.009	5
			25、28	62	44	62						
			30、32、35	82	60	82						
LX3	1250	4750	30、32、35、38	82	60	82	160	75	36	2.5	0.026	8
			40、42、45、48	112	84	112						
LX4	2500	3870	40、42、45、48、50、55、56	112	84	112	195	100	45	3	0.109	22
			60、63	142	107	142						

续表

型号	公称转矩 T_n/(N・m)	许用转速 $[n]$/(r/min)	轴孔直径 d_1、d_2、d_z	轴孔长度			D	D_1	b	S	转动惯量 I/(kg・m²)	质量 m/kg
				Y 型	J、J_1、Z 型							
				L	L	L_1						
LX5	3150	3450	50、55、56	112	84	112	220	120	45	3	0.191	30
			60、63、65、70、71、75	142	107	142						
LX6	6300	2720	60、63、65、70、71、75	142	107	142	280	140	50	4	0.543	53
			80、85	172	132	172						
LX7	11200	2360	70、71、75	142	107	142	320	170	56	4	1.314	98
			80、85、90、90	172	132	172						
			100、110	212	167	172						
LX8	16000	2120	81、85、90、95	172	132	172	360	200	56	5	2.023	119
			100、110、120、125	212	167	212						

表 A.3　深沟球轴承(摘自 GB/T 276—2013)

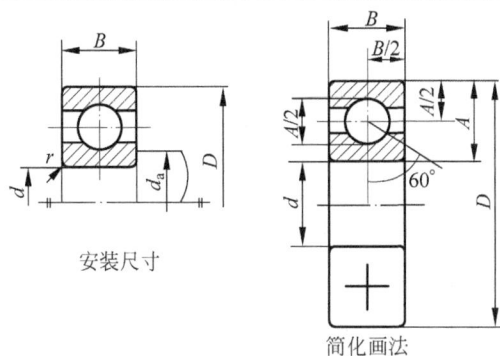

安装尺寸

简化画法

标记示例:

滚动轴承　6210　GB/T 276—2013

轴承代号	基本尺寸/mm			安装尺寸/mm	基本额定载荷/kN		极限转速/(r/min)	
	d	D	B	d_a	C_r	C_{0r}	脂	油
6202	15	35	11	20	7.65	3.72	17000	22000
6302	15	42	13	21	11.5	5.42	16000	20000
6203	17	40	12	22	9.58	4.78	16000	20000
6303	17	47	14	23	13.5	6.58	15000	19000
6204	20	47	14	26	12.8	6.65	14000	18000
6304	20	52	15	27	15.8	7.88	13000	17000
6205	25	52	15	31	14.0	7.88	12000	16000
6305	25	62	17	32	22.2	11.5	10000	14000
6206	30	62	16	36	19.5	11.5	95000	13000
6306	30	72	19	37	27.0	15.2	9000	12000
6207	35	72	17	42	25.5	15.2	8500	11000
6307	35	80	21	44	33.2	19.2	8000	10000

续表

轴承代号	基本尺寸/mm			安装尺寸/mm	基本额定载荷/kN		极限转速/(r/min)	
	d	D	B	d_a	C_r	C_{0r}	脂	油
6208	40	80	18	47	29.5	18.0	8000	10000
6308	40	90	23	49	40.8	24.0	7000	9000
6209	45	85	19	52	31.5	20.5	7000	9000
6309	45	100	25	55	52.8	31.8	6300	8000
6210	50	90	20	57	35.0	23.2	6700	8500
6310	50	110	27	60	61.8	38.0	6000	7500
6211	55	100	21	64	43.2	29.2	6000	7500
6311	55	120	29	65	71.5	44.8	5300	6700
6212	60	110	22	69	47.8	32.8	5600	7000
6312	60	130	31	72	81.8	51.8	5000	6300
6213	65	120	23	74	57.2	40.0	5000	6300
6313	65	140	33	77	93.8	60.5	4500	5600
6214	70	125	24	79	60.8	45.5	4800	6000
6314	70	150	35	82	105	68.0	4300	5300
6215	75	130	25	84	66.0	49.5	4500	5600
6315	75	160	37	87	112	76.8	4000	5000
6216	80	140	26	90	71.5	54.2	4300	5300
6316	80	170	39	94	122	86.5	3800	4800
6217	85	150	28	95	83.2	63.8	4000	5000
6317	85	180	41	99	132	96.5	3600	4500
6218	90	160	30	100	95.8	71.5	3800	4800
6318	90	190	43	104	145	108	3400	4300
6219	95	170	32	107	110	82.8	3600	4500
6319	95	200	45	109	155	122	3200	4000
6220	100	180	34	112	122	92.8	3400	4300
6320	100	215	47	114	172	140	2800	3600

表 A.4　普通平键连接(摘自 GB/T 1095—2003、GB/T 1096—2003)

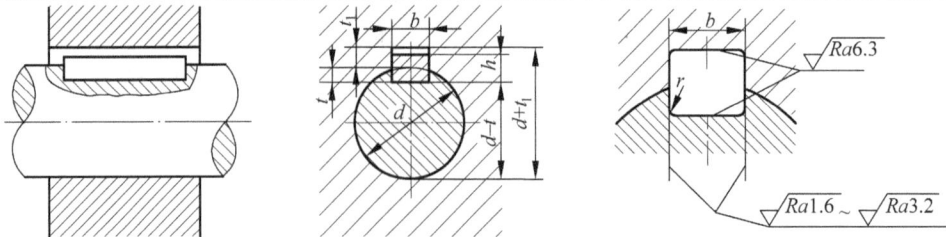

mm

轴径 d		6~8	>8~10	>10~12	>12~17	>17~22	>22~30	>30~38	>38~44	>44~50	>50~58	>58~65	>65~75	>75~85
键的公称尺寸	b	2	3	4	5	6	8	10	12	14	16	18	20	22
	h	2	3	4	5	6	7	8	8	9	10	11	12	14

续表

<table>
<tr><td rowspan="4">键槽</td><td rowspan="2">深度</td><td>轴 t</td><td>1.2</td><td>1.8</td><td>2.5</td><td>3.0</td><td>3.5</td><td>4.0</td><td>5.0</td><td>5.0</td><td>5.5</td><td>6</td><td>7.0</td><td>7.5</td><td>9</td></tr>
<tr><td>轮毂 t_1</td><td>1.0</td><td>1.4</td><td>1.8</td><td>2.3</td><td>2.8</td><td>3.3</td><td>3.3</td><td>3.3</td><td>3.8</td><td>4.3</td><td>4.4</td><td>4.9</td><td>5.4</td></tr>
<tr><td rowspan="2">半径 r</td><td>最大</td><td colspan="3">0.08</td><td colspan="3">0.16</td><td colspan="4">0.25</td><td colspan="3">0.40</td></tr>
<tr><td>最小</td><td colspan="3">0.16</td><td colspan="3">0.25</td><td colspan="4">0.40</td><td colspan="3">0.60</td></tr>
</table>

键的长度系列	6,8,10,12,14,16,18,20,22,25,28,32,36,40,45,50,56,63,70,80,90,100,110,125,140,160,180,200,220,230,250,280,360,400,450,500

表 A.5　毡圈油封及槽(摘自 JB/ZQ 4606—1997)　　　　　　mm

轴径	毡圈				槽				
d	D	d_1	B_1		D_0	d_0	b	B_{min} 钢	B_{min} 铸铁
15	29	14	6		28	16	5	10	12
20	33	19			32	21			
25	39	24	7		38	26	6		
30	45	29			44	31			
35	49	34			48	36			
40	53	39			52	41			
45	61	44	8		60	46	7	12	15
50	69	49			68	51			
55	74	53			72	56			
60	80	58			78	61			
65	84	63			82	66			
70	90	68			82	66			
75	94	73			92	77			
80	102	78	9		100	82	8	15	18

标记示例　轴径 $d=40$ mm 的毡圈
记为：毡圈　40　FZ/T 92010—1991

表 A.6　螺钉连接式轴承盖　　　　　　mm

$d_2=d_3+1$ mm

$D_0=D+2.5d_3$

$D_2=D_0+2.5d_3$

$e=1.2d_3$

$e_1 \geqslant e$

m 由结构确定

$D_1=D-(3\sim4)$ mm

$D_4=D-(10\sim15)$ mm

b_1、d_1 由密封尺寸确定

$b=5\sim10$ mm

$h=(0.8\sim1)b$

各参数均根据轴承外径 D 确定

轴承外径 D	轴承盖连接螺钉直径 d_3	螺钉数目
45～65	6	6
70～100	8	
110～140	10	
150～230	12～16	

注：轴承为油润滑时盖上开油孔($b\times h$)；轴承为脂润滑时盖上无油孔

表 A.7　通气塞　　　　　　　　　　　　　　mm

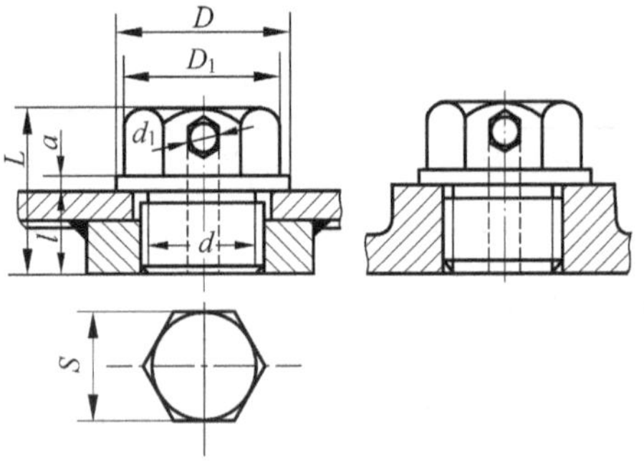

d	D	D_1	S	L	l	a	d_1
M12×1.25	18	16.5	14	19	10	2	4
M16×1.5	22	19.6	17	23	12	2	5
M20×1.5	30	25.4	22	28	15	4	6
M22×1.5	32	25.4	22	29	15	4	7
M27×1.5	38	31.2	27	34	18	4	8

表 A.8　检查孔及检查孔盖　　　　　　　　　mm

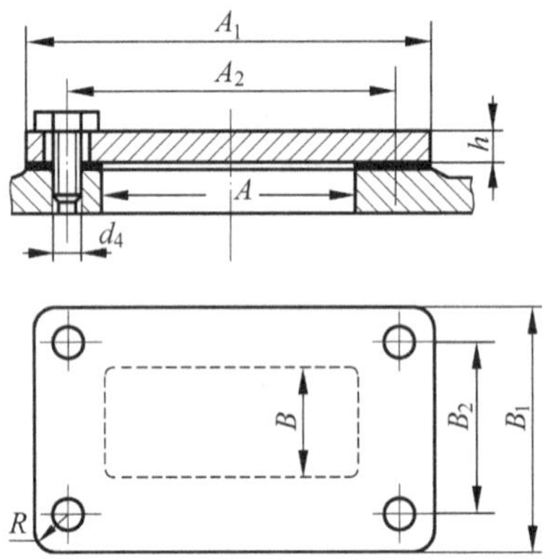

A	100　120　150　180　200
A_1	$A+(5\sim6)d_4$
A_2	$1/2(A+A_1)$
B	$B_1-(5\sim6)d_4$
B_1	箱体宽$-(15\sim20)$
B_2	$1/2(B+B_1)$
d_4	M6～M8,螺钉数目 4～6 个
R	5～10
h	3～5

表 A.9　螺塞及封油垫　　　　　　　　　　　mm

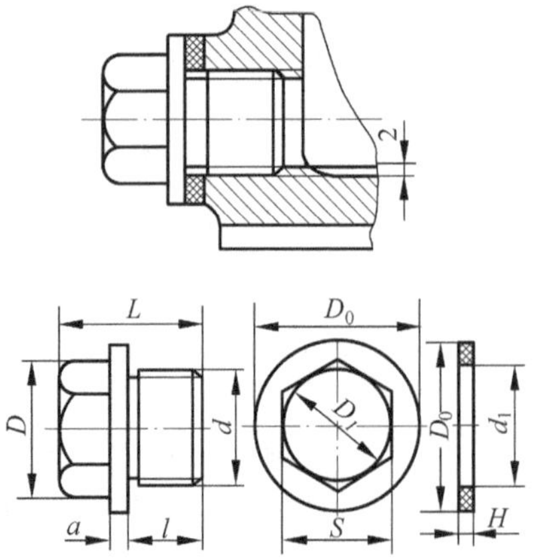

d	M14×1.5	M16×1.5	M20×1.5
D_0	22	26	30
L	22	23	28
l	12	12	15
a	3	3	4
D	19.6	19.6	25.4
S	17	17	22
D_1	$\approx0.95S$		
d_1	15	17	22
H	2		

表 A.10 挡油盘

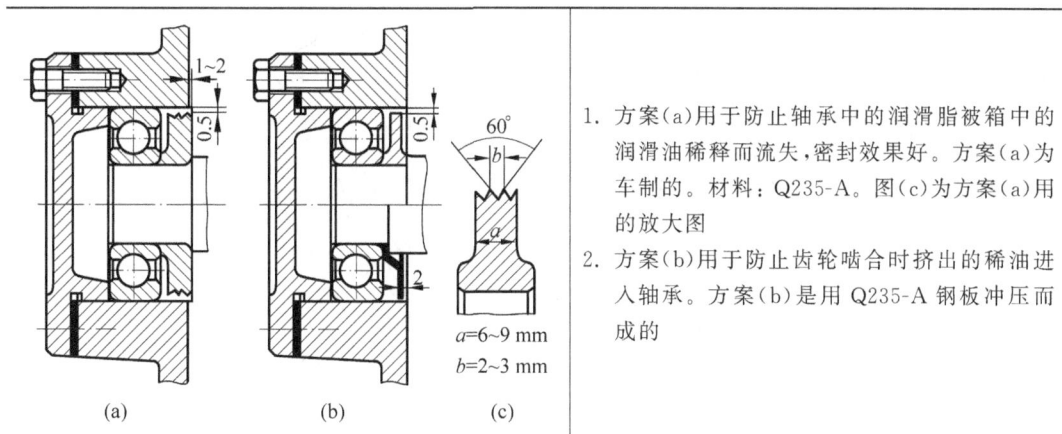

$a=6\sim9$ mm
$b=2\sim3$ mm

1. 方案(a)用于防止轴承中的润滑脂被箱中的润滑油稀释而流失,密封效果好。方案(a)为车制的。材料:Q235-A。图(c)为方案(a)用的放大图
2. 方案(b)用于防止齿轮啮合时挤出的稀油进入轴承。方案(b)是用 Q235-A 钢板冲压而成的

表 A.11 箱体上的吊耳与吊钩

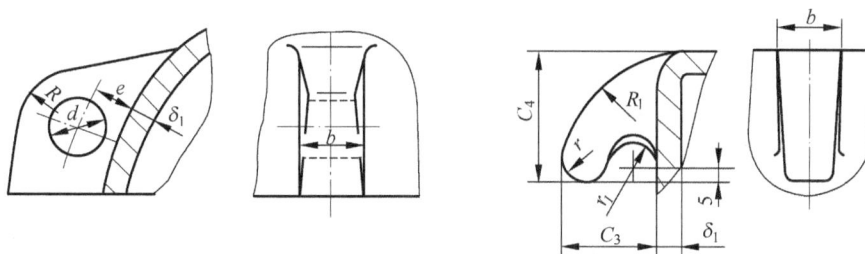

δ_1——机盖壁厚	$b=d$	$C_3=(4\sim5)\delta_1$	$R\approx(1\sim1.2)d$	$r\approx0.25C_3$
$d\approx(1.8\sim2.5)\delta_1$	$e\approx(0.8\sim1)d$	$C_4=(1.3\sim1.5)C_3$	$R_1=C_4$	$r_1\approx0.2C_3$

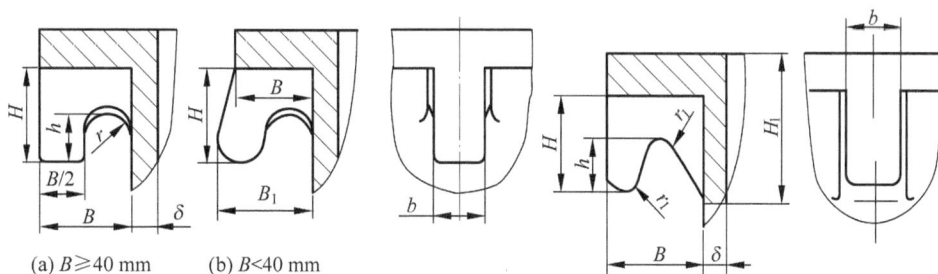

(a) $B\geqslant40$ mm   (b) $B<40$ mm

δ——机座壁厚	C_1、C_2——机座与机盖凸缘连接螺栓的扳手空间	
$B=C_1+C_2$	$B_1=B$(当 $B\geqslant40$ mm 时)	$r\approx0.25B$
$H=(0.8\sim1.2)B$	$B_1=40$ mm(当 $B<40$ mm 时)	$r_1\approx B/6$
$b=(1.2\sim2.5)\delta$	$h=(0.5\sim0.6)H$	H_1 按结构确定

表 A. 12　油标尺

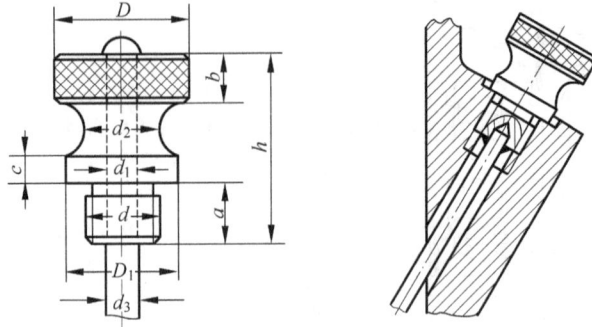

d	d_1	d_2	d_3	h	a	b	c	D	D_1
M12(12)	4	12	6	28	10	6	4	20	16
M16(16)	4	16	6	35	12	8	5	26	22
M20(20)	6	20	8	42	15	10	6	32	26

附录 B 课程设计参考图例

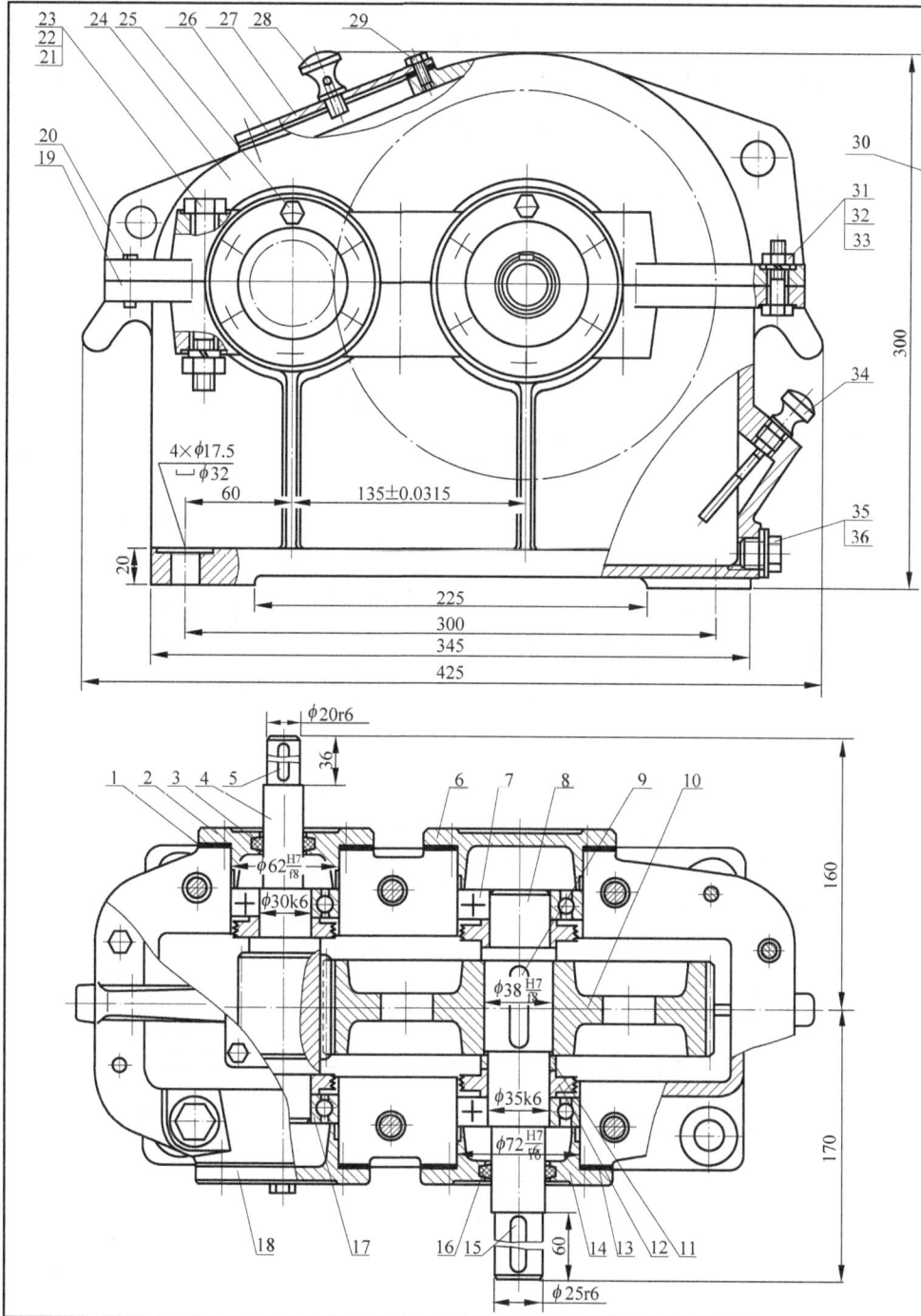

图 B.1 单级圆柱齿轮减速器装配图

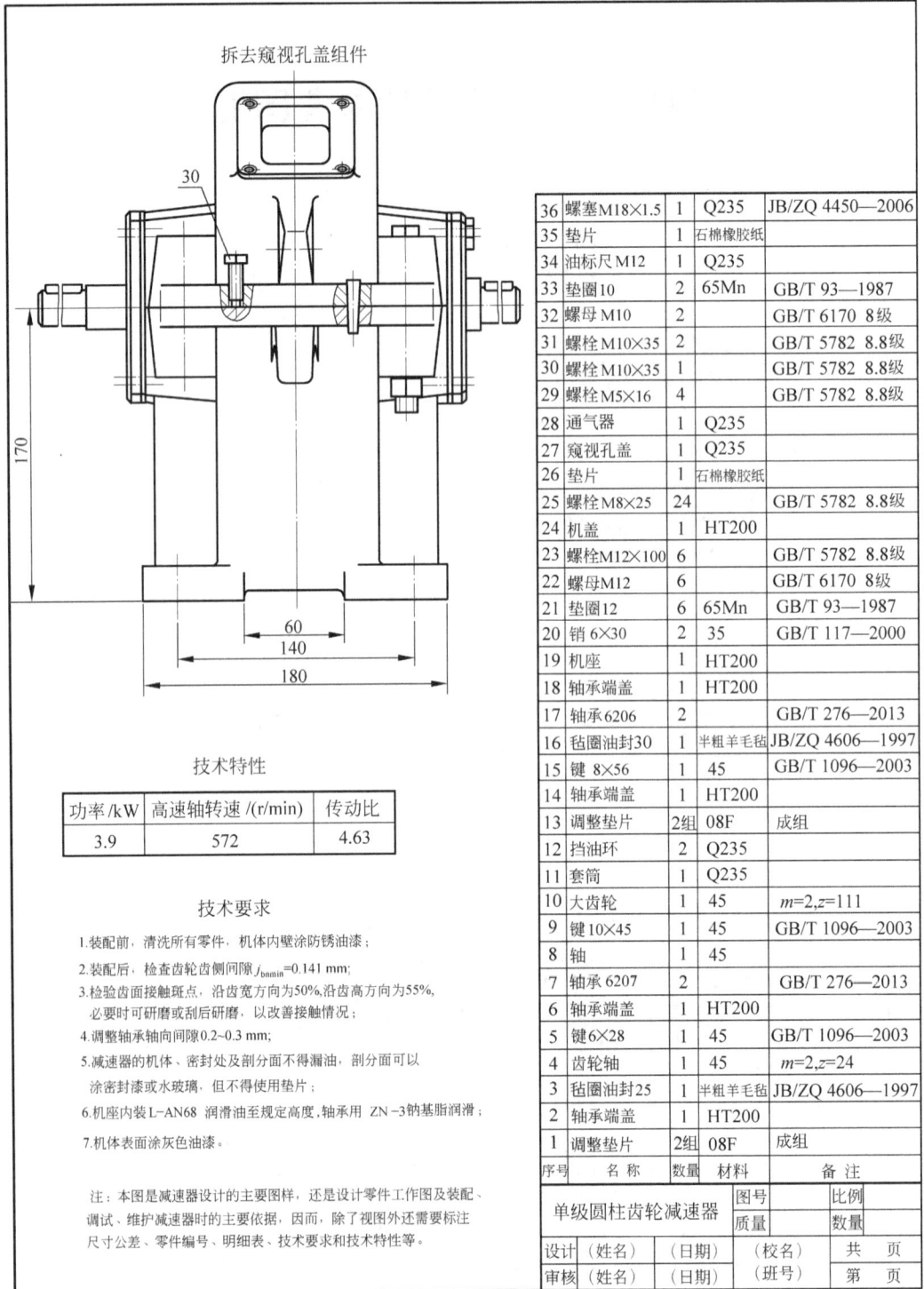

拆去窥视孔盖组件

30

170

60
140
180

技术特性

功率/kW	高速轴转速 /(r/min)	传动比
3.9	572	4.63

技术要求

1. 装配前,清洗所有零件,机体内壁涂防锈油漆;

2. 装配后,检查齿轮齿侧间隙 $j_{bnmin}=0.141$ mm;

3. 检验齿面接触斑点,沿齿宽方向为50%,沿齿高方向为55%, 必要时可研磨或刮后研磨,以改善接触情况;

4. 调整轴承轴向间隙0.2~0.3 mm;

5. 减速器的机体、密封处及剖分面不得漏油,剖分面可以 涂密封漆或水玻璃,但不得使用垫片;

6. 机座内装 L-AN68 润滑油至规定高度,轴承用 ZN-3钠基脂润滑;

7. 机体表面涂浅灰色油漆。

注:本图是减速器设计的主要图样,还是设计零件工作图及装配、 调试、维护减速器时的主要依据,因而,除了视图外还需要标注 尺寸公差、零件编号、明细表、技术要求和技术特性等。

序号	名 称	数量	材料	备 注
36	螺塞M18×1.5	1	Q235	JB/ZQ 4450—2006
35	垫片	1	石棉橡胶纸	
34	油标尺M12	1	Q235	
33	垫圈10	2	65Mn	GB/T 93—1987
32	螺母 M10	2		GB/T 6170 8级
31	螺栓 M10×35	2		GB/T 5782 8.8级
30	螺栓 M10×35	1		GB/T 5782 8.8级
29	螺栓 M5×16	4		GB/T 5782 8.8级
28	通气器	1	Q235	
27	窥视孔盖	1	Q235	
26	垫片	1	石棉橡胶纸	
25	螺栓 M8×25	24		GB/T 5782 8.8级
24	机盖	1	HT200	
23	螺栓 M12×100	6		GB/T 5782 8.8级
22	螺母M12	6		GB/T 6170 8级
21	垫圈12	6	65Mn	GB/T 93—1987
20	销 6×30	2	35	GB/T 117—2000
19	机座	1	HT200	
18	轴承端盖	1	HT200	
17	轴承6206	2		GB/T 276—2013
16	毡圈油封30	1	半粗羊毛毡	JB/ZQ 4606—1997
15	键 8×56	1	45	GB/T 1096—2003
14	轴承端盖	1	HT200	
13	调整垫片	2组	08F	成组
12	挡油环	2	Q235	
11	套筒	1	Q235	
10	大齿轮	1	45	$m=2,z=111$
9	键10×45	1	45	GB/T 1096—2003
8	轴	1	45	
7	轴承 6207	2		GB/T 276—2013
6	轴承端盖	1	HT200	
5	键6×28	1	45	GB/T 1096—2003
4	齿轮轴	1	45	$m=2,z=24$
3	毡圈油封25	1	半粗羊毛毡	JB/ZQ 4606—1997
2	轴承端盖	1	HT200	
1	调整垫片	2组	08F	成组

单级圆柱齿轮减速器		图号		比例	
		质量		数量	
设计	(姓名)	(日期)	(校名)	共 页	
审核	(姓名)	(日期)	(班号)	第 页	

图 B.1 (续)

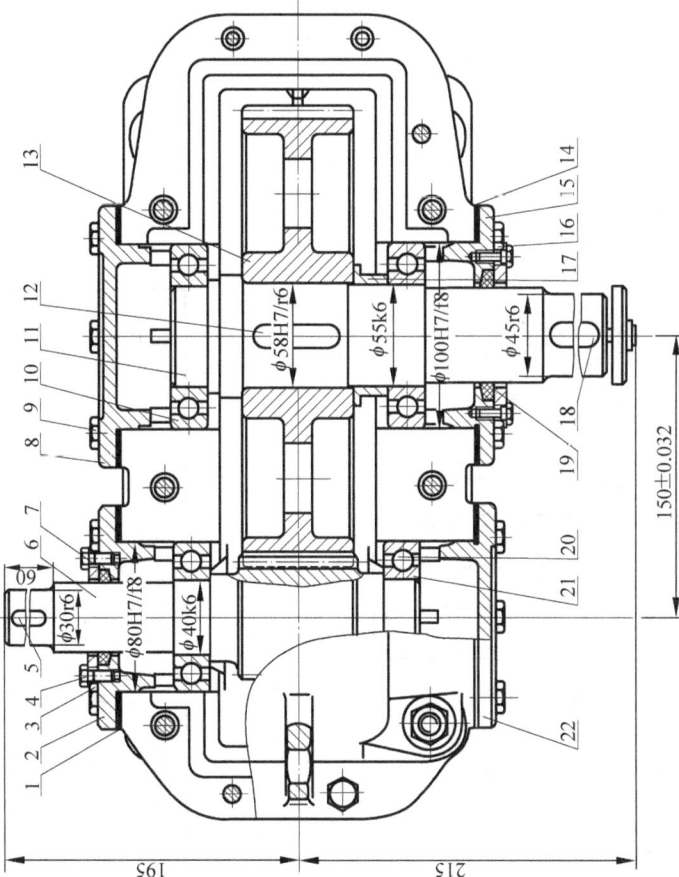

图 B.2 减速器下箱体轴系装配图

技术特性

功率：4 kW；高速轴转速：572 r/min；传动比：3.95

技术要求

1. 装配前，所有零件用煤油清洗，滚动轴承用汽油清洗，机体内不许有任何杂物存在。内壁涂上不被机油浸蚀的涂料两次。

2. 啮合侧隙用铅丝检查不小于0.16 mm，铅丝不得大于最小侧隙的4倍。

3. 用涂色法检验斑点。按齿高接触斑点不小于40%；按齿长接触斑点不小于50%。必要时可用研磨或刮后研磨以便改善接触情况。

4. 应调整轴承轴向间隙：φ40为0.05~0.1 mm，φ55为0.08~0.15 mm。

序号	名称	数量	材料	备注
22	轴承端盖	1	HT150	
21	轴承6208	2		GB/T 276—2013
20	挡油环	2	Q235	
19	毡圈油封50	1	半粗羊毛毡	JB/ZQ4606—1997
18	键 14×56	1	45	GB/T 1096—2003
17	套筒	1	Q235	
16	密封端盖	1	Q235	
15	轴承端盖	1	HT150	
14	调整垫片	2组	08F	
13	大齿轮	1	45	$m_n=3,z=79$
12	键 16×56	1	45	GB/T 1096—2003
11	轴	1	45	
10	轴承6211	2		GB/T 276—2013
9	螺钉M6×25	24		GB/T 5782—2016
8	轴承端盖	1	HT200	
7	毡圈油封35	1	半粗羊毛毡	JB/ZQ4606—1997
6	齿轮轴	1	45	$m_n=3,z=20$
5	键 8×50	1	45	GB/T 1096—2003
4	螺钉M6×16	12		GB/T 5782—2016
3	密封盖	1	Q235	
2	轴承端盖	1	HT200	
1	调整垫片	2组	08F	

减速器下箱体轴系 图号

质量 （校名） 比例 1:1 数量 共 页 第 页

设计（姓名）（日期）
审核（姓名）（日期）（班号）

序号	名称	数量	材料	备注
11	毡圈油封 30	1	半粗羊毛毡	JB/ZQ 4606—1997
10	键 8×56	1	45	GB/T 1096—2003
9	轴承端盖	1	HT200	
8	调整垫片	2组	08F	成组
7	挡油环	2	Q235	
6	套筒	1	Q235	
5	大齿轮	1	45	$m=2,z=111$
4	键 10×45	1	45	GB/T 1096—2003
3	轴	1	45	
2	轴承 6207	2		GB/T 276—2013
1	轴承端盖	1	HT200	

齿轮减速器				图号			
低速轴系零部件				质量			
设计	（姓名）	（日期）		比例		共　　页	
审核	（姓名）	（日期）		数量		第　　页	
				（校名）			
				（班号）			

技术特性

功率/kW	高速轴转速/(r/min)	传动比
3.9	572	4.63

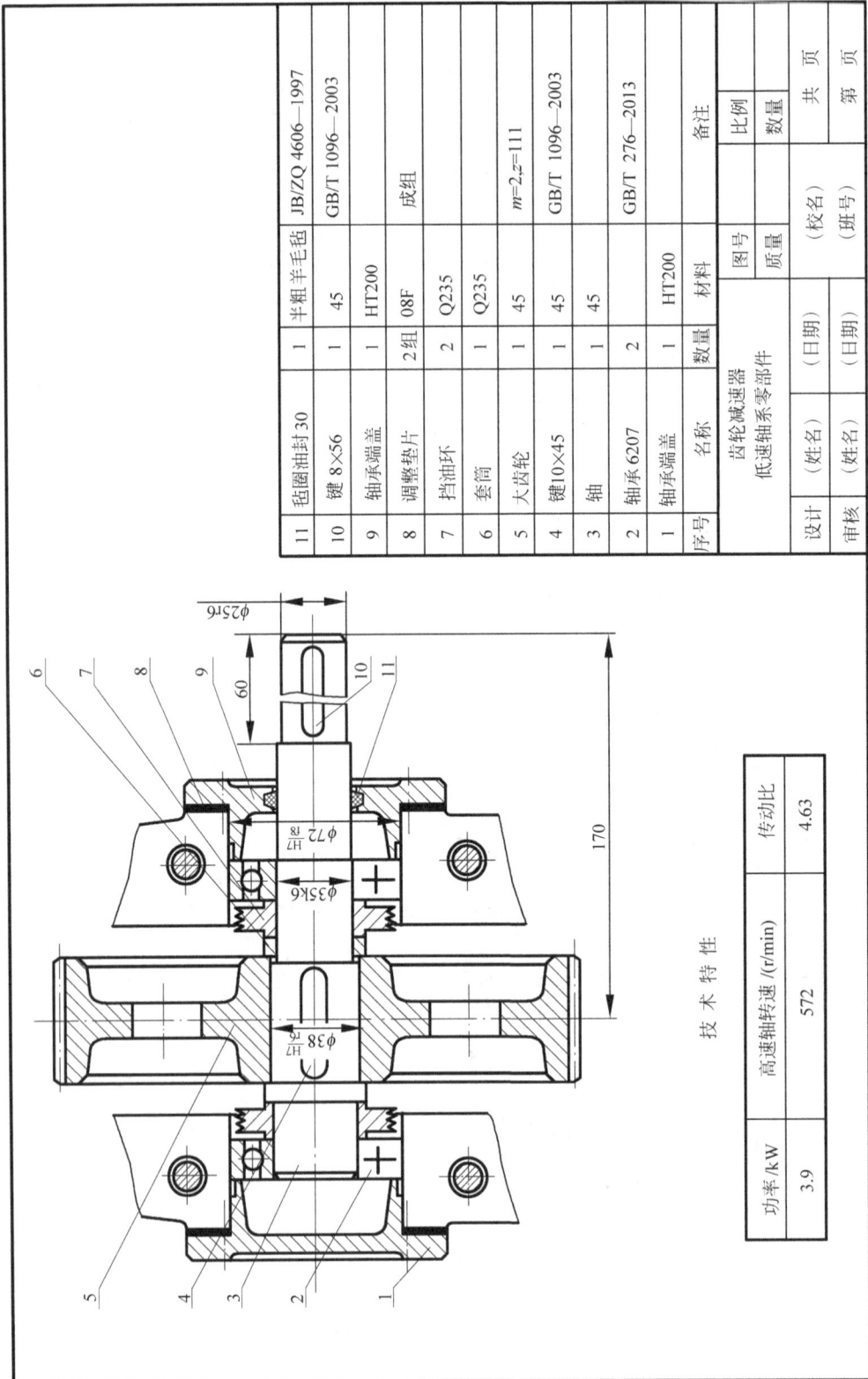

图 B.3　齿轮减速器轴系零部件装配图

法向模数	m_n	2.5
齿数	z_2	49
齿形角	α	20°
齿顶高系数	h_a^*	1.0
螺旋角	β	12°50′25″
螺旋方向		右
变位系数	x	0
精度等级		8GBT10095.1—2008
中心距及偏差		175±0.0315
配对齿轮 图号及齿数	z_1	20

公差组	检验项目代号	公差或极限偏差值
径向跳动公差	F_r	0.043
齿距累积总偏差	F_a	0.022
单个齿距偏差	f_{pt}	±0.017
螺旋线总偏差	F_β	0.024
公法线平均长度 及其上、下偏差		$42.439^{-0.132}_{-0.176}$
跨测齿数	K	6

技术要求
1.正火处理220~240HBW
2.未注倒角C2，圆角R5

$\sqrt{Ra\ 12.5}$ （√）

	图号		比例		
	材料	45	数量		
			总图号		
			零件号		
齿轮					
设计					
绘图					
审核					

$6\times\phi20$ 均布

$\sqrt{Ra\ 3.2}$

8 ± 0.018

$\phi28^{+0.021}_{0}$

$\boxed{\ 0.040\ A}$

$\sqrt{Ra\ 6.3}$

$31.3^{+0.2}_{0}$

A

$\sqrt{Ra\ 3.2}$

$\boxed{0.25\ A}$　两处

$\phi125$
$\phi85$
$\phi44$

$\sqrt{Ra\ 1.6}$

40

24

$1.5\times45°$

$\sqrt{Ra\ 1.6}$

$\boxed{0.25\ A}$

$\phi125.642$

$\phi130.642^{0}_{-0.25}$

$\sqrt{Ra\ 3.2}$

图 B. 4　齿轮零件工作图

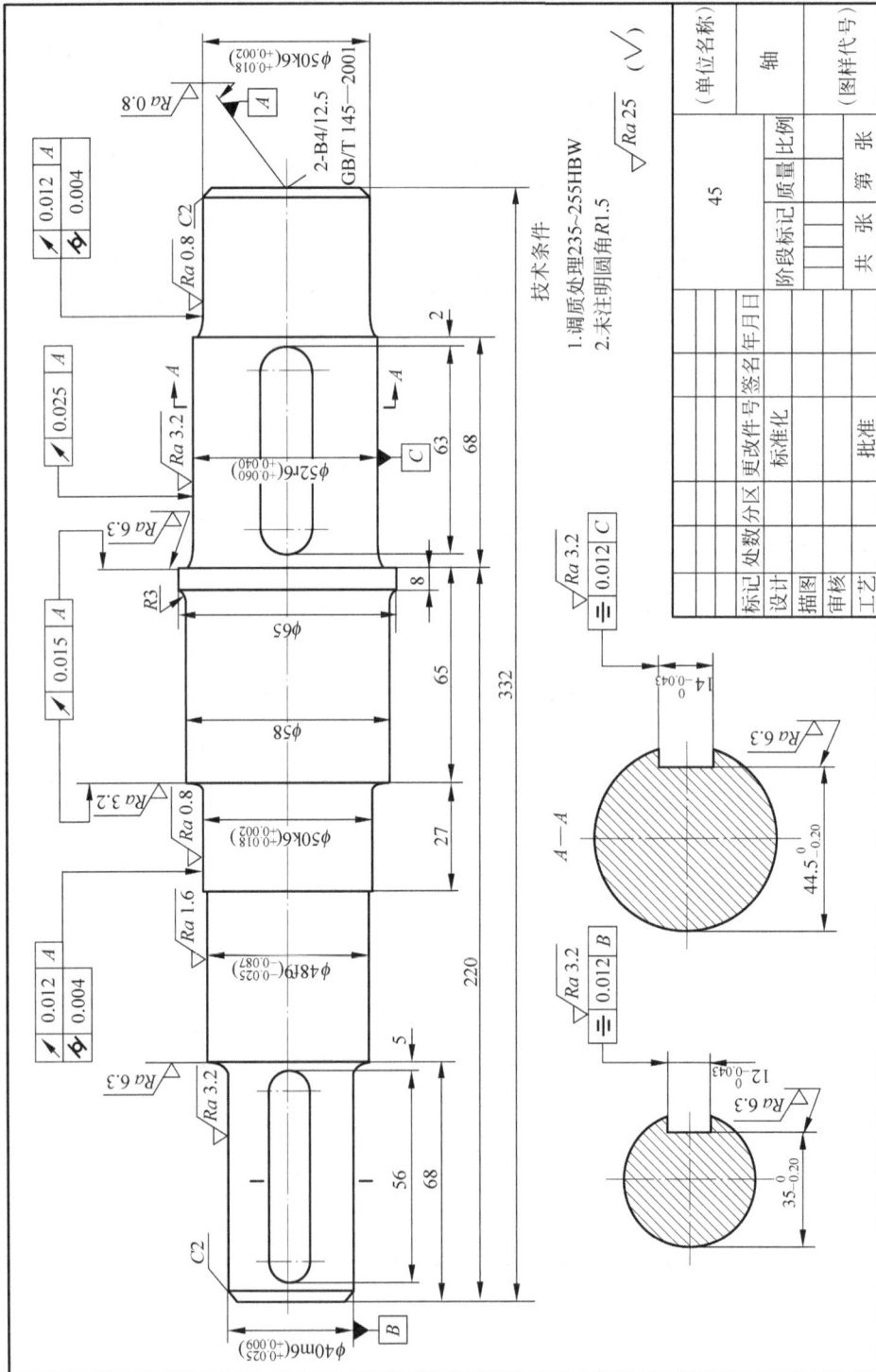

图 B.5 轴零件工作图

附录 C 有关标准链接二维码

C.1 机械制图标准

C.2 公差和表面粗糙度

C.3 螺纹与螺纹零件

C.4 联轴器

C.5 滚动轴承

C.6 齿轮的精度

C.7 普通平键连接

参 考 文 献

[1] 杨可桢,程光蕴,李仲生,等.机械设计基础[M].7 版.北京:高等教育出版社,2020.
[2] 黄平,徐晓,朱文坚.机械设计基础:理论、方法与标准[M].2 版.北京:清华大学出版社,2018.
[3] 唐林.机械设计基础[M].2 版.北京:清华大学出版社,2013.
[4] 郭润兰.机械设计基础[M].北京:清华大学出版社,2018.
[5] 李力,向敬忠.机械设计基础(近机、非机类)[M].2 版.北京:清华大学出版社,2018.
[6] 张洪丽,王建胜,薛云娜.现代机械设计基础[M].北京:科学出版社,2015.
[7] 濮良贵,陈国定,吴立言.机械设计[M].9 版.北京:高等教育出版社,2013.
[8] 邱宣怀.机械设计[M].4 版.北京:高等教育出版社,1997.
[9] 孙桓,陈作模,葛文杰.机械原理[M].8 版.北京:高等教育出版社,2013.
[10] 郑文纬,吴克坚.机械原理[M].7 版.北京:高等教育出版社,1997.
[11] 潘承怡,向敬忠,宋欣.机械零件设计[M].北京:清华大学出版社,2012.
[12] 潘承怡,向敬忠.机械结构设计技巧与禁忌[M].2 版.北京:化学工业出版社,2021.
[13] 于惠力,潘承怡,冯新敏,等.机械设计学习指导[M].2 版.北京:科学出版社,2013.
[14] 于惠力,张春宜,潘承怡.机械设计课程设计[M].2 版.北京:科学出版社,2013.
[15] 李文荣,刘力红.机械设计基础课程设计[M].北京:高等教育出版社,2014.
[16] 林怡青,谢宋良,王文涛.机械设计基础课程设计指导书[M].北京:清华大学出版社,2008.